土木工程测量

主　编　徐广舒　陈向阳　胡　颖

副主编　丁以喜　石　东　丁忠明

　　　　刘国庆

参　编　郑海棠　李瑞红　许　茜

　　　　吴生海　陈清锦

主　审　林乐胜

北京理工大学出版社

BEIJING INSTITUTE OF TECHNOLOGY PRESS

U0710888

内 容 提 要

  本书共分为9章，主要内容包括绪论、水准测量与水准仪、角度测量与经纬仪、距离测量与全站仪、控制测量与GPS、地形测量、地形图的应用、建筑工程测量和道路桥梁隧道测量等。每个章节都包括学习目标、关键概念和课后讨论等环节，具有较强的实用性和通用性。

  本书可作为高等院校土建类相关专业的教材，也可供工程建设相关技术人员学习参考。

版权专有　侵权必究

图书在版编目（CIP）数据

土木工程测量 / 徐广舒，陈向阳，胡颖主编.—北京：北京理工大学出版社，2020.7
ISBN 978-7-5682-8799-9

Ⅰ.①土⋯　Ⅱ.①徐⋯ ②陈⋯ ③胡⋯　Ⅲ.①土木工程—工程测量—高等学校—教材
Ⅳ.①TU198

中国版本图书馆CIP数据核字（2020）第137154号

出版发行 / 北京理工大学出版社有限责任公司	
社　　址 / 北京市海淀区中关村南大街5号	
邮　　编 / 100081	
电　　话 / （010）68914775（总编室）	
（010）82562903（教材售后服务热线）	
（010）68948351（其他图书服务热线）	
网　　址 / http://www.bitpress.com.cn	
经　　销 / 全国各地新华书店	
印　　刷 / 北京紫瑞利印刷有限公司	
开　　本 / 787毫米×1092毫米　1/16	
印　　张 / 20	责任编辑 / 李　薇
字　　数 / 485千字	文案编辑 / 多海鹏
版　　次 / 2020年7月第1版　2020年7月第1次印刷	责任校对 / 周瑞红
定　　价 / 75.00元	责任印制 / 边心超

图书出现印装质量问题，请拨打售后服务热线，本社负责调换

前 言

本书内容涵盖建筑工程全过程的测量、测绘工作，叙述深入浅出、通俗易懂，基本概念清晰，基本理论简明扼要，注重职业技能和素质的培养，反映新技术、新理论、新标准和新规范，同时补充道路桥梁和隧道工程测量的基本知识，以满足职业拓展的需要。本书强调一切工作均以现行国家相关技术规定和规范为标准。根据《工程测量规范》（GB 50026—2007）、《城市测量规范》（CJJ/T 8—2011）、《建筑变形测量规范》（JGJ 8—2016）等相应的规范和规程，按照基于工作过程的指导原则编写。

本书由南通职业大学徐广舒、陈向阳，金肯职业技术学院胡颖担任主编；由南京工业职业技术学院丁以喜、南通职业大学石东、南通市江海测绘院有限公司丁忠明、南通大地测绘有限公司刘国庆担任副主编；金肯职业技术学院郑海棠，南通职业大学李瑞红、许茜、吴生海，南京千府环境工程有限公司陈清锦参与编写。具体编写分工为：徐广舒、陈向阳编写第1、2、3、5章，郑海棠编写第4章，丁以喜编写第6章，胡颖编写第7、9章，石东编写第8章，许茜、吴生海编写第1至6章课后练习和讨论，李瑞红编写第7至9章课后练习和讨论，丁忠明和刘国庆负责第2、4、6、7、8章案例收集和整理，陈清锦负责第5章和第9章案例收集和编写。全书由江苏建筑职业技术学院林乐胜主审。

本书的编写得到了南通市江海测绘院有限公司丁忠明、南通大地测绘有限公司刘国庆和南京千府环境工程有限公司陈清锦的大力支持，他们不仅为本书的编写提供了相关规范和案例，还为实践及实训教学献言献策，同时为学生提供了测绘实践的机会。另外，本书第9章的插图和其他章节的部分插图是由郭言言同学绘制，在此一并表示感谢！

本书配有丰富的教学资源和相关规范，读者可在中国大学慕课（MOOC）官网（www.icourse163.org）搜索《土木工程测量》（胡颖、陈向阳）进行观看学习，也可扫码下载相关视频和规范。

本书在编写过程中参考和引用了大量文献资料，在此谨向原书作者表示衷心感谢。由于编者水平有限，本书难免存在不足和疏漏之处，敬请各位读者批评指正。

编 者

目 录

第1章　绪论

引　言

　　测量工作贯穿于工程建设项目全过程，测量工作的质量会严重影响工程建设项目的总体质量。测量工作能力是建筑工程施工技术人员必须重点掌握的核心技能。本章主要介绍测量基本知识。

学习目标

　　通过本章学习，能够：

1. 明确建筑工程测量的任务；
2. 理解测量工作的基准面和基准线；
3. 了解地面点的坐标、空间直角坐标系、地球曲率对测量数值的影响；
4. 熟悉测量的基本工作和基本原则；
5. 初识测量误差及衡量测量精度的指标。

文献导读

珠穆朗玛峰测绘

　　2005年10月9日上午10时，在国务院新闻办公室举办的新闻发布会上，原国家测绘局局长陈邦柱宣布：珠穆朗玛峰（以下简称珠峰）峰顶岩石面海拔高程为8 844.43 m（其中珠峰峰顶岩石面高程测量精度为±0.21 m，峰顶冰雪深度为3.50 m），比我国1975年公布的高程8 848.13 m低3.7 m。同时也宣布，我国于1975年公布的珠峰高程数据8 848.13 m停止使用。

　　那么，珠峰到底有没有变矮呢？"珠峰是否变矮，现在还不能得出结论"，原国家测绘局局长陈邦柱解释说，"因为在珠峰的历次测量活动当中，有测量技术的进步程度问题，也有珠峰峰顶冰雪深度的测量精度问题，还有珠峰本身的地壳运动造成的问题。所以，在历次测量获得的不同数据中，还不能够完全得出珠峰变矮的结论，应该通过地学专家的研究才能作出准确的判断。但是，目前公布的这个数据是迄今为止最精确、最可靠的。"

　　我国测量工作者在本次珠峰测量中，为了得出更精确的权威数据，采用了经典测量与卫星GPS测量结合的技术方案，并首次动用了冰雪深雷达探测仪。

1.1　建筑工程测量的任务

学习目标

1. 了解测量学的概念；
2. 明确建筑工程测量的任务。

测定、测设、竣工测量、变形观测。

1.1.1 测量学的概念及分类

测量学是研究地球的形状和大小及确定地面点位的科学，其内容包括测定（测绘）和测设（放样）两部分。测定（测绘）是指使用测量仪器和工具，通过测量和计算得到一系列测量数据，将地球表面的地物和地貌缩绘成地形图；测设（放样）是指将设计图纸上规划设计好的建筑物、构筑物位置及标高，在地面上标定出来，作为施工的依据。

测量学按照研究对象、性质及采用技术的不同，又可分为以下几类：

（1）大地测量学。大地测量学是研究和确定地球形状、大小、重力场、整体与局部运动和地表面点的几何位置，以及它们变化的理论和技术的学科。近年来随着空间技术的发展，大地测量正在向空间大地测量和卫星大地测量方向发展。其基本任务是建立国家大地控制网，测定地球的形状、大小和重力场，为地形测图和各种工程测量提供基础计算数据；为空间科学、军事科学及研究地壳变形、地震预报等提供重要资料。按照测量手段的不同，大地测量学又可分为常规大地测量学、卫星大地测量学及物理大地测量学等。

（2）普通测量学。普通测量学是研究地球表面局部区域内测绘工作的基本理论、仪器和方法的学科。它是测绘学的一个基础部分。局部区域是指在该区域内进行测量、计算和制图时，可以不顾及地球的曲率，将这个区域的地面简单地当作平面处理，而不致影响测图的精度。

（3）摄影测量与遥感学。摄影测量与遥感学是研究利用电磁波传感器获取目标物的影像数据，从中提取语义和非语义信息，并用图形、图像和数字形式表达的学科。其基本任务是通过对摄影像片或遥感图像进行处理、量测、解译，以测定物体的形状、大小和位置制作成图。根据获得影像的方式及遥感距离的不同，本学科又可分为地面摄影测量学、航空摄影测量学和航天遥感测量等。

（4）地图制图学。地图制图学是研究模拟和数字地图的基础理论、设计、编绘、复制的技术、方法及应用的学科。其基本任务是利用各种测量成果编制各类地图，内容一般包括地图投影、地图编制、地图整饰和地图制印等。

（5）工程测量学。工程测量学是研究在工程建设的设计、施工和管理各阶段中进行测量工作的理论、方法和技术。工程测量是测绘科学与技术在国民经济和国防建设中的直接应用，是综合性的应用测绘科学与技术。

1.1.2 建筑工程测量的任务

建筑工程测量是工程测量学的一个组成部分。其是研究建筑工程在勘测设计、施工和运营管理阶段所进行的各种测量工作的理论、技术和方法的学科。其主要任务如下：

（1）测绘大比例尺地形图。将工程建设区域内的各种地面物体的位置和形状，以及地面的起伏形状，依照规定的符号和比例尺绘制成地形图，为工程建设的规划设计提供必要的图纸和资料。

（2）施工放样和竣工测量。将图纸上已设计好的建（构）筑物，按设计要求在现场标定出来，作为施工的依据；配合建筑施工，进行各种测量工作，以保证施工质量；开展竣工测量，为工程验收、日后扩建和维修管理提供资料。

（3）建筑物的变形观测。对于一些重要的建（构）筑物，在施工和运营期间，为了确保安全，了解建（构）筑物变形规律，应定期对建（构）筑物进行变形观测。

由此可见，测量工作贯穿于工程建设的整个过程，测量工作的质量直接关系到工程建设的速度和质量，因此每一位从事工程建设的人员，都必须掌握必要的测量知识和技能。

📖 提　示

建筑工程施工测量工作的主要内容有施工前期的场地测量，控制测量，定位、放线测量，基础和主体施工测量，装饰装修施工测量，工程后期的竣工测量和施工过程中至投入使用阶段的变形测量。

📖 课后讨论

1. 测定和测设的概念是什么？
2. 建筑工程测量的任务是什么？

1.2　坐标系统和高程系统

📖 学习目标

1. 熟悉我国常用的平面坐标系统和高程系统；
2. 掌握测量工作的基准面和基准线；
3. 熟悉确定地面点位的方法。

📖 关键概念

水准面、水平面、大地体、大地水准面、铅垂线、参考椭球体、大地原点、测量工作的基准面和基准线。

1.2.1　地球的形状和大小

建筑测量工作是在地球表面上进行的，其基本任务是地面点位置的确定。点是地球表面上形成地物和地貌最基本的单元，合理地选择一些地面点，对其进行测量，就能将地物和地貌准确地表现出来，因此，在测量工作中最基本的工作就是地面点位的确定。

为了确定地面点位，就需要相应的基准面和基准线作为依据，测量工作是在地球表面进行的，则测量工作的基准面和基准线就与地球的形状及大小有关。

地球的自然表面是很不规则的，其上有高山、深谷、丘陵、平原、江湖和海洋等，最高的珠峰高出海平面 8 844 m，最深的太平洋马里亚纳海沟低于海平面 11 022 m，其相对高差约 20 km，与地球的平均半径 6 371 km 相比，是微不足道的，就整个地球表面而言，陆地面积仅占 29%，而海洋面积占了 71%。因此，可以设想地球的整体形状是被海水所包围的球体，即设想将静止的海水向整个陆地延伸，用所形成的封闭曲面来代替地球表面，如图 1-1 所示，此封闭曲面称为大地水准面。通常用大地体代表地球的真实形状和大小。研究地球形状和大小，就是研究大地水准面的形状和大地体的大小。

水准面的特性是处处与铅垂线相垂直。水准面和铅垂线就是实际测量工作所依据的基准面和基准线。

因为地球内部质量分布不均匀，致使地面上各点的铅垂线方向产生不规则变化，所以，大地水准面是一个不规则的无法用数学式表述的曲面，在这样的面上是无法进行测量数据的计算及处理的。因此，人们进一步设想，用一个与大地体非常接近的又能用数学式表述的规则球体，即旋转椭球体代表地球的形状，如图 1-2 所示。它是由椭圆 NESW 绕短轴 NS 旋转而成的。旋转椭球体的形状和大小由椭球基本元素确定，即椭圆的长半轴 a、短半轴 b 及扁率 α，其关系式为

$$\alpha = \frac{a-b}{a} \tag{1-1}$$

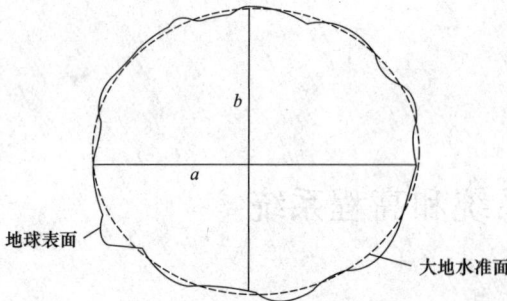

图 1-1 地球自然表面

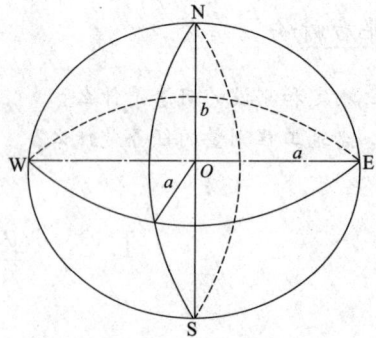

图 1-2 旋转椭球体

某一国家或地区为处理测量成果而采用与大地体的形状、大小最接近，又适合本国或本地区要求的旋转椭球体，这样的椭球体称为参考椭球体。确定参考椭球体与大地体之间的相对位置关系，称为椭球体定位。参考椭球体面只具有几何意义而无物理意义，它是严格意义上的测量计算基准面。

1954 年北京坐标系(P54)采用的是克拉索夫斯基椭球，1980 国家大地坐标系(C80)采用的是 1975 国际椭球，而全球定位系统(GPS)采用的是 WGS-84 椭球。我国 2008 年 7 月 1 日启用的地心坐标系——2000 国家大地坐标系，英文名称为 China Geodetic Coordinate System 2000，英文缩写为 CGCS2000，其地球椭球体的参数值：$a = 6\ 378\ 137$ m，$b = 6\ 356\ 752.314\ 14$ m，$\alpha = 1:298.257\ 222\ 101$。

由于参考椭球的扁率很小，故在小区域的普通测量中可以将地(椭)球看作圆球，其半径 $R = (a+a+b)/3 = 6\ 371$ km。当测区范围更小时，还可以将地球看作是平面，使计算工作更为简单。

(1)水准面和水平面。人们设想以一个静止不动的海水面延伸穿越陆地，形成一个闭合的曲面包围了整个地球，这个闭合曲面称为水准面。水准面的特点是水准面上任意一点的铅垂线都垂直于该点的曲面。与水准面相切的平面称为水平面。

(2)大地水准面。水准面有无数个，其中与平均海水面相吻合的水准面称为大地水准面。其是测量工作的基准面。由大地水准面所包围的形体称为大地体。

(3)铅垂线。重力的方向线称为铅垂线。其是测量工作的基准线。在测量工作中，取得铅垂线的方法如图 1-3 所示。

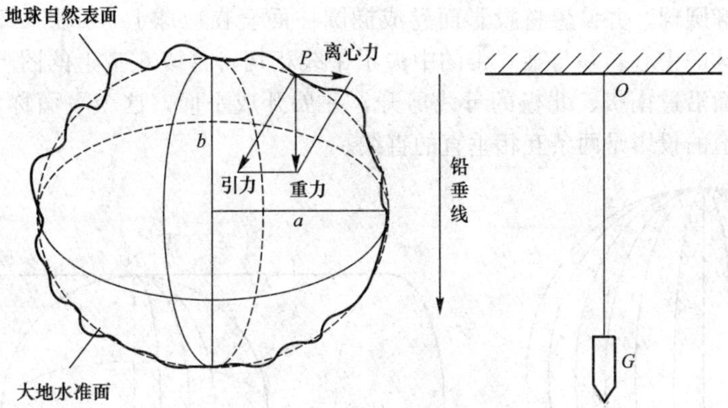

图 1-3 铅垂线(地球重力线)

提 示

大地水准面、水平面、铅垂线是外业测量工作的基准面和基准线。

测量工作的坐标系建立在参考椭球面上,参考椭球面是测量内业计算工作的基准面。在建筑施工场地区域不太大的范围内,以参考椭球面与以大地水准面为基准面建立的坐标系,其对水平距离及水平角度的影响小到可以忽略不计。另外,测绘仪器很容易得到大地水准面的铅垂线,所以,将铅垂线作为测量工作的基准线(以其作为安置的依据),进而将大地水准面(或水平面)作为测量工作的基准面。

1.2.2 确定地面点位的方法

地面点的空间位置需由三个参数来确定,即该点在大地水准面上的投影位置(两个参数)和该点的高程。

1. 地面点在大地水准面上的投影位置

地面点在大地水准面上的投影位置,可以用地理坐标、高斯平面直角坐标和独立平面直角坐标表示。

(1)地理坐标。地理坐标是用经度 λ 和纬度 φ 表示地面点在大地水准面上的投影位置,由于地理坐标是球面坐标,故不便于直接进行各种计算。

(2)高斯平面直角坐标。高斯平面直角坐标是利用高斯投影法建立的平面直角坐标系。在广大区域内确定点的平面位置,一般采用高斯平面直角坐标。

高斯投影法是将地球划分成若干带,再将每带投影到平面上。

如图 1-4 所示,投影带是从首子午线起,每隔经度 6°划分一带,称为 6°带,将整个地球划分成 60 个带。带号从首子午线起自西向东编序,0°～6°为第 1 号带,6°～12°为第 2 号带。位于各带中央的子午线,称为中央子午线。第 1 号带中央子午线的经度为 3°,任意号带中央子午线的经度 L_0 可按式(1-2)计算:

$$L_0 = 6°N - 3° \tag{1-2}$$

反之,已知地面任一点的经度 L,则该点所在 6°带编号的计算公式为

$$N = \text{int}\left(\frac{L+3}{6} + 0.5\right) \tag{1-3}$$

式中 N——6°带的带号;

int——取整函数。

将地球看作椭圆球，并设想将投影面卷成椭圆柱面套在地球上，如图1-5所示，使椭圆柱的轴心通过椭圆球的中心，并与某6°带的中央子午线相切，将该6°带上的图形投影到椭圆柱面上，再将椭圆柱面沿过南极、北极的母线剪开，并展开成平面，这个平面称为高斯投影平面。中央子午线和赤道的投影是两条互相垂直的直线。

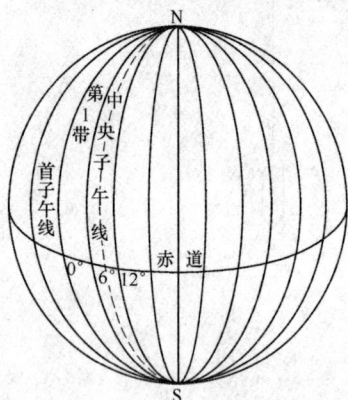

图 1-4　高斯平面直角坐标的分带

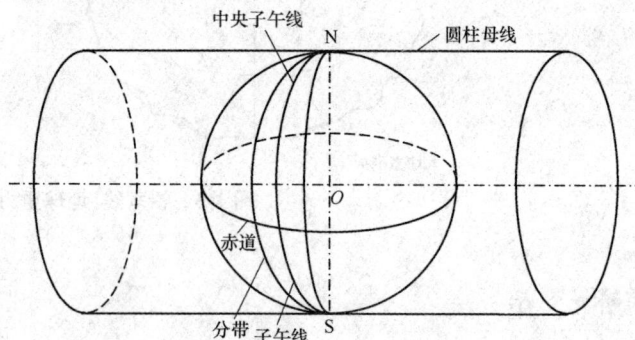

图 1-5　高斯平面直角坐标的投影

中央子午线的投影为高斯平面直角坐标系的纵轴 x，向北为正；赤道的投影为高斯平面直角坐标系的横轴 y，向东为正；两坐标轴的交点 O 为坐标原点。由此建立了高斯平面直角坐标系，如图1-6所示。

地面点的平面位置，可以用高斯平面直角坐标 x、y 表示。由于我国位于北半球，故 x 坐标均为正值，y 坐标则有正有负。

如图 1-6(a)所示，$y_A = +136\ 780\ \text{m}$，$y_B = -272\ 440\ \text{m}$。为了避免 y 坐标出现负值，将每带的坐标原点向西平移 500 km，如图1-6(b)所示，纵轴西移后：$y_A = 500\ 000 + 136\ 780 = 636\ 780\ (\text{m})$，$y_B = 500\ 000 - 272\ 440 = 227\ 560\ (\text{m})$。

在横坐标值前冠以投影带带号，如 A、B 两点均位于第 20 号带，则：$y_A = 20\ 636\ 780\ \text{m}$，$y_B = 20\ 227\ 560\ \text{m}$。

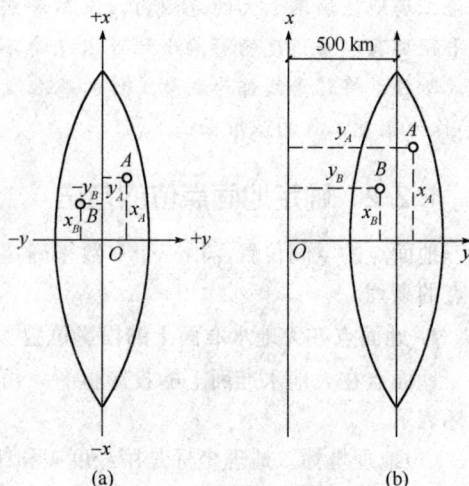

图 1-6　高斯平面直角坐标系

(a)坐标原点西移前的高斯平面直角坐标系；
(b)坐标原点西移后的高斯平面直角坐标系

如图1-7所示，高斯平面直角坐标系与数学中的笛卡尔坐标系不同。高斯平面直角坐标系纵轴为 x 轴，横轴为 y 轴，坐标象限编号按顺时针方向递增；角度从 x 轴的北方向起算，顺时针方向增大。这些都与笛卡尔的数学坐标系正好相反，其目的是使内业数据计算系统与外业测量系统一致(测绘仪器外业定向只能是北方向)，并能将三角公式不作任何变动地应用到测量计算中。

当要求投影变形更小时，可以采用3°带投影。如图1-8所示，3°带是从东经 $1°30'$ 开始，每隔经度 3°划分一带，将整个地球划分成 120 个带。每一带按前面所述方法，建立各自的高斯平面直角坐标系。

各带中央子午线的经度 L_0' 可按式(1-4)计算：

$$L_0' = 3° n \tag{1-4}$$

图 1-7　笛卡尔坐标系与直角坐标系

(a)笛卡尔坐标系；(b)高斯-克吕格直角坐标系

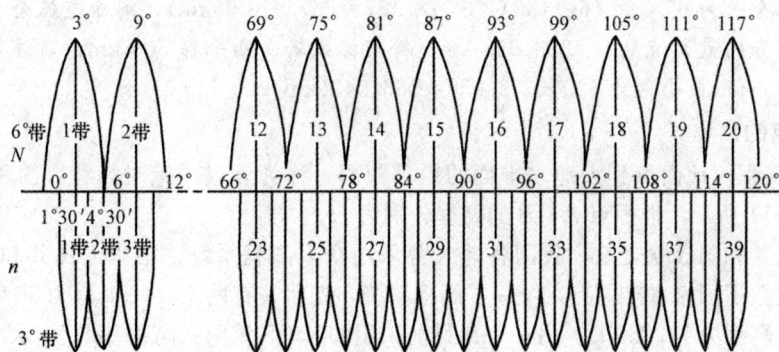

图 1-8　高斯平面直角坐标系 6°带投影与 3°带投影的关系

反之，已知地面任一点的经度 L，则该点所在 3°带编号的计算公式为

$$n = \text{int}\left(\frac{L}{3} + 0.5\right) \tag{1-5}$$

式中　n——3°带的带号；

int——取整函数。

(3)独立平面直角坐标。如图 1-9 所示，当测区范围较小时，可以用过测区中心点 C 的任意水平面来代替大地水准面。在这个平面上建立的测区平面直角坐标系，称为独立平面直角坐标系。在局部区域内确定点的平面位置，可以采用独立平面直角坐标。

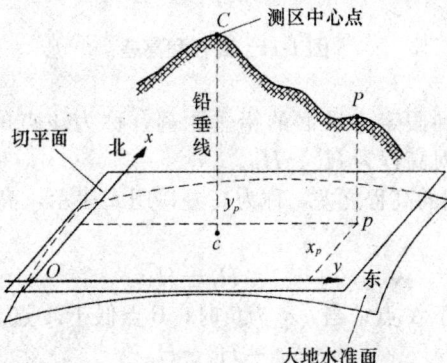

图 1-9　独立平面直角坐标系

在独立平面直角坐标系中，规定南北方向为纵坐标轴，记作 x 轴，向北为正，向南为负；以东西方向为横坐标轴，记作 y 轴，向东为正，向西为负；坐标原点 O 一般选择在测区的西南角，使测区内各点的 x、y 坐标均为正值；坐标象限按顺时针方向编号，如图 1-10 所示。其目的是便于将数学中的公式直接应用到测量计算中，而无须作任何变更。

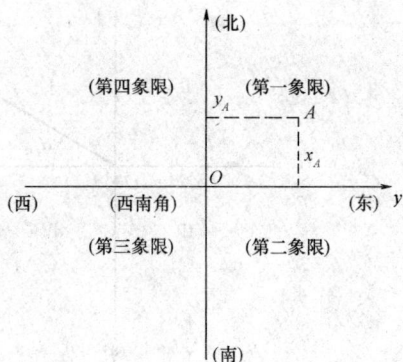

图 1-10　坐标象限

提　示

高斯平面直角坐标系坐标原点向西平移 500 km 的讨论。

高斯 6°带对应的赤道弧全长为$[-y, +y]$，WGS—84 地球椭球参数长半轴 $a=6\,378.137$ km，则 6°带赤道弧全长为 $6°×a=(6\pi/180)×6\,378.137=667.916\,9$(km)，则赤道弧全长的一半即横坐标 y 负值部分的最大值 $y_{max}=333.958$ km，将坐标纵轴向西平移 500 km，则该带内的所有点的横坐标均为正值(最小也为 $500-333.958=166.042$(km))。

2. 地面点的高程

(1)绝对高程。地面点到大地水准面的铅垂距离，称为该点的绝对高程，简称高程，用 H 表示。如图 1-11 所示，地面点 A、B 的高程分别为 H_A、H_B。

中华人民共和国成立之前，我国各地区曾采用众多高程系统。中华人民共和国成立之后，我国在青岛建立了国家水准原点，统一了高程系统，先后共有两个。一个是 1956 年的黄海高程系，水准原点高程为 72.289 m；另一个是目前采用的"1985 年国家高程基准"，水准原点高程为 72.260 m。后者大地水准面高出前者大地水准面 0.029 m。

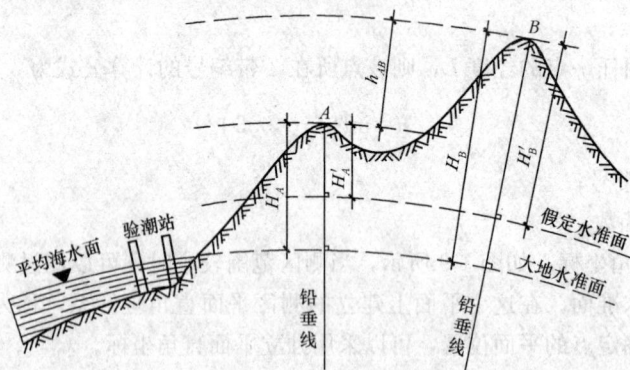

图 1-11　高程和高差

(2)相对高程。地面点到假定水准面的铅垂距离，称为该点的相对高程或假定高程。如图 1-11 中，A、B 两点的相对高程为 H'_A、H'_B。

(3)高差。地面两点之间的高程之差，称为高差，用 h 表示，高差有方向和正负。A、B 两点的高差为

$$h_{AB}=H_B-H_A \tag{1-6}$$

当 h_{AB} 为正时，B 点高于 A 点；当 h_{AB} 为负时，B 点低于 A 点。B、A 两点的高差为

$$h_{BA}=H_A-H_B \tag{1-7}$$

A、B 两点的高差与 B、A 两点的高差，绝对值相等，符号相反，即

$$h_{AB}=-h_{BA} \tag{1-8}$$

根据地面点的三个参数 x、y、h，地面点的空间位置就可以确定了。

提 示

在建筑工程中，除室外部分使用绝对高程与场区外部联系起来外，室内部分均采用相对高程系统。以首层主要房间的地坪绝对高程作为假定 ±0.000 m 高程，其他部位的标高均为从地坪开始向上（＋）、向下（一）标注的铅垂距离。

课后讨论

1. 我国曾经采用的坐标系统有哪几个？高程系统有哪几个？
2. 测量工作的基准面和基准线分别是什么？
3. 高斯投影 $6°$ 带和 $3°$ 带的中央子午线如何计算？
4. 高斯直角坐标系如何建立？
5. 为避免高斯直角坐标系中的 y 坐标出现负值，一般如何处理？
6. 画图说明绝对高程、相对高程的概念。

1.3 地球曲率对测量数值的影响

学习目标

1. 掌握地球曲率对距离测量的影响；
2. 掌握地球曲率对高差测量的影响。

关键概念

水平面代替水准面的限度。

1.3.1 对水平距离的影响

地面点 A、B 在水平面上的投影距离为切线长 $ab'=D'$，在大地水准面上的投影距离为弧长 $\overset{\frown}{ab}=D$；两者之差即水平面代替水准面所产生的距离误差，称为 ΔD，由图 1-12 可见：

$$\Delta D=D'-D=R\cdot\tan\theta-R\theta=R(\tan\theta-\theta) \tag{1-9}$$

将 $\tan\theta$ 按级数展开，得：

$$\tan\theta=\theta+\frac{1}{3}\theta^3+\frac{2}{15}\theta^5+\cdots$$

因为 θ 角很小，只取其前两项代入式(1-9)得：$\Delta D=\frac{1}{3}R\theta^3$，又因为 $\theta=\frac{D}{R}$，所以

$$\Delta D=\frac{D^3}{3R^2} \tag{1-10}$$

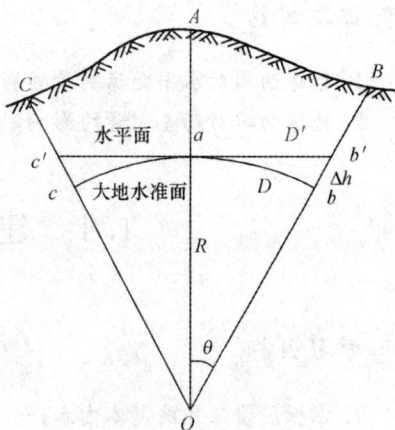

图 1-12 用水平面代替水准面对量距及测高差的影响

或

$$\frac{\Delta D}{D}=\frac{D^2}{3R^2} \tag{1-11}$$

以 $R=6\,371$ km 和不同的 D 值代入式(1-10)和式(1-11)，计算得 ΔD，见表 1-1。由表中数值可见，在 10 km 范围内，用水平直线长代替弧长所产生的最大误差小于 1 cm。这样的误差即使在地面上做精密的距离测量也是允许的，因此，在半径 10 km 的范围内可以用水平面代替水准面。进行一般地形测量时，测量范围的半径可以扩大到 25 km。

表 1-1 水平面代替水准面对距离的影响

距离 D/km	距离误差 ΔD/cm	相对误差 $\Delta D/D$
10	0.8	1/1 250 000
25	12.8	1/195 000
50	102.6	1/48 700
100	821.3	1/12 200

1.3.2 对高程的影响

在图 1-12 中，从大地水准面起算，地面点 B 点高程为 H_B；从水平面 ab' 起算，到 B 点高程为 H'_B，其差 Δh 即用水平面代替水准面所产生的高程误差，即地球曲率对高程的影响，则得：$(R+\Delta h)^2=R^2+D'^2$。因为 D' 和 D 相差甚小，以 D 代替 D'，由上式解得：

$$\Delta h=\frac{D^2}{2R} \tag{1-12}$$

以不同的 D 值代入式(1-12)，计算得相应的 Δh 值(见表 1-2)，表中数值证明，用水平面代替水准面所产生的高程误差，随着距离的平方而增加，很快就达到不容许的程度。为了求得正确的高程，即使距离很短，也不可以使用水平面代替大地水准面进行测量。

表 1-2 水平面代替水准面对高程的影响

距离 D/km	0.1	0.2	0.5	1	2	3	4	5	10
Δh/mm	0.78	3.1	20	78	314	706	1 250	1 962	7 848

📻 **课后讨论**

1. 地球曲率对水平距离测量的影响，在多大范围内可以忽略不计？为什么？
2. 地球曲率对高差测量的影响，有何结论？

1.4　建筑工程测量工作程序

📻 **学习目标**

1. 掌握测量工作的基本内容；
2. 熟悉测量工作的基本原则；
3. 掌握建筑工程施工测量作业流程；
4. 掌握测量数据凑整规则。

测量的基本工作、测量工作的基本原则、测量工作的基本要求、数据凑整规则、测量原始记录规则。

1.4.1 测量的基本工作

1. 平面直角坐标的测定

如图 1-13 所示，设 A、B 为已知坐标点，P 为待定点。首先测量出水平角 β 和水平距离 D_{AP}，再根据 A、B 的坐标，即可推算出 P 点的坐标。

所以，测定地面点平面直角坐标的主要测量工作是测量水平角和水平距离。

2. 高程的测定

如图 1-14 所示，设 A 为已知高程点，P 为待定点。根据式(1-6)得：

$$H_P = H_A + h_{AP} \tag{1-13}$$

只要测出 A、P 之间的高差 h_{AP}，利用式(1-13)，即可计算出 P 点的高程。

测定地面点高程的主要测量工作是测量高差。

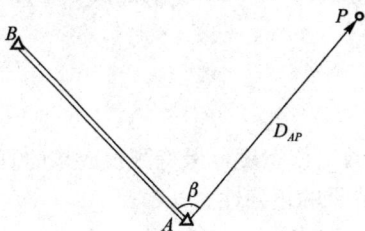

图 1-13　平面直角坐标的测定

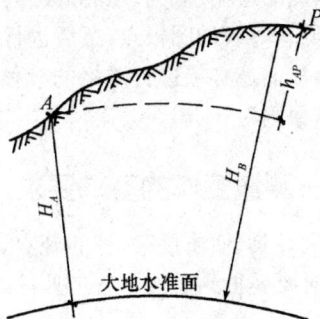

图 1-14　高程的测定

提　示

测量的基本工作是高差测量、水平角测量、水平距离测量。

1.4.2 测量工作的基本原则

对于地形图测绘，测量工作是将地表复杂形态的地物和地貌分区测量。因为在某一个已知点上无法测绘整个测区所有的地物和地貌，仅能测量该控制点附近一定的范围。所以，如图 1-15 所示，首先在测区内选择 A、B、C、D、E、F 等一些具有控制意义的点，称为控制点。精确测定这些点的坐标和高程，然后根据这些控制点进行分区域观测，测定各控制点周围地物与地貌特征点(碎部点)的坐标和高程，最后将各区域所测图形拼成一幅该测区完整的地形图。

无论采取何种测绘方法、测量仪器进行测定或放样，由于仪器误差和测量误差的存在，都会给成果带来误差。为防止误差的传递和累积，要求测量工作必须遵循以下三个基本原则：

(1)"从整体到局部、先控制后碎部"的"整体控制原则"。

在工作部署上遵循"从整体到局部"的原则。测量工作必须先进行总体布局，再按工期、区域、子项目实施局部测量工作。

图 1-15　地形图测绘

在工作程序上遵循"先控制后碎部"的原则。先进行控制测量，测定测区内若干控制点的坐标和高程，作为后续测量工作的依据。

(2)在精度上遵循"从高级到低级"的逐级控制原则。先布设并施测高精度的控制点，再逐级布设、施测低一等级的图根点(最后进行碎部测量)。

(3)测绘作业还必须进行严格的校核工作。遵循"前一步工作未做检核不进行下一步工作"的"步步检核原则"。

1.4.3　测量工作的基本要求

技术人员要具备"质量第一"的观点，严肃认真的工作态度，保持测量成果的真实、客观和原始性；同时要爱护测量仪器与工具，以保证测绘成果的正确性。

1.4.4　建筑工程施工测量作业流程

对于建筑工程施工，其测量工作一般按以下流程进行：

(1)施工前准备：现场踏勘→平整清理施工现场→原始数据收集→阅读设计图纸(图纸会审)→编制测量方案；

(2)定位放线：主要控制轴线定位→施工前原始地面标高方格网施测→开挖边线放线；

(3)基础施工：基槽开挖→垫层→承台→柱筋预插；

(4)主体施工：柱→梁→板→墙体砌筑；

(5)其他：大型设备基础、构件安装。

1.4.5　测量数据凑整规则

测量数据在成果计算过程中，往往涉及凑整问题。为了避免凑整误差的积累而影响测量成果的精度，通常采用以下凑整规则：

(1)被舍去数值部分的首位大于5，则保留数值的最末位加1；

(2)被舍去数值部分的首位小于5，则保留数值的最末位不变；

(3)被舍去数值部分的首位等于5，则保留数值的末位凑成偶数。

综合上述原则，可表述为：大于5则进，小于5则舍，等于5视前一位数而定，奇进偶不进。例如，下列数字凑整后保留三位小数时，以上述原则，对小数点后第四位来做如下判断：

3.141 59→3.142(奇进)，2.645 75→2.646(进1)，1.414 21→1.414(舍去)，7.142 56→7.142（偶不进）。

1.4.6　测量常用计量单位与换算

1. 长度计量单位

国际通用长度基本单位为 m，我国法定长度计量单位采用的米(m)制与其他长度单位关系如下：

长度计算单位为 km、m、dm、cm、mm，其中 1 km＝1 000 m，1 m＝10 dm＝100 cm＝1 000 mm。

2. 面积计量单位

面积计量单位是 m^2，大面积则用 hm^2（公顷）或 km^2 表示，在农业上常用市亩作为面积单位。

1 hm^2＝1 000 m^2＝1.5 市亩，1 km^2＝100 hm^2＝1 500 市亩，1.5 市亩＝666.67 m^2。

3. 体积计量单位

体积计量单位为 m^3，在工程上简称"立方"或"方"。

4. 角度计量单位

测量上常用的角度计量单位有度分秒制和弧度制两种。

(1)度分秒制。1 圆周角＝360°，1°＝60′，1′＝60″。

(2)弧度制。弧长等于圆半径的圆弧所对的圆心角，称为 1 个弧度，用 ρ 表示。1 圆周角＝2 π，1 弧度＝180°/π＝57.3°＝3 438′＝ 206 280″。

1.4.7　测量记录与计算规则

测量原始记录，必须按照下述规则进行，以确保其正确性和真实性：

(1)所有观测成果均要使用中性或硬性(HB～2 H)铅笔记录，同时熟悉表上各项内容及填写、计算方法。

(2)记录观测数据之前，应将表头的仪器型号、日期、天气、测站、观测者及记录者姓名等无一遗漏地填写齐全。

(3)观测者读数后，记录者应随即在测量手簿上的相应栏内填写，并复诵回报，以防听错、记错。不得另纸记录事后转抄。

(4)记录时要求字体端正清晰，字体的大小一般占格高度的一半左右，字脚靠近表格底线，留出空隙作改正错误用。

(5)数据要全，不能省略零位。如水准尺读数为 1.300，度盘读数中的"0"（占位符）均应填写。

(6)水平角观测，秒值读记错误应重新观测，度、分读记错误可以在现场更正（秒值不可以更改），但同一方向盘左、盘右不得同时更改相关数字。在垂直角观测中分的读数，在各测回中不得连环更改。

(7)在距离测量和水准测量中，厘米及以下数值不得更改，米和分米的读记错误，在同一距离、同一高差的往、返测或两次测量的相关数字不得连环更改。

(8)更正错误，均应将错误数字、文字整齐划去，在上方另记正确数字和文字。划改的数字和超限划去的成果，均应注明原因和重测结果的所在页数。

1. 测量工作的基本内容有哪些？
2. 测量工作的三个基本原则是什么？
3. 简述建筑工程施工测量的作业流程。
4. 简述测量数据凑整规则及原始记录规则。

1.5 测量误差

学习目标

1. 了解测量误差的概念；
2. 熟悉测量误差产生的原因；
3. 了解测量误差的分类及其特性；
4. 掌握中误差的概念；
5. 了解相对中误差、极限误差的概念。

关键概念

测量误差、观测条件、偶然误差的特性、中误差、极限误差。

1.5.1 测量误差的概念和特点

1. 测量误差的概念

任何测量工作，由于各种因素的影响，测量所得的量值 x 并不准确地等于被测之量的真值 A，二者之差称为测量误差。修正量与误差值大小相等、方向相反。对测得值加以修正即得到真值，即 $A = x + C$。由于测量误差不可避免，因而无法知道误差的准确值。人们只能估计在一定概率下可能达到的误差限，这样估计的误差限称为测量的不确定度。

2. 测量误差的来源

(1)测量仪器和工具。测量工作需要用测量仪器进行，测量仪器尽管在不断地改进，但总是受到当前科学和生产水平的限制而只具有一定的精确度，因此，测量结果受其影响。另外，虽然仪器使用前进行了检校，但仪器的残差同样会或多或少地影响观测结果。

(2)观测者。由于观测者感觉器官鉴别能力的局限性所引起的误差。例如，在厘米分划的水准尺上，由观测者估读毫米数，则 1 mm 左右的读数误差是完全有可能的。另外，观测者的技术熟练程度也会给观测成果带来不同程度的影响。

(3)外界条件影响。测量工作进行时所处的外界环境中的空气温度、风力、日光照射、大气折光及烟雾等情况时刻在变化，也会使测量结果产生误差。

人、仪器和外界条件是引起测量误差的主要因素，通常称为观测条件。观测条件相同的各次观测，称为等精度观测；观测条件不相同的各次观测，称为非等精度观测。

在观测结果中，有时还会出现错误，称为粗差。粗差在观测结果中是不允许出现的，为了杜绝粗差，除认真作业外，还必须采取必要的检核措施。

3. 测量误差的分类与偶然误差的特征

(1)测量误差的分类。测量误差可分为系统误差和随机误差两类。在相同的条件下进行多次重复测量，若每次测量的误差是恒定的，或者是按照一定规律而变化的，这类误差称为确定性误差或系统误差。产生系统误差的原因(误差源)一般是可以掌握的，系统误差的出现是有规律可循的。若在一组等精度测量中，每次测量的误差是无规律的，其值或大或小，或正或负，那么，这类误差就称为随机误差或偶然误差。任何测量误差的出现都必然有其原因和规律，但由于人们对复杂客观事物的认识有限，对于未能掌握的部分就只能归之于偶然。一旦掌握了某一部分随机误差的原因和规律，这一部分误差就成为一种系统误差；反之，某些误差，虽已掌握其原因和规律，但由于中间掺杂着某些难以控制的偶然因素，以致误差的具体数值也呈现出一定的随机性。成批生产的仪器的制造公差、测量过程中操作员对仪器的调谐和电子测量中的噪声影响等，就是典型的事例。这类误差也称为随机性系统误差或半系统误差，在测量实践中常被当作随机误差来处理。

(2)偶然误差的特征。偶然误差从表面上看没有任何规律性，但是随着对同一量观测次数的增加，大量的偶然误差就表现出一定的统计规律性。例如，对一个三角形的三个内角进行测量，三角形各内角之和 l 不等于其真值 $180°$，用 X 表示真值，则 l 与 X 的差值 Δ 称为真误差(即偶然误差)，即

$$\Delta = l - X \tag{1-14}$$

从表 1-3 中可知，现在相同的观测条件下观测了 217 个三角形，按式(1-14)计算出 217 个内角和观测值的真误差，再按绝对值大小，分区间统计相应的误差个数，并列入表中。从表 1-3 中可以看出：

(1)绝对值较小的误差比绝对值较大的误差个数多。

(2)绝对值相等的正负误差的个数大致相等。

(3)最大误差不超过 $27''$。

表 1-3　偶然误差的统计

误差区间	正误差个数	负误差个数	总计
$0'' \sim 3''$	30	29	59
$3'' \sim 6''$	21	20	41
$6'' \sim 9''$	15	18	33
$9'' \sim 12''$	14	16	30
$12'' \sim 15''$	12	10	22
$15'' \sim 18''$	8	8	16
$18'' \sim 21''$	5	6	11
$21'' \sim 24''$	2	2	4
$24'' \sim 27''$	1	0	1
$27''$以上	0	0	0
合计	108	109	217

通过长期对大量测量数据分析和统计计算，人们总结出了偶然误差的四个特性：

(1)在一定观测条件下，偶然误差的绝对值有一定的限值，或者说，超出该限值的误差出现的概率为零。

(2)绝对值较小的误差比绝对值较大的误差出现的概率大。

(3)绝对值相等的正、负误差出现的概率相同。

(4)同一量的等精度观测，其偶然误差的算术平均值，随着观测次数 n 的无限增大而趋于零，即

$$\lim_{n \to \infty} \frac{[\Delta]}{n} = 0 \qquad (1\text{-}15)$$

式中 $[\Delta]$——偶然误差的代数和，$[\Delta] = \Delta_1 + \Delta_2 + \cdots + \Delta_n$。

上述第四个特性是由第三个特性导出的，说明偶然误差具有抵偿性。

1.5.2 衡量测量精度的指标

1. 测量精度的概念

精度是指测量值与"真实"值之间的最大偏差的绝对值，是指测量值的重复性偏差。而在实际工作中，常用它来表征测量结果偏离其真值或似真值的程度，其含义等价于"测量结果的准确度"。

仪器的精度就是指用该仪器测量所得到结果的精度。

根据误差理论可知，当测量次数无限增多的情况下，可以使随机误差趋于零，而获得的测量结果与真值偏离程度——测量准确度，将从根本上取决于系统误差的大小，因而，系统误差大小反映了测量可能达到的准确程度。

2. 中误差

为了统一测量在一定观测条件下观测结果的精度，取标准值作为依据，在统计理论上是合理的。但是，在实际测量工作中，不可能对某一量做无穷多次观测，因此，定义按有限次数观测的偶然误差用标准差计算公式求得的值称为"中误差"，即

$$m = \pm \sqrt{\frac{[\Delta\Delta]}{n}} \qquad (1\text{-}16)$$

式中 $[\Delta\Delta]$——真误差的平方和，$[\Delta\Delta] = \Delta_1^2 + \Delta_2^2 + \cdots + \Delta_n^2$。

式中显示出中误差与真误差之间的关系。中误差不等于真误差，它只是一组真误差的代表值。中误差 m 值的大小反映了这组观测值精度的高低，因此，对于有限次数的观测，用中误差评定其精度，实践证明是比较合适的。

测量上一般采用中误差作为衡量观测质量的标准。

提 示

在一组观测值中，虽然其真误差各不相等，但由于其中误差 m 值相等，所以该组观测为等精度观测。

【例 1-1】 设有 1、2 两组观测值，各组均为等精度观测，它们的真误差分别为

1 组：$+3''$，$-2''$，$-4''$，$+2''$，$0''$，$-4''$，$+3''$，$+2''$，$-3''$，$-1''$；

2 组：$0''$，$-1''$，$-7''$，$+2''$，$+1''$，$+1''$，$-8''$，$0''$，$+3''$，$-1''$。

试计算 1、2 两组各自的观测精度。

【解】 根据式(1-16)计算 1、2 两组观测值的中误差为

$$m_1 = \pm \sqrt{\frac{(+3'')^2 + (-2'')^2 + (-4'')^2 + (+2'')^2 + (0'')^2 + (-4'')^2 + (+3'')^2 + (+2'')^2 + (-3'')^2 + (-1'')^2}{10}} = \pm 2.7''$$

$$m_2 = \pm \sqrt{\frac{(0'')^2 + (-1'')^2 + (-7'')^2 + (+2'')^2 + (+1'')^2 + (+1'')^2 + (-8'')^2 + (0'')^2 + (+3'')^2 + (-1'')^2}{10}} = \pm 3.6''$$

比较 m_1 和 m_2 可知，1 组的观测精度比 2 组高。中误差所代表的是某一组观测值的精度，而不是这组观测中某一次的观测精度。

3. 真值未知时的中误差

由式(1-14)可知，计算 Δ_i 需要知道观测量的真值 X，在实际测量工作中，观测量的真值一般是未知的，因此就计算不出 Δ_i，这时应使用算术平均值 $\bar{l}$ 来推导中误差的计算公式。设观测量的改正数为

$$V_i = \bar{l} - l_i \quad i = 1, 2, \cdots\cdots n \tag{1-17}$$

则观测量的中误差为

$$m = \pm\sqrt{\frac{[VV]}{n-1}} \tag{1-18}$$

式(1-18)也称白塞尔公式。

对同一组等精度独立观测量，理论上只有当 $n \rightarrow \infty$ 时，式(1-16)和式(1-18)的计算结果才相同。当 n 有限时，两个计算公式的结果将存在差异。

【例 1-2】 某段距离未知，使用 50 m 钢尺丈量该距离 6 次，观测值列于表 1-4 中，试计算钢尺每次丈量的中误差。

【解】 计算结果见表 1-4。

表 1-4 例 1-2 计算结果

测序	观测值/m	改正数 V/mm	VV	计算过程
1	49.986	+4	16	
2	49.981	−1	1	
3	49.984	+2	4	$m = \pm\sqrt{\dfrac{[VV]}{n-1}}$
4	49.979	−3	9	$= \pm\sqrt{\dfrac{91}{5}}$
5	49.976	−6	36	$= \pm 4.27\,(\text{mm})$
6	49.987	+5	25	
Σ	$\bar{l}=49.982$	—	$[VV]=91$	

4. 相对中误差

在某些测量工作中，对观测值的精度仅用中误差来测量还不能正确反映出观测的质量。如距离测量，用钢卷尺丈量 200 m 和 40 m 两段距离，量距的中误差都是 ±2 cm，但不能认为二者的精度是相同的，因为量距误差的大小与其长度有关。为此，用观测值的中误差与观测值之比的形式描述观测的质量，称为"相对中误差"。在上述例子中，前者的相对中误差为 0.02/200＝1/10 000，而后者则为 0.02/40＝1/2 000，显然前者的量距精度高于后者。

5. 极限误差(允许误差)

在一定观测条件下，偶然误差的绝对值不应超过的限值，称为极限误差，也称限差或容许误差、允许误差。

通常将 2 倍或 3 倍中误差作为偶然误差的容许值，即

$$\Delta_{容} = 2\,m \text{ 或 } \Delta_{容} = 3\,m$$

当测量精度要求较高时，一般以 2 倍中误差作为容许误差，即 $\Delta_{容} = 2\,m$。

如果某个观测值的偶然误差超过了容许误差，就可以认为该观测值含有粗差，应舍去不用或返工重测。

💻 提 示

仪器精度的高低是用误差来衡量的，误差大精度低，误差小精度高。仪器精度是客观存在的，它表现在误差之中。误差按其性质可分为系统误差和随机误差；按被测参数的时间特性可分为静态参数误差和动态参数误差。因此，精度也要相应地加以区分。

仪器正确度是指仪器实际测量对理想测量的符合程度。其是仪器测量范围位置误差的函数，表示仪器系统误差大小的程度。

精密度表示在测量结果中随机误差分散的程度，即在一定的条件下进行多次测量时，所得测量结果彼此之间的符合程度。其反映了给定仪器的随机误差。

准确度是在测量结果中系统误差与随机误差的综合，表示测量结果与被测量的真值的接近程度。

现行《工程测量规范》(GB 50026—2007)以中误差作为衡量测绘精度的标准，并以 2 倍中误差作为极限误差。

💻 课后讨论

1. 什么是测量误差？
2. 测量误差有哪两类？它们各有什么特点？
3. 简述产生测量误差的原因及尽量消除误差的措施。
4. 什么是中误差？其与真误差的关系是什么？
5. 什么是相对中误差？
6. 简述容许误差的一般规定。

▶ 本章小结

进行建筑工程施工测量工作必须首先了解测量的基本知识。本章主要讲述了建筑工程测量的任务、坐标系统和高程系统、地球曲率对测量数值的影响、建筑工程测量工作程序、测量误差及测量精度衡量指标等内容。

在学习本章时，一定要正确理解测量基本概念，掌握测量基本原则，熟知测量基本工作任务。本章是后续章节学习的基础。

▶ 课后习题

一、填空题

1. 测量工作的基准线是_____。
2. 测量工作的基准面是_____。
3. 测量计算的基准面是_____。
4. 真误差为_____减_____。
5. 在高斯平面直角坐标系中，中央子午线的投影为坐标_____轴。
6. 通过_____海水面的水准面称为大地水准面。

7. 地球的平均曲率半径为_____ km。

8. 地面某点的经度为131°58′，该点所在统一6°带的中央子午线经度是_____。

9. 水准面是处处与铅垂线_____的连续封闭曲面。

10. 为了使高斯平面直角坐标系的 y 坐标恒大于零，将 x 轴自中央子午线西移_____ km。

11. 衡量测量精度的指标有_____、_____、_____。

12. 天文经纬度的基准是_____，大地经纬度的基准是_____。

13. 测量误差产生的原因有_____、_____、_____。

14. 用钢尺在平坦地面上丈量 AB、CD 两段距离，AB 往测为 476.4 m，返测为 476.3 m；CD 往测为 126.33 m，返测为 126.3 m，则 AB 比 CD 丈量精度要_____。

二、判断题(下列各题，正确的请在题后的括号内打"√"，错误的打"×")

1. 大地水准面所包围的地球形体，称为地球椭圆体。 （ ）

2. 天文地理坐标的基准面是参考椭球面。 （ ）

3. 大地地理坐标的基准面是大地水准面。 （ ）

4. 系统误差影响观测值的准确度，偶然误差影响观测值的精密度。 （ ）

5. 高程测量时，测区位于半径为10 km的范围内时，可以用水平面代替水准面。 （ ）

三、选择题

1. 我国使用高程系的标准名称是（ ）。
   A. 1956 黄海高程系　　　　　　　　B. 1956 年黄海高程系
   C. 1985 年国家高程基准　　　　　　D. 1985 国家高程基准

2. 我国使用的平面坐标系的标准名称是（ ）。
   A. 1954 北京坐标系　　　　　　　　B. 1954 年北京坐标系
   C. 1980 西安坐标系　　　　　　　　D. 1980 年西安坐标系

3. 钢尺的尺长误差对距离测量产生的影响属于（ ）。
   A. 偶然误差　　　　　　　　　　　　B. 系统误差
   C. 偶然误差也可能是系统误差　　　　D. 既不是偶然误差也不是系统误差

4. 在高斯平面直角坐标系中，纵轴为（ ）。
   A. x 轴，向东为正　　　　　　　　B. y 轴，向东为正
   C. x 轴，向北为正　　　　　　　　D. y 轴，向北为正

5. 在以（ ）km为半径的范围内，可以用水平面代替水准面进行距离测量。
   A. 5　　　　　　B. 10　　　　　　C. 15　　　　　　D. 20

6. A 点的高斯坐标 $x_A = 112\,240$ m，$y_A = 19\,343\,800$ m，则 A 点所在6°带的带号及中央子午线的经度分别为（ ）。
   A. 11 带，66　　　　　　　　　　　B. 11 带，63
   C. 19 带，117　　　　　　　　　　　D. 19 带，111

7. 测量使用的高斯平面直角坐标系与数学使用的笛卡尔坐标系的区别是（ ）。
   A. x 与 y 轴互换，第一象限相同，象限逆时针编号
   B. x 与 y 轴互换，第一象限相同，象限顺时针编号
   C. x 与 y 轴不变，第一象限相同，象限顺时针编号
   D. x 与 y 轴互换，第一象限不同，象限顺时针编号

8. 对地面点 A，任取一个水准面，则 A 点至该水准面的垂直距离为（ ）。
   A. 绝对高程　　　B. 海拔　　　　C. 高差　　　　D. 相对高程

9. 高斯投影属于(　　)。

　　A. 等面积投影　　　B. 等距离投影　　　C. 等角投影　　　D. 等长度投影

10. 地面某点的经度为东经85°32′,则该点应在三度带的第几带?(　　)

　　A. 28　　　　　　B. 29　　　　　　C. 27　　　　　　D. 30

11. 测定点的平面坐标的主要工作是(　　)。

　　A. 测量水平距离　　　　　　　　B. 测量水平角

　　C. 测量水平距离和水平角　　　　D. 测量竖直角

12. 在高斯平面直角坐标系中,x 轴方向为(　　)方向。

　　A. 东西　　　　　B. 左右　　　　　C. 南北　　　　　D. 前后

13. 地理坐标可分为(　　)。

　　A. 天文坐标和大地坐标　　　　　B. 天文坐标和参考坐标

　　C. 参考坐标和大地坐标　　　　　D. 三维坐标和二维坐标

14. 对高程测量,用水平面代替水准面的限度是(　　)。

　　A. 在以 10 km 为半径的范围内可以代替

　　B. 在以 20 km 为半径的范围内可以代替

　　C. 无论多大距离都可代替

　　D. 不能代替

四、名词解释

1. 水准面

2. 测定

3. 测设

五、简答题

1. 测量工作的基本原则是什么?

2. 中误差的概念是什么?

六、计算题

1. 在 1∶2 000 的地形图上,量得一段距离 $D=23.2$ cm,其测量中误差 $m_D=\pm0.1$ cm,计算该段距离的实地长度 D 及中误差 m_D。

2. 在同一观测条件下,对某水平角观测了五测回,观测值分别为:39°40′30″,39°40′48″,39°40′54″,39°40′42″,39°40′36″,试计算:(1)该角的算术平均值;(2)一测回水平角观测中误差。

3. 在相同的观测条件下,对某段距离丈量了五次,各次丈量的长度分别为:139.413 m、139.435 m、139.420 m、139.428 m、139.444 m。试计算:(1)距离的算术平均值;(2)观测值的中误差。

第2章 水准测量与水准仪

引 言

在建筑工程中，经常会遇到需要测量某点的高程，或与某个已知点的高差是多少的问题。如何正确、快速制订测量方案，选用合格仪器，合理安排人员，完成测量操作并对测量结果进行分析处理，是完成测量任务必不可少的关键环节。本章主要介绍水准测量的方法和步骤，以及水准仪等常规测量仪器的使用方法和操作步骤。

学习目标

通过本章学习，能够：
1. 掌握使用水准仪等常规测量仪器及工具的能力；
2. 掌握水准测量内外业工作流程及内业计算；
3. 熟悉水准仪的检验和校正方法；
4. 熟悉水准测量误差的分析。

文献导读

2005年10月9日上午10时，在国务院新闻办公室举办的新闻发布会上，原国家测绘局局长陈邦柱宣布：珠峰峰顶岩石面海拔高程为8 844.43 m。同时也宣布，我国于1975年公布的珠峰高程数据8 848.13 m停止使用。

本次测量分为两个阶段。

第一阶段为从拉孜（位于西藏自治区西南部，为此次测量起点）出发行进500 km到海拔5 600 m的珠峰半山坡，都要使用水准测量法测量高度。但测绘队的8名队员使用这种方法每天只能行进4 km，而在平原每天至少能走8 km。根据要求，从2005年3月就开始从拉孜出发的陕西测绘队在6月15日前测完全程500 km的路段。

第二阶段为海拔5 600 m以后，测量人员直接进行珠峰山体测量。这一阶段的测量由测量人员在观测点通过观测登山队员立到珠峰峰顶上的觇标，通过计算最终得出珠峰山体高。为了提高测量精度，本次珠峰测量一共在珠峰脚下布下了6个观测点，观测队员进行了6点量测的多角度测量。

通过对珠峰高程测量，不但得到了更精确的高度本身，而且可更好地研究它的高度变化及相关测量数据的变动对全球生物圈、大气圈、岩石圈的变化影响，也就是对人们所生活的自然和所居住的城乡的影响。另外，也实践应用了测绘科技和测量技术设备的巨大进步。

在建筑工程测量中，随着测量技术设备的进步与社会需求的增长，也需要有更高的精度和工效。国家为此还制订或修订了大量的测绘标准或规范，这里列举一些：《国家一、二等水准测量规范》(GB/T 12897—2006)、《国家三、四等水准测量规范》(GB/T 12898—2009)、《水准仪》(GB/T 10156—2009)、《工程测量规范》(GB 50026—2007)、《测绘基本术语》(GB/T 14911—2008)等。在开展测量工作时，应尽量与标准或规范相吻合。

测量地面上各点高程的工作称为高程测量。按使用的仪器和测量原理的不同，高程测量可分为水准测量、三角高程测量、GPS 高程测量等。水准测量精度最高，是高程测量的主要方法，工程上通常采用水准测量的方法来确定地面点位的高程；三角高程测量是利用经纬仪测量倾角再按三角函数解算出地面点高程的方法，该方法使用钢尺量距时精度较低，适用于在山区进行低精度的高程测量；GPS 高程测量是使用卫星定位测量，由于水准测量的基准面是大地水准面，而 GPS 高程测量基准面是参考椭球面，故在地面同一点处两面存在垂线偏差，导致后者精度较低，目前很难用于高等级的控制测量中。

2.1 水准测量原理与高程计算方法

学习目标

1. 了解高程测量基本概念；
2. 掌握水准测量原理；
3. 掌握高程计算方法。

关键概念

水准测量原理、高差法、视线高法。

2.1.1 水准测量原理

水准测量是利用水准仪提供的一条水平视线，借助于带有分划的尺子，测量出两地面点之间的高差，再根据测得的高差和已知点的高程，推算出另一个点的高程的方法。

如图 2-1 所示，已知地面上 A 点的高程为 H_A，欲测定 B 点的高程 H_B，需要先测出 A、B 两点之间的高差 h_{AB}，为此要在 A、B 之间安置一台水准仪，再在 A、B 两点上各竖立一根水准尺，利用仪器所提供的水平视线，分别读取 A、B 尺上的读数 a 和 b，则 B 点对于 A 点的高差为

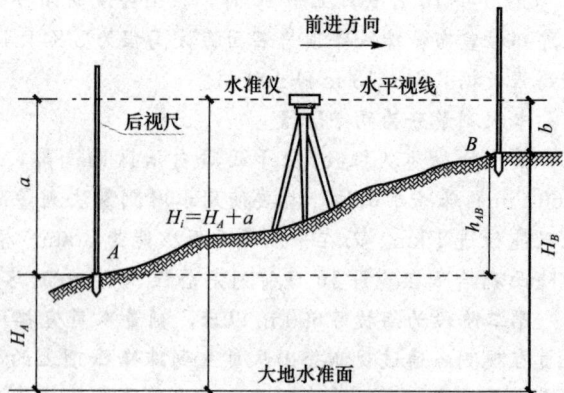

图 2-1 水准测量原理

$$h_{AB} = a - b \tag{2-1}$$

如果水准测量是由 A 点到 B 点方向进行的，如图 2-1 中的箭头所示，A 点为已知高程点，则 A 点尺上的读数称为后视读数，记为 a；B 点为待定高程点，B 点尺上的读数称为前视读数，记为 b；两点之间的高差等于后视读数减去前视读数，即 $h_{AB} = a - b$。若 a 大于 b，则高差为正，B 点高于 A 点；反之高差为负，则 B 点低于 A 点。

2.1.2 高程计算方法

1. 高差法

如图 2-1 所示，如果已知后视 A 的高程为 H_A，则可由测定的高差 h_{AB} 计算前视点的高程 H_B：

$$H_B = H_A + h_{AB} = H_A + (a - b) \qquad (2\text{-}2)$$

式(2-2)根据高差推算待定点高程的方法叫作高差法。

2. 视线高法

B 点高程也可以通过仪器视线高程 H_i 求得。

视线高程 $\qquad\qquad\qquad\qquad H_i = H_A + a \qquad\qquad\qquad\qquad (2\text{-}3)$

待定点高程 $\qquad\qquad\qquad\qquad H_B = H_i - b \qquad\qquad\qquad\qquad (2\text{-}4)$

式(2-4)通过视线高推算待定点高程的方法称为视线高法。

高差法和视线高法的测量原理是相同的，区别在于计算高程时次序上的不同。在安置一次仪器需求出几个点的高程时，视线高法比高差法方便，因而，视线高法在各种工程中被广泛采用。

📋 **课后讨论**

1. 水准测量原理是什么？
2. 高差法和视线高法的区别是什么？

2.2 水准测量的仪器及工具

📋 **学习目标**

1. 熟悉水准仪的结构；
2. 熟悉水准测量的工具。

📋 **关键概念**

望远镜、水准器、视准轴。

水准测量所使用的仪器为水准仪，工具有水准尺和尺垫。

水准仪按精度高低可分为普通水准仪和精密水准仪。国产水准仪按精度分为 DS_{05}、DS_1、DS_2、DS_3 等。在工程测量中一般使用 DS_3 型微倾式、自动安平水准仪，D、S 分别为"大地测量"和"水准仪"的汉语拼音第一个字母，数字 3 表示该仪器的精度，即每公里往返测量高差中数的偶然中误差为 ± 3 mm。

本节重点介绍 DS_3 型微倾式水准仪。

2.2.1 DS_3 水准仪的构造

水准仪是能够提供水平视线，并能够照准水准尺进行读数的仪器，主要由望远镜、水准器和基座三部分构成。

DS₃ 水准仪的外形和各部件名称如图 2-2 所示。

(a)   (b)

图 2-2   DS₃ 水准仪的构造
1—微倾螺旋；2—分划板护罩；3—目镜；4—物镜调焦螺旋；
5—制动螺旋；6—微动螺旋；7—底板；8—三角压板；9—脚螺旋；
10—弹簧帽；11—望远镜；12—物镜；13—管水准器；
14—圆水准器；15—连接小螺钉；16—轴座

1. 望远镜

望远镜是构成水平视线、瞄准目标和在水准尺上读数的主要部件。如图 2-3 所示，其主要由物镜、目镜、调焦透镜和十字丝分划板等构成。

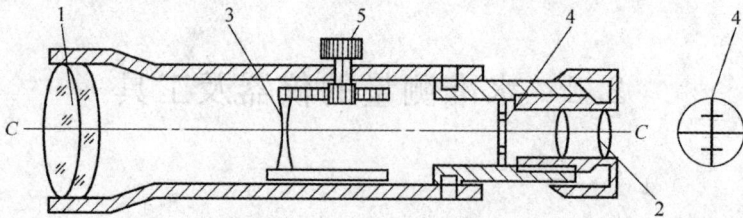

图 2-3   水准仪望远镜的构造
1—物镜；2—目镜；3—调焦透镜；4—十字丝分划板；5—调焦螺旋

物镜的作用是和调焦透镜一起将远处的目标清晰成像在十字丝分划板上，形成一个倒立而缩小的实像；目镜的作用是将物镜所成的实像和十字丝分划板一起放大成可见的虚像。

十字丝分划板是一块刻有分划线的玻璃薄片，分划板上互相垂直的两条长丝称为十字丝，纵丝也称为竖丝，横丝也称为中丝，竖丝与横丝是用来照准目标和读数的。在横丝的上下还有两条对称的短丝称为视距丝，可用来测定距离。

十字丝的交点和物镜光心的连线称为望远镜的视准轴。视准轴的延长线就是望远镜的观测视线。

2. 水准器

水准器是测量人员判断水准仪安置是否正确的重要装置。水准仪上的装置有圆水准器和管水准器两种。

(1)圆水准器。圆水准器安装在仪器的基座上，用于对水准仪进行快速粗略整平。如图 2-4 所示，圆水准器内有一个气泡，它是将加热的酒精和乙醚的混合液注满后密封，液体冷却后收缩形成一个空间，也即形成了气泡。

圆水准器顶面的内表面是一球面，其中央有一圆圈，圆圈的圆心称为水准器的零点，连接零点与球心的直线称为圆水准器轴。当圆水准器气泡中心与零点重合时，表示气泡居中，此时圆水准器轴处于铅垂位置。圆水准器的气泡每移动 2 mm，圆水准器轴相应倾斜的角度 τ 称为圆水准器分划值，一般为 $8'\sim10'$，由于它的精度较低，所以圆水准器一般用于仪器的粗略整平。

(2)管水准器。如图 2-5 所示，管水准器的玻璃管内壁为圆弧，圆弧的中心点称为水准管的零点。通过零点与圆弧相切的切线 LL 称为水准管轴。当气泡中心与零点重合时称为气泡居中，此时水准管轴 LL 处于水平位置。管水准器内壁弧长 2 mm 所对应的圆心角 τ 称为水准管的分划值，DS_3 水准仪的水准管分划值为 $20''$。水准管分划值越小，灵敏度越高，用来整平仪器精度也越高。因此，管水准器的精度比圆水准器的精度高，适用于仪器的精确整平。

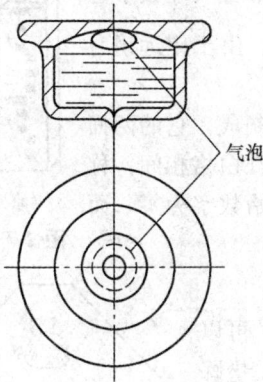

图 2-4　圆水准器　　　　　　图 2-5　管水准器

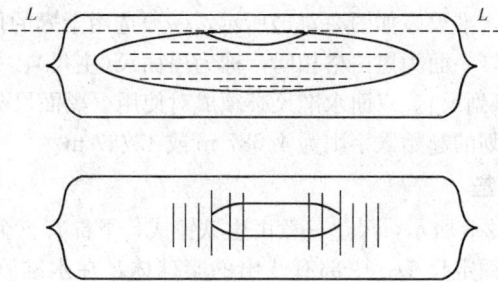

为了提高水准管气泡居中精度，DS_3 水准仪在管水准器的上方安装了一组符合棱镜，如图 2-6(a)所示，这样可使水准管气泡两端的半个气泡的影像通过棱镜的几次折射，最后在目镜旁的观察小窗内看到。当两端的半个气泡影像错开时，如图 2-6(b)所示，表示气泡没有居中，需要转动微倾螺旋使两端的半个气泡影像一致，则表示气泡居中，如图 2-6(c)所示。这种具有棱镜装置的管水准器称为符合水准器，它能提高气泡居中的精度。

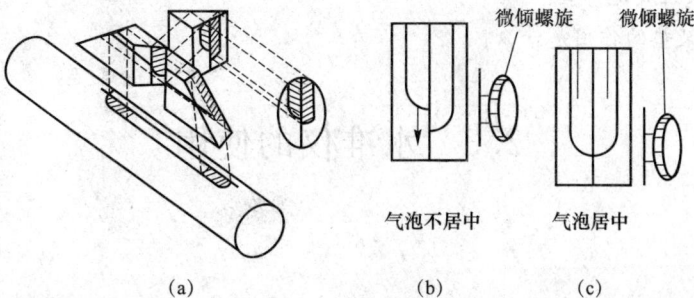

(a)　　　　　　(b)　　　　　　(c)

图 2-6　符合水准器

3. 基座

基座主要由轴座、脚螺旋、底板和三角压板构成。基座的作用是支撑仪器上部，即将仪器的竖轴插入轴座内旋转。基座上有三个脚螺旋，用来调节圆水准器使气泡居中，从而使竖轴处于竖直位置，将仪器粗略整平。底板通过连接螺旋与下部三脚架连接。

2.2.2 水准尺和尺垫

1. 水准尺

水准尺是水准测量的重要工具，其质量好坏直接影响水准测量的成果。常用水准尺有塔尺、双面水准尺、铟钢尺和条码水准尺四种，后两种用于精密水准测量。

塔尺通常有 3 m 和 5 m 两种规格[图 2-7(a)]，以铝合金或玻璃钢材料为多，木质塔尺现在已很少见。塔尺可以伸缩，携带方便，但用旧后接头处容易损坏，影响尺长精度。水准尺的尺底为零点，立尺时将尺的零点放置在立尺测点上。尺上黑、白格相间，每格宽度为 1 cm 或 0.5 cm，每分米有一位数字注记。数字上加红点表示米数，如 8 表示 1.8 m，5 表示 2.5 m。由于望远镜有正像和倒像两种，所以水准尺注记也有正写和倒写两种。

双面水准尺，如图 2-7(b)所示，一般选用干燥的优质木材制成。它的两面都有分划，一面为黑白格相间，称为黑面尺（主尺）；另一面为红白格相间，称为红面尺（副尺）。双面水准尺必须成对使用。黑面尺分划的起始数字为零，而红面尺分划的起始数字则为 4.687 m 或 4.787 m。

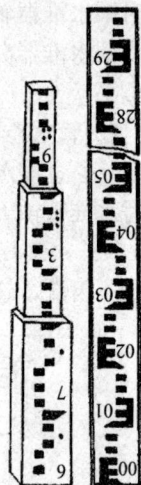

(a)　(b)

图 2-7　水准尺

2. 尺垫

如图 2-8 所示，尺垫一般由生铁铸成，下部有三个尖足点，可以踩入土中固定尺垫；中部有凸出的半球体，在水准测量中，尺垫踩实后再将水准尺放在尺垫顶面的半球体上，可防止水准尺下沉。

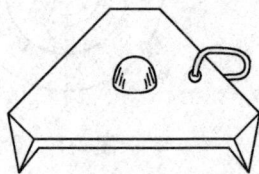

图 2-8　尺垫

📷 **提　示**

尺垫仅供转点或临时点(不需要求出该点的高程，而只起高程传递作用)竖立水准尺时使用。

📷 **课后讨论**

1. DS₃ 水准仪组成是哪些？
2. 水准尺和尺垫的作用是什么？

2.3　水准仪的使用

📷 **学习目标**

1. 掌握水准仪的操作；
2. 熟悉水准测量的测站检核。

📷 **关键概念**

粗平、精平、视差、左手定则。

微倾式水准仪使用的基本操作程序为安置仪器和粗略整平(简称粗平)、调焦和照准、精确整平(简称精平)和读数。

1. 安置水准仪和粗平

先选好平坦、坚固的地面作为水准仪的安置点，然后张开三脚架使之高度适中，架头大致水平，再用连接螺旋将水准仪固定在三脚架头上，将架腿的脚尖踩实。调整三个脚螺旋，使圆水准器气泡居中称为粗平。粗平后，仪器竖轴大致铅垂，视准轴也已大致水平。

圆水准器整平方法：

如图 2-9 所示，当气泡不在中心而偏在 a 处时，可先用双手按箭头指示的方向转动脚螺旋 1 和 2，使气泡移到 b 处，然后转动第 3 个螺旋使气泡从 b 处移动到圆圈的中心。气泡移动方向的规律是与左手大拇指移动的方向一致，此为整平气泡的左手定则。

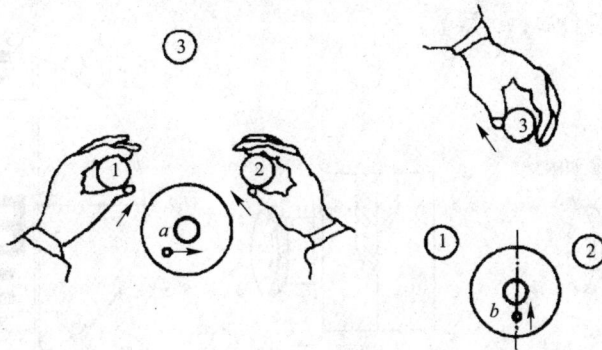

图 2-9　圆水准器整平

2. 照准和调焦

(1)照准。水准仪粗平后，转动望远镜，用其上的准星和照门大致瞄准水准尺，然后旋紧制动螺旋使望远镜固定，再旋转水平微动螺旋使水准尺成像在望远镜视场中。

(2)目镜调焦。转动望远镜目镜调焦螺旋，使十字丝清晰(必须是黑色的亮细线)。

(3)物镜调焦。转动物镜调焦螺旋，使水准尺成像清晰，再转动水平微动螺旋，使十字丝竖丝照准水准尺。

此步骤与目镜调焦同步进行，直至十字丝和水准尺的影像均清晰为止。

(4)消除视差。瞄准目标后，眼睛可在目镜处做上下移动，如发现十字丝与目标影像有相对移动，读数随眼睛的移动而改变，这种现象称为视差。如图 2-10 所示，产生视差的原因是目标影像与十字丝分划板不重合，它将影响读数的正确性。消除视差的办法是先调目镜调焦螺旋看清楚十字丝，再继续仔细地转动物镜调焦螺旋，直至影像与十字丝平面重合。目镜与物镜均需要不断调焦，直至影像单一、清晰为止。

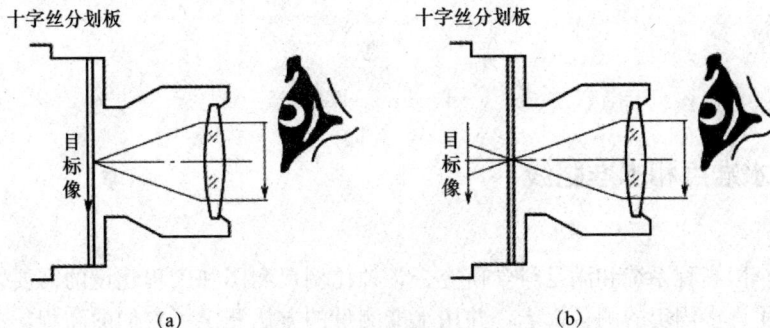

图 2-10　视差现象

(a)无视差；(b)存在视差

3. 精平

如图 2-11 所示，转动微倾螺旋，微倾螺旋的转动方向与左侧半气泡的移动方向一致，同时察看水准管气泡观察窗，当符合水准器气泡成像时（即水准管气泡"U"形丝底部对齐时），表明气泡已精确整平。此时与水准管轴平行的视准轴处于水平状态。

4. 读数

当符合水准管气泡居中时，立即根据十字丝中丝在水准尺上读数。无论使用的水准仪是正像还是倒像，读数总是由注记小的一端向大的一端读出。通常读数应为四位数字，米、分米、厘米可以由尺上分划直接读出，毫米数则估读（铝合金塔尺可以直接读出）。如图 2-12 所示，读数为 1 609，以毫米为单位。读数后再检查一下气泡是否移动、"U"形丝底部是否对齐，否则需要重新调整气泡使之符合后再次读数。

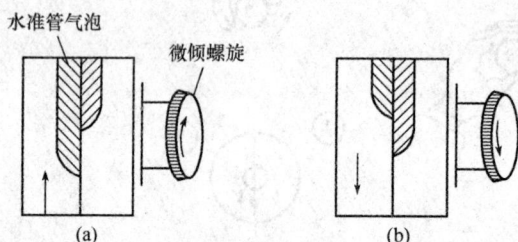

图 2-11　精平

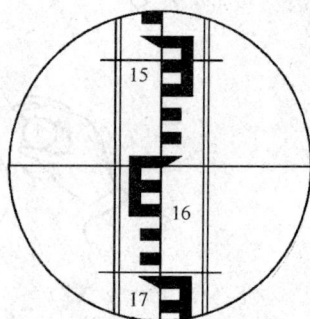

图 2-12　读数

📖 **课后讨论**

1. 水准仪的操作步骤有哪些？
2. DS_3 水准仪在读数之前必须做什么事情？

2.4　水准测量的方法与检核

📖 **学习目标**

掌握水准测量的方法。

📖 **关键概念**

水准点、水准路线、转点。

2.4.1　水准点和水准路线

1. 水准点

为了统一全国高程系统和满足科学研究、各种比例尺测图和工程建设的需要，测绘部门在全国各地埋设了许多固定的测量标志，并用水准测量的方法测定了它们的高程，这些标志称为水准点（Benchmark），常用 BM 表示。水准点有永久性水准点和临时性水准点两种。永久性水准点一般用石料或混凝土制成，深埋在地面冻土线以下，如图 2-13 所示。其顶面嵌入一个金属或瓷质的水准标志，标志中央半球形的顶点表示水准点的高程位置。有的永久性水准点埋设在稳固建筑物的墙脚上，如图 2-14 所示。

图 2-13　永久性水准点　　　　　　　图 2-14　墙上永久性水准点

建筑工地上的永久性水准点一般用混凝土制成，顶部嵌入半球状金属标志，其形状如图 2-15(a) 所示。临时性水准点常用大木桩打入地下，桩顶钉入一半球状头部的铁钉，以示高程位置，如图 2-15(b) 所示。

为了便于以后的寻找和使用，每一水准点都应绘制水准点附近的地形草图，标明点位到附近最少两处明显、稳固地物点的距离，水准点应注明点号、等级、高程等情况，称为点之记。

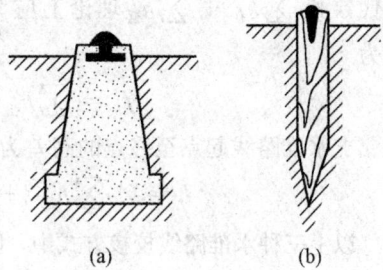

图 2-15　水准点标态

2. 水准路线

在水准测量中，为了避免观测、记录和计算中发生粗差，并保证测量成果能达到一定的精度要求，必须布设某种形式的水准路线，利用一定条件来检核所测成果的正确性。在工程测量中，水准路线一般有以下三种形式：

(1)附合水准路线。如图 2-16 所示，BM_1、BM_2 为两个已知水准点，现需求得 1、2、3 点的高程。水准路线从已知水准点 BM_1(起始点)出发，经待定点 1、2、3 附合到另一已知水准点 BM_2(终点)上，这样的水准路线称为附合水准路线。路线中各段高差的代数和理论上应等于两个水准点之间的高差，即

$$\sum h_{理} = h_{终} - h_{始} \tag{2-5}$$

由于观测误差不可避免，实测的高差与已知高差一般不可能完全相等，其差值称为高差闭合差，用符号 f_h 表示，则有：

$$f_h = \sum h_{测} - (h_{终} - h_{始}) \tag{2-6}$$

(2)闭合水准路线。如图 2-17 所示，由 BM_3 出发，沿环线进行水准测量，最后回到原水准点 BM_3 上，称为闭合水准路线。显然，式(2-6)中的 $h_{终} - h_{始} = 0$，则路线上各点之间高差的代数和应等于零，即

$$\sum h_{理} = 0 \tag{2-7}$$

若不等于零，则高差闭合差为

$$f_h = \sum h_{测} \tag{2-8}$$

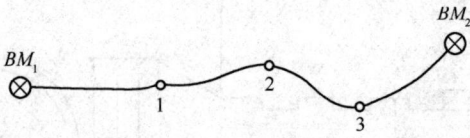

图 2-16　附合水准路线

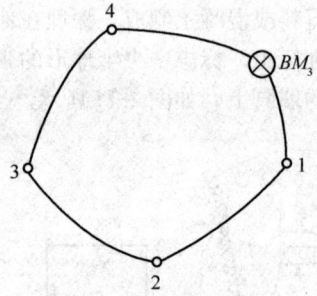

图 2-17　闭合水准路线

（3）支水准路线。如图 2-18 所示，1、2 点为未知高程点，由一水准点 BM_A 出发，既不附合到其他水准点上，也不自行闭合，称为支水准路线。支水准路线要进行往返观测，往测高差与返测高差观测值的代数和 $\sum h_往 + \sum h_返$ 理论上应为零。若不等于零，则高差闭合差为

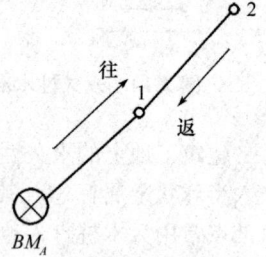

图 2-18　支水准路线

$$f_h = \sum h_往 + \sum h_返 \qquad (2\text{-}9)$$

支水准路线起点至终点的高差为

$$h = (|\sum h_往| + |\sum h_返|)/2$$

以上三种水准路线校核方式中，附合水准路线方式校核最可靠，它除可检核观测成果有无差错外，还可以发现已知点是否有抄错成果、用错点位等问题。支水准路线仅靠往返观测校核，若起始点的高程抄录错误和该点的位置搞错，是无法发现的。因此，应用支水准路线时应注意检查。

2.4.2　水准测量的方法

当高程待定点离开已知点较远或高差较大时，仅安置一次仪器进行一个测站的工作就不能测出两点之间的高差。这时需要在两点之间加设若干个临时立尺点，分段连续多次安置仪器来求得两点之间的高差。这些临时加设的立尺点是作为传递高程用的，称为转点，一般用符号 TP 表示。

如图 2-19 所示，水准点 A 的高程为 32.655 m，要测定 B 点的高程。观测时临时加设了三个转点，共进行了四个测站的观测，每个测站观测时的程序相同，其观测步骤、记录、计算说明如下：作业时，先在水准点 A 上立尺，作为后视尺，沿路线前进方向适当位置选择转点 TP_1 上立尺，作为前视尺，在距离 A 点和 TP_1 点大致等距离 I 处安置水准仪进行观测。视线长度最长不应超过 100 m。

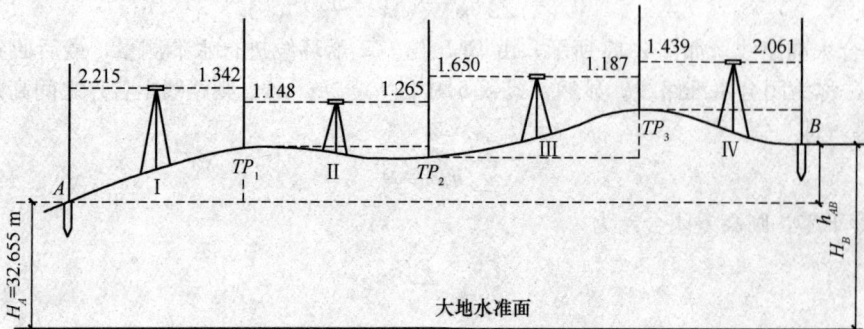

图 2-19　水准路线测量

在第一测站上的观测程序如下：

(1)安置仪器，使圆水准器气泡居中。

(2)照准后视 A 点水准尺，并转动微倾螺旋使水准管气泡精确居中，用中丝读后视尺读数 $a_1 = 2\ 215$。记录员复诵后记入手簿，见表 2-1。

(3)照准前视即转点 TP_1 水准尺，精平，读前视尺读数 $b_1 = 1\ 342$。记录员复诵后记入手簿，并计算出 A 点与转点 TP_1 之间的高差：$h_1 = 2.215 - 1.342 = +0.873$，填入表 2-1 中高差栏。

表 2-1　水准测量手簿

测站	测点	水准尺读数/mm		高差/m		高程/m	备注
		后视(a)	前视(b)	+	−		
1	BM_A TP_1	2 215	1 342	0.873		32.655	
2	TP_1 TP_2	1 148	1 265		0.117		
3	TP_2 TP_3	1 650	1 187	0.463			
4	TP_3 B	1 439	2 061		0.622	33.252	
计算检核		$\sum 6\ 452$ $-5\ 855$	$\sum 5\ 855$	$\sum 1.336$ -0.739	$\sum -0.739$	33.252 -32.655	
		$+0\ 597$		$+0.597$		$+0.597$	

第一个测站观测完成后，转点 TP_1 处的尺垫和水准尺保持不动，将仪器移到Ⅱ处安置，将 A 点处水准尺转移到转点 TP_2 尺垫上，继续进行第二站的观测、记录、计算，用同样的工作方法一直到达 B 点。

显然，每安置一次仪器，就测得一个高差，即

$$h_1 = a_1 - b_1$$
$$\cdots\cdots$$
$$h_4 = a_4 - b_4$$

将各式相加，得

$$\sum h = \sum a - \sum b \tag{2-10}$$

B 点的高程为

$$H_B = H_A + \sum h \tag{2-11}$$

式(2-10)表达了后视读数总和 $\sum a$、前视读数总和 $\sum b$ 与高差总和 $\sum h$ 之间的关系，式(2-11)表达了待求点 B 的高程 H_B 与已知点 H_A 和高差总和 h_{AB} 间的关系。利用这些相互关系可对表 2-1 中的计算作校核，以检查表中整个计算是否正确。应该注意的是，校核计算只能检查计算是否正确，并不能发现观测、记录过程中有无差错。

2.4.3　水准测量的测站检核

为了防止测量错误，确保观测高差正确无误，须对各测站的观测高差进行检核，这种检核称为测站检核。常用的检核方法有两次仪器高法和双面尺法两种。

1. 两次仪器高法

两次仪器高法是在同一测站上用两次不同的仪器高度，两次测定高差，即测得第一次高差后，改变仪器高度约为 10 cm 以上，再次测定高差。对于四等水准测量，若两次测得的高差之差不超过 5 mm，则取其平均值作为该测站的观测高差。否则需要重测。

2. 双面尺法

双面尺法是在一测站上，仪器高度不变，分别用双面水准尺的黑面和红面两次测定高差。对于四等水准测量，若黑面、红面所测高差（在红面所测高差上加或减 100 mm）之差不超过 5 mm，则取其平均值作为该测站的高差。否则需要重测。

📖 **课后讨论**

1. 什么是水准点？
2. 水准路线的形式有几种？各有什么特点？
3. 简述测站检核的意义。
4. 测站检核的方法有几种？

2.5 水准测量的精度要求与成果计算

📖 **学习目标**

掌握水准测量的成果计算方法。

📖 **关键概念**

高差闭合差、改正数。

水准测量成果计算之前，必须对外业观测手簿进行认真的检查，计算各点之间的高差。经检查无误后，方可进行成果的计算。

1. 水准测量的精度要求

工程中不同等级的水准测量，对高差闭合差的限差有不同的要求，五等以外的水准测量的高差闭合差允许值一般为

平地 $$f_{h容} = \pm 40\sqrt{L} \, (\text{mm}) \tag{2-12}$$

山地 $$f_{h容} = \pm 12\sqrt{n} \, (\text{mm}) \tag{2-13}$$

式中 $f_{h容}$——高差闭合差的容许值；

L——水准路线长度，以 km 为单位；

n——水准路线测站数。

当地形起伏较大，每 1 km 水准路线超过 16 个测站时，按山地计算容许闭合差。施测时，如设计单位根据工程性质提出具体要求时，应按要求精度施测。

2. 水准测量的成果计算

(1)附合水准路线成果计算。A、B 为两个已知水准点，A 点高程为 421.336 m，B 点高程为 425.062 m，按照等外水准技术要求进行观测，其观测成果如图 2-20 所示，计算 1、2、3 点的高程。

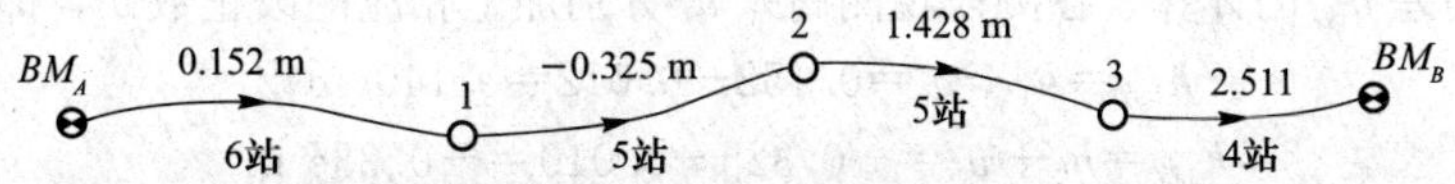

图 2-20　附合水准路线数据

将图中各数据按高程计算顺序列入表 2-2 中进行计算。计算步骤如下：

表 2-2　水准测量成果计算表

点号	测站 n_i/(站)	实测高差 h_i/m	高差改正数 v_i/mm	改正后高差 $h_{改}$/m	高程 h/m	备注
BM_A	6	0.152	-12	0.140	421.336	已知点
1					421.476	
	5	-0.325	-10	-0.335		
2					421.141	
	5	1.428	-10	1.418		
3					422.559	
	4	2.511	-8	2.503		
BM_B					425.062	已知点
$\sum$	20	3.766	-40	3.726		

1）高差闭合差计算。

$$f_h = \sum h_{测} - (h_B - h_A) = 3.766 - (425.062 - 421.336) = +0.040(\text{mm})$$

$$f_{h容} = \pm 12\sqrt{n} = \pm 12\sqrt{20} = \pm 54(\text{mm})$$

因为 $|f_h| < |f_{h容}|$，故其精度符合要求，可作下一步计算。

2）高差改正数计算。在同一条水准路线上，使用相同的仪器工具和相同的测量方法，可以认为各测站产生误差的机会是相等的，因此，高差闭合差可以按与测段的测站数 n_i（或按距离 L_i）反号成正比例分配到各测段的高差中，即

$$v_i = -\frac{f_h}{\sum n} n_i \text{ 或 } v_i = -\frac{f_h}{\sum L} l_i$$

本例各测段改正数 v_i 计算如下：

$$v_1 = -\frac{f_h}{\sum n} n_1 = -\frac{40}{20} \times 6 = -12(\text{mm})$$

$$v_2 = -\frac{f_h}{\sum n} n_2 = -\frac{40}{20} \times 5 = -10(\text{mm})$$

……

改正数凑整到毫米，但凑整后的改正数总和必须与闭合差绝对值相等，符号相反。这是计算中的一个检核条件，即

$$\sum v = -f_h = -0.040 \text{ m}$$

若 $\sum v \neq -f_h$，存在凑整后的余数，且计算中无错误，则可以在测站数最多或测段长度最长的路线上多（或少）改正 1 mm。

3）改正后高差 $h_{改}$ 的计算。各测段观测高差 h_i 分别加上相应的改正数 v_i，即得改正后高差。

$$h_{1改}=h_1+v_1=0.152-0.012=0.140(\text{m})$$

$$h_{2改}=h_2+v_2=-0.325-0.010=-0.335 \text{ m}$$

$$\cdots\cdots$$

改正后的高差代数和，应等于高差的理论值 (h_B-h_A)，即

$$\sum h_{改}=H_B-H_A=3.726 \text{ m}$$

如不相等，则说明计算中存在错误。

4）高程计算。测段起点高程加测段改正后高差，即得测段终点高程，以此类推。最后推出的路线终点高程应与已知的高程相等，即

$$H_1=H_A+h_{1改}=421.336+0.140=421.476(\text{m})$$

$$H_2=H_1+h_{2改}=421.476-0.335=421.141(\text{m})$$

$$\cdots\cdots$$

$$H_{B(算)}=H_{B(已知)}=425.062 \text{ m}$$

计算中应注意各项检核的正确性。

（2）闭合水准路线成果计算。闭合水准路线的计算步骤与附合水准路线基本相同，只是高差闭合差的计算公式不同，公式为

$$f_h=\sum h_{测}$$

A 为已知水准点，A 点高程为 51.732 m，按照等外水准技术要求进行观测，其观测成果如图 2-21 所示，计算 1、2、3 点的高程。

将图中各数据按高程计算顺序列入表 2-3 进行计算，其计算步骤如下：

1）计算高差闭合差。

$$f_h=\sum h_{测}=-0.017 \text{ m}=-17 \text{ mm}$$

容许闭合差 $f_{h容}=\pm12\sqrt{n}=\pm12\sqrt{32}=\pm68(\text{mm})$

因为 $|f_h|<|f_{h容}|$，故其精度符合要求，可作下一步计算。

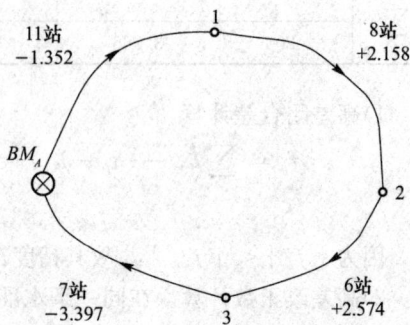

图 2-21　闭合水准路线数据

表 2-3　水准测量成果计算

点号	测站 n_i（站）	实测高差 h_i/m	高差改正数 v_i/mm	改正后高差 $h_{i改}$/m	高程 h/m	备注
BM_A					51.732	已知点
	11	−1.352	6	−1.346		
1					50.386	
	8	2.158	4	2.162		
2					52.548	
	6	2.574	3	2.577		
3					55.125	
	7	−3.397	4	−3.393		
BM_A					51.732	已知点
$\sum$	32	−0.017	17	0		

2)计算高差改正数。高差闭合差的调整方法和原则与符合水准路线的方法一样。本例各测段改正数 v_i 计算如下：

$$v_1 = -\frac{f_h}{\sum n}n_1 = -\frac{-17}{32}\times 11 = +6(\text{mm})$$

$$v_2 = -\frac{f_h}{\sum n}n_2 = -\frac{-17}{32}\times 8 = 4(\text{mm})$$

......

检核
$$\sum v = -f_h = -0.017\,\text{m}$$

3)计算改正后高差 $h_{改}$。各测段观测高差 h_i 分别加上相应的改正数 v_i，即得改正后高差。

$$h_{1改} = h_1 + v_1 = -1.352 + 0.006 = -1.346(\text{m})$$
$$h_{2改} = h_2 + v_2 = 2.158 + 0.004 = 2.162(\text{m})$$

......

改正后的高差代数和，应等于高差的理论值 0，即

$$\sum h_{改} = 0$$

如不相等，说明计算中存在错误。

4)高程计算。测段起点高程加测段改正后高差，即得测段终点高程，以此类推。最后推出的终点高程应与起始点的高程相等，即

$$H_1 = H_A + h_{1改} = 51.732 - 1.346 = 50.386(\text{m})$$
$$H_2 = H_1 + h_{2改} = 50.386 + 2.162 = 52.548(\text{m})$$

......

$$H_{A(算)} = H_{A(已知)} = 51.732\,\text{m}$$

计算中应注意各项检核的正确性。

(3)支水准路线成果计算。图 2-22 所示为一支水准路线。支水准路线应进行往、返观测。已知水准点 A 的高程为 68.254 m，按照等外水准技术要求进行观测，往、返测站共 16 站，求 1 点的高程。

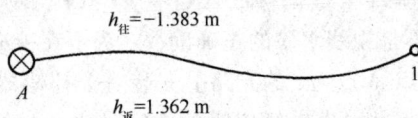

图 2-22 支水准路线数据

计算步骤如下：

1)计算高差闭合差。

$$f_h = |h_{往}| - |h_{返}| = |-1.383| - 1.362 = 0.021(\text{m}) = 21\,\text{mm}$$

容许闭合差
$$f_{h容} = \pm 12\sqrt{n} = \pm 12\sqrt{16} = \pm 48(\text{mm})$$

因为 $|f_h| < |f_{h容}|$，故其精度符合要求，可做下一步计算。

2)计算改正后高差。支水准路线往、返测高差绝对值的平均值即改正后高差，其符号以往测为准，即

$$h_{A1改} = \frac{h_{往} + h_{返}}{2} = \frac{-1.383 + (-1.362)}{2} = -1.373(\text{m})$$

3)计算 1 点高程。起点高程加改正后高差，即得 1 点高程，即

$$H_1 = H_A + h_{A1改} = 68.254 - 1.373 = 66.882(\text{m})$$

必须指出，若起始点的高程抄录错误，其计算出的高程也是错误的。因此，应用此方法应注意检查。

课后讨论

水准测量内业计算的内容是什么？

2.6 自动安平水准仪和数字水准仪简介

学习目标

熟悉自动安平水准仪的测量原理。

关键概念

安平水准仪。

2.6.1 自动安平水准仪

自动安平水准仪的特点是用自动安平补偿器代替微倾式水准仪的符合水准管和微倾螺旋。观测时，只需要利用圆水准器将水准仪粗平，尽管此时视准轴尚未精平，但借助于补偿器装置，仍能利用十字丝的中丝自动获得水平视线的读数。由于不需要精平仪器并且可使因外界环境变化而引起的视线微小倾斜得到迅速调整而获得水平视线，因而，大大缩短了水准测量的观测时间，提高了测量精度。国产自动安平水准仪系列以 DSZ 为标识。

如图 2-23 所示，当视准轴水平时，十字丝中心 A 在水准尺上正确读数为 a_0。当视准轴倾斜微小角 α 时，十字丝中心 A 移至 A'，其偏移量 $AA' = f \cdot \alpha$（f 为物镜的等效焦距），这时视准轴在水准尺上的读数为 a，显然不是视线水平的正确读数。为了在视准轴倾斜时，仍能读得视准轴水平时的正确读数 a_0，可在距离 A 点为 s 的光路上安装一个补偿器，使进入望远镜的水平视线经过补偿器偏转 β 角后，仍然通过视准轴倾斜时的十字丝中心，使水平光线从 A 点偏折到 A' 点，其偏移量 $AA' = s \cdot \beta$，也即此时十字丝中心示数仍为水平视线时的示数。由图示很容易得出公式：$f \times \alpha = s \times \beta$，此即补偿器应满足的条件。

图 2-24 所示为我国生产的一款自动安平水准仪，其上仅装有圆水准器。自动安平水准仪的操作方法与微倾式水准仪大致相同，不同之处为该类水准仪不需要"精平"这一项操作。使用时先利用脚螺旋使圆水准器气泡居中，仪器粗平照准目标 2～4 s 后，即可用十字丝横丝进行读数。由于补偿器中的金属丝相当脆弱，故在使用中要防止剧烈振动，以免损坏。

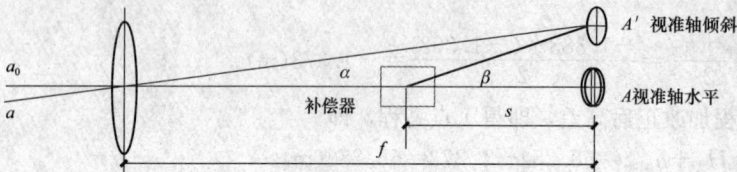

图 2-23 自动安平工作原理

图 2-24 自动安平水准仪

2.6.2　数字水准仪

数字水准仪也称电子水准仪,其是在自动安平水准仪基础之上发展起来的。电子水准仪采用条码水准尺读数,在完成照准和调焦之后,标尺条码一方面被成像在望远镜分划板上,供目视观测;另一方面通过望远镜的分光镜,标尺条码又被成像在光电传感器(也称探测器)上,即线阵CCD器件上供电子读数。由于不同厂家的条码尺图案不相同,所以条码尺需要与仪器相配套使用,不同仪器的条码尺不可以互换。电子水准仪在构造上仍有光学系统和机械系统,故电子水准仪也可以与区格式水准尺配套(如双面尺),与普通水准仪一样使用,但此时测量精度较低。

电子水准仪自动读数原理可分为相关法(徕卡NA3002/3003)、几何法(蔡司DiNi10/20)和相位法(拓普康DL101C/102C)三种方法。

图2-25所示为蔡司DiNi12电子水准仪,其由望远镜、补偿器、光敏二极管、圆水准器及脚螺旋等部分组成。设有22个操作键盘,采用对话式操作界面,有各种提示信息,界面友好,操作方便。该仪器是目前世界上精度最高的电子水准仪之一,每千米往返测量高差中误差最高为±0.3 mm,它有先进的感光读数系统,感应可见白光即可测量,测量时仅需要读取条码尺30 cm的范围;配有2 m的PCmCIA数据存储卡;具有多种水准测量模式及平差和高程放样功能,也可以进行角度、面积和坐标等测量。

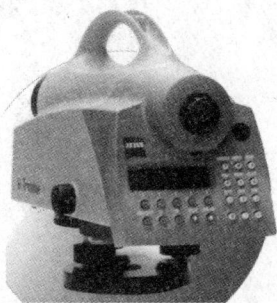

图2-25　DiNi12电子水准仪

操作方法如下:

(1)安置仪器、瞄准标尺:与普通水准仪一致。

(2)开机:按ON/OFF键开启仪器。开机后显示程序说明和公司简介,然后进入工作状态。

(3)模式设置:

1)选项模式设置。有单次测量、路线水准测量和校正测量三种模式。

2)测量模式设置。有后前、后前前后、后前后前、后后前前、后前(奇偶站交替)、后前前后(奇偶站交替)、后前后前(奇偶站交替)和后后前前(奇偶站交替)八种,可根据需要选择适当的测量模式进行。

(4)输入水准测量相关信息。如点号、点名、线路名、线号及代号。

(5)按照测量程序进行实测。

电子水准仪使用在安置、瞄准等基本操作方面无所区别,但各厂商所提供的仪器在程序测量中却不尽相同。因此,在具体的使用中,应针对不同的仪器,参照操作手册进行操作。

课后讨论

比较 DS_3 水准仪和自动安平水准仪的优缺点。

2.7　水准仪的检验与校正

学习目标

1. 了解水准仪的主要轴线及其关系;
2. 掌握微倾式水准仪检验与校正的方法。

微倾式水准仪主要轴线、圆水准器的检验与校正、管水准器的检验与校正。

2.7.1 水准仪应满足的几何条件

根据水准测量的原理，水准仪必须提供一条水平视线，为此，水准仪的四条主要轴线，即望远镜视准轴CC、水准管轴LL、圆水准器轴$L'L'$和仪器竖轴VV(图2-26)，应满足以下条件：

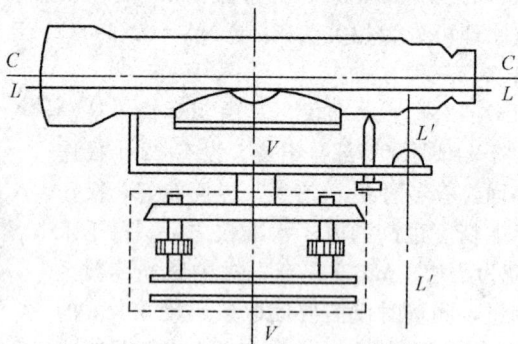

图2-26 微倾式水准仪的主要轴线

(1)圆水准器轴$L'L'$应平行于仪器竖轴VV；

(2)水准管轴LL应平行于望远镜视准轴CC；

(3)十字丝横丝应垂直于仪器竖轴VV。

2.7.2 水准仪的检验与校正

仪器出厂前都经过严格检验与校正，均能满足上述条件，但经过长期使用或运输过程中的振动，轴线之间的关系可能会受到破坏，若不及时检验与校正，将会影响测量成果的精度。为此，水准测量之前，必须对水准仪进行检验与校正。按照前面检验与校正项目不会影响后续项目的原则，其顺序如下：

1. 圆水准器轴的检验与校正

(1)目的。满足条件$L'L'/\!/VV$，使圆水准器气泡居中时，竖轴基本竖直，视准轴粗平。

(2)检验。安置仪器后，用脚螺旋使圆水准器气泡居中，然后将仪器绕竖轴旋转180°，如气泡仍居中，表明条件满足；如气泡不居中，则需要校正。

(3)校正。

1)转动脚螺旋使气泡退回偏离值的一半。

2)松开圆水准器背面中心紧固螺旋，如图2-27所示，按照圆水准器粗平的方法，用校正针拨动相邻两个校正螺旋，再拨动另一个校正螺旋，使气泡居中。

3)此项校正，须反复进行，直到仪器旋转到任何位置，圆水准器气泡皆居中时为止。最后，将中心紧固螺旋拧紧。

2. 十字丝横丝的检验与校正

(1)目的。目的是使十字丝横丝垂直于竖轴。当竖轴竖直

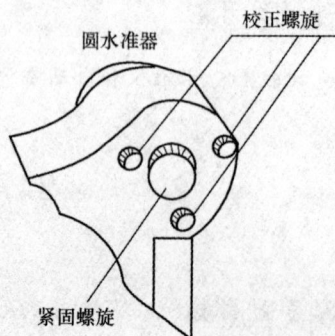

图2-27 圆水准器轴的校正

时，横丝处于水平，在横丝上任何位置读数均相同，即可以使用横丝的任意位置读数。

(2)检验。粗平后，用十字丝横丝一端对准远处一明显点状标志 M，如图 2-28(a)所示。拧紧制动螺旋，转动微动螺旋，如果 M 点沿着横丝移动，如图 2-28(b)所示，则表示十字丝横丝与竖轴垂直，不需要校正；如果 M 点明显偏离横丝，如图 2-28(c)、(d)所示，则表示十字丝横丝不垂直于竖轴，需要校正。

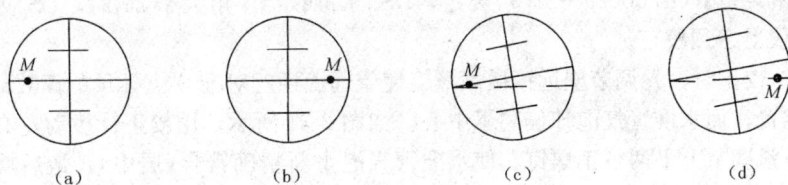

(a)　　　　　　　(b)　　　　　　　(c)　　　　　　　(d)

图 2-28　十字丝横丝的检验

(3)校正。松开十字丝分划板座的固定螺钉，如图 2-29 所示，转动整个目镜座，使十字丝横丝与 M 点轨迹一致，再将固定螺钉拧紧。当 M 点偏离横丝不明显时，一般不进行校正，在作业中可以利用横丝的中央部分读数。

3. 水准管轴的检验与校正

(1)目的。满足条件 $LL /\!/ CC$，使水准管气泡居中时，视准轴处于水平位置。

(2)检验。

1)在一平坦地面上选择相距大约 80 m 的 A、B 两点各打一木桩，将仪器置于中点 C，并使 $AC = BC$，如图 2-30 所示。

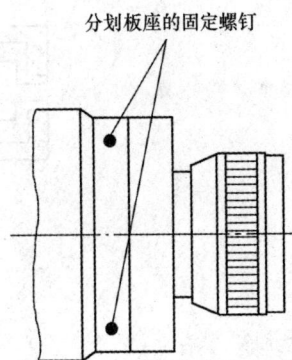

图 2-29　十字丝横丝的校正

分划板座的固定螺钉

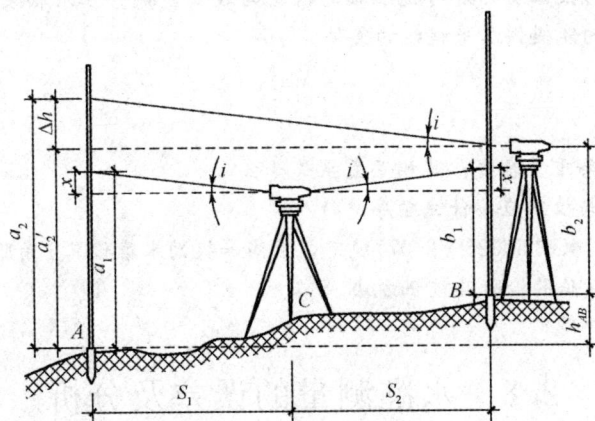

图 2-30　水准管轴的检验

2)在 A、B 两点竖立水准尺。用两次仪高法测定 A 至 B 点的高差。当高差的较差不大于 3 mm 时，取两次高差的平均值 h_{AB} 作为两点高差的正确值。

3)将仪器安置于 A、B 连线外侧距 B 点约 3 m 左右的 D 点处，精平仪器后，读出 B 点尺上的读数 b_2。由于仪器距离 B 点比较近，故视准轴与水准轴不平行引起的读数误差可忽略不计，并可视为水平视线的读数。于是，可根据 b_2 和高差 h_{AB} 反算求得视线水平时的后视读数 a_2，即 $a_2 = b_2 + h_{AB}$。

4)将望远镜照准 A 点标尺，精平后读得的读数为 a_2'。若 $a_2' = a_2$，说明两轴平行；否则，存在 i 角，其值为

$$i = \frac{a_2 - a_2'}{D_{AD}} \cdot \rho'' \tag{2-14}$$

式中　D_{AD}——A、D 两点之间的平距，$\rho'' = 206\,265''$。

《工程测量规范》(GB 50026—2007)规定，DS_3 水准仪当 i 角大于 $20''$ 时，DS_1 水准仪当 i 角大于 $15''$ 时，仪器必须校正。

(3)校正。校正时，先调节望远镜微倾螺旋使望远镜横丝对准 A 点标尺的读数 a_2，此时视准轴处于水平位置，而水准管气泡却偏离了中心。如图 2-31 所示，用校正针拨动左右两个校正螺钉，再一松一紧调节上下两校正螺钉，使水准管气泡重新精确符合(居中)，最后旋紧左右两校正螺钉。此项检验校正要反复进行，直至 i 角达到规范要求为止。

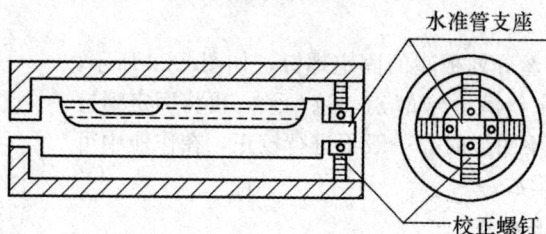

图 2-31　水准管轴的校正

📻| **提　示**

　　水准管轴的检验与校正实际是对视准轴的检验与校正，调整水准轴使其与视准轴平行，达到水准仪所必须具备的能提供水平视线的条件。

📻| **课后讨论**

　　1. 水准仪有哪几条重要轴线？其相互关系是什么？
　　2. 水准仪的检验与校正应按什么顺序进行？
　　3.《工程测量规范》(GB 50026—2007)规定，不同等级的水准仪其 i 角限差是多少？
　　4. 画图举例说明 i 角的检验及校正方法。

2.8　水准测量的误差及分析

📻 **学习目标**

　　1. 理解仪器误差的来源和消除方法。
　　2. 理解观测误差的来源和消除方法。
　　3. 理解外界条件带来的误差的来源和消除方法。

仪器误差、观测误差、外界条件误差。

2.8.1 仪器误差

1. 水准管轴与视准轴不平行误差

水准管轴与视准轴不平行，虽然经过校正，但仍然存在少量的残余误差。这种误差的影响与距离成正比，只要观测时注意使前、后视距离相等，便可消除此项误差对测量结果的影响。

2. 水准尺误差

由于水准尺刻划不准确、尺长变化、弯曲等，会影响水准测量的精度。因此，水准尺要经过检核才能使用。

2.8.2 观测误差

1. 水准管气泡的居中误差

由于气泡居中存在误差，致使视线偏离水平位置，从而带来读数误差。为减小此误差的影响，每次读数时，都要使水准管气泡严格居中。

2. 估读水准尺的误差

在水准尺上估读毫米数的误差 m 与人眼的分辨能力、望远镜的放大倍率 V，以及视线长度 D 有关。通常按下式计算：

$$m = \frac{60''}{V} \cdot \frac{D}{\rho} \tag{2-15}$$

式中　V——望远镜的放大倍率；

　　　$60''$——人眼的极限分辨能力；

　　　D——水准仪到水准尺的距离；

　　　ρ''——常数，其值为 206 265″。

式(2-15)说明，视线越长，估读误差越大。因此，在测量作业中，应遵循不同等级的水准测量对望远镜放大倍率和最大视线长度的规定，以保证估读精度。

3. 视差的影响误差

当存在视差时，由于十字丝平面与水准尺影像不重合，若眼睛的位置不同，便读出不同的读数，而产生读数误差。因此，观测时要仔细调焦，严格消除视差。

4. 水准尺倾斜的影响误差

水准尺倾斜，将使尺上读数增大，从而带来误差。如水准尺倾斜 3°30′，在水准尺上 1 m 处读数时，将产生 2 mm 的误差。为了减少这种误差的影响，水准尺必须扶直。

2.8.3 外界条件的影响误差

1. 水准仪下沉误差

由于水准仪下沉，使视线降低，而引起高差误差。如采用"后、前、前、后"的观测程序，可减弱其影响。

2. 尺垫下沉误差

如果在转点发生尺垫下沉，将使下一站的后视读数增加，也将引起高差的误差。采用往返观测的方法，取成果的中数，可减弱其影响。

为了防止水准仪和尺垫下沉，测站和转点应选择在土质实处，并踩实三脚架和尺垫，使其稳定。

3. 地球曲率及大气折光的影响

如图 2-32 所示，A、B 为地面上两点，大地水准面是一个曲面，如果水准仪的视线 $a'b'$ 平行于大地水准面，则 A、B 两点的正确高差为

$$h_{AB} = a' - b'$$

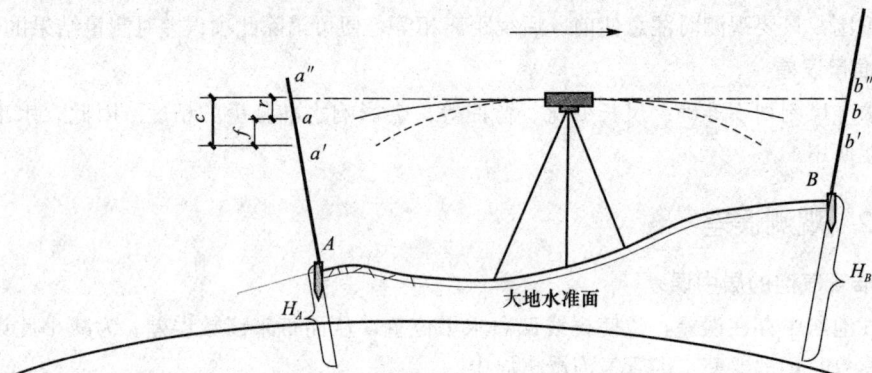

图 2-32　地球曲率及大气折光的影响

但是，水平视线在水准尺上的读数分别为 a''、b''。a'、a'' 之差与 b'、b'' 之差，就是地球曲率对读数的影响，用 c 表示。

$$c = \frac{D^2}{2R} \tag{2-16}$$

式中　D——水准仪到水准尺的距离（km）；

R——地球的平均半径，$R = 6\ 371$ km。

由于大气折光的影响，视线是一条曲线，在水准尺上的读数分别为 a、b。a、a'' 之差与 b、b'' 之差，就是大气折光对读数的影响，用 r 表示。在稳定的气象条件下，r 约为 b 的 1/7，即

$$r = \frac{1}{7} c = 0.07 \frac{D^2}{R} \tag{2-17}$$

地球曲率和大气折光的共同影响为

$$f = c - r = 0.43 \frac{D^2}{R} \tag{2-18}$$

计算测站的高差时，应从前视、后视读数中分别减去 f，方能得出正确的高差，即 $h_{AB} = a' - b' = (a - f_A) - (a - f_B)$。

若前视、后视距离相等，则地球曲率与大气折光的影响在计算高差中的 f 值被互相抵消[因水准测量视距很短，可以认为式(2-18)中的 R 相等]。所以，在水准测量中，前视、后视距离应尽量相等。同时，视线高出地面应有足够的高度，在坡度较大的地面观测时，应适当缩短视线。另外，还应选择有利的时间进行观测，尽量避免在不利的气象条件下进行作业。

4. 温度的影响误差

温度的变化不仅会引起大气折光的变化，而且当烈日照射水准管时，由于水准管本身和管内液体温度的升高，气泡会向着温度高的方向移动，从而影响了水准管轴的水平，产生了气泡居中误差。所以，在测量中应随时注意为仪器打伞遮阳。

课后讨论

1. 在水准测量中仪器带来的误差有哪些?
2. 在水准测量中人带来的误差有哪些?
3. 在水准测量中如何避免环境条件带来的误差?

2.9 工程案例

土方开挖高程测量和控制

义乌市北门街 14# 区块拆迁安置用房东北区,该工程东临骆宾王公园,北靠康园路,南临工人西路商业用房,西靠北门街。建筑总面积为 86 167 m^2,用地面积为 27 720 m^2。工程包括 1#~5# 楼 5 个单体,地下室为连通,4 个防火分区。地下室为停车库,部分战时为二等人员掩蔽所,地上一层沿街为商铺,内院考虑敞开停车及自行车、摩托车车库,二层 1#~3# 楼为商铺,4#、5# 楼为架空公共活动场所,三层以上均为住宅。

本工程的高程控制依据为业主指定的 BM_1、BM_2、BM_3 建筑红线界桩,经复测,该两点在业主提供地形图上标注的高程误差为 3 mm,基本满足施工精度要求。为保证主体施工与桩基工程施工标高控制的一致性,采用 BM_2(高程为 71.188 m)为本工程的标高控制基准点,向施工现场引测标高控制点(±0.000)。

为保证建筑物竖向施工的精度要求,在场区内布设三个标高控制点,建立高程控制网。控制点布设在通视良好的位置,距离基坑边线不小于 15 m,采用 S_3 水准仪闭合水准路线测设。控制点间标高较差和水准路线闭合差满足相应路线等级精度要求。

土方开挖标高控制。在土方开挖即将挖到设计底标高时,测量人员要对开挖深度进行实时测量,即以引测到基坑的标高临时控制点为依据,用 S_3 水准仪抄测出挖土标高,并撒出白灰点指导清土人员按标高清土。

课后讨论

1. 讨论视线高法和高差法在土方工程中的运用。
2. 2020 年 5 月 27 日,中国测量专业人员首次登上珠峰,进行测绘作业,并使用了水准测量的方法测高。请讨论采用的水准测量的方法和步骤。

➤ 本章小结

本章主要讲述了高程、高差的基本概念,水准测量常规测量仪器的使用,仪器的检验与校正,水准测量误差分析等内容。

在学习本章时,一定要正确理解高差的概念,掌握水准测量仪器的使用、检验与校正,加强实训实习是掌握测量技能的关键。本章是后续章节学习的知识保证。

一、填空题

1. 水准仪的操作步骤为_____、_____、_____、_____。

2. 已知 A 点高程为 14.305 m，欲测设高程为 15.000 m 的 B 点，水准仪安置在 A、B 两点中间，在 A 尺读数为 2.314 m，则在 B 尺读数应为_____ m，才能使 B 尺零点的高程为设计值。

3. 水准仪主要由_____、_____、_____组成。

4. 望远镜产生视差的原因是_____。

5. 水准仪的圆水准器轴与管水准器轴的几何关系为_____。

6. 水准路线按布设形式可分为_____、_____、_____。

7. 某站水准测量时，由 A 点向 B 点进行测量，测得 A、B 两点之间的高差为 0.506 m，且 B 点水准尺的读数为 2.376 m，则 A 点水准尺的读数为_____ m。

8. 水准测量测站检核可以采用_____或_____测量两次高差。

9. 水准仪的圆水准器轴应与竖轴_____。

二、选择题

1. 在水准测量中，设后尺 A 的读数 $a=2.713$ m，前尺 B 的读数 $b=1.401$ m，已知 A 点高程为 15.000 m，则视线高程为(   )m。

   A. 13.688 　　　　　 B. 16.312 　　　　　 C. 16.401 　　　　　 D. 17.713

2. 在水准测量中，若后视点 A 的读数大，前视点 B 的读数小，则有(   )。

   A. A 点比 B 点低 　　　　　　　　 B. A 点比 B 点高

   C. A 点与 B 点可能同高 　　　　　 D. A、B 点的高低取决于仪器高度

3. 自动安平水准仪，(   )。

   A. 既没有圆水准器也没有管水准器 　　 B. 没有圆水准器

   C. 既有圆水准器也有管水准器 　　　　 D. 没有管水准器

4. 进行水准仪 i 角检验时，A、B 两点相距 80 m，将水准仪安置在 A、B 两点中间，测得高差 $h_{AB}=0.125$ m，将水准仪安置在距离 B 点 2～3 m 处，测得的高差 $h'_{AB}=0.186$ m，则水准仪的 i 角为(   )。

   A. 157″ 　　　　 B. −157″ 　　　　 C. 0.000 76″ 　　　　 D. −0.000 76″

5. 转动目镜对光螺旋的目的是使(   )十分清晰。

   A. 物像 　　　　　　　　　　　 B. 十字丝分划板

   C. 物像与十字丝分划板 　　　　 D. 对光螺旋

6. 测量仪器望远镜视准轴的定义是(   )的连线。

   A. 物镜光心与目镜光心 　　　　　 B. 目镜光心与十字丝分划板中心

   C. 物镜光心与十字丝分划板中心 　 D. 对光螺旋与十字丝分划板

7. 已知 A 点高程 $H_A=62.118$ m，水准仪观测 A 点标尺的读数 $a=1.345$ m，则仪器视线高程为(   )。

   A. 60.773 　　　　　 B. 63.463 　　　　　 C. 62.118 　　　　　 D. 63.345

8. 产生视差的原因是(   )。

   A. 观测时眼睛位置不正 　　　　　 B. 物像与十字丝分划板平面不重合

   C. 前后视距不相等 　　　　　　　 D. 目镜调焦不正确

9. 设 $H_A = 15.032$ m，$H_B = 14.729$ m，$h_{AB} = ($ 　　$)$m。

    A. −29.761　　　B. 0.303　　　C. 0.303　　　D. 29.761

10. 普通水准测量，应在水准尺上读取(　　)位数。

    A. 5　　　　　　B. 3　　　　　　C. 2　　　　　　D. 4

11. 水准尺向前或向后方向倾斜对水准测量读数造成的误差是(　　)。

    A. 偶然误差　　　　　　　　B. 系统误差

    C. 可能是偶然误差也可能是系统误差　D. 既不是偶然误差也不是系统误差

12. 水准器的分划值越大，说明(　　)。

    A. 内圆弧的半径大　　　　　　B. 其灵敏度低

    C. 气泡整平困难　　　　　　　D. 整平精度高

13. 普通水准尺的最小分划为 1 cm，估读水准尺 mm 位的误差属于(　　)。

    A. 偶然误差　　　　　　　　B. 系统误差

    C. 可能是偶然误差也可能是系统误差　D. 既不是偶然误差也不是系统误差

14. 水准仪的(　　)应平行于仪器竖轴。

    A. 视准轴　　　B. 圆水准器轴　　　C. 十字丝横丝　　　D. 管水准器轴

15. DS$_1$ 水准仪的观测精度要(　　)DS$_3$ 水准仪。

    A. 高于　　　　　B. 接近于　　　　C. 低于　　　　　D. 等于

16. 在水准测量中，同一测站，当后尺读数大于前尺读数时说明后尺点(　　)。

    A. 高于前尺点　　B. 低于前尺点　　C. 高于测站点　　D. 等于前尺点

17. 水准测量时，尺垫应放置在(　　)。

    A. 水准点　　　　　　　　　B. 转点

    C. 土质松软的水准点上　　　D. 需要立尺的所有点

18. 转动目镜对光螺旋的目的是(　　)。

    A. 看清十字丝　　B. 看清物像　　　C. 消除视差　　　D. 提高精度

三、名词解释

1. 圆水准器轴

2. 管水准器轴

3. 视差

4. 视准轴

四、简答题

1. 微倾式水准仪有哪些轴线？

2. 视差是如何产生的？消除视差的步骤有哪些？

3. 水准测量时为什么要求前后视距相等？

五、计算题

1. 设 A 点高程为 15.023 m，欲测设设计高程为 16.000 m 的 B 点，水准仪安置在 A、B 两点之间，读得 A 尺读数 $a = 2.340$ m，B 尺读数 b 为多少时，才能使尺底高程为 B 点高程。

2. 如图 2-33 所示，已知水准点 BM_A 的高程为 33.012 m，1、2、3 点为待定高程点，水准测量观测的各段高差及路线长度标注在图中，试计算各点高程。要求在表 2-4 中计算。

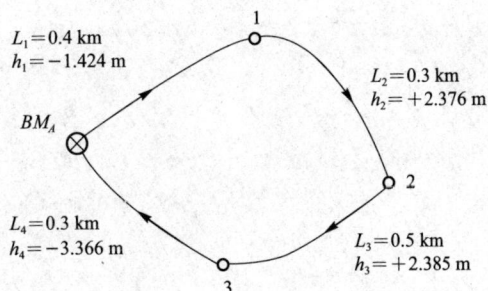

图 2-33　计算题 2 图

（图中标注：
$L_1 = 0.4$ km　$h_1 = -1.424$ m
$L_2 = 0.3$ km　$h_2 = +2.376$ m
$L_3 = 0.5$ km　$h_3 = +2.385$ m
$L_4 = 0.3$ km　$h_4 = -3.366$ m
BM_A　1　2　3）

表 2-4　水准测量记录簿

点号	L/km	h/m	V/mm	$h+V$/m	h/m
A					33.012
1	0.4	−1.424			
2	0.3	+2.376			
3	0.5	+2.385			
A	0.3	−3.366			
$\sum$					
辅助计算	$f_{h容}=\pm30\sqrt{L}$(mm)=				

· 46 ·

第3章　角度测量与经纬仪

引　言

在建筑工程中，经常会遇到需要测量某一角度的问题。如何正确、快速制定测量方案，选用合格仪器，合理安排人员，完成测量操作并对测量结果进行分析处理，是完成任务必不可少的重要环节。本章主要介绍角度测量的方法和步骤，以及经纬仪等常规测量仪器的使用方法和操作步骤。

学习目标

通过本章学习，能够：

1. 了解水平角和竖直角的概念；
2. 掌握经纬仪测量仪器的使用方法；
3. 熟悉经纬仪的检验和校正方法；
4. 掌握水平角和竖直角的观测和计算；
5. 熟悉角度测量误差的分析。

文献导读

在建设项目的工地上，会经常看到一些技术人员架着一台仪器在进行测量工作，其中常用的仪器就有经纬仪。经纬仪最初的发明与航海有着密切的关系。在15、16世纪，英国、法国等一些发达国家，因为航海和战争的原因，需要绘制各种地图和海图。最早绘制地图使用的是三角测量法，就是根据两个已知点上的观测结果，求出远处第三点的位置，但由于没有合适的仪器，导致角度测量精度不高，由此绘制出的地形图精度也不高。英国机械师西森（Sisson）于1730年前后首先研制出了经纬仪，1904年，德国开始生产玻璃度盘经纬仪，也就是现在运用的光学经纬仪。随着电子技术的发展，20世纪60年代出现了电子经纬仪。随后又发展了激光经纬仪、电子速测仪、全站仪。

经纬仪的发明，提高了角度的观测精度，同时简化了测量和计算的过程，也为绘制地图提供了更精确的数据。后来经纬仪被广泛地应用在各项工程建设的测量上。经纬仪包括基座、度盘（水平度盘和竖直度盘）和照准部三个部分。基座用来支撑整个仪器；水平度盘用来测量水平角；照准部上有望远镜、水准管及读数装置等构造。

角度测量包括水平角测量和竖直角测量，是测量的三项基本工作之一。水平角用于确定地面点的平面位置，竖直角用于确定地面点之间的高差或将倾斜距离改化成水平距离。经纬仪和全站仪是角度测量的主要仪器。

3.1 角度测量原理

📖 **学习目标**

掌握水平角和竖直角的测量原理。

📖 **关键概念**

水平角、竖直角。

3.1.1 水平角测量原理

水平角是指测站点至两个观测目标方向线在水平面上垂直投影的夹角,用 β 表示。如图 3-1 所示,地面上有高低不同的 A、O、B 三点。测站点 O 至观测目标 A、B 的方向线 OA、OB 在水平面 H 内的垂直投影分别为 oa、ob,该两直线之间夹角 $\angle aob$ 即方向线 OA、OB 间的水平角 β。由此可见,空间两方向线之间的水平角也就是通过该两方向线的两个竖直面间的二面角。

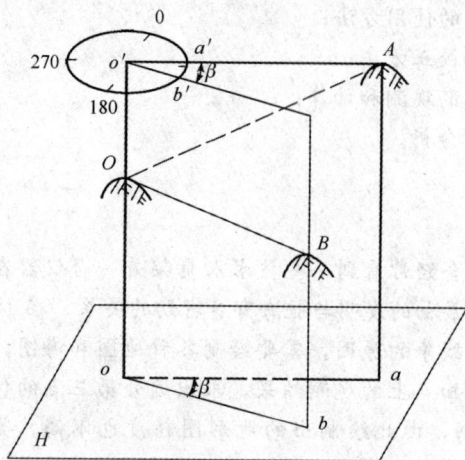

图 3-1 水平角测量原理

为测量水平角 β,可在过角顶 O 的铅垂线上作任一点 O',水平安置一顺时针刻划、注记的圆形刻度盘,称为水平度盘。包含 OA、OB 的两个竖直面与刻度盘的水平交线 $o'a'$、$o'b'$ 在度盘上所指读数为 a' 和 b',则 $\angle a'o'b'$ 就是水平角 β,即

$$\beta = b' - a'$$

即

$$\beta = 右侧目标方向读数 - 左侧目标方向读数 \qquad (3\text{-}1)$$

这样可以获得地面上任意三点之间所成的水平角,其取值范围为 $0° \sim 360°$。

3.1.2 竖直角测量原理

竖直角是同一竖直面内,测站点到目标点的方向线与水平线之间的夹角,用 α 表示,取值范围为 $0° \sim \pm 90°$,如图 3-2 所示。竖直角有正负之分,瞄准目标方向在水平线以上,其竖直角为正，称为仰角；瞄准目标方向在水平线以下，其竖直角为负，称为俯角。

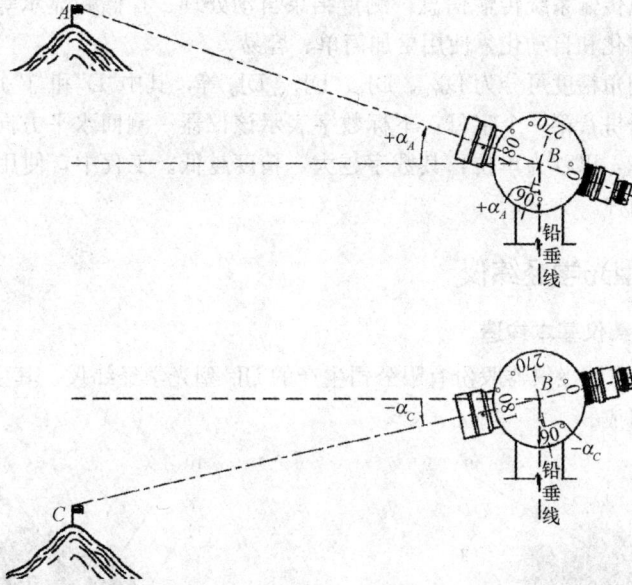

图3-2　竖直角测量原理

在测站点安置一个竖直放置的度盘，同样 0°～360° 注记，可以读取垂直度盘的读数。

$$\alpha=目标方向读数-水平线方向读数 \tag{3-2}$$

根据水平角和竖直角测量原理可知，用于测量角度的仪器，应具备照准目标用的瞄准设备，它不但能绕仪器竖轴沿水平方向转动，而且能上下转动，形成一竖直面，以瞄准不同方向、不同高度的目标；还要各有一个能水平和垂直安置的带有刻度的圆盘，并可使圆盘中心与所测角的顶点位于同一铅垂线上。经纬仪就是按上述基本条件制成的测角仪器。

3.2　经纬仪

📻 学习目标

1. 掌握 DJ_6 型光学经纬仪的结构；
2. 熟悉 DJ_2 型光学经纬仪的结构；
3. 熟悉电子经纬仪的构造。

📻 关键概念

照准部、水平度盘、竖直度盘。

现代经纬仪按读数原理可分为光学经纬仪和电子经纬仪两大类别。光学经纬仪的度盘用光学玻璃制成，借助光学透镜和棱镜系统的折射或反射，使度盘上的分划线成像到望远镜旁的读数显微镜中。光学经纬仪体积小、质量轻、密封性好、读数精度高、使用寿命长。因此，被广泛应用于各类测量工程中。电子经纬仪是近些年发展起来并广泛应用的一种新型经纬仪，其基本结构与光学经纬仪类似，但与光学经纬仪有本质上的不同，主要表现在电子经纬仪采用光电扫描度盘测角，光电传输系统传输信息，测量结果自动处理、存储和显示等方面，实现了角度测量的电子化、数字化和自动化，使用更加简单、容易。

国产经纬仪按测角精度可分为 DJ_{07}、DJ_1、DJ_2、DJ_6 等，其中"D"和"J"分别为"大地测量"和"经纬仪"两词的汉语拼音第一个字母；下标数字表示该仪器一测回水平方向观测的中误差，即所能达到的精度指标，以秒为单位，其数字越大，精度越低。工程中，使用较多的光学经纬仪有 DJ_2 级和 DJ_6 级两种。

3.2.1　DJ_6 型光学经纬仪

1. DJ_6 型光学经纬仪基本构造

图 3-3 所示为北京博飞仪器股份有限公司生产的 DJ_6 型光学经纬仪，其主要由照准部、水平度盘和基座三部分组成。

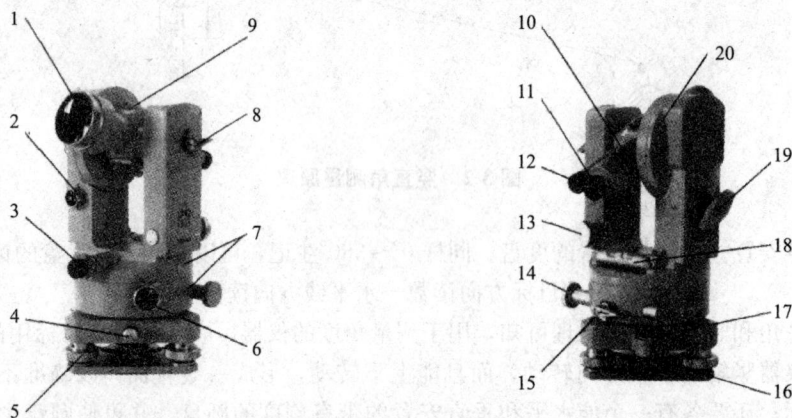

图 3-3　DJ_6 型光学经纬仪

1—望远镜物镜；2—竖盘指标自动补偿锁止开关；3—光学对点器；4—基座锁紧螺栓；5—脚螺旋；
6—度盘变换手轮；7—堵盖；8—望远镜制动螺旋；9—粗瞄器；10—物镜调焦螺旋；11—望远镜目镜；
12—读数显微镜；13—望远镜垂直微动螺旋；14—照准部水平微动螺旋；15—照准部水平制动螺旋；
16—圆水准器校正丝；17—圆水准器；18—照准部水准管；19—度盘照明反光镜；20—竖直度盘

(1)照准部。照准部是光学经纬仪的重要组成部分。其是指在基座上能绕竖轴旋转部分的总称，主要由望远镜、水准管、竖盘装置、读数装置、制动微动装置和竖轴等组成。

1)望远镜：用来精确瞄准远处目标，与仪器横轴固连在一起，安装在支架上。仪器精平后，望远镜绕仪器横轴做上下转动时，视准轴扫出的是一个铅垂面。

2)水准管：用来精确整平仪器，安装在照准部上。水准管气泡居中，仪器竖轴竖直，水平度盘水平。

3)竖盘装置：由竖直度盘、竖盘读数指标和指标水准管等组成，用于观测竖直角。

4)读数装置：是由一系列透镜和棱镜组成的一套精密的较为复杂的光学系统，通过安装在望远镜旁的读数显微镜可以看到水平度盘和竖直度盘的影像。

5)制动微动装置：由照准部水平制动、水平微动螺旋、望远镜竖直制动和竖直微动螺旋组成，可控制照准部水平旋转和望远镜的竖直旋转。

6)竖轴：即照准部的旋转轴，套在基座轴套内，使整个照准部绕竖轴水平旋转。

(2)水平度盘。水平度盘是用光学玻璃制成的精密刻度盘。度盘边缘刻有分划，从 0°∼

360°，按顺时针方向每度注记，用来测量水平角。度盘上相邻两分划所夹圆心角称为度盘的分划值。DJ$_6$型光学经纬仪度盘的分划值为1°。水平度盘安装在竖轴套外，并被密封在照准部的金属罩内。水平度盘的圆心与经纬仪竖轴中心轴线重合。水平度盘与照准部是分离的，不随照准部的转动而转动。水平度盘的转动是通过转动安装在照准部上的水平度盘变换手轮来实现的，打开水平度盘变换手轮并旋转可使水平度盘绕竖轴轴套旋转至任一示数位置。

（3）基座。基座用来支撑仪器，一侧装有圆水准器，下部有三个脚螺旋，调节脚螺旋可使圆水准器、管水准器气泡居中，用于整平仪器。基座与三脚架头通过中心连接螺旋相固连。中心螺旋下有一挂钩可悬挂垂球，借助于垂球尖将仪器水平度盘中心安置在过测站点的铅垂线上，称为仪器对中。垂球对中精度仅能达到3 mm。目前大多数DJ$_6$型光学经纬仪上都装有光学对点器，利用光学对点器代替悬挂垂球进行仪器对中。照准部通过轴座固定螺旋固定在基座上，使用仪器时切勿松动该螺旋，以免照准部与基座分离而坠落。

2. DJ$_6$型光学经纬仪各螺旋的作用

（1）望远镜的目镜对光螺旋：使十字丝清晰。

（2）望远镜的物镜对光螺旋：使目标影像清晰。

（3）望远镜的制动螺旋：控制望远镜绕横轴在竖直面内转动，用于粗略瞄准目标。

（4）望远镜的微动螺旋：控制望远镜绕横轴在竖直面内微动，该螺旋只有在旋紧望远镜的制动螺旋时才起作用，用于精确瞄准目标。

（5）读数显微镜目镜对光螺旋：可消除读数设备的视差，使读数窗内度盘影像清晰。

（6）照准部制动螺旋：控制照准部绕仪器的竖轴在水平方向上转动，用于粗略瞄准目标。

（7）照准部微动螺旋：控制照准部绕仪器的竖轴在水平方向上微动，用于精确瞄准目标。

（8）脚螺旋：用于整平仪器，将水平度盘调节成水平状态，仪器的竖轴处于铅垂状态。

（9）竖盘指标水准管微动螺旋：可使竖盘指标水准管气泡居中。

（10）光学对中器目镜螺旋：转动可使对中器的小圆圈清晰，拉动可以看清楚地面点位。

（11）轴套固定螺旋：将基座与其之上的部分连接起来，平时该螺旋都应处于紧固状态。

（12）度盘变换手轮：改变水平度盘的刻划位置。

3.2.2　DJ$_2$型光学经纬仪

1. DJ$_2$型光学经纬仪基本构造

图3-4所示为苏州一光仪器有限公司生产的DJ$_2$型光学经纬仪。DJ$_2$型光学经纬仪与DJ$_6$型光学经纬仪相比在基本构造上类似，主要区别如下：

（1）DJ$_2$型光学经纬仪观测精度高，望远镜放大倍数较大，照准部水准管灵敏度高，度盘分划格值小，属精密经纬仪。

（2）DJ$_2$型光学经纬仪采用对径分划影像重合读数装置，即取度盘对径相差180°处的两个读数的平均值，因此，可以消除度盘偏心对读数的影响。

（3）在DJ$_2$型光学经纬仪读数显微镜中一次只能看到水平度盘或竖直度盘中的一种影像，因而方便了读数。读数时，可以通过转动换像手轮，选择所需的度盘影像。

（4）DJ$_2$型光学经纬仪采用双光楔测微装置，即在度盘对径两端各安装一个固定的和移动的光楔，移动光楔与测微尺相连，可同时将度盘某一直径两端的分划反映到读数显微镜内，并被横线分隔开为正像和倒像，从而实现对径分划重合读数。

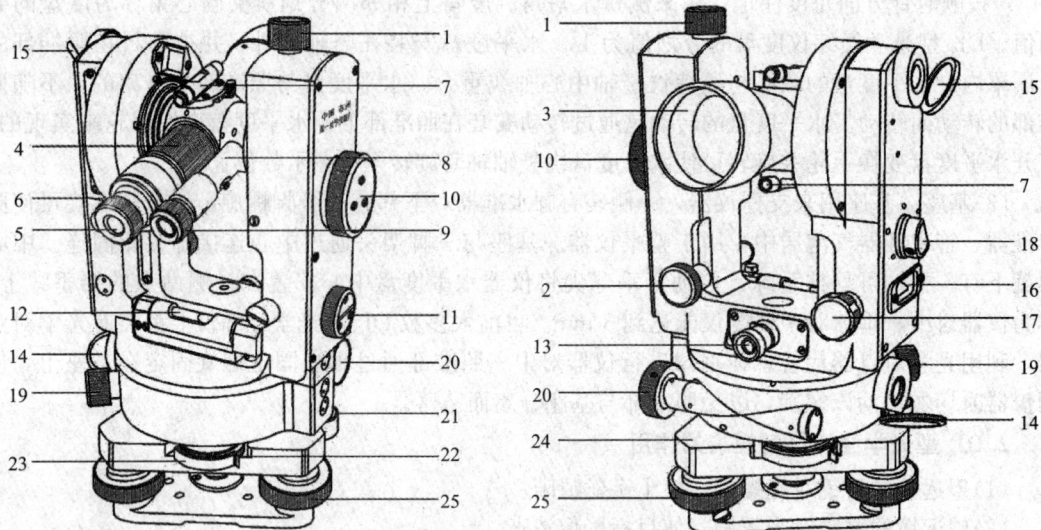

图 3-4 DJ₂ 型光学经纬仪

1—望远镜制动螺旋；2—望远镜微动螺旋；3—望远镜物镜；4—物镜调焦螺旋；5—目镜；6—目镜调焦螺旋；
7—光学瞄准器；8—度盘读数显微镜；9—度盘读数显微镜调焦螺旋；10—测微轮；11—换像手轮；
12—照准部水准管；13—光学对点器；14—水平度盘照明反光镜；15—竖盘照明反光镜；16—竖盘指标水准管；
17—竖盘指标水准管微动螺旋；18—竖盘指标水准管气泡观察窗；19—水平制动螺旋；20—水平微动螺旋；
21—圆水准器；22—水平度盘变换手轮；23—水平度盘变换手轮保护盖；24—基座；25—脚螺旋

2. DJ₂ 型光学经纬仪的读数方法

图 3-5(a)所示为读数窗，即度盘对径分划影像，位于横线之上的是正像，位于横线之下的是倒像。图中左侧的小读数窗为测微尺读数窗，该窗中部的一条长横线为测微尺读数指标线，短线为测微尺分划线。测微尺分划线左侧标注的数字（从 0～10）表示分值，右侧的数字（从 0～5）表示 10″的倍数（3 即表示 30″），分划线的每一小格代表 1″。该仪器的度盘分划值为 20′，当转动测微手轮 10 使测微尺从 0′～10′时，度盘的正像、倒像分划线向相反的方向各移动半格，上、下影像相向总移动量为一格，换而言之，对径分划线每相对移动一格为 10′（格值的一半）。

读数时先转动测微轮，使度盘对径分划影像相对移动，直至上下分划严格重合，如图 3-5(a)所示。读数应按正像在左、倒像在右且相距最近的一对注有度数的对径分划进行。正像分划所注度数即所要读出的度数，正像分划线和对径的倒像分划线间的格数乘以 10′即应读的十分数，不足 10′的部分由测微尺读出。图 3-5(a)读数为 30°28′12.5″。数值构成如下：

度数	30°	读自度盘
10′数	2 格×10′=20′	读自度盘
分秒数	08′12.5″	读自测微尺

新型 DJ₂ 光学经纬仪，采用了半数字化读数，如图 3-5(b)所示。读数窗上部矩形框中的数字为度盘的度数，下突的小方框中所示数字为 10′数的整数倍数，不足 10′的部分由下方测微尺读数窗（中间的长竖线为读数指标线）读出。读数窗下部带竖线的矩形框为度盘对径分划影像。读数时先转动测微轮，使对径分划线严格对齐，再在上部读数窗中读取位于左方的一度数（窗中只出现两个度数）或中央的一度数（窗中出现三个度数），然后由下突的小方框中读出整 10 分数，最后在测微尺读数窗中读出分、秒值，三读数之和为最终读数。如图 3-5(b)所示读数为 32°24′34.0″。

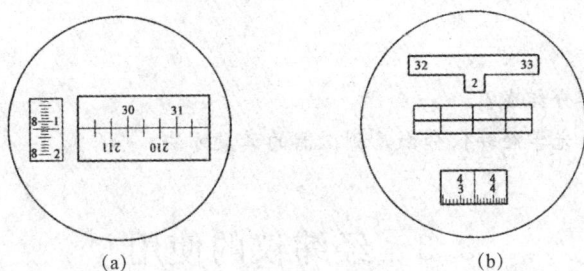

图 3-5　读数窗图

(a)对径分划读数窗图；(b)数字化读数窗

3.2.3　电子经纬仪

电子经纬仪是近几年发展起来的新一代测角仪器。其由精密光学器件、机械器件、电子扫描度盘、电子传感器和微处理机等组成。电子经纬仪仍采用度盘测角，但与光学经纬仪相比其光电扫描度盘取代了传统的光学度盘，光电信息传输取代了光路折反射信息传输，电子测微取代了光学测微，自动处理、显示结果取代了人工读数，配合适当的接口，可将观测的数据传入计算机，实现数据处理和绘图自动化，从而使电子经纬仪具有光学经纬仪无法比拟的优越性。

光电测角原理可分为编码度盘测角、格区式度盘动态测角、光栅度盘测角、条码度盘测角等。图 3-6(a)所示为北京博飞仪器股份有限公司生产的 DJD_2 型 $2''$ 级电子经纬仪。该系列仪器采用光栅增量式数字角度测量系统；双面大屏幕液晶显示屏，可同时显示水平角、垂直角的测量结果；全中文显示，具有用户操作错误及系统故障提示信息，操作界面友好；可实现与 PC 机双向通信，内存可存储 500 点的数据信息；最小读数 $1''$、$5''$、$10''$等三种可选，自动垂直角补偿。

图 3-6(b)所示为苏州一光仪器有限公司生产的 DT200 型 $2''$ 级电子经纬仪。该系列仪器也采用光栅增量式数字角度测量系统；使用微型计算机技术进行测量、计算、显示、存储等多项功能；可以进行角度、坡度等多模式的测量；最小读数为 $1''$、$5''$、$10''$、$20''$四种，按测角精度可分为 $2''$、$5''$两种型号；采用超大屏幕，全中文操作，读取数据更为方便，自动垂直补偿；有复测功能，在保证测量精度的同时减少数据的记录量；省电设计，工作时间长，四节 AA 碱性电池能让仪器连续工作 80 h，支持断电记忆功能。

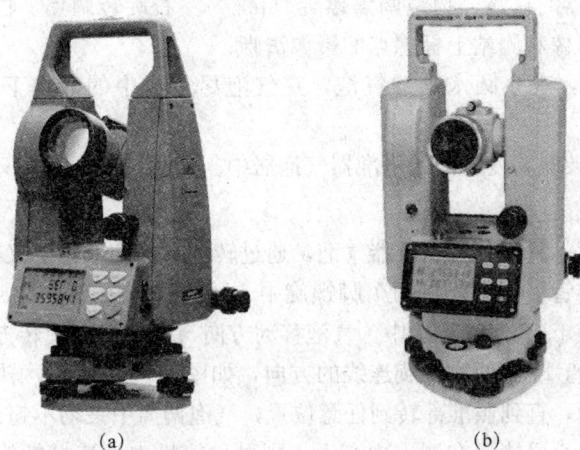

图 3-6　电子经纬仪实物图

(a)DJD_2 型 $2''$ 级电子经纬仪；(b)DT200 型 $2''$ 级电子经纬仪

1. 经纬仪由哪几部分组成?
2. 画图叙述 DJ$_6$ 型光学经纬仪分微尺测微器的读数方法。

3.3　经纬仪的使用

掌握经纬仪的操作步骤。

对中、整平。

经纬仪的使用,主要包括安置仪器、瞄准目标和读数三项基本工作。

3.3.1　安置仪器

安置仪器包括对中、整平两项内容。对中的目的是使经纬仪水平度盘中心与所测角顶点位于同一铅垂线上,欲测的水平角的顶点也称为测站点;而整平的目的是使仪器的竖轴处于铅垂位置,从而使水平度盘水平。

1. 对中

目前生产的经纬仪都装置有光学对点器,而采用光学对点器对中的精度比垂球对中精度高,可达 1 mm,且不受风力影响,所以,工作中基本都运用光学对中的方法进行对中。光学对中的步骤如下:

(1)将三脚架安置在测站点上,目估使架头大概水平并使架头中心大致对准测站点标志中心;

(2)调节光学对点器的目镜、物镜调焦螺旋(目镜为左右旋转调焦,物镜为前后推拉调焦),分别使对点器十字丝影像和测站上标志点的影像清晰;

(3)移动三脚架腿,观察圆水准器气泡,在气泡尽量居中的前提下,确保使光学对点器对中;

(4)调节三脚架的架腿高度,使圆水准器气泡居中。此时仪器既对中又粗平。

2. 整平(精平)

不再伸缩架腿长度,只观察管水准器气泡,通过转动脚螺旋来精平仪器。

首先使照准部水准管平行于任意两个脚螺旋中心的连线方向,如图 3-7(a)所示。然后,两手同时相向旋转脚螺旋 1、2 使气泡居中。气泡移动方向与左手拇指旋转方向一致。接着再旋转照准部 90°使水准管垂直 1、2 两脚螺旋连线的方向,如图 3-7(b)所示,转动第三个脚螺旋使气泡居中。如此重复进行,直到照准部转到任意位置,气泡偏离中央均不超过一格时为止。

此时光学对点器中心可能不在测点中心上,则可稍旋松中心连接螺旋,在架头上轻轻平移仪器(切不可旋转),使精确对中,最后将中心连接螺旋拧紧。

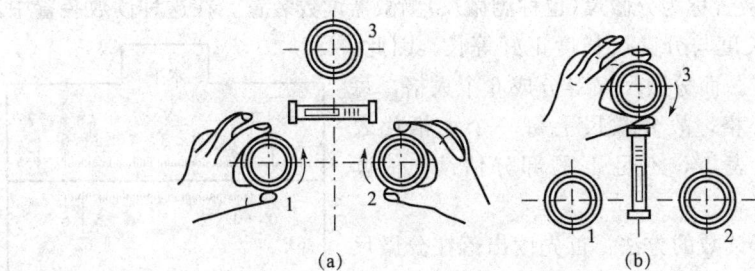

图 3-7 经纬仪精平

3.3.2 瞄准目标

瞄准是使望远镜十字丝的交点精确照准目标的几何中线。

(1)粗瞄目标：用望远镜上的粗瞄器，先从镜外找到目标方向(粗瞄器的尖部对准目标)，使在望远镜内能够看到目标的物像，再旋紧望远镜和照准部的制动螺旋。

(2)目镜、物镜调焦：转动望远镜目镜、物镜调焦螺旋，在望远镜视场内使十字丝、目标物像清晰，并消除视差。

(3)精确瞄准目标：转动望远镜和照准部的微动螺旋，使十字丝纵丝精确瞄准目标，如图 3-8 所示。

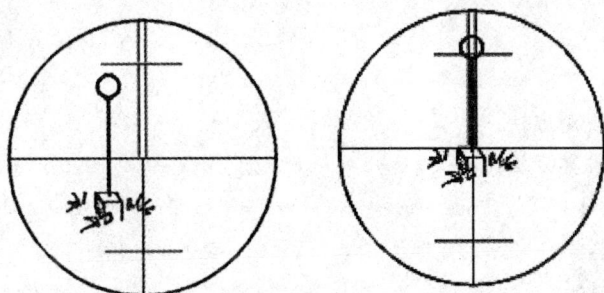

图 3-8　水平角测量照准目标的方法

注意：进行水平角观测时，应尽量瞄准目标底部。当目标较近、成像较大时，用十字丝单丝平分目标。当目标较远时，可用十字丝双丝与目标重合或者将目标对称地夹在双丝的中央。

想一想

为什么测水平角时应用竖丝瞄准目标，观测竖直角时用横丝瞄准目标？经纬仪瞄准目标与水准仪瞄准目标有何区别？

3.3.3 读数

DJ$_6$ 型光学经纬仪有分微尺测微器和单平板玻璃测微器两种读数方法。由于分微尺测微器装置读数方法简单、直观，是目前国产仪器常采用的一种读数装置。因此，本章仅介绍分微尺测微器读数方法。单平板玻璃测微器读数方法，看似读数精度提高，其实由于仪器本身是 6″的，精度当然也是一样，而且由于生产工艺复杂，目前厂家基本停产。

如图 3-9 所示，在经纬仪的读数显微镜窗口内可以看到水平度盘和竖直度盘及相应的分微尺影像，上方为水平度盘影像(用"水平"或"H"表示)，下方为竖直度盘影像(用"竖直"或"V"表示），这种影像的读数装置称为分微尺(也称测微尺)测微器读数装置。在这种读数装置中，度盘上相邻两分划的间隔长度与分微尺长度正好等长，因此，分微尺全长读数代表1°。而分微尺又等分成6个大格，每大格又等分成10个小格，故分微尺上每一个大格代表10′，而每一个小格代表1′，不足1′的部分估读，估读至0.1′。

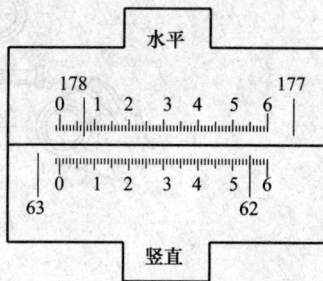

图3-9　分微尺测微器读数窗

利用这种装置进行读数的方法：首先读出落在分微尺上度盘分划线的度数，然后读出这根分划线在分微尺上分数，分以下的读数可估计读至0.1′即6″，将度、分、秒读数相加即得度盘读数，图3-9中水平度盘读数为178°07′00″，竖直度盘读数为62°54′24″。

课后讨论

1. 经纬仪对中、整平的目的各是什么？
2. 经纬仪观测的步骤是什么？

3.4　水平角观测

学习目标

1. 掌握水平角的观测方法；
2. 掌握水平角的计算方法。

关键概念

测回法、方向观测法。

水平角观测的方法一般根据观测时所用仪器、测角精度要求和目标的多少而定。常用的方法有测回法和方向观测法两种。

3.4.1　测回法

测回法适用于观测两个方向的单角。如图3-10所示，设要测水平角为∠AOB，先在A、B两点竖立标志，在测站点O上安置经纬仪，进行对中、整平，分别照准A、B两点的目标并进行读数，两读数之差即∠AOB的角值。但为了消除仪器的某些误差，需用盘左及盘右两个位置进行观测。所谓盘左又称正镜，是指观测者面对望远镜的目镜时，竖直度盘位于观测者左侧时的位置；所谓盘右又称倒镜，是指观测者面对望远镜的目镜时，竖直度盘位于观测者右侧时的位置。

测回法的测角步骤如下。

1. 盘左位置

(1)松开照准部和望远镜的制动螺旋，转动照准部，通过望远镜外的粗瞄器，粗略瞄准起始方向A，将照准部和望远镜制动螺旋制动。仔细调焦，转动照准部与望远镜的微动螺旋，精确瞄准目标A，读记水平度盘读数$a_左$(0°03′18″)。

图 3-10 测回法观测水平角

(2)松开照准部和望远镜的制动螺旋,顺时针转动照准部,用相同的方法瞄准第二目标 B,读记水平度盘读数 $b_左$(89°33′30″)。

以上过程称为上半测回,测得角值为 $\beta_左 = b_左 - a_左$。

2. 盘右位置

(1)松开照准部和望远镜的制动螺旋,纵转望远镜,成盘右位置,按逆时针方向转动照准部,瞄准目标点 B,读记水平度盘读数 $b_右$(269°33′42″)。

(2)松开照准部和望远镜的制动螺旋,逆时针方向转动照部,瞄准目标点 A,读记水平度盘读数 $a_右$(180°03′24″)。

以上过程称为下半测回,又测得 $\angle AOB$ 角值为 $\beta_右 = b_右 - a_右$。

上下两个半测回合并称为一测回。当两个半测回角值之差不超过《工程测量规范》(GB 50026—2007)中相应等级水平角测量误差规定时,则取其的平均值作为一测回的最后角值,即 $\beta = \dfrac{1}{2}(\beta_左 + \beta_右)$。

当测角精度要求较高,需要观测几个测回时,为减小水平度盘刻划不均匀误差的影响,各测回之间应变换水平度盘起始读数,其变换间隔值按 $\dfrac{180°}{n}$ 计算,n 为测回数。如观测两个测回,第一测回水平度盘起始方向的读数应略大于 0°,第二测回水平度盘起始方向的读数应略大于 90°。表 3-1 所示为为测回法两测回观测水平角的记录格式。

表 3-1　水平角观测手簿(测回法)

作业时间:2018.4.10 开始时间:8:00 结束时间:8:20			观测方向图略 $\overset{A\quad\quad B}{\diagdown\diagup}$			天气:晴 仪器:J_6 观测者:××× 观测者:×××		
测站	测序	目标	镜位	读数	半测回角值	一测回角值	各测回 平均角值
1	2	3	4	5 (° ′ ″)	6 (° ′ ″)	7 (° ′ ″)	8 (° ′ ″)

测站	测序	目标	镜位	读数	半测回角值	一测回角值	各测回平均角值
O	第一测回	A	盘左	0　03　18	89　30　12	89　30　15	89　30　21
		B		89　33　30			
		A	盘右	180　03　24	89　30　18		
		B		269　33　42			
	第二测回	A	盘左	90　03　30	89　30　30	89　30　27	
		B		179　34　00			
		A	盘右	270　03　24	89　30　24		
		B		359　33　48			

3.4.2　方向观测法

在一个测站上当观测方向超过两个方向时，应采用方向观测法。如图 3-11 所示，测站点 O 上有四个目标方向，即 OA、OB、OC、OD。其观测步骤、记录及计算方法如下：

(1)盘左：首先瞄准起始方向(也称零方向)，如 A 方向。将水平度盘读数配置在稍大于 0°读数处，读数并记入观测手簿(见表 3-2)。再按顺时针方向依次观测 B、C、D 各方向的水平度盘读数并记入观测手簿。由于观测方向多，累计观测时间较长，为了检查水平度盘位置在观测过程中是否发生变动，最后还要继续沿顺时针方向转动照准部，再一次照准起始方向 A，读数并记入观测手簿。该次观测称为归零观测。同一方向两次读数之差称为归零差。上述全部工作称为上半测回。

图 3-11　方向观测法观测水平角

(2)盘右：纵转望远镜，成盘右位置，按逆时针方向依次照准 A、D、C、B、A 各方向，读数并记入观测手簿(见表 3-2)，这一操作过程称为下半测回。

上、下两半测回合起来称为一个测回。若进行多测回观测，则各测回之间需要变换度盘 $\dfrac{180°}{n}$。表 3-2 所示为两个测回的方向观测法手簿的记录和计算实例。

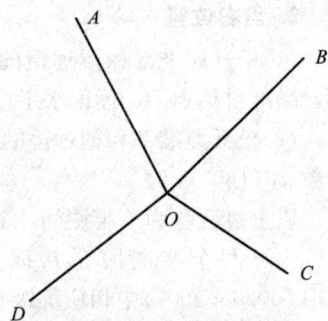

表 3-2　水平角观测手簿(方向观测法)

作业日期：2018.4.25 开始时间：8：30 结束时刻：9：10			测站：O J₆		天气：晴 仪器：J₆ 观测者：×××					
测序/目标	读数				$2b=L-(R\pm180°)$	平均读数 $(L+R\pm180°)/2$	归零后方向值	各测回归零方向平均值	备注
	盘左		盘右						
1	2	3	4	5	6	7	8	9	10
第一测回	°　′	″	°　′	″	″	°　′　″	°　′　″	°　′　″	
						(0　01　18)			

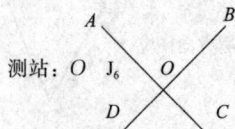

测序/目标	读数				$2b=L-(R\pm180°)$	平均读数 $(L+R\pm180°)/2$	归零后方向值	各测回归零方向平均值	备注
A	0 01	12	180 01	18	−6	0 01 15	0 00 00	0 00 00	
B	96 53	06	276 53	00	+6	96 53 03	96 51 45	91 52 42	
C	143 32	48	323 32	48	0	143 32 48	143 31 30	143 31 30	
D	214 06	12	34 06	06	+6	214 06 09	214 04 51	214 05 02	
A	0 01	24	180 01	18	+6	0 01 21			
归零差		12		0					
第二测回						(90 01 30)			
A	90 01	22	270 01	24	−2	90 01 23	0 00 00		
B	186 53	00	6 53	18	−18	186 53 09	96 51 39		
C	233 32	54	53 33	06	−12	233 33 00	143 31 30		
D	304 06	36	124 06	48	−12	304 06 42	214 05 12		
A	90 01	36	270 01	36	0	90 01 36			
归零差		14		12					

表 3-2 中，第 2、4 列为水平度盘度、分读数的记录。第 3、5 列为水平度盘秒值读数的记录。第 6 列为同一方向盘左和盘右的差值即 $2b$。第 7 列为同一方向盘左、盘右的平均值（度数以盘左为准）。由于进行"归零"观测，一测回内起始方向有两个平均值，因而，再取其平均值记入该列的括号中，作为该方向的一测回平均读数。第 8 列是归零后的各方向值，为方便计算和比较各测回的观测值，起始方向读数都改化成 $0°00'00''$ 的方向值，这样，B、C、D 等目标的读数也就随着改正一个相同的数值。如第一测回中，起始方向 A 的平均读数原为 $0°01'18''$，改化成 $0°00'00''$，减去 $1'18''$。而 B 目标的平均读数为 $96°53'03''$，也应减去 $1'18''$，即得 B 目标的上半测回方向值为 $96°51'45''$（写入表中第 8 列 B 目标的相应位置），同理，可计算出其他方向的归零值。第一、第二测回平均方向值记入第 9 列相应行中。

显然，若要求取任意两个方向之间所夹水平角的观测值，只需要将该两个方向的"各测回归零平均方向值"的数值相减即可。

一般规定，当方向数不超过 3 个时可以不"归零"。通常将有"归零"观测的方向观测法称为全圆测回法。

3.4.3 水平角观测限差

水平角观测限差根据使用的仪器型号、观测方法、观测等级、测回数多少的不同而有不同的要求。

（1）用 $6''$ 级经纬仪测角，只观测一个测回的要求上、下半测回所测角值较差不得超过 $\pm40''$；多测回观测的要求同一方向值（测回法为角值）各测回较差不得超过 $\pm24''$。对于有归零观测的还要求半测回归零差不得超过 $\pm18''$。

（2）用 $2''$ 级经纬仪测角，半测回归零差不超过 $\pm12''$；一测回 2 倍照准差（2C）变动范围不得超过 $\pm18''$；一个测回观测时要求上、下半测回同一方向值（测回法为角值）较差不得超过 $\pm24''$；多测回观测时要求同一方向值（测回法为角值）各测回较差不得超过 $\pm12''$。

水平角方向观测法的技术要求，现行规范规定见表3-3。

表3-3 水平角方向观测法的技术要求

等级	仪器型号	光学测微器两次重合读数之差/(")	半测回归零差/(")	一测回内2C互差/(")	同一方向值各测回较差/(")
四等及以上	1″级仪器	1	6	9	6
	2″级仪器	3	8	13	9
一级及以下	2″级仪器	—	12	18	12
	6″级仪器	—	18	—	24

注：1. 全站仪、电子经纬仪水平角观测时不受光学测微器两次重合读数之差指标的限制；
  2. 当观测方向的垂直角超过±3°的范围时，该方向2C互差可按相邻测回同方向进行比较，其值应满足表中一测回内2C互差的限值。

📖 课后讨论

1. 简述水平角的概念。
2. 绘图叙述测回法测角过程。
3. 简述水平角观测的限差。

3.5 竖直角观测

📖 学习目标

1. 掌握竖直角的观测方法；
2. 掌握竖直角的计算方法。

📖 关键概念

竖直度盘、竖盘指标差。

3.5.1 竖盘装置的结构

经纬仪的竖盘装置一般包括竖直度盘（简称竖盘）、读数指标、指标水准管及用于调节指标水准管气泡的微动螺旋，如图3-12所示。竖直度盘固定在望远镜横轴的一端，与横轴保持垂直，并随望远镜一起转动。

当经纬仪精确整平时，竖盘便处于竖直状态。望远镜上下转动竖盘随望远镜一起在竖直面内转动。作为读数用的竖盘读数指标与指标水准管固连在一起，不随望远镜转动，它只能通过转动指标水准管微动螺旋，使读数指标和指标水准管一起做微小转动。读数指标和竖盘刻划影像，通过光学棱镜系统的折射，一起呈现在望远

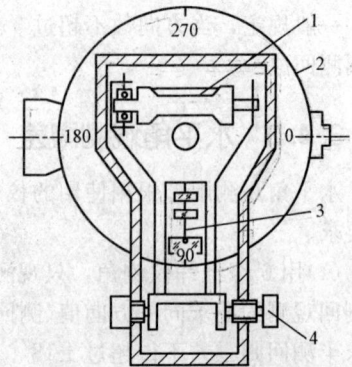

图3-12 竖直度盘构造
1—指标水准管；2—竖盘；
3—读数指标线；4—指标水准管微动螺旋

镜旁的读数显微镜窗口里。当指标水准管气泡居中时，读数指标应处于 90°或 270°的正确位置。

新一代经纬仪如北京博飞仪器股份有限公司生产的 TDJ$_6$ 型光学经纬仪，采用了竖盘读数指标自动归零装置。这类仪器取消了指标水准管及指标水准管微动螺旋，而增加了一个自动补偿器。当仪器精平后（照准部水准管气泡居中），在读数指标自动归零装置的作用下，使竖盘读数指标自动处于正确位置，即可读得正确的竖盘读数，精度更高，操作更加方便。

竖直度盘刻划常见的注记方式为全圆注记式，即从 0°～360°注记。其注记形式有顺时针方向和逆时针方向两种。图 3-13 所示为 DJ$_6$ 型光学经纬仪竖盘注记的形式。这一类竖盘注记特点是：当视线水平时，竖盘读数为 90°或者 270°。

图 3-13 竖盘刻划注记形式
(a)盘左；(b)盘右

3.5.2 竖直角的计算公式

竖直角的计算公式随竖盘刻划与注记形式的不同而不同，现以 DJ$_6$ 型光学经纬仪的竖直度盘刻划为例，具体推导竖直角的计算公式。

如图 3-14 所示，观测某一目标，盘左观测的竖直角为 $\alpha_左$，竖盘读数为 L；盘右观测的竖直角为 $\alpha_右$，竖盘读数为 R。由图中可以看出，该仪器竖直角的计算公式为

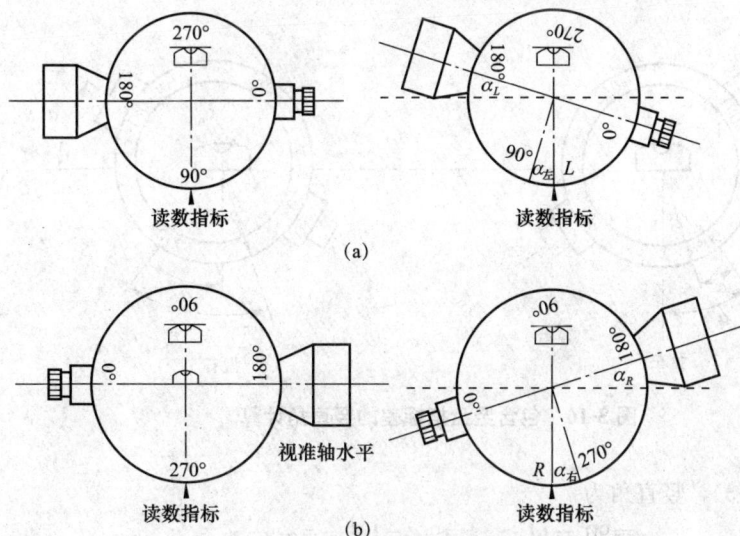

图 3-14 竖直角的计算
(a)盘左；(b)盘右

$$\alpha_{左}=90°-L \qquad (3-3)$$

$$\alpha_{右}=R-270° \qquad (3-4)$$

$$\alpha_{平}=(R-L-180°)/2 \qquad (3-5)$$

按上述三式计算出竖直角有正、负号之分，正值表示仰角，负值表示俯角。

当竖盘注记与上述形式不同时，竖直角计算公式推导的一般方法如下：

(1)将望远镜置于盘左，置成水平状态，从读数显微目镜中观察竖盘读数，确定视线水平时的某一特殊值(90°或270°等)。

(2)然后逐渐上抬望远镜，观察竖盘读数是逐渐增大还是逐渐减小。

1)当望远镜抬起，读数增大时 $\alpha=$ 竖盘读数－视线水平时的特殊值；

2)当望远镜抬起，读数减小时 $\alpha=$ 视线水平时的特殊值－竖盘读数。

3.5.3 竖盘指标差

上述竖直角的计算公式是一种理想的情况，即当望远镜视准轴水平，竖盘读数指标水准管气泡居中时，竖盘读数指标对准一特殊值(90°或270°)。但实际上这个条件往往不能满足，通常竖盘指标水准管气泡居中时，竖盘指标不是正好指在90°或270°这个特定值上，而与这个特定值相差一个小角值，这个小角值称为竖盘指标差 x，简称指标差，如图3-15所示。图3-16表示盘左和盘右观测同一目标时，由于指标差 x 的存在，读数受到影响。

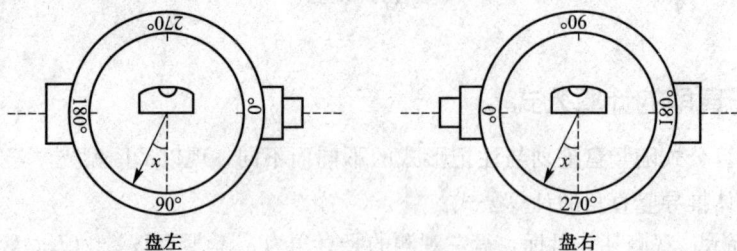

图 3-15　竖盘指标差

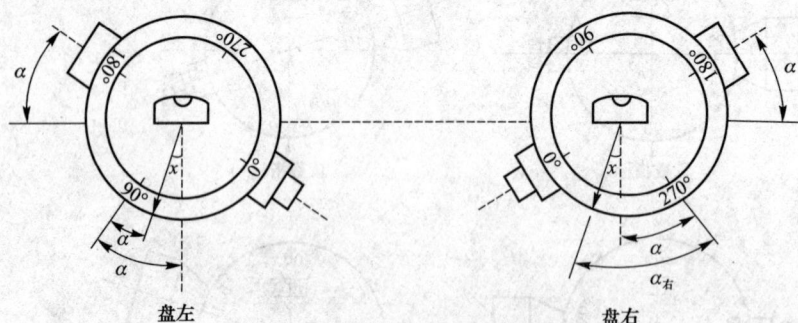

图 3-16　包含竖盘指标差的竖直角计算

盘左时，按式(3-3)，竖直角为

$$\alpha=90°-(L-x)=90°-L+x=\alpha_{左}+x \qquad (3-6)$$

盘右时，按式(3-4)，竖直角为

$$\alpha=(R-x)-270°=R-270°-x=\alpha_{右}-x \qquad (3-7)$$

将式(3-6)加式(3-7)得：

$$\alpha=\frac{1}{2}(R-L-180°)=\frac{1}{2}(\alpha_{左}+\alpha_{右}) \tag{3-8}$$

将式(3-6)减式(3-7)得：

$$x=\frac{1}{2}(R+L-360°)=\frac{1}{2}(\alpha_{右}-\alpha_{左}) \tag{3-9}$$

这就是含有指标差的竖直角及指标差的计算公式。从式(3-8)中可以看出，取盘右读数和盘左读数之差减180再除以2，或取盘左和盘右观测的竖直角的平均值，都能消除指标差对竖直角的影响。由式(3-9)可知，取盘右和盘左读数之和减360再除以2，或取盘右与盘左观测的竖直角之差再除以2，都可以求得指标差 x。

3.5.4 竖直角的观测

竖直角的观测是用望远镜十字丝横丝切于目标某个位置，转动指标水准管微动螺旋，使气泡居中后，读取读数，按计算公式求出竖直角。由于竖直角是竖直面内瞄准目标方向线的读数与水平方向线读数之差所得的角值，而视线水平时竖盘读数为一已知的特殊值 90°或 270°。因此，在竖直角观测时，实际上只需要读取瞄准目标方向线的竖盘读数，即可计算出竖直角。其观测程序如下：

(1)将经纬仪安置在测站上，盘左照准目标，制动望远镜，用望远镜微动螺旋，使十字丝的横丝精确地切准目标顶部(图3-17)。

(2)旋转指标水准管微动螺旋，使气泡居中，再查看一下十字丝横丝是否仍切准目标，确认切准后，立即读数(L)，并记入手簿中(若仪器带竖盘指标自动补偿器，则需要先将补偿器开关置于"ON"状态，有的仪器则在读数前要按一下自动补偿器按钮后便可进行读数)。

(3)盘右照准目标同一部位，以同样的方法，读数(R)并记入手簿中。

这样就完成一测回的竖直角观测。若进行多测回观测，只需重复上述操作步骤。竖直角观测记录计算示例见表3-4。

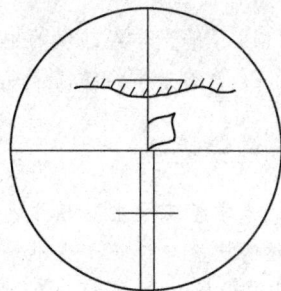

图 3-17　观测竖直角时的目标瞄准方法

表 3-4　竖直角观测记录手簿

日期：2018.5.18						观测者：田友朋	
天气：晴			仪器：J$_6$型			记录者：赵宏刚	
测站	目标	竖盘位置	竖盘读数 /(° ′ ″)	半测回竖直角 /(° ′ ″)	指标差 /(″)	一测回竖直角值 /(° ′ ″)	备注
1	2	3	4	5	6	7	
O	A	盘左	81 38 12	+8 21 48	−12	+8 21 36	
		盘右	278 21 24	+8 21 24			
	B	盘左	96 12 36	−6 12 36	−09	−6 12 45	
		盘右	263 47 06	−6 12 54			

由竖直角计算公式可知，用盘左、盘右观测可以消除指标差的影响。根据《工程测量规范》(GB 50026—2007)中的有关要求，当指标差大于 1′时，应进行校正。对于同一台仪器，指标差

x 在同一时间段内应是常数，但由于各种原因，各方向和各测回所计算的指标差可能互不相同。指标差的变化情况能反映观测过程中仪器的稳定性，从而反映出观测质量，故在有关测量规范中，对指标差的变化范围有相应的规定。用 J_6 型光学经纬仪作竖直角观测时，指标差互差及竖直角互差均不得超过 $\pm 25''$，对于 J_2 型光学经纬仪则要求指标差互差及竖直角互差均不得超过 $\pm 10''$。

📠 **课后讨论**

1. 简述竖直角的概念。
2. 简述竖直角观测的限差。
3. 竖直角、竖盘指标差的计算公式各是什么？

3.6 经纬仪的检验与校正(理实一体)

📠 **学习目标**

1. 了解光学经纬仪的主要轴线及其相互关系；
2. 熟悉光学经纬仪常规项目的检验与校正。

📠 **关键概念**

光学经纬仪主要轴线、水准管轴的检验与校正、十字丝竖丝的检验与校正、视准轴的检验与校正、光学对点器的检验与校正。

3.6.1 经纬仪主要轴线及其相互关系

1. 经纬仪主要几何轴线(图 3-18)

(1)照准部水准管轴，以 LL 表示。

(2)仪器竖轴(或垂直轴)，以 VV 表示。

(3)望远镜视准轴(或照准轴)，以 CC 表示。

(4)横轴(或水平轴)，以 HH 表示。

2. 经纬仪各主要几何轴线间的相互关系

(1)水准管轴应垂直于竖轴($LL \perp VV$)。

(2)视准轴应垂直于横轴($CC \perp HH$)。

(3)横轴应垂直于竖轴($HH \perp VV$)。

(4)十字丝竖丝应垂直于横轴。

3.6.2 经纬仪常规项目的检验与校正

1. 水准管轴的检验与校正

(1)检验与校正目的：使水准管轴垂直于竖轴，以保证当水准管气泡居中时，竖轴处于铅垂位置，从而整平仪器。否则，将无法整平仪器。

(2)检验方法：先粗平经纬仪，再转动照准部使水准管平行于任意一对脚螺旋的连线，旋转

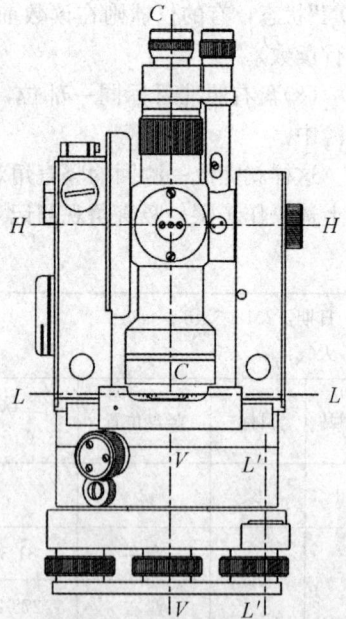

图 3-18 经纬仪轴线

这两个脚螺旋，使水准管气泡严格居中。将照准部旋转180°，若水准管气泡仍居中，则表明条件满足。否则条件不满足，应进行校正。

（3）校正方法：如图3-19所示，当气泡不居中时，用校正针拨动位于水准管一端的校正螺旋，使气泡退回偏离量的一半，然后相向转动两脚螺旋，使气泡居中。

这项检验校正需要反复进行，直至水准管气泡偏离中心不超过一格为止。

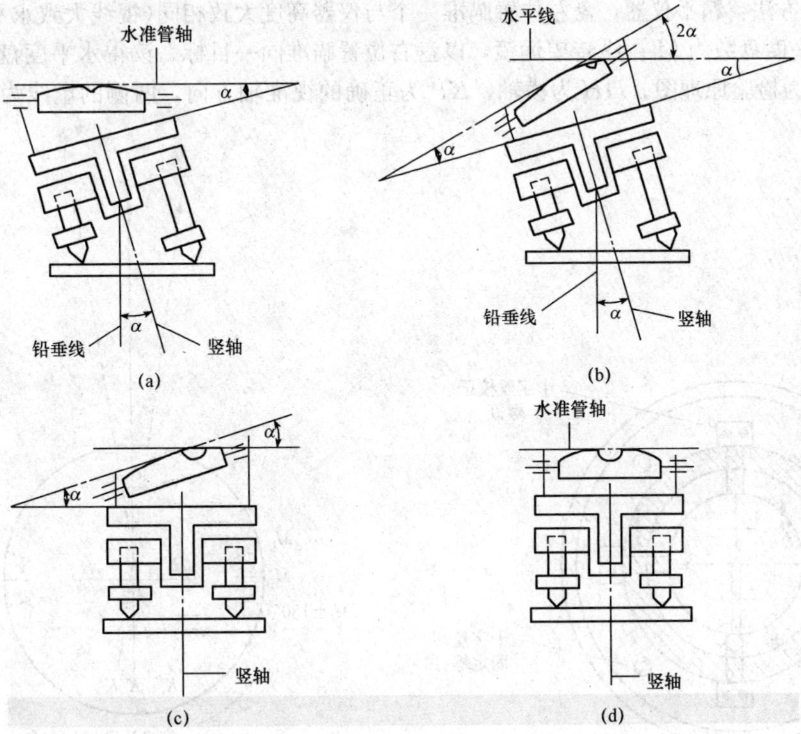

图 3-19　水准管轴的检验与校正

2. 十字丝竖丝的检验与校正

（1）检验与校正目的：使十字丝竖丝垂直于横轴，以保证横轴水平时竖丝铅垂，从而可以用竖丝上任一位置瞄准目标。

（2）检验方法：整平仪器，用十字丝竖丝最上端精确对准远处一明显点状目标，制动照准部和望远镜。徐徐转动望远镜微动螺旋，若目标点始终沿竖丝移动，如图3-20(a)所示，则表明条件满足；否则需要校正，如图3-20(b)所示。

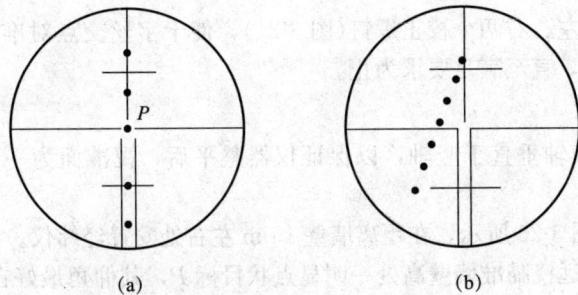

图 3-20　十字丝的检验

(3)校正方法：如图 3-21 所示，竖丝校正与水准仪十字丝横丝垂直于仪器竖轴的校正方法相似。

3. 望远镜视准轴的检验与校正

(1)检验与校正目的：当视准轴垂直于横轴，望远镜绕横轴转动时所扫出的视准面为一平面；否则为一对顶圆锥面。

(2)检验方法：精平仪器，盘左位置瞄准一个与仪器高度大致相同（视线大致水平）的远处目标，读得水平度盘数为 M_1。纵转望远镜，以盘右位置瞄准同一目标，读得水平度盘读数为 M_2。图 3-22 所示为检验原理图。HH 为横轴，KP 为正确的视准轴方向，两侧的虚线为存在误差的视准轴方向。

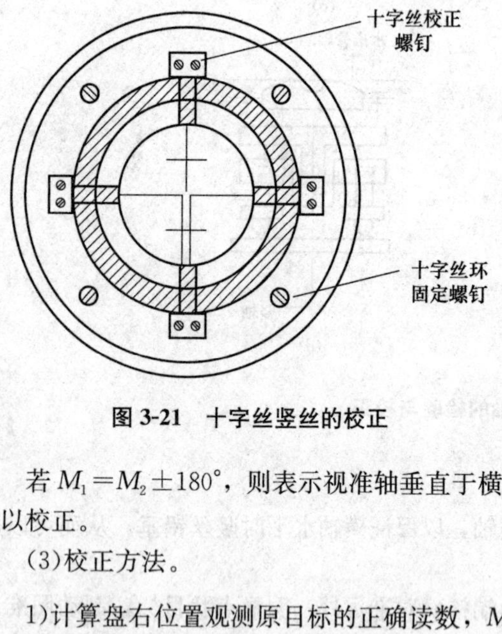

图 3-21　十字丝竖丝的校正

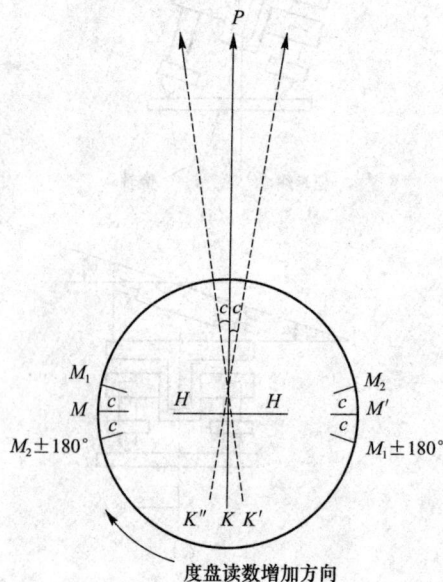

图 3-22　视准轴的检验

若 $M_1 = M_2 \pm 180°$，则表示视准轴垂直于横轴。若 $M_1 - (M_2 \pm 180°)$ 的绝对值大于 $2'$，则应予以校正。

(3)校正方法。

1)计算盘右位置观测原目标的正确读数，$M' = \frac{1}{2}[M_2 + (M_1 \pm 180°)]$。

2)在检验的盘右位置，转动照准部水平微动螺旋，使水平度盘读数指在 M' 的读数上。这时，望远镜十字丝交点必偏离原目标。

3)拨动十字丝环的左、右两个校正螺钉(图 3-21)，使十字丝交点对准原目标为止。这项检验与校正需要反复进行，直至满足要求为止。

4. 横轴的检验

(1)检验目的：使横轴垂直于竖轴，以保证仪器整平后，视准面为一竖直面；否则为一倾斜面。

(2)检验方法：如图 3-23 所示，在距离墙壁 15 m 左右处安置经纬仪。

1)以盘左位置用望远镜瞄准墙壁高处一明显点状目标 P，其仰角最好在 30° 左右，制动照准部，将望远镜下放至水平，在墙上标出十字丝交点位置 P_1。

2)用盘右位置再瞄准 P 点，同样方法，在墙面上定 P_2 点。若 P_2 点与 P_1 点重合，说明横轴与竖轴垂直,条件满足;否则需要进行校正。

光学经纬仪的横轴是密封的,一般都能保持横轴与竖轴的垂直关系,为了不破坏它的密封性能,操作人员一般只进行检验。如确实须校正时,应由专业检修人员进行此项校正。

图 3-23 望远镜横轴的检验

5. 竖盘指标差的检验与校正

(1)检验目的:使竖盘指标差为零。

(2)检验方法:安置经纬仪并瞄准远方一明显目标,用竖直角观测的方法测定其竖直角一测回,求出指标差 x。对于 J_6 型经纬仪,若计算出的 x 绝对值大于 $1'$,则需要进行校正。

(3)校正方法:

1)根据检验时的读数 L 或 R 及计算出的 x 值,计算盘左时的正确读数 $L_0=(L-x)$ 或盘右时的正确读数 $R_0=(R-x)$。

2)以盘右或盘左的位置,瞄准检验时的目标,转动竖盘指标水准管微动螺旋,使读数对准盘右正确读数 R_0(或盘左正确读数 L_0)。此时,指标水准管气泡必不居中,用校正针拨动指标水准管的上下螺丝,使气泡居中。此项校正需要反复进行,直至指标差不超过 $\pm1'$ 为止。

6. 光学对点器的检验与校正

如图 3-24 所示,光学对点器是由目镜、分划板、物镜和直角棱镜组成的。分划板刻划圆圈中心与物镜光心的连线是对点器的视准轴。光学对点器的视准轴由棱镜折射 90°后,应与仪器竖轴重合;否则会产生对中误差,影响测角的精度。

(1)检验目的:使光学对点器的视准轴经棱镜折射后与仪器的竖轴重合。

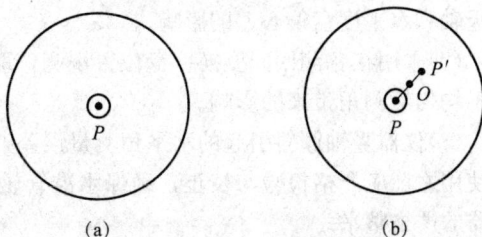

图 3-24 光学对点器的检验

(2)检验方法:精平仪器,在对点器正下方地面上放一张白纸,调节对点器目镜、物镜调焦,使十字丝及地面点成像清晰。根据目镜十字丝交点(有的仪器为刻划圆圈中心)在纸上标记 P 点。将照准部旋转 $180°$,若十字丝交点仍与 P 点重合,则条件满足;否则在白纸上得到另一点 P',条件不满足,必须校正。

(3)校正方法:在固定的白纸板上求出 P、P' 两点中心 O,调节光学对点器校正螺丝使十字

丝交点对准 O 点即可。此项校正须要反复进行，直至照准部旋转至任一位置，对点器都不发生偏移为止。

课后讨论

1. 简述经纬仪的主要轴线及其互相之间的关系。
2. 经纬仪有哪几项主要的检验与校正项目？
3. 简述经纬仪水准管轴的检验与校正。
4. 简述经纬仪十字丝的检验与校正。
5. 简述经纬仪光学对点器的检验与校正。

3.7　角度测量的误差及分析

学习目标

1. 学会分析角度测量误差的原因；
2. 学会角度测量误差的消除方法。

关键概念

对中误差、偏心距。

3.7.1　仪器误差

仪器误差是指仪器不能满足设计理论要求而产生的误差。

(1)由于仪器制造和加工不完善而引起的误差。

(2)由于仪器检验与校正不完善而引起的误差。

消除或减弱上述误差的具体方法如下：

(1)采用盘左、盘右观测取平均值的方法，可以消除视准轴不垂直于水平轴、水平轴不垂直于竖轴和水平度盘偏心差的影响。

(2)采用在各测回间变换度盘位置观测，取各测回平均值的方法，可以减弱由于水平度盘刻划不均匀给测角带来的影响。

(3)仪器竖轴倾斜引起的水平测量误差，无法采用一定的观测方法来消除。因此，在经纬仪使用之前应严格检验与校正，确保水准管轴垂直于竖轴。同时，在观测过程中，应特别注意仪器的严格整平。

3.7.2　观测误差

1. 仪器对中误差

在安置仪器时，由于对中不准确，使仪器中心与测站点不在同一铅垂线上，称为对中误差。如图3-25所示，A、B 为两个目标点，O 为测站点，O' 为仪器中心，OO' 的长度称为测站偏心距，用 e 表示，其方向与 OA 之间的夹角 θ 称为偏心角。β 为正确角值，β' 为观测角值，由对中误差引起的角度误差 $\Delta\beta$ 为

$$\Delta\beta = \beta - \beta' = \delta_1 + \delta_2$$

因 δ_1 和 δ_2 很小，故

$$\delta_1 \approx \frac{e\sin\theta}{D_1}\rho \quad \delta_2 \approx \frac{e\sin(\beta'-\theta)}{D_2}\rho$$

$$\Delta\beta = \delta_1 + \delta_2 = e\rho\left[\frac{\sin\theta}{D_1} + \frac{\sin(\beta'-\theta)}{D_2}\right] \tag{3-10}$$

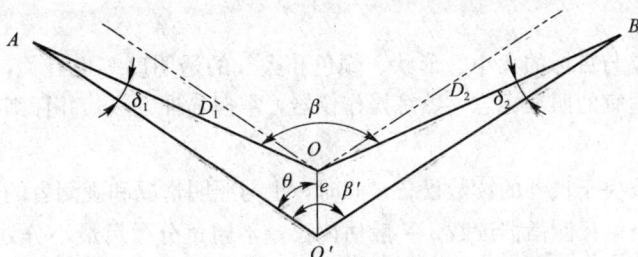

图 3-25 仪器对中误差

分析式(3-10)可知，对中误差对水平角的影响有以下特点：

(1)$\Delta\beta$ 与偏心距 e 成正比，e 越大，$\Delta\beta$ 越大；

(2)$\Delta\beta$ 与测站点到目标的距离 D 成反比，距离越短，误差越大；

(3)$\Delta\beta$ 与水平角 β' 和偏心角 θ 的大小有关，当 $\beta'=180°$，$\theta=90°$ 时，$\Delta\beta$ 最大。

$$\Delta\beta = e\rho\left(\frac{1}{D_1} + \frac{1}{D_2}\right)$$

例如，当 $\beta'=180°$，$\theta=90°$，$e=0.003$ m，$D_1 = D_2 = 100$ m 时

$$\Delta\beta = 0.003 \times 206\ 265'' \times \left(\frac{1}{100} + \frac{1}{100}\right) = 12.4''$$

因为，对中误差引起的角度误差不能通过观测方法消除，所以，观测水平角时应仔细对中。当边长较短或两个目标与仪器接近在一条直线上时，要特别注意仪器的对中，避免引起较大的误差。一般规定对中误差不超过 3 mm。

2. 目标偏心误差

水平角观测时，常用测钎、测杆或觇牌等立于目标点上作为观测标志。当观测标志倾斜或没有立在目标点的中心时，将产生目标偏心误差。如图 3-26 所示，O 为测站，A 为地面目标点，AA' 为测杆，测杆长度为 L，倾斜角度为 α，则目标偏心距 e 为

$$e = L\sin\alpha \tag{3-11}$$

目标偏心对观测方向影响为

$$\delta = \frac{e}{D}\rho = \frac{L\sin\alpha}{D}\rho \tag{3-12}$$

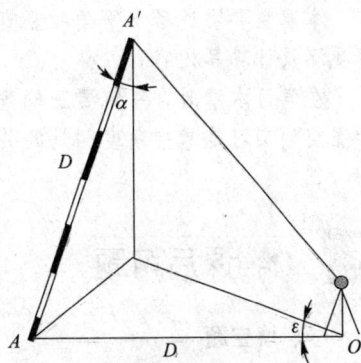

图 3-26 目标偏心误差

目标偏心误差对水平角观测的影响与偏心距 e 成正比，与距离成反比。为了减小目标偏心误差，瞄准测杆时测杆应立直，并尽可能瞄准测杆的底部。当目标较近又不能瞄准目标的底部时，可以采用悬吊垂线或选用专用觇牌作为目标。

3. 整平误差

整平误差是指安置仪器时竖轴不竖直的误差。倾角越大，影响也越大。一般规定在观测过程中，水准管偏离零点不得超过一格。

4. 瞄准误差

瞄准误差主要与人眼的分辨能力和望远镜的放大倍率有关，人眼分辨两点的最小视角一般为60″。设经纬仪望远镜的放大倍率为V，则用该仪器观测时，其瞄准误差为

$$m_v = \pm \frac{60}{V} \tag{3-13}$$

一般 DJ$_6$ 型光学经纬仪望远镜的放大倍率 V 为 25～30 倍，因此，瞄准误差 m_v 一般为 2.0″～2.4″。

另外，瞄准误差与目标的大小、形状、颜色和大气的透明度等也有关，因此在观测中应尽量消除视差，选择适宜的照准标志，熟练操作仪器，掌握瞄准方法，并仔细瞄准以减小误差。

5. 读数误差

读数误差主要取决于仪器的读数设备，同时，也与照明情况和观测者的经验有关。对于 DJ$_6$ 型光学经纬仪，用分微尺测微器读数，一般估读误差不超过分微尺最小分划的 1/10，即不超过 ±6″，对于 DJ$_2$ 型光学经纬仪一般不超过 ±1″。如果反光镜进光情况不佳、读数显微镜调焦不好，以及观测者的操作不熟练，则估读的误差可能会超过上述数值。因此，读数时必须仔细调节读数显微镜，使度盘与测微尺影像清晰，也要仔细调整反光镜，使影像亮度适中，再仔细读数。使用测微轮时，一定要使度盘分划线位于双指标线正中央。

3.7.3 外界条件的影响

外界条件的影响很多，如大风、松软的土质会影响仪器的稳定，地面的辐射热会引起物像的跳动，观测时大气透明度和光线的不足会影响瞄准精度，温度变化会影响仪器的正常状态等，这些因素都会直接影响测角的精度。因此，要选择有利的观测时间，避开不利的观测条件，使这些外界条件的影响降低到较小的程度。

本章小结

本章主要讲述了水平角和竖直角的基本概念、常规角度测量仪器的使用和检验与校正、角度观测及计算等内容。

在学习本章时，一定要正确理解水平角和竖直角的概念，掌握经纬仪的使用和检验校正，加强实训实习是掌握角度测量的关键。本章是后续章节学习的理论基础。

课后习题

一、填空题

1. 用测回法对某一角度观测 4 测回，第 3 测回零方向的水平度盘读数应配置为_____左右。

2. 设在测站点的东南西北分别有 A、B、C、D 四个标志，用方向观测法观测水平角，以 B 为零方向，则盘左的观测顺序为_____。

3. 经纬仪主要由_____、_____、_____组成。

4. 用测回法对某一角度观测 6 测回，则第 4 测回零方向的水平度盘应配置为_____左右。

5. 经纬仪的圆水准器轴与管水准器轴的几何关系为_____。

6. 经纬仪十字丝分划板上丝和下丝的作用是测量_____。

7. 经纬仪的主要轴线有_____、_____、_____、_____、_____。

8. 经纬仪的视准轴应垂直于_____。

9. 由于照准部旋转中心与_____不重合之差称为照准部偏心差。

10. 用经纬仪盘左、盘右两个盘位观测水平角，取其观测结果的平均值，可以消除_____、_____、_____对水平角的影响。

二、选择题

1. 用光学经纬仪测量水平角与竖直角时，度盘与读数指标的关系是(　　)。
   - A. 水平盘转动，读数指标不动；竖盘不动，读数指标转动
   - B. 水平盘转动，读数指标不动；竖盘转动，读数指标不动
   - C. 水平盘不动，读数指标随照准部转动；竖盘随望远镜转动，读数指标不动
   - D. 水平盘不动，读数指标随照准部转动；竖盘不动，读数指标转动

2. 测量仪器望远镜视准轴的定义是(　　)的连线。
   - A. 物镜光心与目镜光心
   - B. 目镜光心与十字丝分划板中心
   - C. 物镜光心与十字丝分划板中心
   - D. 对光螺旋与十字丝分划板

3. 观测水平角时，照准不同方向的目标，应(　　)旋转照准部。
   - A. 盘左顺时针，盘右逆时针方向
   - B. 盘左逆时针，盘右顺时针方向
   - C. 总是顺时针方向
   - D. 总是逆时针方向

4. 经纬仪对中误差所引起的角度偏差与测站点到目标点的距离(　　)。
   - A. 成反比
   - B. 成正比
   - C. 没有关系
   - D. 有关系，但影响很小

5. 竖直角(　　)。
   - A. 只能为正
   - B. 只能为负
   - C. 可为正，也可为负
   - D. 不能为零

6. 竖直角的最大值为(　　)。
   - A. 90°
   - B. 180°
   - C. 270°
   - D. 360°

7. 各测回间改变零方向的度盘位置是为了削弱(　　)误差影响。
   - A. 视准轴
   - B. 横轴
   - C. 指标差
   - D. 度盘分划

8. DS_1 水准仪的观测精度要(　　)DS_3 水准仪。
   - A. 高于
   - B. 接近于
   - C. 低于
   - D. 等于

9. 观测某目标的竖直角，盘左读数为 $101°23'36''$，盘右读数为 $258°36'00''$，则指标差为(　　)。
   - A. 24″
   - B. −12″
   - C. −24″
   - D. 12″

10. 转动目镜对光螺旋的目的是(　　)。
    - A. 看清十字丝
    - B. 看清物像
    - C. 消除视差
    - D. 提高精度

三、名词解释

1. 水平角
2. 垂直角
3. 竖盘指标差

四、计算题

1. 试完成表 3-5 测回法水平角观测手簿的计算。

表 3-5　水平角观测手簿

测站	目标	竖盘位置	水平度盘读数 /(° ′ ″)	半测回角值 /(° ′ ″)	一测回平均角值 /(° ′ ″)
一测回 B	A	左	0 06 24		
	C		111 46 18		
	A	右	180 06 48		
	C		291 46 36		

2. 完成表 3-6 竖直角观测手簿的计算，不需要写公式，全部计算均在表格中完成。

表 3-6　竖直角观测手簿

测站	目标	竖盘位置	竖盘读数 /(° ′ ″)	半测回竖直角 /(° ′ ″)	指标差 /(″)	一测回竖直角 /(° ′ ″)
A	B	左	81 18 42			
		右	278 41 30			
	C	左	124 03 30			
		右	235 56 54			

3. 在方向观测法的记录表(见表 3-7)中完成其记录的计算工作。

表 3-7　方向观测法记录表

测站	测回数	目标	水平度盘读数		2C /(″)	方向值 /(° ′ ″)	归零方向值 /(° ′ ″)	角值 /(° ′ ″)
			盘左/(° ′ ″)	盘右/(° ′ ″)				
m	1	A	00 01 06	18 001 24				
		B	69 20 30	249 20 24				
		C	124 51 24	304 51 30				
		A	00 01 12	180 01 18				

第4章　距离测量与全站仪

在建筑工程中，经常会遇到需要测量距离的问题。如何正确、快速制定订测量方案，选用合适仪器，合理安排人员，完成测量操作并对测量结果进行分析处理，是完成任务必不可少的环节。本章主要介绍距离测量的方法和步骤，以及全站仪的使用方法和操作步骤。

学习目标

通过本章学习，能够：

1. 掌握钢尺量距的一般方法和精密方法；
2. 熟悉视距测量的原理和使用方法；
3. 熟悉电磁波测距的原理及方法；
4. 掌握全站仪的使用方法；
5. 掌握直线定向的概念及角度和坐标方位角的计算。

文献导读

寸影千里

我国古代是借助太阳进行超视距的远距离测量的。我国古人创造了一种独特的方法，即利用日影的长短变化进行远距离测量。具体方法是在同一天（如夏至）的中午，在南、北方向上的两地分别竖起同高的表杆，然后测量表杆的影，并根据日影差一寸实地相距千里的原则推算两地距离。"寸影千里"成了最早的远距离测量原则，如图4-1所示（图注：AE、BF 为同高的表杆，按影长 AC 与 BD 的差"寸影千里"推算 AB 两地的距离）。

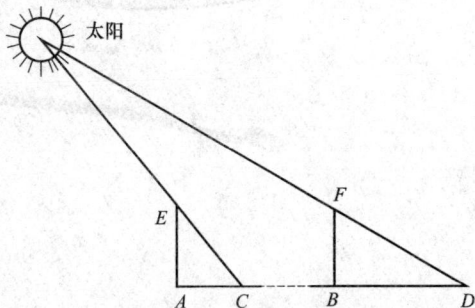

图4-1　"寸影千里"

汉代以前，人们一直遵循"寸影千里"这一定则。南朝时，科学家在进行阳城（河南登封市境内）和交州（今越南境内）的联测时，发现了"寸影千里"的不准确性。唐代一行高僧在河南平原上成功地进行了子午线长度测量和纬度测量后，才最终否定了"寸影千里"的测量定则。这一定则虽然被否定了，但它借天量地的思路是值得称道的，曾经是克服山川湖海障碍进行远距离测量的有效办法，在我国测绘史上具有启迪意义。

距离测量是测量的三项基本工作之一。距离测量的目的就是获得两点之间的水平距离。所谓水平距离是指地面上两点垂直投影到水平面上的直线距离。根据使用的工具和方法的不同，距离测量的方法有钢尺量距、视距测量、光电测距、GPS测量等。

4.1 钢尺量距

📻 学习目标

1. 了解钢尺量距的工具；
2. 掌握钢尺量距的一般方法及成果处理；
3. 掌握钢尺量距的精密方法及成果处理。

📻 关键概念

直线定线、钢尺的检定。

4.1.1 钢尺量距的工具

1. 钢尺

钢尺也称钢卷尺，尺宽为 10～15 mm，厚度约为 0.4 mm，长度有 20 m、30 m、50 m、100 m 等。钢尺的刻划方式有多种，目前使用较多的是全尺刻有毫米分划，在厘米、分米、米处有数字注记。钢尺常安装在金属尺架内装或尺盒内，如图 4-2 所示。

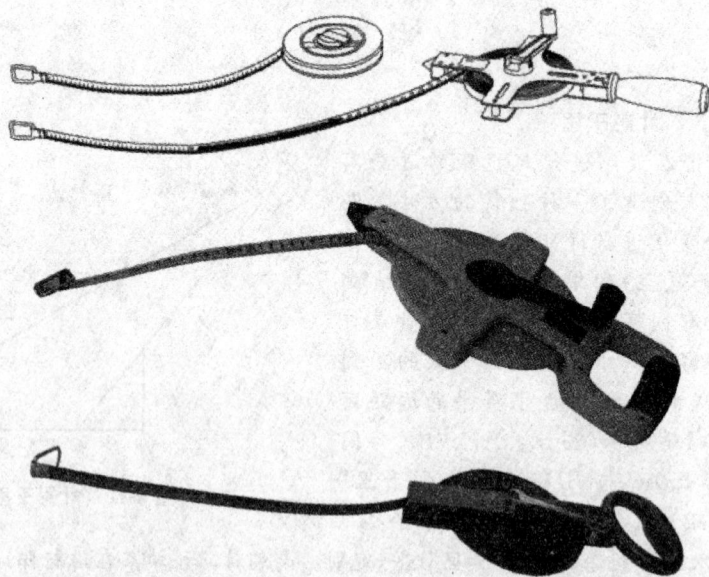

图 4-2　钢尺(盒装、架装)

钢尺由于零起点位置的不同有端点尺和刻线尺之分，如图 4-3 所示。端点尺是以尺的端部、金属环的最外端为零点，刻线尺是在尺上刻出零点的位置。

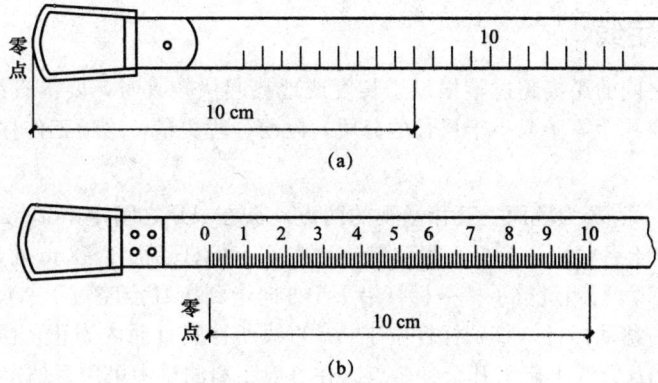

图 4-3   钢尺零端

(a)端点尺；(b)刻线尺

2. 标杆

标杆也称花杆，用木料或合金材料制成，直径约为 3 cm、长为 2~3 m，杆身油漆呈红、白相间的 20 cm 色段，标杆下端装有尖头铁脚[图 4-4(a)]，以便插入地面，作为照准标志。

3. 测钎

测钎用直径为 3~6 mm、长度为 30~40 cm 的钢筋制成，上部弯成环形，下部为尖形，如图 4-4(b)所示。量距时，将测钎插入地面，用以标定尺段端点的位置和计算整尺段数，也可以作为照准标志。

4. 垂球

如图 4-4(c)所示，在量距时用于投点。

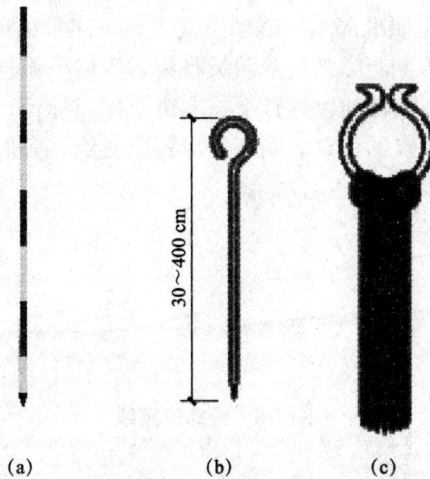

图 4-4   距离测量工具

(a)标杆；(b)测钎；(c)垂球

5. 拉力计和温度计

在精确的距离测量中，使用拉力计和温度计来测定钢尺的拉力和温度，以便对所测距离进行拉力和温度的改正。

4.1.2 直线定线

当地面上两点之间的距离超过整根尺子长度或地势起伏较大时，要沿直线方向上设立若干中间点，将全长分成几个等于或小于尺长的分段，以便分段丈量，这项工作称为直线定线。

1. 目估定线

如图 4-5 所示，A、B 为地面上互相通视的两点，欲在 AB 之间定出 1，2，…，n 点。定线时，先在 A、B 两点上各竖立一标杆，甲测量员站在 A 点标杆后面 1~2 m 处，用眼睛自 A 点标杆后面瞄准 B 点标杆。乙测量员手持一标杆沿 BA 方向走到离 B 点略短于一尺段长的 1 点附近，按照甲指挥手势左右移动标杆，直到标杆位于 AB 直线所在竖直面内为止，插下标杆（或测钎），得 1 点。同理可在 AB 直线上定出其余各分点。在一般距离测量中采用目估定线。

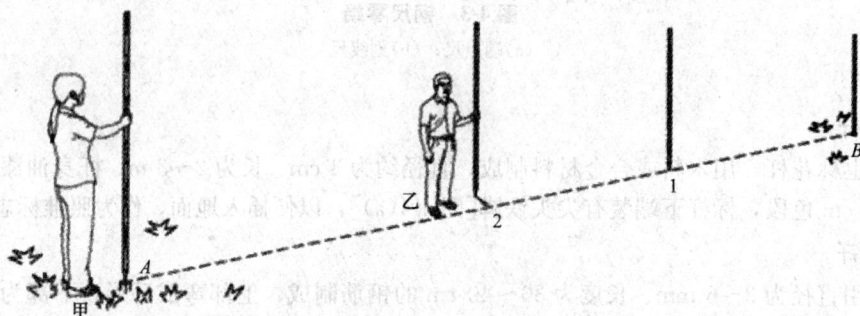

图 4-5　目估定线

2. 经纬仪定线

如图 4-6 所示，欲在 AB 线内精确定出 1，2，…，n 各点的位置。可将经纬仪安置于 A 点，用望远镜照准 B 点目标，固定照准部水平制动螺旋。另一测量员手持花杆或测钎，立于 AB 方向距离 B 略小于一尺段的 1 点附近，然后观测员将望远镜向下俯视，指挥另一测量员移动标杆至与十字丝竖丝重合时，便在标杆的位置打下一木桩或作以标记，再根据十字丝交点在木桩上的位置钉一小钉，准确定出 1 点的位置。同理定出其余各点，完成仪器定线。精密量距精度要求较高，应用经纬仪进行定线。

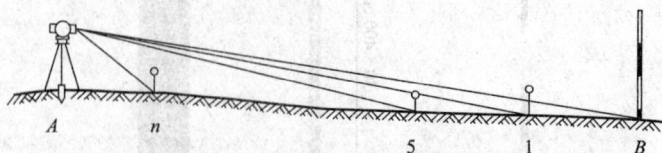

图 4-6　经纬仪定线

4.1.3 钢尺量距的一般方法

1. 平坦地面的丈量方法

平坦地面的量距工作，一般采用先定线后量距的方法（也可以边定线边量距）。具体做法如下：

(1) 如图 4-7 所示，先在 A、B 两点上竖立标杆，标定出直线方向，然后一尺手指挥另一尺手在线段间每隔不足一整尺段的位置插下测钎，定好各中间分点 1，2，3，…，n，然后沿 A 点

到 B 点的方向量距。

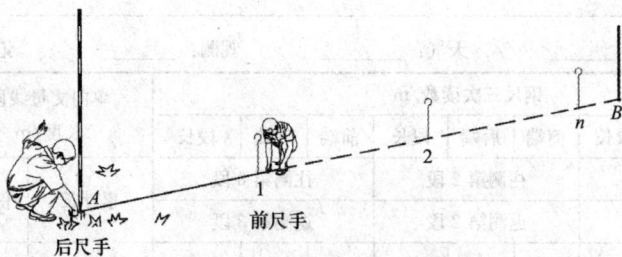

图 4-7 平坦地面的距离丈量

(2)后尺手、前尺手都蹲下，后尺手以钢尺的零点对准 A 点，前尺手将钢尺贴靠在定线时的分点 1。两人同时将钢尺拉紧、拉平、拉稳后，前尺手喊"预备"，后尺手将钢尺零点准确对准 A 点，并喊"好"，此刻两人同时读数，这样便完成了第一尺段 A-1 的一次距离。再错尺丈量两次，三次取平均值。每次错尺长度为 100 mm 左右的一个整厘米数。

(3)后尺手与前尺手共同举尺前进。后尺手走到 1 点时，即喊"停"。再用同样方法量出第二尺段 1~2 的距离。如此继续丈量下去，直到最后一尺段 n~B 时，后尺手将钢尺零点对准 n 点测钎，由前尺手读 B 端点读数。这样就完成了由 A 点到 B 点的往测工作。于是，得往测 AB 的水平距离为

$$D_{AB} = l_1 + l_2 + l_3 + \cdots + l_n$$

为了检核和提高测量精度，一般还应由 B 点按同样的方法量至 A 点，称为返测。最后，取往、返两次丈量结果的平均值作为 AB 的距离。以往、返丈量距离之差的绝对值 $|\Delta D|$ 与往、返测距离平均值 $D_{平均}$ 之比，来衡量测距的精度。通常，将该比值化为分子为 1 的分数形式，称为相对误差，用 K 表示，即

AB 距离：

$$D_{平均} = \frac{D_{往} + D_{返}}{2} \tag{4-1}$$

相对误差：

$$K = \frac{|D_{往} - D_{返}|}{D_{平均}} = \frac{|\Delta D|}{D_{平均}} = \frac{1}{\dfrac{D_{平均}}{\Delta D}} = \frac{1}{M} \tag{4-2}$$

相对误差分母越大，则 K 值越小，精度越高；反之，精度越低。钢尺量距的相对误差一般不应超过 1/3 000；在量距较困难的地区，其相对误差也不应超过 1/1 000。钢尺量距计算示例见表 4-1。

表 4-1　距离测量手簿

地点：校实验基地 日期：2018.06.18		钢尺编号：516(30 m) 天气：晴			量距者：洪涛 记录者：田亮	
线段	观测次数	整尺段 /m	零尺段 /m	总计 /m	相对误差	平均值 /m
A~B	往	4×30	16.76	136.76	1/3 400	136.78
	返	4×30	16.80	136.80		

分三尺段钢尺量距手簿示例见表 4-2。

表4-2 距离测量记录(钢尺量距)

项目名称: _____

尺号: _____ 日期: _____ 天气: _____ 观测: _____ 记录: _____

线段名称	钢尺三次读数/m									单向丈量线段长度/m		往返丈量平均长度/m	精度(1/K)
	前端	后端	段长	前端	后端	段长	前端	后端	段长				
	往测第1段			往测第2段			往测第3段			累计长	平均长		
	返测第1段			返测第2段			返测第3段						
1	2	3	4=2-3①	5	6	7=5-6	8	9	10=8-9	11=4+7+10	12	13	14

①4=2-3 表示第4列值为第2列数值减去第3列数值。

2. 倾斜地面的丈量方法

(1)平量法。如图 4-8(a)所示，当地面坡度高低起伏较大时，可采用平量法丈量距离。丈量时，后尺手将钢尺的零点对准地面点 A，前尺手沿 AB 直线将钢尺前端抬高，必要时尺段中间有一人托尺，目估使尺子水平，在抬高的一端用垂球绳紧靠钢尺上某一刻划，用垂球尖投影于地面上，再插以测钎，得 1 点。此时垂球线在尺子上指示的读数即 A、1 两点的水平距离。同理继续丈量其余各尺段。当丈量至 B 点时，应注意垂球尖必须对准 B 点。为了方便丈量工作，平量法往、返测均应由高向低丈量。精度符合要求后，取往、返丈量的平均值作为最后结果。

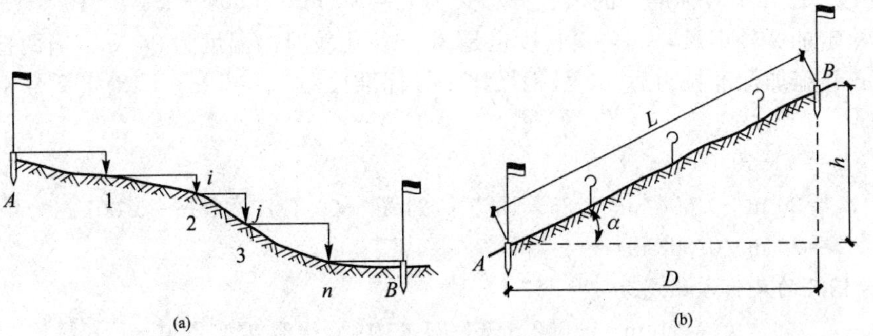

图 4-8 倾斜地面的丈量方法

(a)平量法；(b)斜量法

(2)斜量法。如图 4-8(b)所示，当倾斜地面的坡度较大且变化较均匀时，可以沿斜坡丈量出 A、B 两点之间的斜距 L，测出地面倾斜角 α 或 A、B 两点的高差 h，按下式计算 AB 的水平距离：

$$D = L \cdot \cos\alpha \tag{4-3}$$

$$D = \sqrt{L^2 - h^2} \tag{4-4}$$

4.1.4 钢尺量距的精密方法

前面介绍的钢尺量距的一般方法，精度不高，相对误差一般只能达到 1/2 000～1/5 000。但在实际测量工作中，有时量距精度要求很高，量距精度要求在 1/10 000 以上。这时应采用钢尺量距的精密方法。

1. 钢尺检定

钢尺由于材料原因、刻划误差、长期使用的变形及丈量时温度和拉力不同的影响，其实际长度往往不等于尺上所标注的长度即名义长度，因此，量距前应对钢尺进行检定。

(1)尺长方程式。经过检定的钢尺，其长度可用尺长方程式表示，即

$$l_t = l_0 + \Delta l + \alpha(t - t_0)l_0 \tag{4-5}$$

式中　l_t——钢尺在温度 t 时的实际长度(m)；

　　　l_0——钢尺的名义长度(m)；

　　　Δl——尺长改正数，即钢尺在温度 t_0 时的改正数(m)；

　　　α——钢尺的膨胀系数，一般取 $\alpha = 1.25 \times 10^{-5}\,\mathrm{m}/1\,℃$；

　　　t_0——钢尺检定时的温度(℃)；

　　　t——钢尺使用时的温度(℃)。

式(4-5)所表示的含义是：钢尺在施加标准拉力下，其实际长度等于名义长度与尺长改正数和温度改正数之和。对于 30 m 和 50 m 的钢尺，其标准拉力为 100 N 和 150 N。

（2）钢尺的检定方法。钢尺的检定方法有与标准尺长比较和在测定精确长度的基线场进行比较两种方法。下面介绍与标准尺长比较的方法。

被检定钢尺与已有尺长方程式的标准钢尺比较。两根钢尺并排放在平坦地面上，都施加标准拉力，并将两根钢尺的末端刻划对齐，在零分划附近读出两尺的差数，这样就能够根据标准尺的尺长方程式计算出被检定钢尺的尺长方程式。这里认为两根钢尺的膨胀系数相同。检定宜选择在阴天或背阴的地方进行，使气温与钢尺温度基本一致。

【例 4-1】 已知 1 号标准尺的尺长方程式为 $l_{t1} = 30$ m$+0.004+1.25 \times 10^{-5}(t-20\ ℃) \times$ 30 m。被检定的 2 号钢尺，其名义长度也是 30 m。比较时的温度为 24 ℃，当两把尺子的末端刻划对齐并施加标准拉力后，2 号钢尺比 1 号标准尺短 0.007 m，试确定 2 号钢尺的尺长方程式。

【解】 $l_{t2} = l_{t1} - 0.007$ m

$= 30$ m$+0.004$ m$+1.25 \times 10^{-5} \times (24\ ℃ - 20\ ℃) \times 30$ m-0.007 m

$= 30$ m-0.002 m

故 2 号钢尺的尺长方程式为

$$l_{t2} = 30\ \text{m} - 0.002\ \text{m} - 1.25 \times 10^{-5}(t - 24\ ℃) \times 30\ \text{m}$$

2. 钢尺量距的精密方法

（1）准备工作。准备工作包括清理场地、直线定线和测桩顶间高差。

1）清理场地。在欲丈量的两点方向线上，清除影响丈量的障碍物，必要时要适当平整场地，使钢尺在每一尺段中不致因地面障碍物而产生挠曲。

2）直线定线。精密量距用经纬仪定线，如图 4-9 所示。

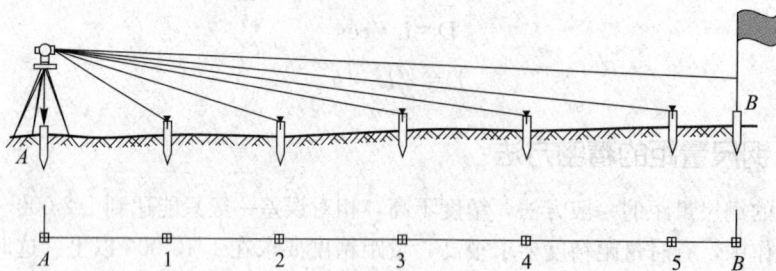

图 4-9 经纬仪定线

3）测桩顶间高差。利用水准仪，用双面尺法或往、返测法测出各相邻桩顶间高差。所测相邻桩顶间高差之差，一般不超过 ± 10 mm，在限差内取其平均值作为相邻桩顶间的高差，以便将沿桩顶丈量的倾斜距离改算成水平距离。

（2）丈量方法。

1）人员组成：两人拉尺，两人读数，一人测温度兼记录，共 5 人。

2）丈量时，后尺手挂弹簧秤于钢尺的零端，前尺手执尺子的末端，两人同时拉紧钢尺，将钢尺有刻划的一侧紧贴于木桩顶十字线的交点，达到标准拉力时，由后尺手发出"预备"口令，两人拉紧钢尺，由前尺手喊"好"，在此瞬间，前、后读尺员同时读取读数，估读至 0.5 mm，记录员依次记入，并计算尺段长度。

3）前、后移动钢尺一段距离，同法再次丈量。每一尺段测三次，读三组读数，由三组读数算得的长度之差要求不超过 2 mm；否则应重测。如在限差之内，取三次结果的平均值，作为该尺段的观测结果。同时，每一尺段测量应记录温度一次，估读至 0.5 ℃。如此继续丈量至终点，即完成往测工作。完成往测后，应立即进行返测。

（3）成果计算。将每一尺段丈量结果经过尺长改正、温度改正和倾斜改正改算成水平距离，并求总和，得到直线往、返测的全长。往、返测较差符合精度要求后，取往、返测结果的平均值作为最后成果。

1）尺段长度计算。根据尺长改正、温度改正和倾斜改正，计算尺段改正后的水平距离。

尺长改正：
$$\Delta l_d = \frac{\Delta l}{l_0} l \qquad (4-6)$$

温度改正：
$$\Delta l_t = \alpha(t - t_0) l \qquad (4-7)$$

倾斜改正：
$$\Delta l_h = -\frac{h^2}{2l} \qquad (4-8)$$

尺段改正后的水平距离：
$$D = l + \Delta l_D + \Delta l_h + \Delta l_t \qquad (4-9)$$

式中　Δl_D——尺段的尺长改正数（mm）；

　　　Δl_t——尺段的温度改正数（mm）；

　　　Δl_h——尺段的倾斜改正数（mm）；

　　　h——尺段两端点的高差（m）；

　　　l——尺段的观测结果（m）；

　　　D——尺段改正后的水平距离（m）。

2）计算全长将各个尺段改正后的水平距离相加，便得到直线的往测水平距离。

相对误差如果在限差以内，则取其平均值作为最后成果。若相对误差超限，应返工重测。

【例 4-2】　见表 4-3，已知钢尺的名义长度 $l_0 = 30$ m，实际长度 $l' = 30.005$ m，检定钢尺时温度 $t_0 = 20$ ℃，钢尺的膨胀系数 $\alpha = 1.25 \times 10^{-5}$。$A \sim 1$ 尺段，$l = 29.393\,0$ m，$t = 25.5$ ℃，$h_{AB} = +0.36$ m，计算尺段改正后的水平距离。

【解】　$\Delta l = l' - l_0 = 30.005 - 30 = +0.005$（m）

$\Delta l_d = \frac{\Delta l}{l_0} l = \frac{+0.005}{30} \times 29.393\,0 = +0.004\,9$（m）$= +4.9$ mm

$\Delta l_t = \alpha(t - t_0) l = 1.25 \times 10^{-5} \times (25.5 - 20) \times 29.393\,0 = +0.002\,0$（m）$= +2.0$ mm

$\Delta l_h = -\frac{h^2}{2l} = -\frac{+0.36^2}{2 \times 29.393\,0} = -0.002\,2$（m）$= -2.2$ mm

$D_{A1} = l + \Delta l_d + \Delta l_t + \Delta l_h = 29.393\,0 + 0.004\,9 + 0.002\,0 - 0.002\,2 = 29.397\,7$（m）

见表 4-3 中往测的水平距离 D_f 为

$$D_f = 134.980\,5 \text{ m}$$

同样，按返测记录，计算出返测的水平距离 D_b 为

$$D_b = 134.986\,8 \text{ m}$$

取平均值作为直线 AB 的水平距离 D_{AB}

$$D_{AB} = 134.983\,7 \text{ m}$$

其相对误差为

$$K = \frac{|D_f - D_b|}{D_{av}} = \frac{|134.980\,5 - 134.986\,8|}{134.983\,7} \approx \frac{1}{21\,000}$$

表 4-3　精密量距记录计算表

钢尺号码: No: 12				钢尺膨胀系数: 1.25×10^{-5}			钢尺检定时温度 t_0: 20 ℃		
钢尺名义长度 l_0: 30 m				钢尺检定长度 l': 30.005 m			钢尺检定时拉力: 100 N		

尺段编号	实测次数	前尺读数/m	后尺读数/m	尺段长度/m	温度/℃	高差/m	温度改正数/mm	倾斜改正数/mm	尺长改正数/mm	改正后尺段长/m
A~1	1	29.435 0	0.041 0	29.394 0	+25.5	+0.36	+1.9	−2.2	+4.9	29.397 6
	2	510	580	930						
	3	025	105	920						
	平均			29.393 0						
1~2	1	29.936 0	0.070 0	29.866 0	+26.0	+0.25	+2.2	−1.0	+5.0	29.871 4
	2	400	755	645						
	3	500	850	650						
	平均			29.865 2						
2~3	1	29.923 0	0.017 5	29.905 5	+26.5	−0.66	+2.3	−7.3	+5.0	29.905 7
	2	300	250	050						
	3	380	315	065						
	平均			299 057						
3~4	1	29.925 3	0.018 5	29.905 0	+27.0	−0.54	+2.5	−4.9	+5.0	29.908 3
	2	305	255	050						
	3	380	310	070						
	平均			29.905 7						
4~B	1	15.975 5	0.076 5	15.899 0	+27.5	+0.42	+1.4	−5.5	+2.6	15.897 5
	2	540	555	985						
	3	805	810	995						
	平均			15.899 0						
总和			134.968 6			+10.3	−20.9	+22.5	134.980 5	

4.1.5　钢尺量距的误差及注意事项

钢尺量距的误差主要源于尺长误差、温度变化误差、拉力误差、钢尺不水平的误差、定线误差、丈量本身误差等。

1. 尺长误差

钢尺的名义长度与实际长度不符,产生尺长误差。尺长误差具有系统积累性,它与所量距离成正比。钢尺量距时应采用检定过的钢尺丈量,以便加入改正。在一般丈量中,当尺长误差的影响不大于所量直线长度的 1/10 000 时,可不考虑此影响;否则,也要进行尺长改正。

2. 温度变化误差

钢尺长度随着外界气温的变化也会发生变化。当量距时的温度与检定温度不同时,则会产生此误差。平均温度超过检定温度±10 ℃以上时,应加温度改正。

3. 拉力误差

钢尺长度随拉力的增大而变长，当量距时施加的拉力与检定时的拉力不同时，会产生此误差。在一般丈量时，只要用手保持拉力即可满足精度要求，而做较精确丈量时，需要使用弹簧秤控制拉力。

4. 钢尺不水平的误差

钢尺不水平的误差是指水平量距时，目估钢尺不水平而引起的水平距离的误差。丈量时应尽量保持钢尺水平，整尺段悬空时，中间应有人托一下钢尺，否则会产生不容忽视的误差。

5. 定线误差

当丈量的两点之间距离超过一个整尺段时，需要进行定线。若定线有误差，将直线量成一条折线，则测量成果比真实距离偏大。对于一般量距可以用目估定线，能达到量距精度要求。

6. 丈量本身误差

如钢尺两端点刻划与地面标志点未对准所产生的误差、插测钎误差、估读误差等都属此类误差。这一误差是偶然误差，无法完全消除，作业时应认真对待。

📖 **课后讨论**

1. 直线定线有哪几种方法？分别如何进行？
2. 钢尺量距为何要错尺进行？
3. 简述普通钢尺量距的操作过程及精度评定方法。

4.2 视距测量

📖 **学习目标**

1. 熟悉视距测量的原理和方法；
2. 掌握视距测量的成果处理。

📖 **关键概念**

视距测量、钢尺的检定。

视距测量是根据几何光学原理，利用望远镜内的十字丝平面上的视距丝装置，配合视距尺，同时间接测定两点之间水平距离和高差的一种方法。这种方法的精度较低，相对精度约为 1/500。但操作简便，不受地形限制，且能满足地形测图中对碎部点位置的精度要求，所以，视距测量被广泛地应用于地形测图中。

4.2.1 视距测量原理

1. 视线水平时的视距测量原理

如图 4-10 所示，A、B 为地面上两点，为测定两点之间的水平距离 D 及高差 h，在 A 点安置仪器，B 点竖立视距标尺。由于望远镜视准轴水平，照准 B 点标尺，视准轴与标尺垂直交于 Q 点。若尺上 M、N 两点成像在十字丝两根视距丝 m、n 处，则标尺上 MN 长度可由上下视距丝读数之差求得，上下视距丝读数的差称为尺间隔，用 l 表示。

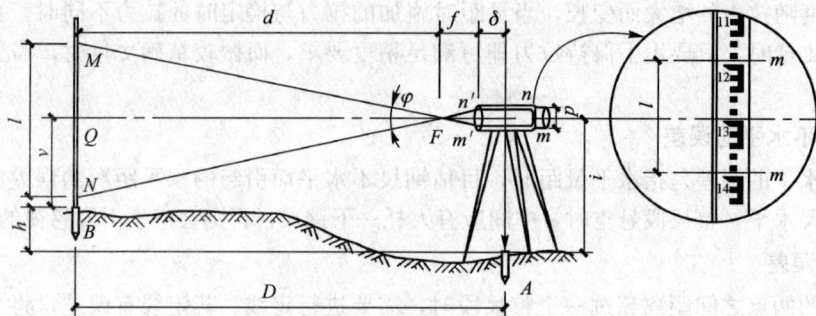

图 4-10　视线水平时的视距测量

由 $\triangle m'n'F$ 与 $\triangle MNF$ 相似得：

$$\frac{FQ}{l}=\frac{f}{p}\Rightarrow FQ=\frac{f}{p}\times l$$

式中　l——尺间隔；

　　　f——物镜焦距；

　　　p——视距丝间隔。

由图 4-10 中可以看出：

$$D=FQ+f+\delta$$

式中　δ——物镜至仪器中心的距离。

令 $\dfrac{f}{p}=K$，K 为乘常数，$f+\delta=C$，C 为加常数，则

$$D=Kl+C \tag{4-10}$$

目前测量常用的内调焦望远镜，在设计制造时，已适当选择了组合焦距及其他有关参数，使视距常数 $K=100$，C 接近于零。因此式(4-10)可写成：

$$D=Kl=100l \tag{4-11}$$

由图 4-10 可以得出两点之间高差公式：

$$h=i-v \tag{4-12}$$

式中　i——仪器高；

　　　v——觇标高，即望远镜十字丝中丝在标尺上的读数。

2. 视线倾斜时的视距测量原理

如图 4-11 所示，在地面起伏较大地区进行视距测量，必须使视线倾斜才能在标尺上读数。这时视线不再垂直于视距尺，故不能直接用式(4-11)计算水平距离，如果将视距间隔 MN 换算成与视线垂直的视距间隔 $M'N'$，就可用式(4-11)计算倾斜距离 D'，再根据 D' 和竖直角 α 计算出水平距离 D 及高差 h，因此，解决问题的关键在于求出 MN 与 $M'N'$ 之间的关系。

从图 4-11 中可以看出：

$$D'=Kl'$$

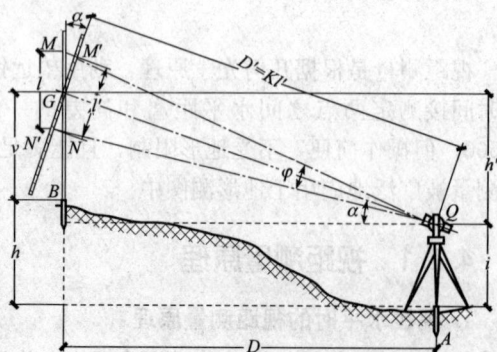

图 4-11　视线倾斜时的视距测量

$$\angle MGM' = \angle NGN' = \alpha$$

$$\angle MM'G = 90° + \frac{\varphi}{2}, \quad \angle NN'G = 90° - \frac{\varphi}{2}$$

式中 $\frac{\varphi}{2}$ 的角值很小，只有 $17'11''$，故可近似地认为 $\angle MM'G$ 和 $\angle NN'G$ 是直角。

于是

$$M'G = MG \cdot \cos\alpha \Rightarrow \frac{1}{2}l' = \frac{1}{2}l \cdot \cos\alpha$$

$$N'G = NG \cdot \cos\alpha \Rightarrow \frac{1}{2}l' = \frac{1}{2}l \cdot \cos\alpha$$

故

$$l' = l \cdot \cos\alpha$$

将其代入式(4-11)得：

$$D' = Kl \cdot \cos\alpha$$

所以 A、B 两点之间的水平距离为

$$D = D'\cos\alpha = Kl \cdot \cos^2\alpha \tag{4-13}$$

由图 4-11 中还可看出，A、B 两点之间的高差为

$$h = h' + i - v$$

而

$$h' = D' \cdot \sin\alpha = Kl \cdot \cos\alpha \cdot \sin\alpha = \frac{1}{2}Kl \cdot \sin2\alpha$$

故

$$h = \frac{1}{2}Kl \cdot \sin2\alpha + i - v \tag{4-14}$$

在实际工作中，一般尽可能使觇标高 v 等于仪器高 i，这样可以简化高差 h 的计算。

式(4-13)和式(4-14)为视距测量计算的基本公式，当视线水平，竖直角 $\alpha = 0°$ 时，即成为式(4-11)和式(4-12)。

4.2.2 视距测量与计算

1. 视距测量的观测程序

(1)在测站上安置仪器 i，量取仪器高并记入手簿。

(2)转动经纬仪，用盘左照准标尺，读取上、下丝标尺读数。

(3)调节竖盘指标水准管使气泡居中，读取竖直角 α 和中丝读数 v。

(4)计算水平距离 D 和高差 h。

在实际照准读数时，常使中丝瞄准仪器高 i 的数值而读取竖直角 α；使上丝照准标尺整米数，以便直接读取尺间隔 l，这样可简化计算。

2. 视距测量的计算

视距观测结果按式(4-11)和式(4-12)用计算器即可计算出两点之间的水平距离和高差，也可根据公式编制计算程序。

4.2.3 视距测量误差及注意事项

1. 读数误差

视距丝在标尺上的读数误差，与尺上最小分划、视距的远近、望远镜放大倍率等因素有关，施测时距离不宜过大，不要超过《工程测量规范》(GB 50026—2007)中限制的范围，读数时注意消除视差。

2. 垂直折光影响

在视距读数中，光线是通过不同密度的空气层到达的，光线越接近地面，折光影响越显著，

因此，观测时应尽可能使视线距离地面 1 m 以上。

3. 标尺倾斜引起的误差

标尺立得不直，对距离的影响与视距尺本身倾斜大小有关，并随地面的坡度增加而使误差增大，因此，视距测量时应尽可能将标尺竖直。

4. 视距常数 K 误差

由于仪器制造及外界温度变化等因素，使视距常数 K 值不为 100。因此，对视距常数 K 要严格测定，K 值应在 100 ± 0.1 之内；否则应加以改正，或采用实测值。

另外，还有视距尺分划误差、竖直角观测误差等，对视距测量都会带来误差，由试验资料分析可知，在较好的观测条件下，视距测量所测平距的相对误差为 $1/300 \sim 1/200$。

课后讨论

简述视距测量原理、视距测量方法及其计算公式。

4.3 红外光电测距

学习目标

1. 了解光电测距的原理；
2. 熟悉全站仪的结构和使用方法。

关键概念

光电测距原理。

钢尺量距是一项繁重的工作，劳动强度大，工作效率低，尤其是在地形条件复杂的情况下，钢尺量距工作更加困难，甚至无法进行。为了提高测距速度和精度，在 20 世纪 40 年代末就研制成了光电测距仪。20 世纪 60 年代初，随着激光技术的出现及电子技术和计算机技术的发展，各种类型的光电测距仪相继出现。20 世纪 90 年代又出现了由光电测距仪、电子经纬仪和微处理机组合成一体的电子全站仪，可同时进行角度、距离测量，能自动计算出待定点的坐标和高程等，并自动显示在液晶屏上，配合电子记录手簿，可以自动记录、存储、输出测量结果，使测量工作大为简化。

4.3.1 红外光电测距仪的测距原理

红外测距仪是采用砷化镓(GaAs)半导体二极管作为光源的相位式测距仪。目前的测距仪已具有体积小、质量轻、耗电少、测距精度高及自动化程度高等特点。

用红外测距仪测定 A、B 两点之间的距离 D，在 A 点安置测距仪，B 点安放反光镜，如图 4-12 所示。测距仪发出光脉冲，经反光镜反射，回到测距仪。若能测定光在距离 D 上往返传播的时间，即测定发射光脉冲与接收光脉冲的时间差 Δt，则两点之间的距离为

$$D = \frac{1}{2} b \Delta t$$

式中 b——光速，$b = 3 \times 10^8$ m/s。

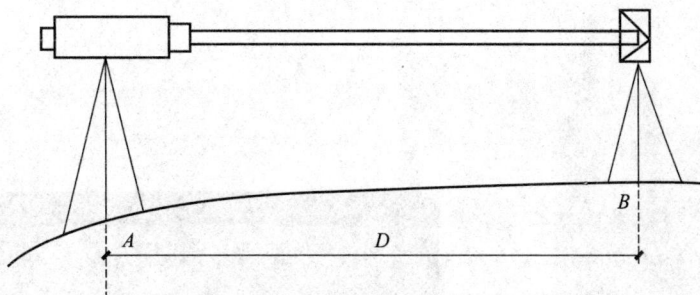

图 4-12　测距仪的测距原理

4.3.2　全站仪及其使用方法

1. 全站仪的特点

全站型电子速测仪是一种集自动测距、测角、计算和数据自动记录及传输功能于一体的自动化、数字化及智能化的三维坐标测量与定位系统。由于该仪器可以在测站上采集到全部测量数据，所以全站型电子速测仪又称电子全站仪，简称全站仪。

电子全站仪由电源部分、测角系统、测距系统、数据处理系统、通信系统、显示屏、键盘等组成。测角系统与传统光学经纬仪测角系统相比较主要有以下两个方面的不同：

(1)传统的光学度盘被绝对编码度盘或光电增量编码器所代替，用电子细分系统代替了传统的光学测微器。

(2)由传统的观测者判读观测值及手工记录变成观测者直接读数并记录；测距系统相当于光电测距仪，只是体积更小(便于内置在测距头里)，通常也采用半导体砷化镓发光二极管作为光源，在反射棱镜配合下可以进行斜距测量，并可以归算为平距和计算高差；数据处理系统由中央处理器和存储器组成，能接受输入指令，进行各种测量运算，分配各种观测作业，以及进行仪器误差改正计算、数据存储等。

全站仪具有角度测量、距离(斜距、平距、高差)测量、三维坐标测量、导线测量、间接测量和放样测量等多种用途。不同厂家生产的全站仪，其形状大同小异，使用上有着一定的差异，但进行数据采集操作过程大致是相同的。下面以拓普康 GTS—335 N 全站仪为例介绍全站仪的操作过程和使用方法。

2　GTS—335 N 全站仪

(1)GTS—335 N 全站仪简述。GTS—335 N 是拓普康测绘仪器公司生产的 GTS—330 系列产品的成员之一。GTS—335 N 全站仪测角精度为 $5''$，测距精度为 $\pm(2\ \text{mm}+2\ \text{ppm})$，最小角度显示值为 $1''$，最小距离显示值为 $1\ \text{mm}$，最大测程单棱镜为 $3.0\ \text{km}$。其外观形态如图 4-13 所示。

(2)GTS—335 N 键盘功能简介。GTS—335 N 键盘如图 4-13 所示。GTS—335 N 型全站仪具有数据采集、放样、新点设置、SD/VD/HD、N/E/Z、HL/HR、V、V%、H 倍角测量、REM(悬高测量)、MLM(对边测量)、水平角测量、水平角 HO 设置、水平角保持、视准偏差校正、打标桩、测站点设置、道路测设等功能。各键、名称及功能见表 4-4。

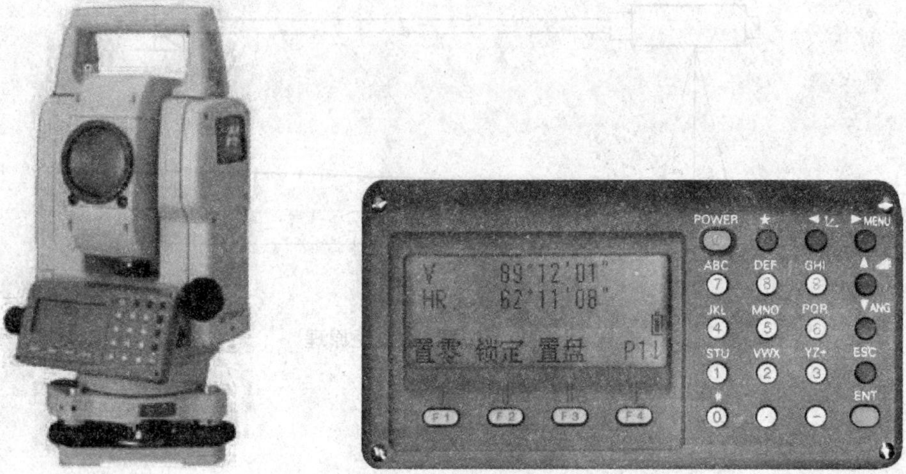

图 4-13　GTS-335N 全站仪

表 4-4　GTS—335 N 全站仪的键盘功能

键盘	名称	功能
★	星键	星键模式用于如下项目的设置或显示：①显示屏对比度；②十字丝照明；③背景光；④倾斜改正；⑤设置音响模式
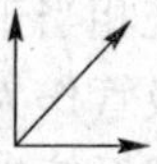 ⬈	坐标测量键	坐标测量模式
◢	距离测量键	距离测量模式
ANG	角度测量键	角度测量模式
POWER	电源键	电源开关
MENU	菜单键	在菜单模式和正常测量模式之间切换，在菜单模式下可设置应用测量与照明调节、仪器系统误差改正
ESC	退出键	返回测量模式或上一层模式；从正常测量模式直接进入数据采集模式或放样模式；也可作为正常测量模式下的记录键
ENT	确定输入键	在输入值末尾按此键
F1~F4	软键(功能键)	对应于显示的软键功能信息

【拓展】

《工程测量规范》(GB 50026—2007)对距离测量的有关规定如下：

(1)一级及以上等级控制网的测距边，应采用全站仪或电磁波测距仪进行测距，一级以下也可采用普通钢尺进行量距。

（2）测距仪器的标称精度，按下式表示：

$$m_D = a + b \times D$$

式中 m_D——测距中误差(mm)；

a——标称精度中的固定误差(mm)；

b——标称精度中的比例误差系数(mm/km)；

D——测距长度(km)。

（3）各等级边长测距的主要技术要求，应符合表4-5的规定。

表4-5 测距的主要技术要求

平面控制网等级	仪器型号	每边测回数		一测回读数较差/mm	单程各测回较差/mm	往返较差/mm
		往	返			
三等	≤5 mm 级仪器	3	3	≤5	≤7	≤2(a+b×D)
	≤10 mm 级仪器	4	4	≤10	≤15	
四等	≤5 mm 级仪器	2	2	≤5	≤7	
	≤10mm 级仪器	3	3	≤10	≤15	
一级	≤10mm 级仪器	2	—	≤10	≤15	
二、三级	≤10mm 级仪器	1	—	≤10	≤15	—

注：1. 测回是指照准目标一次、读数2～4次的过程；

2. 在困难情况下，边长测距可采取不同时间段测量代替往返观测。

（4）测距作业，应符合下列规定：

1）测站对中误差和反光镜对中误差不应大于2 mm；

2）当观测数据超限时，应重测整个测回，如观测数据出现分群，则应分析原因，采取相应措施重新观测；

3）四等及以上等级控制网的边长测量，应分别量取两端点观测始末的气象数据，计算时应取平均值。

（5）普通钢尺量距的主要技术要求，应符合表4-6的规定。

表4-6 普通钢尺量距的主要技术要求

等级	边长量距较差相对误差	作业尺数	量距总次数	定线最大偏差/mm	尺段高差较差	读定次数	估读值至/mm	温度读数值至/℃	同尺各次或同段各尺的较差/mm
二级	1/20 000	1～2	2	50	≤10	3	0.5	0.5	≤2
三级	1/10 000	1～2	2	70	≤10	2	0.5	0.5	≤3

注：1. 量距边长应进行温度、坡度和尺长改正。

2. 当检定钢尺时，其相对误差不应大于1/100 000。

1. 简述光电测距原理。
2. 简述测距仪测距一测回的方法。

4.4 方向测量

1. 了解直线定向的概念；
2. 掌握方位角、象限角及其关系；
3. 掌握坐标反算；
4. 了解正反方位角的关系；
5. 掌握推算坐标方位角的方法。

直线定向、三北方向、坐标方位角、推算坐标方位角、坐标反算。

4.4.1 直线定向

为了确定地面上两点之间的相对位置关系，除需确定两点之间的水平距离外，还需要确定两点连线的方向。确定一条直线与标准方向之间的角度关系，称为直线定向。

1. 标准方向

直线定向时，常用的标准方向有真子午线方向、磁子午线方向和坐标纵线方向。

(1)真子午线方向。通过地球表面某点的真子午线的切线方向称为该点的真子午线方向。真子午线方向是用天文测量的方法或用陀螺经纬仪测定的。通过地面上一点指向地球南北极的方向线为该点的真子午线。

(2)磁子午线方向。磁针在地面某点自由静止时所指的方向，就是该点的磁子午线方向。磁子午线方向可用罗盘仪测定。由于地球的南北两磁极与地球南北极不一致(磁北极约在北纬74°、西经110°附近；磁南极约在南纬69°、东经114°附近)，因此，地面上任一点的真子午线方向与磁子午线方向也是不一致的，两者之间的夹角称为磁偏角，用 δ 表示。地面上不同地点的磁偏角是不同的。若磁子午线北端偏向真子午线以东称为东偏，则规定 δ 为"＋"；反之，称为西偏，规定 δ 为"－"。图 4-14 所示为东偏。

(3)坐标纵线方向。测量平面直角坐标系中的纵轴(X 轴)方向线，称为该点的坐标纵线方向。地面上各点真子午线方向与高斯平面直角坐标系中坐标纵线之间的夹角称为子午线收敛角，用 γ 表示。坐标纵线北端偏向真子午线以东，称为东偏，规定 γ 为"＋"；反之，称为西偏，规定 γ 为"－"。地面各点子午线收敛角大小随点的位置不同而不同，由赤道向南北两极方向逐渐增大，如图 4-15 所示。

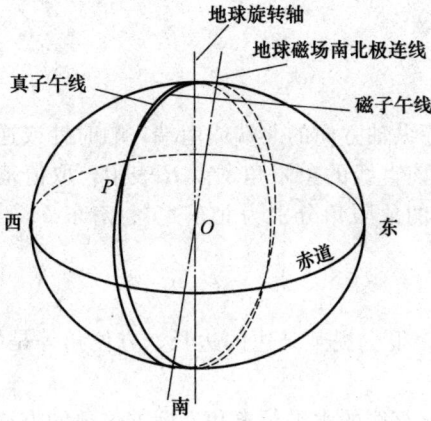

图 4-14 真子午线和磁子午线

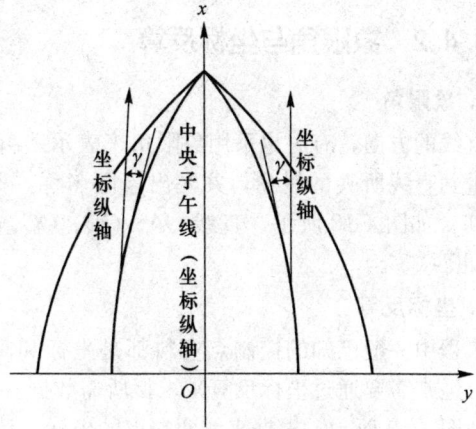

图 4-15 三北方向关系

2. 方位角

由标准方向的北端起，顺时针方向量到某一直线的夹角，称为该直线的方位角。方位角的取值范围为 $0°\sim360°$。由于标准方向有三种，因此，直线的方位角也有以下三种：

(1)真方位角。由真子午线方向的北端起，顺时针量到直线间的夹角，称为该直线的真方位角，一般用 A 表示。如图 4-16(a)所示，A_1、A_2、A_3、A_4 分别表示直线 OM、OP、OT、OZ 四个方向线的真方位角。

(2)磁方位角。由磁子午线方向的北端起，顺时针量至直线间的夹角，称为该直线的磁方位角，用 A_m 表示。如图 4-16(b)所示，A_{m1}、A_{m2} 分别表示 OM、OP 两方向线的磁方位角。

(3)坐标方位角。由坐标纵轴方向的北端起，顺时针量到直线间的夹角，称为该直线的坐标方位角，简称方位角，用 α 表示。如图 4-16(c)所示，α_{AB}、α_{AC} 分别表示 AB、AC 两方向线的坐标方位角。

一条直线有正反两个方向，将直线前进方向称为直线的正方向。如图 4-17 所示，以 A 点为起点、B 点为终点的直线 AB，其坐标方位角 α_{AB}，称为直线 AB 的正方位角；而直线 BA 的坐标方位为 α_{BA}，称为直线 AB 的反方位角。由图 4-17 可以看出，一条直线正、反坐标方位角相差 $180°$，即

$$\alpha_{BA}=\alpha_{AB}\pm180° \tag{4-15}$$

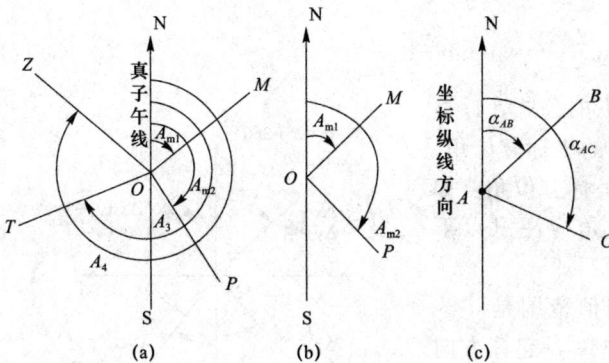

图 4-16 方位角

(a)真方位角；(b)磁方位角；(c)坐标方位角

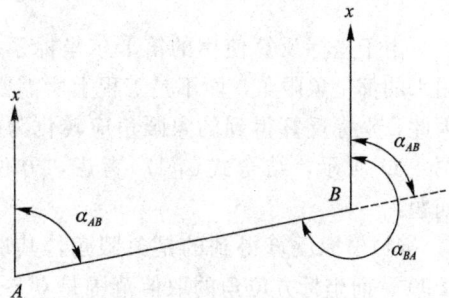

图 4-17 正反坐标方位角关系

4.4.2 象限角与坐标反算

1. 象限角

直线的方向，有时也采用象限角来表示。由坐标纵轴方向的北端或南端，顺时针或逆时针方向量到直线所夹的锐角，并注出象限名称，称为该直线的象限角，以 R 表示，取值范围为 $0°\sim90°$。如图 4-18 所示，直线 OA、OD、OC、OB 的象限角分别为北东 $45°$、南东 $45°$、南西 $45°$ 和北西 $35°$。

2. 坐标反算

工程中一般已知的控制点资料都是坐标和高程，很少提某某边的边长、方位角等是多少。因此，经常需要通过坐标反算来求得所需数据。

如图 4-19 所示，根据直线两端点的坐标，计算该直线的水平距离和坐标方位角的方法，称为坐标反算。

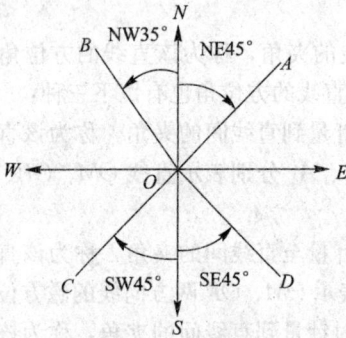

图 4-18 象限角

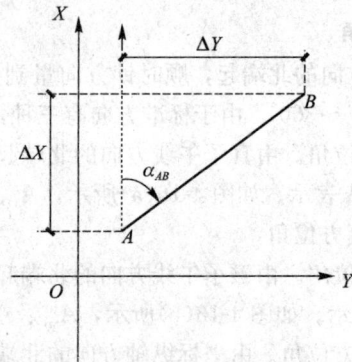

图 4-19 坐标反算

A、B 两点之间水平距离 D_{AB} 及该直线的坐标方位角 α_{AB}，按式(4-16)、式(4-17)计算：

$$D_{AB}=\frac{\Delta y_{AB}}{\sin\alpha_{AB}}=\frac{\Delta x_{AB}}{\cos\alpha_{AB}}$$

或

$$D_{AB}=\sqrt{\Delta x_{AB}^2+\Delta y_{AB}^2} \tag{4-16}$$

$$\tan\alpha_{AB}=\frac{\Delta y_{AB}}{\Delta x_{AB}}=\frac{y_B-y_A}{x_B-x_A}$$

$$\alpha_{AB}=\arctan\frac{\Delta y_{AB}}{\Delta x_{AB}}=\arctan\frac{y_B-y_A}{x_B-x_A} \tag{4-17}$$

由于坐标反算使用的笛卡尔坐标系下的公式，计算出来的都是象限角，而不是工程上所需要的坐标方位角。因此，坐标反算得到的象限角应转化为坐标方位角。如图 4-20 所示，结合式(4-17)考虑，方位角应注意以下问题：

(1)坐标反算得到的是象限角，其取值范围是 $0°\sim\pm90°$，而坐标方位角的取值范围是 $0°\sim360°$，起算方向及值域大小不同。

(2)特殊情况的方位角：

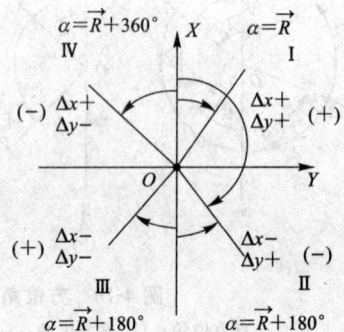

图 4-20 坐标、象限角、方位角的关系

$$\Delta x=0 \begin{cases} \Delta y>0，则~\alpha=90° \\ \Delta y<0，则~\alpha=270° \end{cases} \qquad \Delta y=0 \begin{cases} \Delta x>0，则~\alpha=0° \\ \Delta x<0，则~\alpha=180° \end{cases}$$

上述问题在坐标反算求得坐标方位角时需要特别注意。

3. 坐标方位角与象限角的换算关系

由图 4-21 中可以看出，坐标方位角与象限角的关系极其密切。坐标方位角与象限角的换算关系，见表 4-7。

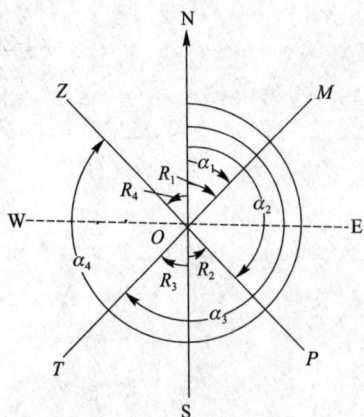

图 4-21　坐标方位角与象限角关系

表 4-7　坐标方位角与象限角的换算关系

直线方向	由坐标方位角推算象限角	由象限角推算坐标方位角
北东，第Ⅰ象限	$R_1=\alpha_1$	$\alpha_1=R_1$
南东，第Ⅱ象限	$R_2=180°-\alpha_2$	$\alpha_2=180°-R_2$
南西，第Ⅲ象限	$R_3=\alpha_3-180°$	$\alpha_3=180°+R_3$
北西，第Ⅳ象限	$R_4=360°-\alpha_4$	$\alpha_4=360°-R_4$

4.4.3　坐标方位角的推算

测量工作不仅需要测定点的坐标位置，还要测量直线的方向，一般采用坐标方位角表示。坐标方位角的测量，是从后面（后视）已知边的方位角开始，通过在测站点上所测的与后面点及前面点（前视）连线的转折角推算而得。

1. 观测左角

如图 4-22 所示，已知直线 AB，从 A 点到 B 点方向的坐标方位角为 α_{AB}，沿 A、B、C 三点前进方向，在测站 B 点已测左侧转折角 $\beta_{左}$，则 B 点前视 BC 边的坐标方位角 α_{BC} 如下推算：

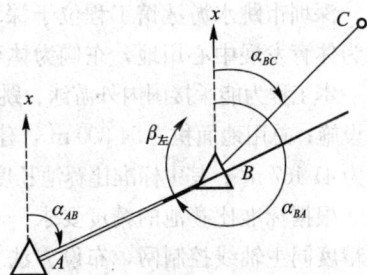

图 4-22　推算坐标方位角

$$\alpha_{BC}=\alpha_{BA}+\beta_{左}-360°=\alpha_{AB}+180°+\beta_{左}-360°=\alpha_{AB}+\beta_{左}-180°$$

式中，方位角 α_{AB} 在 B 点后视方向，称为 $\alpha_{后}$；α_{BC} 在 B 点的前视方向，称为 $\alpha_{前}$；经推倒，无论 $\alpha_{后}$、$\beta_{左}$ 各自有多大，都有以下结论：

$$\alpha_{前}=\alpha_{后}+\beta_{左}\pm180° \tag{4-18}$$

式（4-18）中 180°之"±"的确定：

当 $\alpha_{后}+\beta_{左}\geqslant180°$ 时，取"－"号；

$\alpha_{后}+\beta_{左}<180°$ 时，取"＋"号；

当 $\alpha_{前}>360°$ 时，则取"－360°"。

举例：$\alpha_{后}=358°$，$\beta_{左}=350°$，则：

$$\alpha_{前}=\alpha_{后}+\beta_{左}\pm180°=708°\pm180°=\alpha_{前}-180°=708°-180°=528°$$

由于 $\alpha_{前}=528°>360°$，所以 $\alpha_{前}=\alpha_{前}-360°=168°$。

2. 观测右角

当路线观测右角时，由于 $\beta_右 = 360° - \beta_左$，即 $\beta_左 = 360° - \beta_右$，代入式(4-18)则有：$\alpha_前 = \alpha_后 + (360° - \beta_右) \pm 180°$，即

$$\alpha_前 = \alpha_后 - \beta_右 \pm 180° \tag{4-19}$$

式中，$\pm 180°$ 的符号及 "$-360°$" 的规则同观测左角；当 $\alpha_前 < 0°$ 时，则取 "$+360°$"。

3. 通用公式

接上面叙述，综合考虑左右观测角，有通用公式：

$$\alpha_前 = \alpha_后 \pm \beta \pm 180° \tag{4-20}$$

📻 **课后讨论**

1. 简述三北方向的概念，以及其相互关系。
2. 简述方位角、坐标方位角的概念。
3. 简述正反方位角的概念及关系。
4. 简述象限角的概念及其与坐标方位角的转换关系。
5. 何谓坐标反算？其计算公式是什么？
6. 画图说明坐标方位角推算公式。

4.5　工程案例

深圳市跳水游泳馆工程

深圳市跳水游泳馆工程位于深圳市体育发展中心西侧，南临笋岗路，西临泥岗路，地段北侧为体育发展中心用地，东侧为体育发展中心主入口广场。

本工程为能承接国内外游泳、跳水比赛及运动员训练，群众体育运动、水上娱乐相结合的综合性设施；总用地面积为 54 300 m^2，建筑基底面积为 15 484 m^2，地上建筑面积为 25 207 m^2，总建筑面积为 41 167 m^2。其中标准比赛池长度控制及钢结构安装精度控制是本工程测量工作的着重点。

根据标准比赛池的精度要求($-0 \sim +20$ mm)，对标准比赛池施工布设专用施工控制网，布网精度同主轴线控制网，布设方法为沿比赛池东西南北边缘外 5 mm 设施工控制线，以控制线作为池边缘施工线，池边缘施工时以 T2 型经纬仪架设相应控制线，指导施工，如图 4-23 所示。

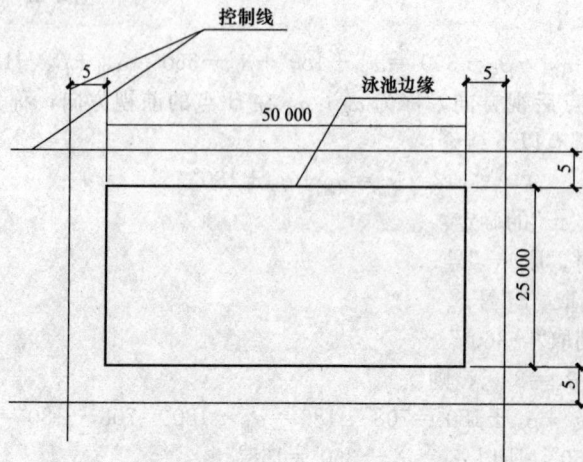

图 4-23　比赛池施工控制线

距离测量有哪几种方法？各适用于什么场合？

本章小结

本章主要讲述钢尺量距、视距测量和方向测量、全站仪的操作等内容。

在学习本章时，一定要正确理解距离测量中的基本概念，掌握全站仪的使用，加强技能训练是掌握本章知识的关键。本章是后续章节学习的知识保证。

课后习题

一、填空题

1. 标准北方向的种类有_____、_____、_____。

2. 象限角是由标准方向的北端或南端量至直线的_____，取值范围为_____。

3. 用钢尺丈量某段距离，往测为 112.314 m，返测为 112.329 m，则相对误差为_____。

4. 直线定向的标准北方向有真北方向、磁北方向和_____方向。

5. 已知 A、B 两点的坐标值分别为 $x_A = 5\ 773.633$ m，$y_A = 4\ 244.098$ m，$x_B = 6\ 190.496$ m，$y_B = 4\ 193.614$ m，则坐标方位角 $a_{AB} =$ _____、水平距离 $D_{AB} =$ _____ m。

6. 经纬仪的视准轴应垂直于_____。

7. 正反坐标方位角相差_____。

8. 距离测量方法有_____、_____、_____、_____。

9. 某直线的方位角为 123°20′，其反方位角为_____。

二、选择题

1. 电磁波测距的基本公式是 $D = \dfrac{1}{2} c t_{2D}$，式中 t_{2D} 为（　　）。

    A. 温度   B. 光从仪器到目标传播的时间

    C. 光速   D. 光从仪器到目标往返传播的时间

2. 坐标方位角的取值范围为（　　）。

    A. 0°～270°   B. −90°～90°   C. 0°～360°   D. −180°～180°

3. 某段距离丈量的平均值为 100 m，其往返较差为 +4 mm，其相对误差为（　　）。

    A. 1/25 000   B. 1/25   C. 1/2 500   D. 1/250

4. 直线方位角与该直线的反方位角相差（　　）。

    A. 180°   B. 360°   C. 90°   D. 270°

5. 地面上有 A、B、C 三点，已知 AB 边的坐标方位角 $\alpha_{AB} = 35°23′$，测得左夹角 $\angle ABC = 89°34′$，则 CB 边的坐标方位角 α_{CB} 为（　　）。

    A. 124°57′   B. 304°57′   C. −54°11′   D. 305°49′

6. 某直线的坐标方位角为 121°23′36″，则反坐标方位角为（　　）。

    A. 238°36′24″   B. 301°23′36″

    C. 58°36′24″   D. −58°36′24″

三、名词解释

1. 真北方向

2. 直线定向

3. 直线定线

4. 坐标正算

5. 坐标反算

6. 直线的坐标方位角

四、简答题

用公式 $R_{AB} = \arctan \dfrac{\Delta y_{AB}}{\Delta x_{AB}}$ 计算出的象限角 R_{AB}，如何将其换算成坐标方位角 α_{AB}？

五、计算题

1. 已知图 4-24 中 AB 的坐标方位角、观测图中四个水平角，试计算边长 $B\rightarrow 1$，$1\rightarrow 2$，$2\rightarrow 3$，$3\rightarrow 4$ 的坐标方位角。

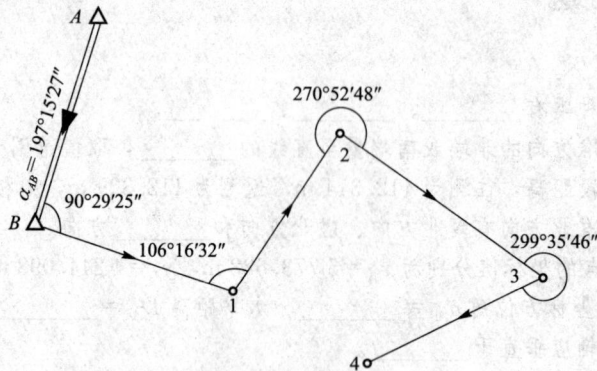

图 4-24　计算题 1 图

2. 在测站 A 进行视距测量，仪器高 $i=1.45$ m，望远镜盘左照准 B 点标尺，中丝读数 $v=2.56$ m，视距间隔为 $l=0.586$ m，竖盘读数 $L=93°28'$，计算水平距离 D 及高差 h。

3. 用钢尺往、返丈量了一段距离，其平均值为 167.38 m，要求量距的相对误差为 1/15 000，问往、返丈量这段距离的绝对误差不能超过多少？

第 5 章　控制测量与 GPS

引　言

有经验的工程师，在开工前总是先寻找已知的控制点。因为没有它就不能顺利进行下一步的工作，控制点的等级和精度将直接影响到后续工作的精度。测量必须遵循的原则：在精度上"由高级到低级"，逐级控制；在测点的布局上，"由整体到局部"；在施工程序上，"先控制，后碎部"，即先建立控制网，然后根据控制网进行碎部测量。为此本章主要讲述控制测量的原理及方法；导线测量和高程控制测量的实测方法和内业计算；交会定点的原理和方法。

学习目标

通过本章学习，能够：

1. 掌握导线测量的方法和计算；
2. 掌握三四等水准测量的方法和计算；
3. 熟悉三角高程测量的原理和方法；
4. 掌握交会定点的原理和方法。

文献导读

全球卫星定位系统(GNSS)目前有四个：

(1)美国的 GPS 卫星定位系统(The Global Position System)。GPS 即全球定位系统(Global Positioning System)，是美国从 20 世纪 70 年代开始研制，历时 20 年，耗资 200 亿美元，于 1994 年全面建成，具有在海、陆、空进行全方位实时三维导航与定位能力的卫星导航与定位系统，是美国第二代卫星导航系统。

GPS 是在 1958 年美国海军研制的子午仪卫星导航系统基础上发展起来的。全球定位系统由空间部分、地面监控部分和用户接收机三大部分组成。其空间部分使用 24 颗高度约为 2.02 万 km 的卫星组成卫星星座。21＋3 颗卫星均为近圆形轨道，运行周期约为 11 h 58 min，分布在六个轨道面上(每轨道面 4 颗)，轨道倾角为 55°。卫星的分布使得在全球的任何地方、任何时间都可以观测到 4 颗以上的卫星，并能保持良好定位解算精度的几何图形(DOP)。这就提供了在时间上连续的全球导航能力。

经过近 10 年我国测绘等部门的使用表明，GPS 以全天候、高精度、自动化、高效益等显著特点，赢得广大测绘工作者的信赖，并成功地应用于大地测量、工程测量、航空摄影测量、运载工具导航和管制、地壳运动监测、工程变形监测、资源勘察、地球动力学等多种学科，从而给测绘领域带来一场深刻的技术革命。

(2)俄罗斯的格洛纳斯(GLONASS)卫星定位系统。该系统于 1996 年 1 月 18 日正式启用。

(3)欧盟委员会的伽利略(GALILEO)卫星导航系统。该系统于 2002 年 3 月 26 日启动研制发射计划，原计划于 2008 年正式建成世界上第一个民用卫星导航系统，我国也加入了该计划，但目前仍未建成。

（4）我国独立研发的北斗卫星导航定位系统（BDS）。2000年建成北斗导航试验系统。2017年11月5日，我国第三代导航卫星顺利升空，标志着我国正式开始建造"北斗"全球卫星导航系统。2019年5月17日，在西昌卫星发射中心成功发射了第45颗北斗导航卫星。

该系统在我国2008年四川汶川地震救灾工作中起到了重大作用。2014年11月17日至21日的会议上，联合国负责制定国际海运标准的国际海事组织海上安全委员会，正式将我国的北斗系统纳入全球无线电导航系统。继美国的GPS和俄罗斯的GLONASS之后，我国的导航系统是第三个被联合国认可的海上卫星导航系统。

卫星定位测量技术以其精度高、速度快、全天候、操作简便而著称，已被广泛应用于测绘领域。

5.1 控制测量概述

学习目标

1. 了解控制测量的概念；
2. 掌握控制网的建立方法和要求。

关键概念

平面控制测量、高程控制测量、城市控制网、建筑施工控制网。

提 示

为了限制测量误差的累积，确保区域测量成果的精度分布均匀，并加快测量工作进度，测量工作必须遵循"从整体到局部，先控制后碎部"的原则。首先在地面测区范围内选定若干对整体具有控制作用的点，称为控制点，组成一定的几何图形，称为控制网，然后用适当精度的测量仪器和工具，采用一定的测量方法，精确测定各控制点的平面位置坐标和高程，这项工作称为控制测量。

5.1.1 平面控制测量

平面控制测量的任务是测定控制点的平面位置坐标(x, y)。平面控制网的建立主要采用卫星定位测量、导线测量、三角形网测量等方法。

如图5-1所示，导线测量是将测区内的控制点连接成连续折线，测量折线的边长和转折角，再根据起算方位角及已知点坐标推算出各控制点的坐标。这种控制点称为导线点，由它们连接而成的折线称为导线。导线测量是建立平面控制网最常用的一种方法，适用于地物分布较复杂的建筑区、视线障碍较多地面通视比较困难的隐蔽地区和带状地区，也比较适合于道路工程建设的需要。

三角形网测量是现行《工程测量规范》（GB 50026—2007）将传统的三角网、测边网和边角网的概念综合。其是将控制点组成一系列的三角形相连构成的测量控制网，如图5-2所示。三角形网测量是通过测定三角形网中各三角形的顶点水平角、边的长度确定控制点位置的方法。目前，三角形网用于建立大面积控制或控制网加密，已较少使用。

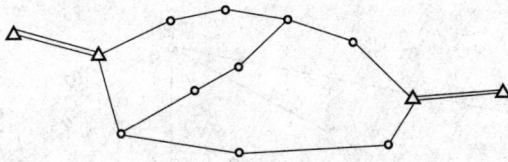

图 5-1　导线测量

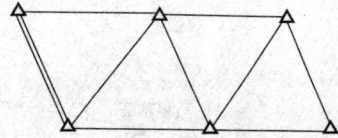

图 5-2　三角形网测量

卫星定位测量的原理是空间距离后方交会，如图 5-3 所示。其是将 GNSS 接收机安置在控制点上，通过接收卫星信号并加以处理，可以获得地面点的位置参数，经过与国家大地坐标系的转换，即可以获得控制点的大地测量坐标(图 5-4)。

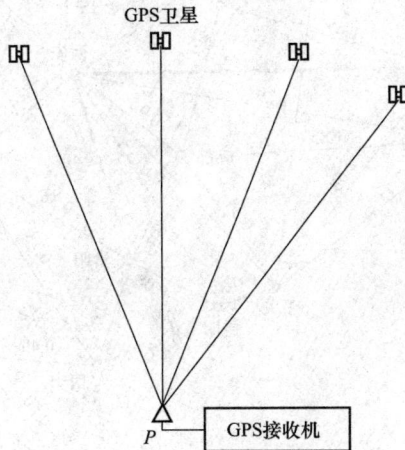

图 5-3　卫星定位测量原理

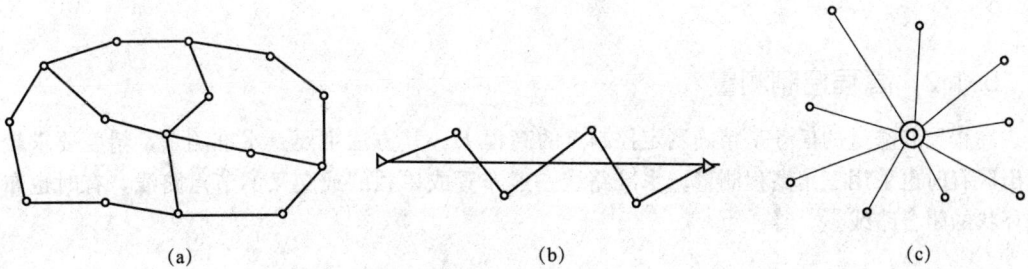

(a)　　　　　　　　　　　(b)　　　　　　　　　　　(c)

图 5-4　卫星定位测量控制网

(a)卫星定位环形网；(b)卫星定位附合线路；(c)卫星定位星形网

美国在 1973 年开始建设 GPS 系统，我国在 1988 年引进 GPS 技术。如图 5-5 所示，经过数年努力，我国已经建成国家 A(27 个点)、B 级(818 个点)GPS 网和一、二级网。

GNSS 测量以其精度高、观测时间短、测站间无须通视、全天候作业(可以 24 小时任意时刻观测，不受阴天黑夜、起雾刮风、下雨、下雪等气候的影响)、仪器操作简便等优点，已被广泛采用。根据工程测量部门现时的情况和发展趋势，首级网大多采用卫星定位网中的 GPS 网[《工程测量规范》(GB 50026—2007)可将其分为二等、三等、四等、一级、二级共五个等级]，加密网均采用导线或导线网形式。

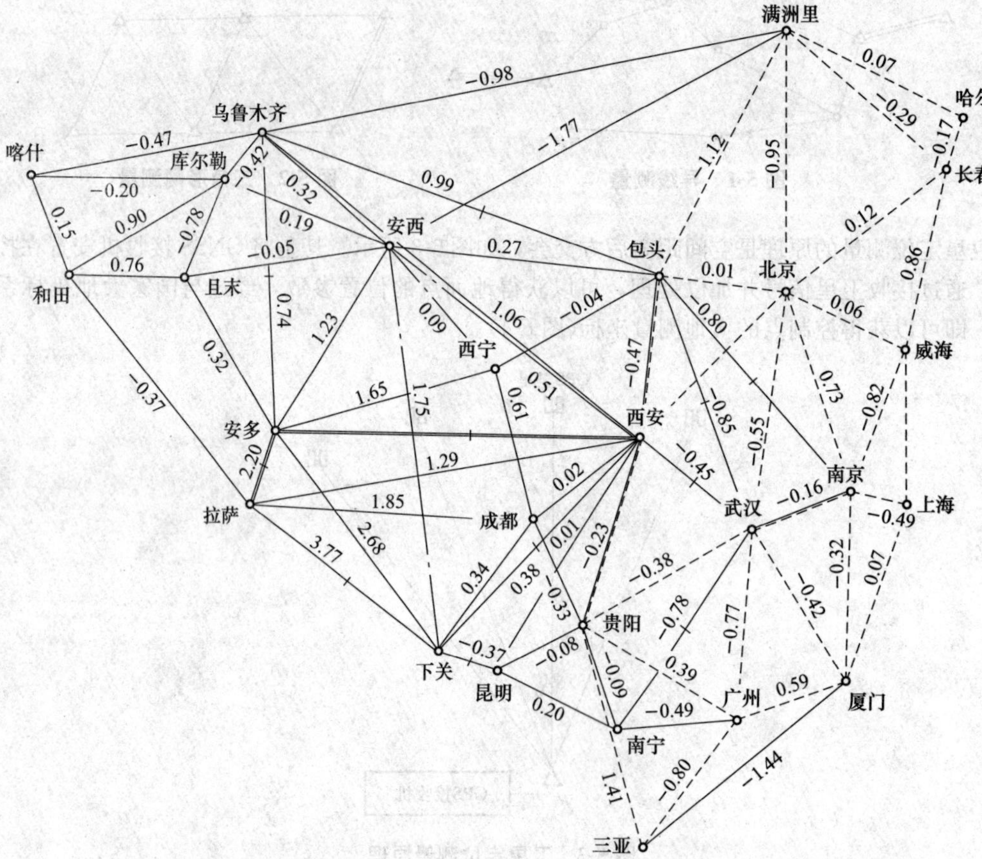

图 5-5　中国国家 GPS 控制网

5.1.2　高程控制测量

高程控制测量的任务是精确测定控制点的高程 H。其方法主要是水准测量，精度要求较低的山区有时也采用三角高程测量。水准路线一般布置成单独的或交叉的节点路线，有时也布置成环状的闭合路线。

5.1.3　国家控制网

国家控制网是在全国范围内建立的控制网。其是全国统一的平面坐标系统和高程系统，按照下述四个原则布设：

(1)分级布网、逐级控制。由高级到低级，逐级控制。

(2)足够的精度。保证控制网具有必要的精度。

(3)足够的密度。点位密度应满足测图和工程测量的需要。

(4)统一的规格。各作业单位应遵守统一的标准。

国家控制网按精度由高到低可分为一、二、三、四共四个等级。一等精度最高，是国家控制网的骨干，确保精度是其重点考虑的指标；二等精度次之，是国家控制网的全面基础，必须兼顾精度和密度两个方面的要求；三、四等是在二等控制网下的进一步加密，是为了满足测图和工程建设的需要。

1. 国家平面控制网

如图 5-6(a)所示，国家平面控制网主要布设成三角形网(一、二等网已于 20 世纪 70 年代全部完成)，即将相邻的控制点组成互相连接的三角形。这些组成三角形的控制点称为三角点，通过在三角点上设置测量标志，精密测量起始边的方位角，精密丈量三角网中一条或几条边的边长，并测出所有三角形的水平角，计算出各三角形的边长，最后根据其中一点的已知坐标和一边的已知方位角，进而推算出各三角点的坐标。

2. 国家高程控制网

如图 5-6(b)所示，国家高程控制网主要采用水准测量的方法，各等级水准测量经过的路线称为水准路线。国家高程控制网除布设成水准网外，还包括闭合环线和附合水准路线。

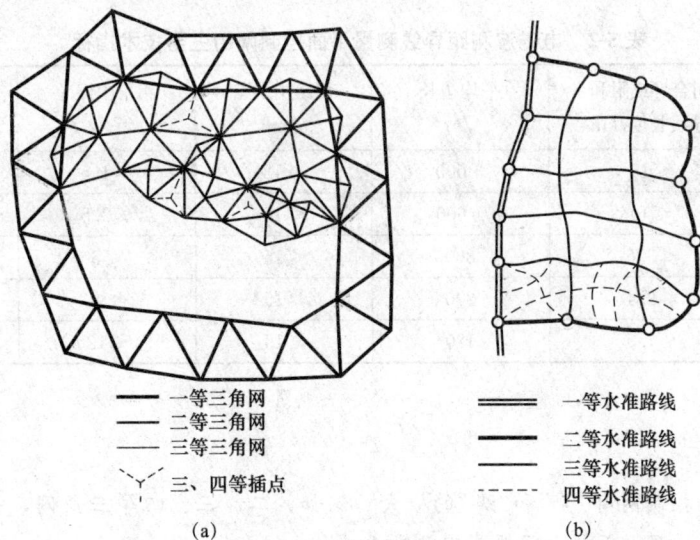

———— 一等三角网
———— 二等三角网
———— 三等三角网
Y 三、四等插点

(a)

═══ 一等水准路线
══ 二等水准路线
—— 三等水准路线
---- 四等水准路线

(b)

图 5-6　国家控制网

(a)国家平面控制网；(b)国家高程控制网

5.1.4　城市或厂矿地区控制测量

城市或厂矿地区范围较大，也遵循"从整体到局部，先控制后碎部"的原则，一般应在国家等级控制点的基础上，根据测区的大小、城市规划或施工测量的要求，布设不同等级的城市平面控制网，供地形测图和测设建(构)筑物时使用。

1. 城市平面控制网

城市平面控制网可采用卫星定位测量、三角形网测量和导线测量方法。

国家现行行业规范《城市测量规范》(CJJ/T 8—2011)规定了不同方法建立城市测量控制网的技术要求，见表 5-1、表 5-2。

表 5-1　边角组合网的主要技术指标

等级	平均边长 /m	测角中误差 /(")	测距中误差 /mm	起始边边长 相对中误差	测距相对中 误差	最弱边边长 相对中误差
二等	9.0	≤1.0	≤30	≤1/300 000	≤1/300 000	≤1/120 000

等级	平均边长 /m	测角中误差 /(")	测距中误差 /mm	起始边边长 相对中误差	测距相对中 误差	最弱边边长 相对中误差
三等	5.0	≤1.8	≤30	≤1/200 000（首级） ≤1/1 200 000（加密）	≤1/160 000	≤1/80 000
四等	2.0	≤2.5	≤16	≤1/120 000（首级） ≤1/800 000（加密）	≤1/120 000	≤1/45 000
一级	1.0	≤5.0	≤16	≤1/40 000	≤1/60 000	≤1/20 000
二级	0.5	≤10.0	≤16	≤1/20 000	≤1/30 000	≤1/10 000

表 5-2　电磁波测距导线测量平面控制网的主要技术指标

等级	闭合环或附和 导线长度/km	平均边长 /m	测距中误差 /mm	测角中误差 /"	导线全长相对 闭合差
三等	≤15	3 000	≤18	≤1.5	≤1/60 000
四等	≤10	1 600	≤18	≤2.5	≤1/40 000
一级	≤3.6	300	≤15	≤5	≤1/140 000
二级	≤2.4	200	≤15	≤8	≤1/10 000
三级	≤1.5	120	≤15	≤12	≤1/6 000

提　示

城市测量平面控制网有"等"和"级"的概念。例如，二、三、四等三角网，一、二级小三角网；三等、四等、一级、二级、三级光电测距导线。

2. 城市高程控制网

城市高程控制网可采用水准测量和三角高程测量等方法。

水准测量的等级依次分为二等、三等、四等。城市首级控制网不应低于三等水准；测区则视需要，各等级高程控制网均可作为首级控制。光电测距三角高程测量可代替四等水准测量。经纬仪三角高程测量主要用于山区的图根高程控制和山区及位于高建筑物上面的控制点高程的测定。

5.1.5　建筑施工控制测量

建筑施工控制测量同样应遵循"从整体到局部，先控制后碎部"的原则，即在建筑施工前首先要建立施工控制网。

施工控制网不仅是施工放样的依据，也是工程竣工测量的依据，还是建筑物变形监测及建筑物改建、扩建的依据。

施工控制网的建立可利用已有的测图平面控制和高程控制（点）网。当已有的控制（点）网在密度、精度上不能满足施工测量的技术要求时，应重新建立统一的施工平面控制和高程控制。

建筑物变形监测专用控制网的精度远远高于施工控制网，一般采用三角形网的方式建立平面控制网，采用二等水准测量的方式建立高程控制网。

1. 平面控制网

在工程的规划设计阶段，为测绘各种比例尺地形图而建立测图控制网。

在工程的施工与运营阶段，为工程放样、变形观测等用途而建立专用控制网。

工程控制网具有平均边长较短、等级较多、各等级网均可作为首级控制等特点，导线是重要手段之一。

施工场地可根据地形条件和建(构)筑物的布置情况，布设成建筑基线、建筑方格网、导线及导线网、三角网或 GPS 网等。

📖 提　示

《工程测量规范》(GB 50026—2007)规定，场区导线测量的主要技术要求见表 5-3。

表 5-3　场区导线测量的主要技术要求

等级	导线长度 /km	平均边长 /m	测角中误差 /(")	测距相对中误差	测回数		方位角闭合差 /(")	导线全长相对闭合差
					2"级仪器	6"级仪器		
一级	2.0	100~300	5	1/30 000	3	—	$10\sqrt{n}$	≤1/15 000
二级	1.0	100~200	8	1/14 000	3	4	$16\sqrt{n}$	≤1/10 000

建筑物施工平面控制网，应根据建筑物的分布、结构、高度、基础埋置深度和机械设备传动的连接方式、生产工艺的连续程度，分别布设一级或二级控制网。其主要技术要求应符合表 5-4 的规定。

表 5-4　一级或二级控制网主要技术要求

等级	边长相对中误差	测角中误差
一级	≤1/30 000	$7"/\sqrt{n}$
二级	≤1/15 000	$15"/\sqrt{n}$

注：n 为建筑物结构的跨数。

2. 高程控制网

高程控制网应布设成附合水准路线、闭合水准路线或结点水准网等形式。首级网布设成附合或闭合环线。布网等级分为二等、三等、四等、五等，采用水准、三角高程方法施测。

由于测图时所建立的高程控制网，在点位分布和密度方面一般不能满足施工时的需要，因此需要适当加密。在施工期间，要求在建筑物附近的不同高度上都必须布设临时水准点。临时水准点的密度应保证放样时只设置一个测站，即能将高程传递到建筑物上。

高程控制网通常也分为两级布设，即整个施工场地的基本高程控制网与根据各施工阶段放样需要而布设的加密网。加密网点一般均为临时水准点，为了放样的方便，可以在已浇筑的混凝土上布设临时水准点。

基本高程控制网通常采用三等水准测量施测，加密高程控制网则采用四等水准测量施测。

对于起伏较大的山岭地区，平面和高程控制网通常各自单独布设。对于平坦地区，平面控制点通常均联测在高程控制网中，同时兼作高程控制点使用。

📖 提　示

高程控制网分为一、二、三、四、五等。与平面控制网不同，只有"等"，没有"级"的概念；而且目前电磁波测距三角高程测量可达到四等甚至二等水准测量精度。

《工程测量规范》(GB 50026—2007)规定，建筑物高程控制应采用水准测量；附合路线闭合差不应低于四等水准的要求；水准点可设置在平面控制网的标桩或外围的固定地物上，也可单独埋设，不应少于2个；当场地高程控制点距离施工建筑物小于200 m时，可直接利用；当施工中高程控制点标桩不能保存时，应将其高程引测至稳固的建（构）筑物上，引测的精度不应低于四等水准。

📠 课后讨论

1. 国家控制网的等级有哪些？是否有"级"的概念？
2. 城市或厂矿平面、高程控制网如何分等级？
3. 平面控制网及高程控制网的级别分别有哪些？
4. 平面控制测量有哪些方法？高程控制测量有哪些方法？
5. 城市一级光电测距导线的主要技术要求是什么？

5.2 控制测量技术设计

📠 学习目标

1. 了解建筑工程施工控制测量技术设计的内容；
2. 掌握控制测量技术设计编制的方法。

📠 关键概念

技术设计原则、技术设计过程、报审实施。

5.2.1 技术设计的一般规定

技术设计是根据工程建设项目的规模和对施工测量精度的要求，以及合同、业主和监理的要求，结合测区自然地理条件的特征，选择最佳布网方案和观测方案，确保在规定工期内合理、经济地完成工程施工测量任务的重要技术文件。

控制测量是为建筑工程施工测量服务的，为确保施工测量任务顺利完成，控制测量技术设计必须切实可行。技术设计书必须经企业技术主管部门批准，作为工程项目施工组织设计的一部分，经监理审批后方可组织实施。

5.2.2 技术设计的依据

(1)工程项目施工合同；
(2)工程相关施工图纸；
(3)有关的法规和技术标准。

5.2.3 技术设计的基本原则

(1)广泛收集、认真分析和综合利用业主提供的与测绘相关的资料；
(2)现场踏勘实地情况，做好控制测量方案设计准备；
(3)技术设计方案应遵循整体控制原则，先考虑整体后考虑局部，顾及细部加密；
(4)结合场区实际情况及本企业作业人员技术素质和装备情况，选择最佳方案。

5.2.4　技术设计的主要内容

(1)任务概述：简述工程概况，包括建设项目名称、工程规模、来源、用途、测区范围、地理位置、行政隶属、任务的内容和特点、工作量及采用的技术依据。

(2)测区概况：说明测区的地理特征、居民地、交通、气候等情况，并划分测区困难类别。

(3)已有资料的分析、评价和利用：说明已有资料的作业单位、施测年代、采用的技术依据和选用的基准；分析已有资料的质量情况，并作出评价和指出利用的可能性。

(4)平面控制：说明控制网采用的平面基准、等级划分及各网点、GPS点或导线点的点号、位置、图形、点的密度、已知点的利用与联测方案；初步确定的测点类型、标石的类型与埋设要求；观测方法及使用的仪器。

(5)高程控制：说明采用的高程基准及高程控制网等级，路线长度及其构网图形，高程点或标志的类型与埋设要求；拟定观测与连测方案，观测方法及技术要求等。

(6)内业计算：外业成果资料的分析和评价，选定的起算数据及其评价，选用的计算数学模型，计算与检校的方法及其精度要求，成果资料的要求等。

5.2.5　控制测量技术设计过程

(1)分析已有控制网成果的精度，必要时实测部分角度和边长，掌握起算数据的精度情况。

(2)根据控制网的用途、工程规模、类型及建筑布置、精度要求确定控制网的等级；根据测区地形、起算点情况及使用的仪器设备确定控制网的类型。平面控制可采用 GPS 测量和导线测量。高程控制可采用水准测量和三角高程测量，布设成闭合环线、附合线路或结点网。

(3)控制网图上设计。根据工程设计意图及其对控制网的精度要求与现场踏勘情况，拟定合理布网方案，利用测区地形地物特点在图上设计出一个图形结构强的网形。

1)导线网对点位的要求。

①图形结构好，边长适中(最理想形状为等边直伸形)；

②导线点要有足够的密度，且分布均匀，以控制整个场区；

③导线边长大致相等，其平均边长符合导线等级要求；

④能埋建牢固的测量标志，且能长期保存；

⑤充分利用测区内原有的旧点，以节省开支；

⑥为了安全，点位要离开公路、铁路、高压线等危险源。

2)图上设计步骤。

①利用工程总平面图展绘已有控制网点；

②按照保证精度、方便施工和测量的原则布设施工控制测量网点；

③判断和检查点间通视情况；

④估算控制网的精度；

⑤拟定三角高程起算点及水准联测路线。

5.2.6　附表资料

根据对测区情况的调查和图上设计的结果，写出技术设计文字说明书，整理各种数据、图表，并拟定作业计划。附表资料包括以下几项：

(1)技术设计图；

(2)工作量表；

(3)作业计划安排表；

(4)主要物资器材表；

(5)预计上交资料表等。

5.2.7 报请审核

控制测量技术设计完成后，经企业技术主管部门批准，报监理审批后方可实施。控制测量的一般作业流程如图5-7所示。

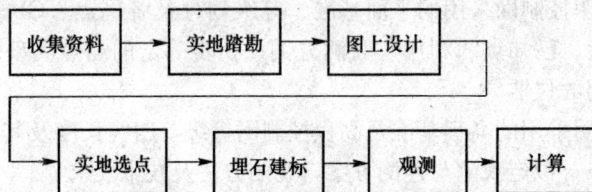

图 5-7 控制测量作业流程

📷 **课后讨论**

1. 控制测量技术设计的依据是什么？
2. 技术设计必须包括哪些主要内容？
3. 简述技术设计的过程。
4. 导线选点的要求有哪些？
5. 技术设计实施前还要经过哪道重要手续？

5.3 导线测量

📷 **学习目标**

1. 了解建筑工程施工控制测量现场踏勘的过程；
2. 掌握测量控制点标志建立的方法。
3. 了解平面控制导线测量的方法；
4. 掌握导线的内业计算。

📷 **关键概念**

导线布设形式、导线外业施测、角度闭合差、坐标增量闭合差、导线全长闭合差、导线相对精度。

📷 **提 示**

由相邻控制点连接而构成的折线图形称为导线，组成导线的这些控制点称为导线点，两相邻导线点的连线称为导线边，相邻两边之间的水平夹角称为转折角。导线测量就是依次测定各导线边的长度和各转折角值，根据起算数据推算出各边的坐标方位角，从而计算出各导线点的

等级	导线长度 /km	平均边长 /km	测角中误差 /(″)	测距中误差 /mm	测距相对中误差	测回数			方位角闭合差 /(″)	导线全长相对闭合差
						1″级仪器	2″级仪器	6″级仪器		
四等	9	1.5	2.5	18	1/80 000	4	6	—	$5\sqrt{n}$	≤1/35 000
一级	4	0.5	5	15	1/30 000	—	2	4	$10\sqrt{n}$	≤1/15 000
二级	2.4	0.25	8	15	1/14 000	—	1	3	$16\sqrt{n}$	≤1/10 000
三级	1.2	0.1	12	15	1/7 000	—	1	2	$24\sqrt{n}$	≤1/5 000

注：1. n 为测站数。

2. 当测区测图的最大比例尺为 1 : 1 000，一、二、三级导线的导线长度平均边长可适当放长，但最大长度不应大于表中规定相应长度的 2 倍。

表 5-6 图根导线测量的主要技术要求

导线长度/m	相对闭合差	测角中误差/(″)		方位角闭合差/(″)	
		一般	首级控制	一般	首级控制
≤$a×M$	≤1/(2 000×a)	30	20	$60\sqrt{n}$	$40\sqrt{n}$

注：1. a 为比例系数，取值宜为 1。当采用 1 : 500、1 : 1 000 比例尺测图时，其值可在 1~2 之间选用。

2. m 为测图比例尺的分母，但对于工矿区现状图测量，无论测图比例尺大小，M 均应取值 500。

3. 隐蔽或施测困难地区导线相对闭合差可放宽，但不应大于 1/(1 000×a)。

5.3.4 导线测量的外业

导线测量的外业工作包括：踏勘选点，建立标志，测角、量边。

1. 踏勘选点，建立标志

在踏勘选点之前，首先要调查收集测区已有的地形图和控制点的成果资料，在地形图上依据规定的技术要求进行导线设计，在图上拟定导线的路线、形式和点位。然后到测区进行实地踏勘，依据实际情况对图上的设计进行必要的修改。若测区没有地形图，或测区范围较小，也可以直接到测区进行实地踏勘，依实际情况直接拟定导线的路线、形式和选定点位。

导线点位置的选择应做到以下几点：

(1)相邻点间通视良好，地势较平坦，便于测角和量边。

(2)点位应选择在土质坚实、利于保存标志，易于寻找和便于安置仪器的地方。

(3)视野开阔，便于施测碎部。

(4)导线边长应大致相等，其平均边长符合各级导线的规定。

(5)导线点应有足够的密度，分布较均匀，以便控制整个测区。

导线点位置选定后，应在点位上埋设标志。长期保存导线点，应埋设混凝土桩[图 5-12(a)]或石桩，桩顶刻"＋"字标示点位中心；短期保存的导线点，则可在点位处打入一木桩[图 5-12(b)]，并在桩顶钉入一个小钉作为点的标志。

导线点在埋设后要按顺序统一编号。为了便于寻找，应量绘出导线点与附近固定地物点的距离，绘制一张草图，注明尺寸，称为点之记。其形式如图 5-13 所示。

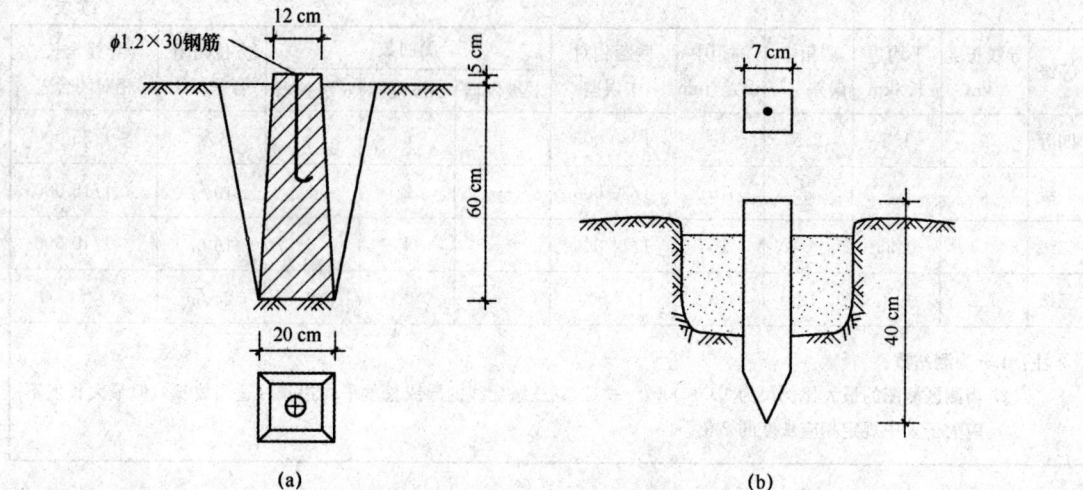

图5-12 导线点标志

(a)永久导线点；(b)临时导线点

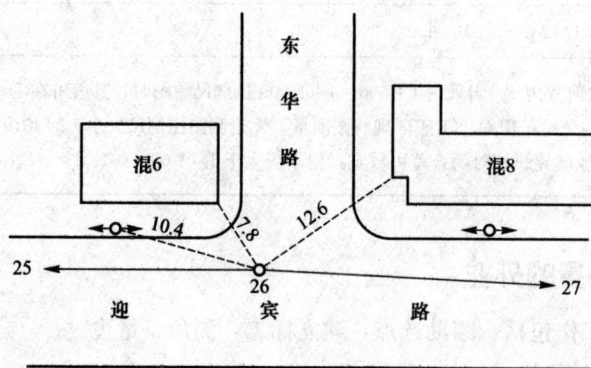

图5-13 点之记

2. 导线转折角测量

图根导线的转折一般使用 6″级仪器观测一测回，上、下半测回角值互差不超过±40″。导线转折角有左右之分，以导线为界，按编号方向前进，在前进方向左侧的水平角称为左角；前进方向右侧的水平角称为右角。导线一般观测左角。对于闭合导线，按逆时针编号的水平角既是多边形的内角，又是导线的左角。经纬仪导线边长一般较短，为减小测角误差，在仪器对中、照准时都要特别仔细，观测目标应尽量照准目标底部。

3. 导线边长测量

根据仪器配备情况与精度要求，可以选用检定过的钢尺量距、光电测距或全站仪测量。测量方法详见相应章节。

5.3.5 导线测量的内业计算

导线测量的内业计算目的就是根据已知的起始数据和外业观测成果，计算出各导线点的平面坐标。

在计算之前，首先要对外业成果进行全面检查和整理，应检查外业观测数据有无遗漏、记错、算错，是否符合精度要求，已知数据是否正确无误等。然后绘制出导线计算略图，并将导线观测角值、边长、已知数据注于图上相应位置。

1. 闭合导线的计算

图 5-14 所示为一图根闭合导线，它必须满足多边形内角和条件及坐标条件，即从起算点开始，逐点推算各待定导线点的坐标，最后推回起算点，由于是同一点，故推算点坐标应等于该点的已知坐标。闭合导线的计算步骤如下：

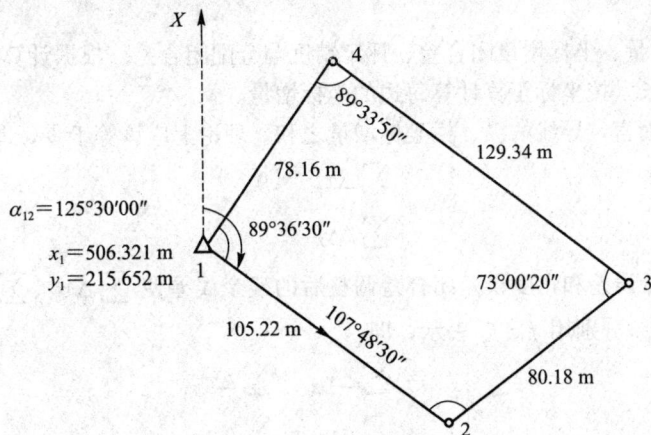

图 5-14　闭合导线

(1)角度闭合差的计算与调整。闭合导线在几何上是一个多边形，其内角和的理论值为

$$\sum \beta_{\text{理}} = (n-2) \times 180° \tag{5-1}$$

式中　$\sum \beta_{\text{理}}$——多边形内角和的理论值；

　　　n——闭合导线内角个数。

在实际观测中，由于误差的存在，使实测的内角和 $\sum \beta_{\text{测}}$ 与内角和理论值 $\sum \beta_{\text{理}}$ 不相等，它们之间的差值称为角度闭合差，用 f_β 表示，即

$$f_\beta = \sum \beta_{\text{测}} - \sum \beta_{\text{理}} = \sum \beta_{\text{测}} - (n-2) \times 180° \tag{5-2}$$

图 5-14 所示的闭合导线内角和闭合差为

$$f_\beta = 359°59'10'' - (4-2) \times 180° = -50''$$

角度闭合差的大小可反映出测角精度。不同等级的闭合导线均对方位角闭合差有具体的精度要求，可查阅《工程测量规范》(GB 50026—2007)相应等级的导线测量技术规范。设其容许值为 $f_{\beta\text{容}}$。若 $|f_\beta| > |f_{\beta\text{容}}|$，则认为角度观测成果不符合精度要求，应查找原因，如果计算无误，应去野外检测或重测。若 $|f_\beta| \leqslant |f_{\beta\text{容}}|$，则认为角度观测成果符合要求，可对观测角度加上改正数，以消除闭合差。本例闭合导线角度闭合差允许值 $f_{\beta\text{容}} = \pm 60'' \times \sqrt{4} = \pm 120''$，说明 f_β 不超过 $f_{\beta\text{容}}$，成果合格，可以进行角度闭合差分配。

由于导线的转折角都是等精度观测，故角度闭合差的分配原则：将角度闭合差 f_β 以相反符号平均分配在各观测角中，不能均分时可将余数凑整依次分配在相邻边较短的角度上，使改正后的角度之和等于理论值。分配闭合差的计算公式为

$$v_\beta = -\frac{f_\beta}{n} \tag{5-3}$$

角度改正数 v_β 计算正确与否，可用下式检核：

$$\sum v_\beta = -f_\beta$$

各转折角调整以后的值即改正后的各角值：

$$\hat{\beta} = \beta_{测} + v_\beta \tag{5-4}$$

(2)推算导线边的坐标方位角。将起算边的已知方位角及改正后的角值代入方位角推算公式，便可推算出导线各边的坐标方位角。为了确保计算的正确性，最后必须再推回到 $1\sim2$ 边，以进行检核。

(3)计算坐标增量、坐标增量闭合差、评定精度与分配闭合差。根据计算出的导线边坐标方位角及各边观测边长，按坐标正算计算每边的坐标增量。

对于闭合导线而言，导线的纵、横坐标增量之和，理论上应该等于零，即

$$\begin{cases} \sum \Delta x_{理} = 0 \\ \sum \Delta y_{理} = 0 \end{cases} \tag{5-5}$$

但由于边长测量误差和角度误差闭合差调整后的残余误差使 $\sum \Delta x_{测}$、$\sum \Delta y_{测}$ 不等于零，而产生坐标增量闭合差，分别用 f_x、f_y 表示，即

$$\begin{cases} f_x = \sum \Delta x_{测} - \sum \Delta x_{理} \\ f_y = \sum \Delta y_{测} - \sum \Delta y_{理} \end{cases} \tag{5-6}$$

将式(5-5)代入式(5-6)得

$$\begin{cases} f_x = \sum \Delta x_{测} \\ f_y = \sum \Delta y_{测} \end{cases} \tag{5-7}$$

由于 f_x、f_y 的存在，使得最终计算点 $1'$ 和起始点 1 不重合，而产生了一段距离 $1-1'$，如图 5-15 所示。这段距离称为导线全长闭合差，用 f_D 表示。按几何关系得

$$f_D = \sqrt{f_x^2 + f_y^2} \tag{5-8}$$

导线全长闭合差 f_D 值的大小从一个方面反映了导线测量精度，但由于导线误差的大小与导线长度相关，因此导线的精度是用相对闭合差来衡量的，即

$$K = \frac{f_D}{\sum D} = \frac{1}{\dfrac{\sum D}{f_D}} \tag{5-9}$$

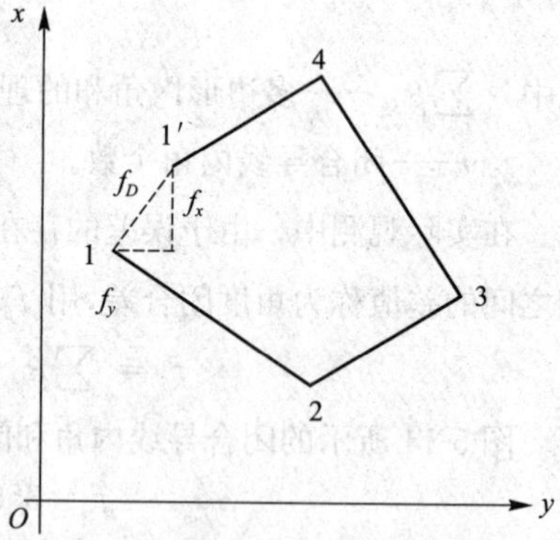

图 5-15　导线全长闭合差

表 5-5、表 5-6 中对不同等级导线测量的相对闭合差限值作出规定。若相对闭合差大于表中所列限值，则观测成果不合格，应对外业记录和计算做全面检查，若未发现计算错误，则应到现场检查或重测。若相对闭合差小于或等于表中所列限值，则导线测量成果符合要求，可对坐标增量闭合差进行分配。

坐标增量闭合差分配方法是将 f_x、f_y 反符号，按与边长成正比的原则，分配到各边的坐标增量中。以 $v_{\Delta x_{i-j}}$、$v_{\Delta y_{i-j}}$ 分别表示第 i 点至第 j 点导线边(第 i 边)的纵、横坐标增量的改正数，则

$$\begin{cases} v_{\Delta x_{i-j}} = -\dfrac{f_x}{\sum D} \times D_{i-j} \\ v_{\Delta y_{i-j}} = -\dfrac{f_y}{\sum D} \times D_{i-j} \end{cases} \tag{5-10}$$

因凑整而残留微小的不符值，可将其分配在长边的坐标增量上。坐标增量的改正数计算的正确性可用下列关系检核：

$$\begin{cases} v_{\Delta_{x-i}} = -f_x \\ v_{\Delta_{x-i}} = -f_y \end{cases} \tag{5-11}$$

改正后的坐标增量为

$$\begin{cases} \Delta x_{i-j改} = \Delta x_{i-j测} + v_{\Delta x_{i-j}} \\ \Delta y_{i-j改} = \Delta y_{i-j测} + v_{\Delta y_{i-j}} \end{cases} \tag{5-12}$$

(4)计算各导线点的坐标。根据起始点已知坐标及改正后的坐标增量，按下式依次推算到终点的坐标：

$$\begin{cases} \hat{x}_j = x_i + \Delta x_{i-j改} \\ \hat{y}_j = y_i + \Delta y_{i-j改} \end{cases} \tag{5-13}$$

用式(5-13)最后推算出起始点的坐标，推算值应与已知值完全一致，以此检核整个计算过程是否有错。闭合导线形式(图 5-14)的计算实例见表 5-7。需要注意的是，最后坐标要一直推算到终点坐标为止，以作校核。示例 1 也展示了闭合导线计算过程。

表 5-7　闭合导线坐标计算表

点号	观测角/(° ′ ″)	改正数/(″)	改正后转角/(° ′ ″)	坐标方位角/(° ′ ″)	距离/m	坐标增量/m		改正后坐标增量/m		坐标值/m		点号
						Δx	Δy	$\Delta x'$	$\Delta y'$	x	y	
1	2	3	4	5	6	7	8	9	10	11	12	13
1										506.321	215.652	1
				125 30 00	105.22	−0.02 −61.10	+0.02 85.66	−61.12	85.68			
2	107 48 30	+13	107 48 43							445.20	301.33	2
				53 18 43	80.18	−0.02 47.90	+0.02 64.30	47.88	64.32			
3	73 00 20	+12	73 00 32							493.08	365.64	3
				306 19 15	129.34	−0.03 76.61	+0.02 −104.21	76.58	−104.19			
4	89 33 50	+12	89 34 02							569.66	261.46	4
				215 53 17	78.16	−0.02 −63.32	+0.01 −45.82	−68.34	−45.81			
1	89 36 30	+13	89 36 43							506.321	215.652	1
2				125 30 00								2
求和	359 59 10	+50			392.90	+0.09	−0.07					
辅助计算	$\sum \beta_{测} = 359°59'10''$ $\sum \beta_{理} = 360°$ $f_\beta = \sum \beta_{测} - \sum \beta_{理} = -50''$ $f_{\beta允} = \pm 60'' \sqrt{n} = \pm 120''$					$f_x = \sum \Delta x_{测} = +0.09 \text{ m}, f_y = \sum \Delta y_{测} = -0.07 \text{ m}$ 导线全长闭合差 $f = \sqrt{f_x^2 + f_y^2} = 0.11 \text{ m}$ 导线相对闭合差 $K = \dfrac{1}{\sum \dfrac{D}{f}} \approx \dfrac{1}{3\,500}$ 允许相对闭合差 $K = \dfrac{1}{2\,000}$						

2. 附合导线的计算

附合导线的内业计算步骤与闭合导线的内业计算步骤基本相同，但由于两者布设形式不同，所以在导线的角度闭合差与坐标增量闭合差的计算方面也有所不同。示例 2 为附合导线计算。下面主要介绍两者的不同之处。

【示例 1】 闭合导线计算（课件例题）原始数据见表 5-8，其中灰色背景数据为已知。

表 5-8 闭合导线计算表

点号	观测角	改正后角值 /(° ′ ″)	坐标方位角 /(° ′ ″)	边长	坐标方位角 /(°)	X 坐标增量/m			Y 坐标增量/m			X 坐标 /m	Y 坐标 /m
						ΔX	改正数	改正后 ΔX	ΔY	改正数	改正后 ΔY		
B	连接角 54°15′40″											506.321	215.652
			161°36′38″										
A/3	89°36′30″	89°36′43″	143°52′23″										
1	107°48′30″	107°48′43″	125°29′00″	105.263	125.483 5	−61.102	−0.017	−61.119	85.714	0.010	85.724	445.202	301.376
2	73°00′20″	73°00′33″	53°17′43″	80.182	53.295 3	47.924	−0.013	47.911	64.284	0.007	64.292	493.113	365.667
3	89°33′50″	89°34′02″	306°18′15″	129.341	306.304 3	76.579	−0.021	76.558	−104.234	0.012	−104.222	569.671	261.445
A	305°44′20″		215°52′18″	78.162	215.871 7	−63.337	−0.013	−63.350	−45.801	0.007	−45.793	506.321	215.652
B			341°36′38″										
∑β测	359°59′10″			392.948		0.065	−0.065	0.000	−0.037	0.037	0.000		
∑β理	360°00′00″	360°00′00″											
$f_\beta = \sum\beta_测 - \sum\beta_理 =$	−50″				$f_D = 0.074$	$K = f_D / \sum D = 1/5\ 294$							
改正数 =	+13″												

ΔX 改正系数 = −0.000 16	ΔY 改正系数 = 0.000 093

辅助计算

注：Excel 中将角度(°)转化成(°′″)函数的方法：

Excel 输入小数的"度"数，可以用时间的表示方法表示为"度分秒"= XY/24，设置为自定义格式：[h]°mm′ss；"度分秒"转化成小数的度数时则乘以 24。

X″——某个单元格。

【示例 2】 附合导线计算原始数据见表 5-9，其中灰色背景数据为已知。

表 5-9 附合导线计算表

点号	观测角 /(° ′ ″)	改正后角值 /(° ′ ″)	坐标方位角 /(° ′ ″)	边长	X 坐标增量 /m				Y 坐标增量 /m			X 坐标 /m	Y 坐标 /m
					坐标方位角 /(°)	ΔX	改正数	改正后 ΔX	ΔY	改正数	改正后 ΔY		
B													
A	231°02′30″	231°02′34″	127°20′30″									3 509.580	2 675.890
1	64°52′00″	64°52′04″	178°23′04″	40.511	178.384 4	−40.495	0.011	−40.484	1.142	0.007	1.149	3 469.096	2 677.039
2	182°29′00″	182°29′04″	63°15′08″	79.039	63.252 1	35.573	0.021	35.594	70.581	0.013	70.594	3 504.690	2 747.633
C	138°42′30″	138°42′34″	65°44′11″	59.120	65.736 5	24.294	0.016	24.310	53.898	0.010	53.907	3 529.000	2 801.540
D			24°26′45″		24.445 8							3 529.000	2 801.540
$\sum \beta_测$	617°06′00″	617°06′15″		178.670		19.372	0.048	19.420	125.621	0.029	125.650	19.420	125.650
					$f_x=$	−0.048	0.048	$f_y=$	−0.029	0.029			
					$f_D=0.056$		$k=f_D/\sum D=1/3\ 209$						
						ΔX 改正系数=0.000 27			ΔY 改正系数=0.000 161				

辅助计算：

$$f_\beta = \sum \beta_测 - n \times 180° + \alpha_{BA} - \alpha_{CD}$$

$$f_\beta = -15''$$

$$改正数 = 04''$$

115

（1）角度闭合差的计算。附合导线首尾各有一条已知坐标方位角的边，如图 5-16 中的 AB 边和 CD 边，称为始边和终边。根据方位角推算公式可推算出各边的坐标方位角。这样，导线终边 CD 边就有一个已知的坐标方位角 $\alpha_{终}$ 和一个由观测角推算的坐标方位角 $\alpha'_{终}$。由于测角误差的存在，导致 $\alpha'_{终}$ 与 $\alpha_{终}$ 之间存在差值，此差值即附合导线的角度闭合差，用 f_β 表示，则有

$$f_\beta = \alpha'_{终} - \alpha_{终}$$

如果角度闭合差 f_β 不超过表 5-5、表 5-6 中规定的容许值，则可将 f_β 反号平均分配到各观测角中[见式(5-3)]，从而求得改正后的角值。

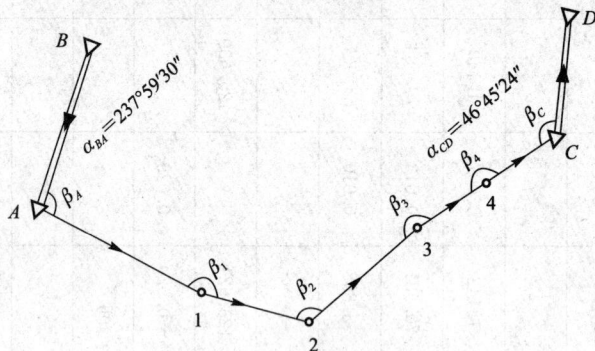

图 5-16　附合导线

（2）坐标增量闭合差的计算。附合导线纵横坐标增量的总和，理论上应该等于终点坐标与起点坐标之差，即

$$\begin{cases} \sum \Delta x_{理} = x_B - x_A \\ \sum \Delta y_{理} = y_B - y_A \end{cases} \tag{5-14}$$

由于边长误差及改正后角度剩余误差的影响，$\sum \Delta x_{测}$、$\sum \Delta y_{测}$ 与理论值往往不等，其差值即坐标增量闭合差 f_x、f_y，即

$$\begin{cases} f_x = \sum \Delta x_{测} - \sum \Delta x_{理} \\ f_y = \sum \Delta y_{测} - \sum \Delta y_{理} \end{cases} \tag{5-15}$$

将式(5-14)代入式(5-15)，有

$$\begin{cases} f_x = \sum \Delta x_{测} - (x_B - x_A) \\ f_y = \sum \Delta y_{测} - (y_B - y_A) \end{cases} \tag{5-16}$$

式中　x_A、y_A、x_B、y_B——导线起点、终点的已知坐标。

附合导线全长相对闭合差的计算，坐标增量闭合差的分配及最后的坐标推算与闭合导线相同。

3. 支导线的坐标计算

支导线中没有检核条件，因此没有闭合差产生，导线转折角和计算的坐标增量均不需要进行改正，支导线的计算步骤如下：

（1）根据观测的转折角推算各边的坐标方位角。

（2）根据各边坐标方位角和边长计算坐标增量。

（3）根据各边的坐标增量推算各点的坐标。

5.3.6　四等水准测量

1. 四等水准测量的技术要求

四等水准测量除应用于国家级高程控制网的加密外，还常用于建立小地区首级高程控制。三、四等水准测量线路中已知点的高程一般引自国家一、二等水准点。若测区附近没有国家水准点，也可建立独立的水准网，一般采用闭合环形网的布设形式，假定起算点的高程。如果是进行高程点加密，则多采用附合水准路线或结点水准网。三、四等水准点应选择在土质坚硬并便于长期保存和使用方便的地方。所有的水准点都应绘制"点之记"，并埋设水准标石，以便于观测时寻找和使用。一个测区一般至少埋设三个以上的水准点。水准点的间距一般为 1～1.5 km，山岭重丘区可根据需要适当加密。

《工程测量规范》(GB 50026—2007)规定，水准测量的主要技术要求应符合表 5-10 中的规定。

表 5-10　水准测量的主要技术要求

等级	每千米高差全中误差/mm	路线长度/km	水准仪型号	水准尺	观测次数		往返较差、附合或环线闭合差	
					与已知点联测	附合或环线	平地/mm	山地/mm
二等	2	—	DS_1	因瓦	往返各一次	往返各一次	$4\sqrt{L}$	—
三等	6	≤50	DS_1	因瓦	往返各一次	往一次	$12\sqrt{L}$	$4\sqrt{n}$
			DS_3	双面		往返各一次		
四等	10	≤16	DS_3	双面	往返各一次	往一次	$20\sqrt{L}$	$6\sqrt{n}$
五等	15	—	DS_3	单面	往返各一次	往一次	$30\sqrt{L}$	—

注：1. 结点之间或结点与高级点之间，其路线的长度，不应大于表中规定的 0.7 倍。
　　2. L 为往返测段，附合或环线的水准路线长度(km)；n 为测站数。
　　3. 数字水准仪测量的技术要求和同等级的光学水准仪相同。

水准观测应在水准点标石埋设稳定后进行，观测精度除对仪器的技术参数有具体规定外，还对观测程序、操作方法、视线长度都有严格的技术指标。其主要技术要求应符合表 5-11 的规定。

表 5-11　水准观测的主要技术要求

等级	水准仪型号	视线长度/m	前后视的距离较差/m	前后视的距离较差累积/m	视线离地面最低高度/m	基、辅分划或黑、红面读数较差/mm	基、辅分划或黑、红面所测高差较差/mm
二等	DS_1	50	1	3	0.5	0.5	0.7
三等	DS_1	100	3	6	0.3	1.0	1.5
	DS_3	75				2.0	3.0
四等	DS_3	100	5	10	0.2	3.0	5.0

等级	水准仪型号	视线长度/m	前后视的距离较差/m	前后视的距离较差累积/m	视线离地面最低高度/m	基、辅分划或黑、红面读数较差/mm	基、辅分划或黑、红面所测高差较差/mm
五等	DS₃	100	大致相等	—	—	—	—

注：1. 二等水准视线长度小于 20 m 时，其视线高度不应低于 0.3 m。

2. 三、四等水准采用变动仪器高度观测单面水准尺时，所测两次高差较差，应与黑面、红面所测高差之差的要求相同。

3. 数字水准仪观测，不受基、辅分划或黑、红面读数较差指标的限制，但测站两次观测的高差较差，应满足表中相应等级基、辅分划或黑、红面所测高差较差的限制。

2. 三、四等水准测量的施测方法

三、四等水准测量的施测方法有双面尺法和变动仪器高法两种，其施测的技术要求列于表 5-11 中。下面以三等水准测量为例介绍双面尺法的观测程序和记录、计算方法（参见表 5-12）。

提 示

《国家三、四等水准测量规范》(GB/T 12898—2009)规定：三等水准测量采用中丝读数法往、返观测，一个测站上的观测顺序为"后—前—前—后（黑—黑—红—红）"；四等水准测量采用中丝读数法单程观测，一个测站上的观测顺序为"后—后—前—前（黑—红—黑—红）"。

(1)一个测站上的观测顺序。

1)照准后视尺黑面，读取上、下丝读数，精平，读取中丝读数，并记录在手簿(1)、(2)、(3)位置；

2)照准前视尺黑面，读取上、下丝读数，精平，读取中丝读数，并记录在手簿(4)、(5)、(6)位置；

3)照准前视尺红面，精平，读取中丝读数，并记录在手簿(7)位置；

4)照准后视尺红面，精平，读取中丝读数，并记录在手簿(8)位置。

上述这四步观测顺序简称为"后—前—前—后（或黑—黑—红—红）"，其优点是可以大大减弱仪器或尺垫下沉误差的影响。对于四等水准测量，除可采用三等水准测量顺序外，规范还容许采用"后—后—前—前（或黑—红—黑—红）"的观测顺序，这种顺序比上述的顺序在操作时要简便些。

(2)测站计算与检核。

1)视距的计算与检核。

后视距(9)=[(1)-(2)]×100(m)；

前视距(10)=[(4)-(5)]×100(m)；

前、后视距差(11)=(9)-(10)；

前、后视距差累积(12)=上站(12)+本站(11)。

三、四等水准测量的视距检核可参见表 5-12 第③、④栏。

表 5-12　三(四)等水准测量观测手簿(双面尺法)

自：BM₁　测至：BM₂　　　　日期：2018 年 5 月 12 日　　　　仪　器：上光 60252
开始：7 时 05　　　　　　　天气：晴、微风　　　　　　　　观测者：×××
结束：8 时 07　　　　　　　成像：清晰稳定　　　　　　　　记录者：×××

测站编号	测点编号	后尺 下丝/上丝 后视距 视距差 D/m	前尺 下丝/上丝 前视距 $\sum D$/m	方向及尺号	水准尺读数/m 黑面中丝读数	红面中丝读数	$K+$黑—红/mm	平均高差/m	备注
①	②	③	④	⑤	⑥	⑦	⑧	⑨	⑩
		(1)	(4)	后	(3)	(8)	(14)		
		(2)	(5)	前	(6)	(7)	(13)	(18)	
		(9)	(10)	后—前	(15)	(16)	(17)		
		(11)	(12)						
1	BM₁ ∣ TP₁	1.891	0.758	后 1	1.708	6.395	0	+1.134	
		1.525	0.390	前 2	0.574	5.361	0		
		36.6	36.8	后—前	+1.134	+1.034	0		
		−0.2	−0.2						
2	TP₁ ∣ TP₂	2.746	0.867	后 2	2.530	7.319	−2	+1.885	K 为尺常数: 4 787 (或 4 687) 表中, 1 号尺常数 $K=4\ 687$, 2 号尺常数 $K=4\ 787$
		2.313	0.425	前 1	0.646	5.333	0		
		43.3	44.2	后—前	+1.884	+1.986	−2		
		−0.9	−1.1						
3	TP₂ ∣ TP₃	2.043	0.849	后 1	1.773	6.459	+1	+1.188	
		1.502	0.318	前 2	0.584	5.372	−1		
		54.1	53.1	后—前	+1.189	+1.087	+2		
		+1.0	−0.1						
4	TP₃ ∣ BM₂	1.167	1.677	后 2	0.911	5.696	+2	−0.505 5	
		0.655	1.155	前 1	1.416	6.102	+1		
		51.2	52.2	后—前	−0.505	−0.406	+1		
		−1.0	−1.1						

每页检核：

$\sum(9)-\sum(10)=185.2-186.3=-1.1$　　　　$\sum(15)+\sum(16)=+7.403$

末站(12) $=-1.1$　　　　$\sum[(3)+(8)]-\sum[(6)+(7)]=32.791-25.388=+7.403$

总视距 $=\sum(9)+\sum(10)=371.5$　　　　$2\sum(18)=+7.403$

2)水准尺读数的检核。同一根水准尺黑面与红面中丝读数之差：

前尺黑面与红面中丝读数之差(13)＝(6)＋K－(7)；

后尺黑面与红面中丝读数之差(14)＝(3)＋K－(8)。

上式中的 K 为红面尺的起点数为 4.687 m 或 4.787 m，(13)和(14)的检核可参见表 5-12 中的第⑧栏。

3)高差的计算与检核。

黑面测得的高差(15)＝(3)－(6)；

红面测得的高差(16)＝(8)－(7)；

黑、红面高差之差(17)＝(15)－[(16)±0.100]＝(14)－(13)；

高差的平均值(18)＝[(15)＋(16)±0.100]/2。

在测站上，当后尺(表 5-12 中第 1 测站后 1 尺)红面起点 K＝4.687 m，前尺(表 5-12 中第 1 测站前 2 尺)红面起点 K＝4.787 m 时，取＋0.100；反之，取－0.100。(17)的检核参见表 5-12 中的第⑧栏。

(3)每页计算的检核。

1)高差部分。在每页上，后视红、黑面读数总和与前视红、黑面读数总和之差，应等于红、黑面高差之和，还应等于平均高差总和的两倍。

对于测站数为偶数的页：

$$\sum[(3)+(8)]-\sum[(6)+(7)]=\sum[(15)+(16)]=2\sum(18)$$

对于测站数为奇数的页：

$$\sum[(3)+(8)]-\sum[(6)+(7)]=\sum[(15)+(16)]=2\sum(18)\pm0.100$$

2)视距部分。在每页上，后视距总和与前视距总和之差应等于本页末站视距差累积值与上页末站视距差累积值之差，即

$$\sum(9)-\sum(10)=本页末站之(12)-上页末站之(12)$$

检核无误后，可计算水准路线的总长度＝$\sum(9)+\sum(10)$。

3. 成果计算

对于三、四等水准测量的闭合路线或附合路线的成果计算，可根据手簿计算出的每个测站平均高差，利用"水准测量的成果计算"中的计算方法，先计算其高差闭合差，若满足表 5-11 的要求，则对高差闭合差进行调整，最后按调整后的高差计算各水准点的高程。若为支水准路线，则满足表 5-11 的要求后，取往、返测量结果的平均值为最后结果，并以此计算各水准点的高程。

5.3.7 三角高程测量

在用水准测量方法测定控制点的高程较为困难的山地或是丘陵地区，可采用三角高程测量方法建立高程控制，但测区内必须有一定数量的水准点，作为高程起算的依据。

1. 三角高程测量原理

如图 5-17 所示，已知 A 点高程为 H_A，欲测定 B 点高程为 H_B。在 A 点安置经纬仪，量取测站 A 桩顶至仪器中心的高度 i(仪器高)，在 B 点竖立标志，用望远镜中丝瞄准标志顶端 M，测得竖直角 α，并量取标杆高 v。

根据 AB 之间水平距离 D，则可计算出 AB 之间的高差：

$$H_{AB}=D\times\tan\alpha+i-v \tag{5-17}$$

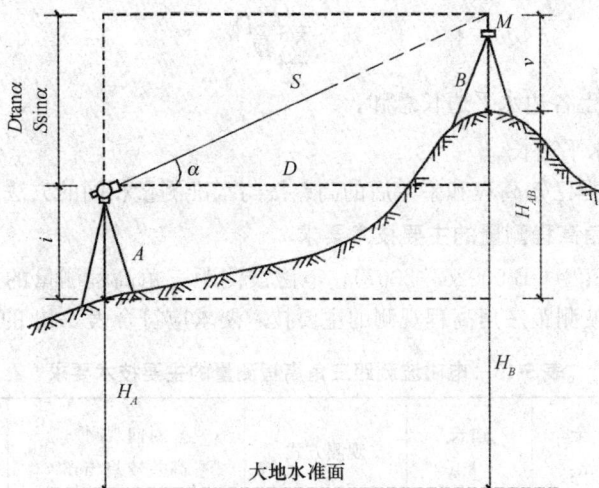

图 5-17　三角高程测量原理

则 B 点高程为

$$H_B = H_A + h = H_A + D \times \tan\alpha + i - v \tag{5-18}$$

当 AB 两点之间距离大于 300 m 时，式(5-18)应考虑地球曲率和大气折光对高差的影响，其值 f(称为球气差改正)为 $0.43\dfrac{D^2}{R}$，D 为两点之间水平距离，R 为地球半径，则有

$$H_{AB} = D \times \tan\alpha + i - v + f \tag{5-19}$$

2. 三角高程的观测

由式(5-18)可知，用三角高程测量推求两点之间高差时，必须已知仪器高 i、觇标高 v、两点之间的水平距离 D 及垂直角 α。仪器高 i 和觇标高 v 可用小钢尺直接量取。在等级点上作三角高程测量时，i 和 v 应独立量取两次，读至 5 mm，其较差不得大于 1 cm。图根三角高程测量可量至厘米。两点之间的水平距离 D 可以从平面控制的计算成果中获得。因此，三角高程测量的施测主要是观测垂直角。垂直角观测一般都是在建立平面控制时与水平角的观测同时进行。对于三角高程网和三角高程路线，各边的垂直角均应进行直觇、反觇对向观测。

3. 三角高程的计算

三角高程计算之前，应对观测成果进行全面检查，确认各项限差符合规定要求，所需数据完备齐全之后才能开始计算。三角高程的计算步骤如下：

(1)高差的计算。由外业观测手簿中查取三角高程路线上的垂直角、仪器高、觇标高，由平面控制计算成果表中查取相应边的水平距离，填于计算表格中，然后按式(5-17)依次计算各边直觇、反觇高差。若直觇、反觇高差较差不超过表 5-13、表 5-14 中的规定，则取其中数，并以此计算三角高程路线的高差闭合差。

(2)高差闭合差的计算和分配。三角高程路线高差闭合差的计算和分配与水准测量基本相同，即

附合路线 $$f_h = f_h = \sum h_{测} - (H_{终} - H_{始}) \tag{5-20}$$

闭合路线 $$f_h = f_h = \sum h_{测} \tag{5-21}$$

当高差闭合差不超过表 5-13 中的规定时，可按下式计算高差改正数：

$$v_i = -\frac{f_h}{\sum D} D_i \qquad (5\text{-}22)$$

式中 $\sum D$ —— 路线上各边水平边长总和；

D_i —— 第 i 边水平边长。

(3)高程计算。根据已知高程和平差后的高差按与水准测量相同的方法计算各点的高程。

4. 电磁波测距三角高程测量的主要技术要求

依据《工程测量规范》(GB 50026—2007)，电磁波测距三角高程测量的主要技术要求应符合表 5-13 的规定，电磁波测距三角高程观测的主要技术要求应符合表 5-14 的规定。

表 5-13　电磁波测距三角高程测量的主要技术要求

等级	每千米高差全中误差/mm	边长/km	观测方式	对向观测高差较差/mm	附合或环形闭合差/mm
四等	10	≤1	对向观测	$40\sqrt{D}$	$20\sqrt{\sum D}$
五等	15	≤1	对向观测	$60\sqrt{D}$	$30\sqrt{\sum D}$

注：1. D 为测距边长度(km)；

2. 起讫点的精度等级，四等应起讫于不低于三等水准的高程点上，五等应起讫于不低于四等的高程点上；

3. 路线长度不应超过相应等级水准路线的长度限值。

表 5-14　电磁波测距三角高程观测的主要技术要求

等级	垂直角观测				边长测量	
	仪器精度等级	测回数	指标差较差/(″)	测回较差/(″)	仪器精度等级	观测次数
四等	2″级仪器	3	≤7″	≤7″	10mm 级仪器	往返各一次
五等	2″级仪器	2	≤10″	≤10″	10mm 级仪器	往一次

注：当采用 2″级光学经纬仪进行竖直角观测时，应根据仪器的垂直角检测精度适当增加测回数。

【拓展】 基于水平视线的三角高程测量新方法——中点单觇法

在三角高程测量方法中，现阶段主要采用的是直返觇法——用往、返观测测定相邻点高差的方法；中点单觇法是在两置觇点中间安置仪器测定觇点之间高差的方法。

水准测量是一种直接测高法，测定高差的精度高，但其受地形起伏的限制，外业工作量大，施测速度较慢。传统的三角高程测量是一种间接测高法，它不受地形起伏的限制，施测速度较快，在大比例尺地形图测绘、线型工程、管网工程等工程测量中广泛应用，但它的精度较低，且每次在测量过程中必须量取仪器高、棱镜高，测量过程较复杂而且增加了误差来源。

随着全站仪的广泛使用，使用棱镜配合全站仪测量高程的方法越来越普及，经过长期摸索，人们总结出了一种新的三角高程测量方法。这种方法融合了水准测量和三角高程测量的优点，施测过程依水准测量方法任意置站；同时，每次测量时还不必量取仪器高、棱镜高，减少了三角高程的误差来源，使三角高程测量精度进一步提高，施测过程更为简单、方便、快捷。

1. 基于水平视线的三角高程测量方法原理

图 5-18 所示为新三角高程测量方法原理，假设 A 点的高程已知，B 点的高程未知，则分别在两个高程点 A、B 上架设 1 m 以上固定高度的棱镜，且在观测之前记录下棱镜高数值 t_1、t_2。

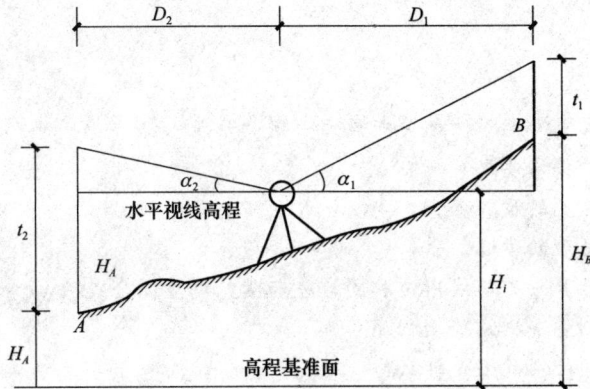

图 5-18　新三角高程测量方法原理

图中，D_1、D_2 为全站仪至 B、A 两点之间的水平距离，α_1、α_2 为全站仪观测 B、A 点时的垂直角，H_A 为 A 点高程，H_B 为 B 点高程，H_i 为全站仪水平视线高程。

首先，用全站仪瞄准 A 点，观测 A 点的垂直角 α_2，则全站仪水平视线高程 H_i 为 $H_i = H_A + t_2 - D_2 \cdot \tan\alpha_2$；然后，用全站仪瞄准 B 点，观测 B 点的垂直角 α_1，则全站仪水平视线高程 H_i 为 $H_i = H_B + t_1 - D_1 \cdot \tan\alpha_1$。

由上述两式可以得出：

$$H_B = H_A + D_1 \cdot \tan\alpha_1 - D_2 \cdot \tan\alpha_2 + t_2 - t_1 \tag{5-23}$$

由式(5-23)可见，较传统的三角高程测量，仪器高在此式中不见了，而觇标高 t_1、t_2 在施测前已经设定为 1 m 以上的固定高度，最后两项也正负抵消了，这样新的三角高程测量方法就不用量取仪器高和前后视觇标高，大大提高了施测速度并消除了量高误差。

最终的三角高程计算公式为

$$H_B = H_A + D_1 \cdot \tan\alpha_1 - D_2 \cdot \tan\alpha_2$$

如果由 A 点向 B 点方向施测，A 点为后视方向，B 点为前视方向，则公式可进一步修改为

$$H_{前} = H_{后} + D_{前} \cdot \tan\alpha_{前} - D_{后} \cdot \tan\alpha_{后} \tag{5-24}$$

2. 三角高程测量新方法的应用

三角高程测量新方法的操作过程如下：

(1)全站仪置于任一点(所选点位要能与已知高程点和待测高程点上的固定高度棱镜通视)；

(2)先用仪器照准已知高程点，测出平距和垂直角，计算出水平视线高程值；

(3)用同样的方法照准待测点，测出平距和垂直角；

(4)按式(5-24)计算待测点的高程。

3. 三角高程测量新方法的特点

同传统的三角高程测量相比，新方法有以下特点：

(1)测量过程不量取仪器高和棱镜高,大大提高了工作效率。

(2)已知高程点和待测高程点之间不必通视,大大提高了施测路线的灵活性。

(3)误差来源大大减少,测量精度大幅提高,尤其是大气折光误差明显减小。传统方法当两点之间的距离越远,大气折光误差越大;新三角高程测量将全站仪安置与两个点之间,分别进行照准测量,使大气折光误差的视线距离缩短。另外,仪器高和棱镜高的量取是最终高差产生粗差的主要原因,新方法不用量取这两个高度,而是直接使用大于1 m以上的固定棱镜,消除了量高误差。

课后讨论

1. 导线布设的形式有哪些?为何要布设成一定的形状?
2. 简述一级导线的技术要求。
3. 简述导线外业施测的步骤。
4. 简述导线内业处理的步骤。
5. 如何分配导线计算中的路线内角和闭合差与坐标增量闭合差?
6. 简述四等水准测量一测站观测程序。
7. 三角高程测量的使用范围是什么?
8. 三角高程测量的原理及计算公式是什么?

5.4 GPS卫星定位技术

学习目标

1. 掌握GPS的基本概念和系统组成;
2. 了解GPS基本定位原理、作业方式;
3. 掌握GPS测量设计及施测方法;
4. 了解全球导航卫星系统(GNSS)国内外发展现状。

关键概念

GPS的概念,GPS基本定位原理、作业方式,GPS测量设计及施测方法。

【导读】

全球导航系统GPS以其全天候、高精度、自动化、高效率的特点,在众多工程建设、军事、民用服务方面发挥着不可替代的重要作用。本节主要介绍GPS系统的组成、GPS定位原理、GPS定位误差来源、GPS测量设计与实施等。

5.4.1 全球定位系统概述

全球定位系统(Global Positioning System,GPS)(图5-19)于1973年由美国组织研制,1993年全部建成。GPS最初的主要目的是为美国海陆空三军提供实时、全天候和全球性的导航服务。

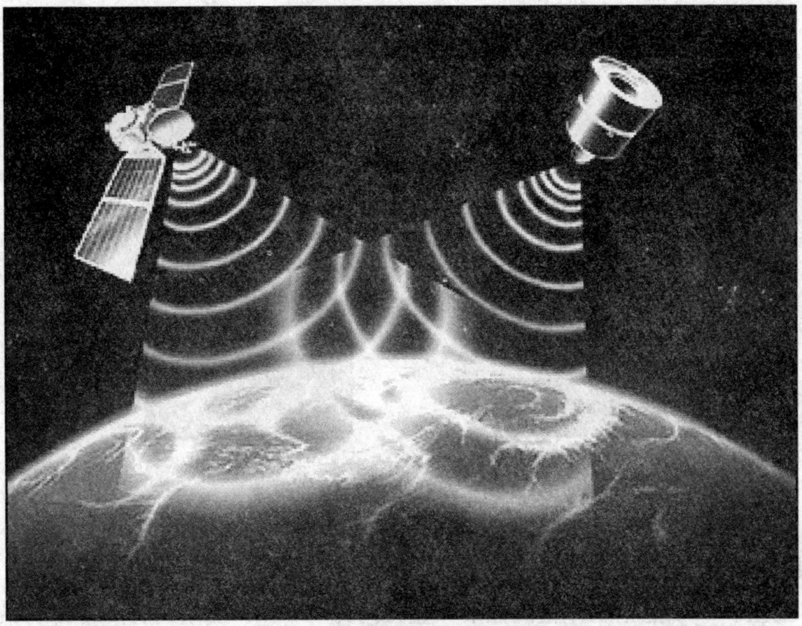

图 5-19　GPS 定位系统

　　由于 GPS 定位技术的高度自动化及其所达到的高精度，也引起了广大民用部门，特别是测量工作者的普遍关注和极大兴趣，近十多年来 GPS 定位技术在应用基础的研究、新应用领域的开拓及软硬件的开发等方面都取得了迅速的发展，使得 GPS 精密定位技术已经广泛地渗透到了经济建设和科学技术的许多领域，尤其是在大地测量学及其相关学科领域，如地球动力学、海洋大地测量学、地球物理勘探和资源勘察、工程测量、变形监测、城市控制测量、地籍测量等方面都得到了广泛应用。

　　与常规的测量技术相比，GPS 技术具有以下优点：

　　(1) 测站点之间不要求通视。这样可根据需要布点，也无须建造觇标。

　　(2) 定位精度高。目前单频接收机的相对定位精度可达到 $5\ \text{mm} + D \times 10^{-6}$，双频接收机甚至可优于 $5\ \text{mm} + D \times 10^{-6}$。

　　(3) 观测时间短，人力消耗少。

　　(4) 可提供三维坐标，即在精确测定观测站平面位置的同时，还可以精确测定观测站的大地高程。

　　(5) 操作简便，自动化程度高。

　　(6) 全天候作业。可在任何时间、任何地点连续观测，一般不受天气状况的影响。

　　但由于进行 GPS 测量时，要求保持观测站的上空开阔，以便于接收卫星信号，因此，GPS 测量在某些环境下并不适用，如地下工程测量、紧靠建筑物的某些测量工作及在两旁有高大楼房的街道或巷内的测量等。

5.4.2　全球定位系统的组成

　　GPS 主要由 GPS 卫星组成的空间部分、若干地面站组成的控制部分和以接收机为主体的广大用户部分组成，如图 5-20 所示。

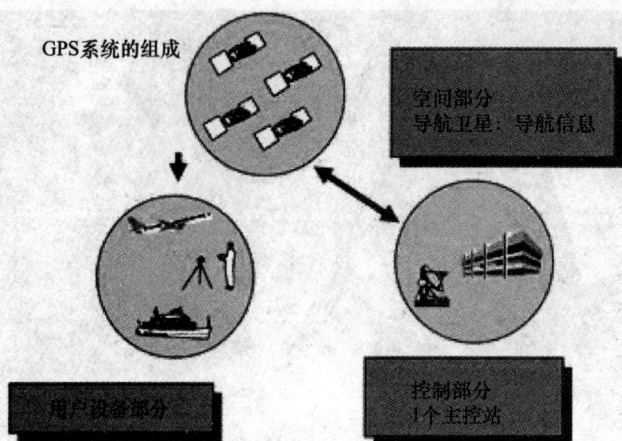

图 5-20　全球定位系统的组成

1. 空间星座部分

(1)GPS 卫星。GPS 卫星主体呈圆柱形，直径约为 1.5 m，质量约为 845 kg，两侧设有两块双叶太阳能板，能自动对日定向，以保证卫星正常工作，如图 5-21 所示。

图 5-21　GPS 卫星

每颗卫星装有 4 台高精度原子钟，发射标准频率，为 GPS 定位和导航提供精确的时间标准。另外，卫星上还有发动机和动力推进系统，用于保持卫星轨道的正确位置并控制卫星姿态。GPS 卫星的主要功能如下：

1)接收和储存由地面控制站发送来的信息，执行监控站的控制指令。

2)微处理机进行必要的数据处理工作。

3)通过星载原子钟提供精密的时间标准。

4)向用户发送导航和定位信息。

(2)GPS卫星星座。由21颗工作卫星和3个在轨道备用卫星所组成的GPS卫星星座如图5-22所示。24颗卫星均分布在6个轨道平面内,每个轨道平面内有4颗卫星运行,距离地面的平均高度为20 200 km。6个轨道平面相对于地球赤道面的倾角为55°,各轨道面之间交角为60°。当地球自转360°时,卫星绕地球运行两圈,环球运行1周为11 h 58 min,地面观测者每天将提前4 min见到同一颗卫星,可见时间约5 h。这样,观测者至少也能观测到4颗卫星,最多还可以观测到11颗卫星。

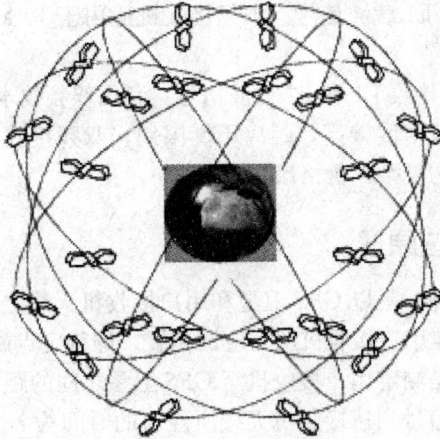

图 5-22　GPS 卫星星座

(3) GPS卫星信号的组成。GPS卫星向地面发射的信号是经过两次调制的组合信息,其是由铷钟和铯钟提供的基准信号($f=10.23$ MHz),经过分频或倍频产生 D(t)码(50 Hz)、C/A 码(1.023 MHz、波长为 293 m)、P 码(10.23 MHz、波长为 29.3 m)、L1 载波($f_1=1$ 575.42 MHz)和 L2 载波($f_2=1$ 227.60 MHz)。

D(t)码是卫星导航电文,其中含有卫星广播星历(它是以6个开普勒轨道参数和9个反映轨道摄动力影响的参数组成)和空中24颗卫星历书(卫星概略坐标),利用卫星广播星历可以计算卫星空间坐标。

C/A 码是用于快速捕获卫星的码,不同卫星有不同的 C/A 码。D(t)码与 C/A 码或 P 码模 2 相加,再分别调制在 L1、L2 载波上,合成后向地面发射。

2. 地面控制部分

地面控制部分是由分布在世界各地的五个地面站组成,按功能可分为监测站、主控站和注入站三种。

(1)监测站(5个)。监测站设置在科罗拉多、阿松森群岛、迭哥伽西亚、卡瓦加兰和夏威夷。站内设有双频 GPS 接收机、高精度原子钟、气象参数测试仪和计算机等设备。监测站的主要任务是完成对 GPS 卫星信号的连续观测,并将计算得到的星站距离、卫星状态数据、导航数据、气象数据传送到主控站。

(2)主控站(1个)。主控站设置在美国本土科罗拉多联合空间执行中心。它负责协调管理地面监控系统,还负责将监测站的观测资料联合处理,推算各个卫星的轨道参数、卫星的状态参数、时钟改正、大气修正参数等,并将这些数据按一定的格式编制成电文传输给注入站。另外,主控站还可以调整偏离轨道的卫星,使其沿预定轨道运行或启用备用卫星。

(3)注入站(3个)。注入站设置在阿松森群岛、选哥伽西亚和卡瓦加兰，其主要作用是将主控站要传输给卫星的资料以一定的方式注入卫星存储器中，供卫星向用户发送。

3. 用户设备部分

用户设备部分包括 GPS 接收机和数据处理软件两部分。

GPS 接收机一般由主机、天线和电源三部分组成，其是用户设备部分的核心。接收设备的主要功能是接收、跟踪、变换和测量 GPS 信号，获取必要的信息和观测量，经过数据处理完成定位任务。

GPS 接收机根据接收的卫星信号频率，可分为单频接收机和双频接收机两种。

(1)单频接收机只能接收 L1 载波信号。单频接收机适用于 10 km 左右或更短距离的相对定位测量工作。

(2)双频接收机可以同时接收 L1 和 L2 载波信号，利用双频技术可以有效地减弱电离层折射对观测量的影响，所以，定位精度较高，距离不受限制；双频接收机数据解算时间较短，约为单频接收机的一半；但其结构复杂，价格昂贵。

5.4.3 GPS 卫星定位原理

GPS 卫星定位的基本原理，是以 GPS 卫星和用户接收机天线之间距离的观测量为基础，并根据已知的卫星瞬时坐标确定用户接收机所对应的位置，即待定点的三维坐标$(x，y，z)$。由此可见，GPS 卫星定位的关键是测定用户接收机至 GPS 卫星之间的距离。

GPS 卫星发射的测距码信号到达接收机天线所经历的时间为 t，该时间乘以光速 c，就是卫星至接收机的空间几何距离 ρ，即

$$\rho = ct$$

在这种情况下，距离测量的特点是单程测距，要求卫星时钟与接收机时钟要严格同步。但实际上，卫星时钟与接收机时钟难以严格同步，存在一个不同步误差。另外，测距码在大气传播中还受到大气电离层折射及大气对流层的影响，产生延迟误差。因此，实际所求得的距离并非真正的站星几何距离，习惯上将其称为"伪距"，用 $\tilde{\rho}$ 表示，通过测伪距来定点位的方法称为伪距法定位。

伪距 $\tilde{\rho}$ 与空间几何距离 ρ 之间的关系为

$$\rho = \tilde{\rho} + V_{ion} + V_{trop} - cV_{tS} + cV_{tR}$$

式中 V_{ion}——电离层延迟改正；

V_{trop}——对流层延迟改正；

V_{tS}——卫星钟差改正；

V_{tR}——接收机钟差改正。

也可以利用 GPS 卫星发射的载波作为测距信号。由于载波的波长比测距码波长要短得多，因此对载波进行相位测量，可以获得高精度的站星距离。站星之间的真正几何距离 ρ 与卫星坐标$(x_s，y_s，z_s)$和接收机天线相位中心坐标$(x，y，z)$之间有以下关系：

$$\rho = \sqrt{(x_s - x)^2 + (y_s - y)^2 + (z_s - z)^2} \tag{5-25}$$

卫星的瞬时坐标$(x_s，y_s，z_s)$可以根据接收到的卫星导航电文求得，所以，在式(5-25)中，仅有待定点三维坐标$(x，y，z)$三个未知数。如果接收机同时对三颗卫星进行距离测量，从理论上说，即可以推算出接收机天线相位中心的位置。因此，GPS 单点定位的实质，就是空间距离后方交会，如图 5-23 所示。

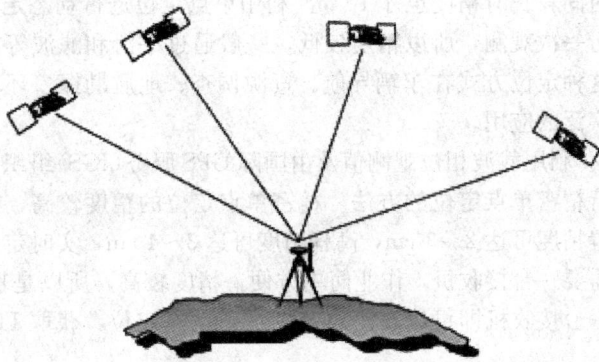

图 5-23　GPS 卫星定位的基本原理

实际测量时，为了修正接收机的计时误差，计算出接收机钟差，将钟差也当作未知数。这样，在一个测站上实际存在四个未知数。为了求得四个未知数至少应同时观测四颗卫星。

以上定位方法为单点定位。这种定位方法的优点是只需要一台接收机，数据处理比较简单，定位速度快；但其缺点是精度较低，只能达到米级的精度。

为了满足高精度测量的需求，目前广泛采用的是相对定位法。相对定位是位于不同地点的若干台接收机，同步跟踪相同的 GPS 卫星，以确定各台接收机之间的相对位置，由于同步观测值之间存在着许多数值相同或相近的误差影响，它们在计算相对位置过程中得到消除或削弱，使相对定位可以达到较高的精度。因此，静态相对定位在大地测量、精度工程测量等领域有着广泛的应用。

5.4.4　GPS 的作业方式

GPS 的定位方式较多，在工程测量中用户可以根据不同的用途和要求采用不同的定位方法，GPS 的定位方式可以依据不同的标准进行分类。

1. 伪距定位和载波相位定位

根据采用定位信号(测距码或载波)的不同，可分为伪距定位和载波相位定位。

(1)伪距定位采用的观测值为 GPS 伪距观测值。其既可以是 C/A 码伪距，也可以是 P 码伪距。伪距定位的优点是数据处理简单，对定位条件的要求低，不存在整周模糊度的问题，非常容易实现实时定位；缺点是 C/A 码伪距观测值的精度一般为 3 m，精度较低；P 码伪距观测值的精度一般也在 30 cm 左右，定位成果精度稍高，但存在 AS 问题(美国国防部对 GPS 卫星的 P 码采取的保密防卫性措施)。

(2)载波相位定位采用的观测值为 GPS 的载波相位观测值，即 L_1、L_2 载波或它们的某种线性组合。载波相位定位的优点是观测值的精度高，一般为 2 mm；缺点是数据处理过程复杂，存在整周模糊度的问题。

2. 单点定位、精密单点定位和相对定位

根据定位所需接收机台数，可分为单点定位、精密单点定位和相对定位。

(1)单点定位：也称绝对定位，是根据一台 GPS 接收机的观测值及对应的卫星星历来确定该接收机在相应坐标系下的绝对坐标的方法。单点定位的优点是只需要一台接收机即可定位，外业观测和数据处理较方便；缺点是受卫星星历误差、卫星钟差、大气延迟误差等的影响比较明显，而且不太容易消除，所以定位精度较低。用测码伪距观测值进行静态单点定位，点位可以反复测定，当观测时间较长时精度也才 10 m。利用单点定位进行动态定位时，由于运动中接收机载体每次只能进行一次观测，所以精度较低，一般通过平滑和滤波等方法来消除或消弱噪声，提高定位精度。这种定位方式在车辆导航、资源调查、地质勘探、环境监测、防灾减灾及军事等领域中得到了广泛的应用。

(2)精密单点定位：利用载波相位观测值及由国际 GPS 服务(IGS)组织提供的高精度的卫星星历与卫星钟差来进行精密单点定位的方法。精密单点定位的精度较高，根据一天的观测值所求得的点位的平面位置精度可达 2～3 cm，高程精度可达 3～4 cm，实时定位的精度可达到分米级。精密单点定位只需要一台接收机，作业简单方便，精度较高，所以是目前 GPS 领域中的研究热点。用户只需要一台接收机即可以在全球范围进行动态定位，获取 ITRF 参考框架的精确坐标。

(3)相对定位：也称基线向量，是确定两台或两台以上接收机(接收机需同步跟踪相同的 GPS 卫星信号)之间的相对位置(坐标差)的定位方法。由于各接收机是对相同的卫星进行观测的，所以受到的误差(卫星星历误差、卫星钟差、电离层延迟、对流层延迟等)影响是大体相同的。在相对定位的过程中，这些误差可得以消除或减弱，所以，可获得较高精度的相对位置，从而在精密定位中主要采用相对定位的作业方式。

3. 静态定位、准动态定位、动态定位、动态相对定位和差分动态定位

根据待定点的位置变化与定位误差相比是否明显可分为静态定位、准动态定位、动态定位、动态相对定位和差分动态定位

(1)静态定位：待定点在地固坐标系中的位置变化很难被觉察到，或变化很缓慢，甚至一段时间内(一般为数小时至数天)可忽略不计，只有再次复测时(间隔一般为数月至数年)其变化才能反映出来，在进行数据处理时，整个时段的待定点坐标可以认为是一组固定不变的常数。测定板块运动和监测地壳形变常用到静态定位。

(2)准动态定位：也称 Go and Stop(走走停停法)，在迁站过程中，接收机需要保持对卫星信号的连续跟踪，并非确定路线中每个点的位置；而是为了将初始化中所测定的整周模糊度保持并传至下一待定点，以实现快速定位。

(3)动态定位：在一段时间内，待定点在地固坐标系中的位置有明显变化，每个观测瞬间待定点的位置各不相同(在进行数据处理时每个历元的待定点坐标均需作为一组未知参数)，确定这些载体在不同时刻的瞬时位置的工作称为动态定位。动态定位主要用于军事、测绘航空航天、交通运输等领域，如卫星定轨和导弹制导，航空摄影测量和机载激光扫描测量等测量领域，飞机、船舶和地面车辆的导航与管理。

(4)动态相对定位：在基准点和运动载体上安置 GPS 接收机进行同步观测并根据资料确定运动载体相对于基准点的位置(即两者之间的基线向量)的工作称为动态定位。在通常情况下，基准点是坐标已被精确确定的地面固定点，称这种情况为动-静相对定位。当基准点处于运动状态时的情况称为动-动相对定位。例如，飞机在航空母舰上着陆、飞机的空中加油、航天器的对接等就属于动-动相对定位。

(5)差分动态定位(简称 RTK)：是利用安置在一个运动载体上的 GPS 接收机，以及安置在地面上一个或多个基准点上的接收机联合测得该运动载体的位置、时间、姿态、速度、加速度等状态参数。根据实时性要求不同，差分动态定位又可分为实时差分动态定位和后处理差分动态定位。实时差分动态定位需要建立无线电数据传输，在观测的同时解算出载体的位置；后处理差分动态定位不需要实时传输数据，而是在观测完成后进行测后处理。

4. 实时定位和后处理定位

根据获取定位结果的时间，可分为实时定位和后处理定位。

实时定位是由观测数据实时地解算出接收机天线所在的位置的一种定位方法。例如，目前国内外广泛应用的高精度实时动态定位技术(简称 RTK 技术)。

常规 RTK 是一种基于单基站的载波相位实时差分定位技术。进行常规 RTK 工作时，除需配备参考站接收机和流动站接收机外，还需要数据通信设备，参考站需要将自己所获得的载波相位观测值及站点坐标，通过数据通信链(如电台、手机模块)实时播发给在其周围工作的动态用户。流动站数据处理模块使用动态差分定位的方式确定出流动站相对应参考站的位置，再根据参考站的坐标求得自己的瞬时绝对位置。图 5-24 所示为常规 RTK 作业示意图。

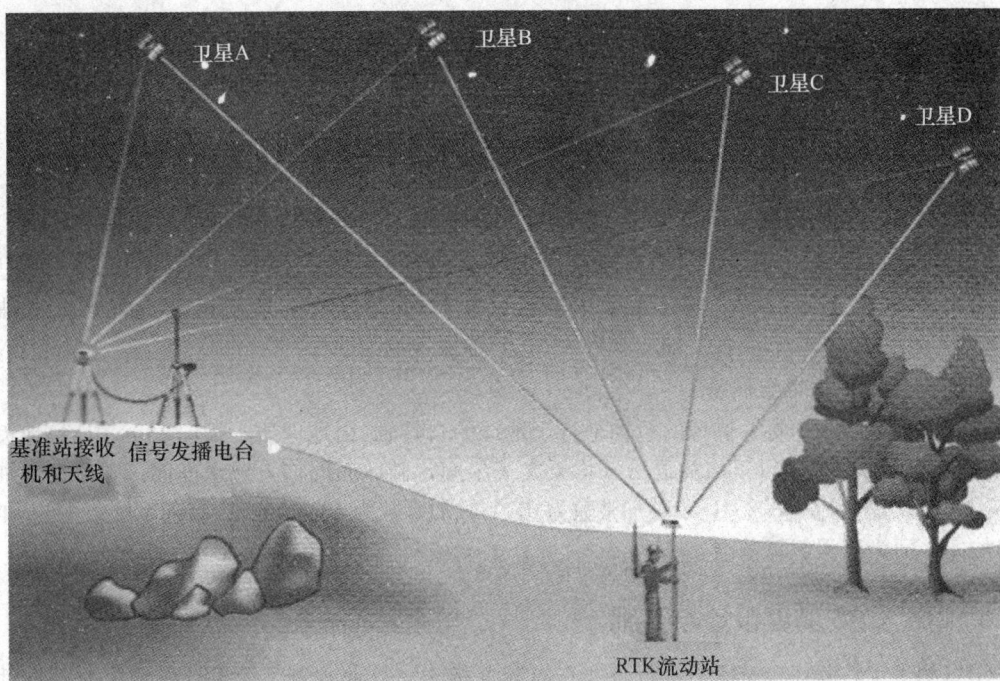

图 5-24　常规 RTK 作业示意图

网络 RTK 也称多参考站 RTK，是近年来在常规 RTK、计算机技术、通信网络技术的基础上发展起来的一种实时动态定位新技术。CORS 系统是网络 RTK 技术的基础设施，其由参考站网、数据处理中心、数据通信链路和用户部分组成。一个参考站网可以包括若干个参考站，每个参考站上配备有 CORS 接收机、数据通信设备等。

网络 RTK 的优势有以下几点：

(1)无须架设参考站，省去了野外工作中的值守人员和架设参考站的时间，降低了作业成本，提高了生产效率。

(2)传统"1＋1"GPS 接收机真正等于"2"，生产效率双倍提高。

(3)不再为需要寻找控制点。

(4)扩大了作业范围，并且避免了常规 RTK 随作业距离的增大精度衰减的缺点，网络覆盖范围内能够得到均匀的精度。

(5)在 CORS 覆盖区域内，能够实现测绘系统和定位精度的统一，便于测量成果的系统转换和多用途处理。

5.4.5　GPS 测量常用坐标系

1. WGS－84 大地坐标系

WGS－84 大地坐标系是目前 GPS 所采用的坐标系统,GPS 所发布的星历参数就是基于此坐标系统的。WGS－84 坐标系是一个地心地固坐标系统。WGS－84 坐标系的坐标原点位于地球的质心,Z 轴指向 BIH1984.0 定义的协议地球极方向,X 轴指向 BIH1984.0 的起始子午面和赤道的交点,Y 轴与 X 轴和 Z 轴构成右手系。

WGS－84 大地坐标系所采用椭球参数为

$$a = 6\ 378\ 137\ \text{m}$$
$$\overline{f} = 1/298.257\ 223\ 563$$
$$\overline{C}_{20} = -484.166\ 85 \times 10^{-6}$$
$$\omega = 7.292\ 115 \times 10^{-5}\ \text{rad/s}$$
$$GM = 398\ 600\ \text{km}^3/\text{s}^2$$

2. 1954 年北京坐标系

1954 年北京坐标系是我国目前广泛采用的大地测量坐标系。该坐标系源自苏联采用过的 1942 年普尔科夫坐标系。该坐标系采用的参考椭球是克拉索夫斯基椭球。椭球长半轴为 6 378 245 m,扁率为 298.3,X 轴加常数为 0,Y 轴加常数为 500 000 m。

3. 1980 年西安大地坐标系

1980 年西安大地坐标系椭球的短轴平行于地球的自转轴(由地球质心指向 1968.0JYD 地极原点方向),起始子午面平行于格林尼治平均天文子午面,椭球面同似大地水准面;椭球长半轴为 6 378 140 m,扁率为 298.257;X 轴加常数为 0,Y 轴加常数为 500 000 m;高程系统以 1956 年黄海平均海水面为高程起算基准。

5.4.6　GPS 测量设计与实施

GPS 测量工作程序可分为方案设计、选点建立标志、外业观测、成果检核和内业数据处理等阶段。其中,以载波相位观测值为主的相对定位测量是目前 GPS 测量普遍采用的精密定位方法。下面以此方法为例介绍其定位方法和工作程序。

1. GPS 控制网设计

控制网设计是进行 GPS 测量的基础,应依据国家有关规范规程及 GPS 网的用途、用户要求等因素进行网形、精度和基准设计。

(1)各级 GPS 测量的精度指标。GPS 精度指标取决于网的用途、实际需要和设备等。在各级 GPS 控制网中,相邻点之间的距离误差 σ 表示如下:

$$\sigma = \sqrt{a^2 + (b \times d \times 10^{-6})^2}$$

式中　σ——标准差(mm);

　　　a——固定误差(mm);

　　　b——比例误差系数(ppm);

　　　d——相邻点之间的距离(ppm)。

不同用途的 GPS 网精度是不同的,用于地壳形变及国家基本大地测量的 GPS 网可以参照《全球定位系统(GPS)测量规范》(GB/T 18314—2009);用于城市或工程的 GPS 网,其精度可以参照《卫星定位城市测量技术标准》(CJJ/T 73—2019)执行。各级 GPS 网测量基本技术规定应符合表 5-15 的要求。

表 5-15　各级 GPS 网测量基本技术要求

项目 \ 级别	A	B	C	D	E
卫星截止高度角/(°)	10	15	15	15	15
同时观测有效卫星数	≥4	≥4	≥4	≥4	≥4
有效观测卫星总数	≥20	≥9	≥6	≥4	≥4
观测时段数	≥6	≥4	≥2	≥1.6	≥1.6
基线平均距离/km	300	70	10~15	5~10	0.2~5
时段长度/min	≥540	≥240	≥60	≥45	≥40

注：夜间可以将观测时间缩短一半，或者把距离延长一倍。

GPS 测量中，大地高差的限差（固定误差 a 和比例误差 b）可按表 5-16 放宽一倍执行。

表 5-16　固定误差与比例误差

级别	固定误差/mm	比例误差/ppm
AA	≤3	≤0.01
A	≤3	≤0.1
B	≤3	≤1
C	≤3	≤5
D	≤3	≤10
E	≤3	≤20

AA 级和 A 级点平差后，在 ITRF 地心参考框架中的点位精度及连续观测站经多次观测后计算的相邻点之间基线长度的年变化率的精度要求见表 5-17。

表 5-17　点位精度及基线长度年变化率的精度要求

级别	点位的地心坐标精度	基线长度年变化率精度
AA	≤0.05 m	≤2 mm/年
A	≤0.1 m	≤3 mm/年

（2）GPS 网的基准设计。GPS 测量获得的是 GPS 基线向量，它属于 WGS-84 坐标系的三维坐标，而实际需要的是国家坐标系（北京 54）或地方坐标系。在 GPS 网设计时必须明确 GPS 成果所采用的坐标系和起算数据，即 GPS 网的基准。GPS 网基准包括位置基准、方位基准和尺度基准。方位基准一般由给定的起算方位角值确定，也可由 GPS 基线向量的方位作为基准；尺度基准一般由地面电磁波测距确定，也可由两个以上的起算点间距确定，还可由 GPS 基线向量的距离确定；位置基准一般由给定的起算点坐标确定。因此，GPS 网的基准设计实质上主要是指确定网的位置基准问题。

(3)GPS网的图形设计。因为 GPS 网测量点之间无须相互通视，所以网形设计具有很大的灵活性。网形布设通常有点连式、边连式、网连式及边点混合连接式四种。点连式是指相邻同步图形之间仅有一个公共点连接，图形强度较弱且检查条件少，一般不单独使用，如图 5-25(a)所示；边连式是指相邻同步图形之间有一条公共边连接，其图形强度和可靠性优于点连式，如图 5-25(b)所示；网连式如图 5-25(c)所示，是指相邻同步图形之间有两个以上的公共点连接，这种方法需要四台以上的 GPS 接收机，其图形几何强度和可靠性指标相当高，但花费时间和经费比较多，多用于高精度控制网；边点混合连接式如图 5-25(d)所示，是将边连式和点连式有机地结合起来，其周边的图形应尽量采用边连式，这样可保证网的精度，提高可靠性且减少外业工作量，降低成本，是比较理想的布网方法。

另外，低等级 GPS 测量或碎部测量可以采用星连式，这种方式图形简单，无检核条件，作业速度快，如图 5-25(e)所示。

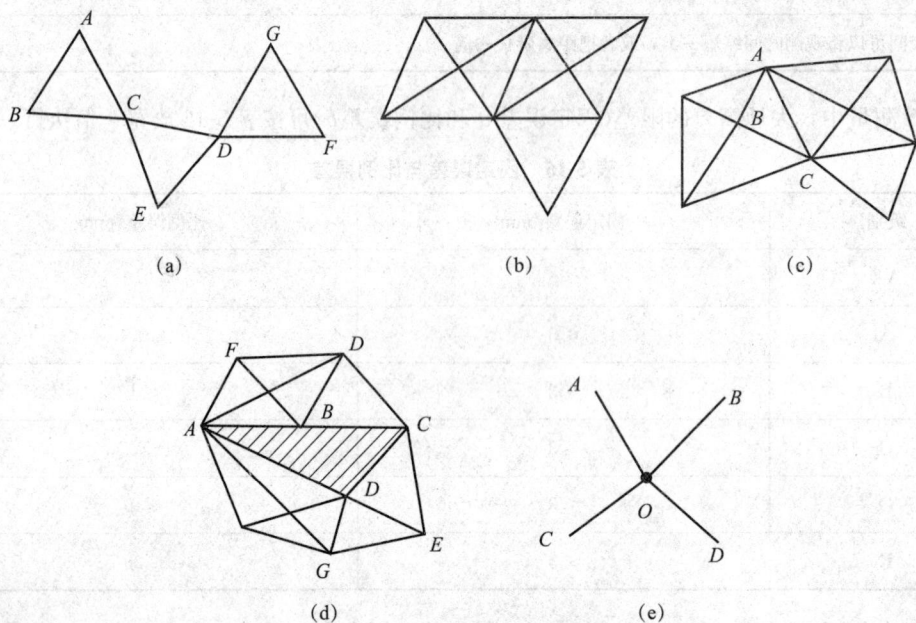

图 5-25　GPS 网的图形设计
(a)点连式；(b)边连式；(c)网连式；(d)边点混合连接式；(e)星连式

⬛ 提　示

(1)GPS 网一般应通过独立观测边构成闭合图形，以增加检核条件，提高网的可靠性。

(2)GPS 网点应尽可能与控制网点重合。重合点一般不应少于三(不足时应连测)个且在网中分布均匀。

(3)GPS 网点虽然不需要通视，但是为了便于常规连测和加密，要求控制点至少与一个其他控制点通视，或者在控制点附近 300 m 外布设一个通视良好的方位点，以便建立连测方向。

(4)进行高程测量时，GPS 网点尽可能与水准点重合，非重合点应根据要求以水准测量方法进行联测，或在网中布设一定密度的水准点，进行同等级水准连测。

2. 选点建立标志

GPS 测量选点时应满足以下要求：

(1)点位应尽量选在便于安置接收机、视野开阔的位置；点位目标要显著，视场周围 15°以上不应有障碍物，以便减少 GPS 信号的阻挡或被吸收；要选在交通方便、土质坚硬、便于保存、有利于其他手段联测的地方。

(2)GPS 点应避开对电磁波接收有强烈吸收、反射等干扰影响的强干扰体和大面积水域，如无线电发射源、高压输电线、电台、高层建筑和大范围水面等。

(3)点位选定后，按要求埋设标石，并绘制点之记、测站环视图和 GPS 网选点图。

3. 外业观测

外业观测是利用接收机接收来自 GPS 卫星的无线电信号，主要包括天线安置和接收机操作及气象数据记录等工作。

(1)天线安置。观测时，先在点位上安置接收机，操作程序为对中、整平、精确定向并量取天线高。

(2)接收机操作。在离开天线不远的地面上安放接收机，接通接收机至电源、天线、控制器的连接电缆，并经预热处理和静置后，即可启动接收机进行数据采集。观测数据由接收机自动形成，并保存在接收机存储器中，供随时调用和处理。目前，接收机的智能化程度比较高，所以要严格按照仪器说明进行操作。

外业观测前应对测区的情况作一个详细的了解，内容包括点位情况、测区内交通状况、民风民俗、测量人员的食宿安排等。另外，由于不同时间，测区上空的卫星个数、分布和 PDOP 值是变化的，为了保证野外数据采集的质量，必须进行星历预报(即根据测区的地理位置，以及最新的星历对卫星状况进行预报，作为选择合适的观测时间段的依据)。

4. 成果检核和数据处理

(1)成果检核。按照《全球定位系统(GPS)测量规范》(GB/T 18314—2009)要求，对各项检查内容严格检查，确保准确无误后进行数据处理。

(2)数据处理。GPS 接收机记录的是 GPS 接收机天线到卫星的伪距、载波相位和星历等数据。GPS 数据处理要从原始的观测值出发得到最终的测量定位成果，其数据处理过程主要可分为基线向量解算、基线向量网平差及 GPS 网平差阶段。

由于 GPS 测量信息量大、数据多，采用的数字模型和解算方法比较复杂，在实际工作中，一般是应用电子计算机通过一定的计算程序完成数据处理工作。

课后讨论

1. 导线布设的形式有哪些？为何要布设成一定的形状？
2. 简述一级导线的技术要求。
3. 简述导线外业施测的步骤。
4. 简述导线内业处理的步骤。
5. 如何分配导线计算中的路线内角和闭合差与坐标增量闭合差？
6. 四等水准测量一测站观测程序是什么？
7. 三角高程测量的使用范围是什么？
8. 三角高程测量的原理及计算公式是什么？

5.5 工程案例

海口市南渡江引水工程控制测量案例

5.5.1 工程概况

中国葛洲坝集团海口市某引水工程，隧洞出口至永庄水库箱涵段位于海口市秀英区，从隧洞出口开始，横穿工业园区的火炬路、创新路、高速路及 G224 国道至永庄水库处结束，里程为 K23＋785～K26＋800.907 m，全长为 3 015.907 m。

海口市南渡江引水工程控制网布置：平面控制网为二等边角网，高程网分别由一等水准、二等水准和光电测距三角高程组成，所有网点均采用带强制对中装置的观测墩。

隧洞出口至永庄水库箱涵段施工已知的控制点共计 3 个，已知 3 个控制点点名编号为 CK2、CK3、GL05。根据已知控制点情况，本次导线网测设只能采用支导线的方式，以隧洞出口处控制点 CK3 和 CK2 作为已知边及起始方位角。在本工程沿线分别布置 Y1、Y2、Y3、Y4、Y5 埋石点，最后一点与 GL05 相接，其两两相互通视。其中，Y1 埋石点布置在东城水库的大坝上；Y2 埋石点布置在海口国家高新区内的火炬路人行道上；Y3 埋石点布置在海口国家高新区的创新路人行道上；Y4 埋石点布置在金鹿工业园区内的预制承插管厂靠本工程施工的箱涵开挖线边；Y5 埋石点布置在 G224 国道路边（竹缘山庄斜对面）。控制埋石点布置时间从 2016 年 6 月 19 日开始到 6 月 27 日外业测量结束，外业完成后立刻进行内业计算。

5.5.2 平面控制测量

1. 导线测量控制网技术要求

各等级导线测量的主要技术要求，应符合表 5-5 的规定。

2. 导线网的设计、选点与埋石

(1)导线网的布设应符合下列规定：

1)导线网用作测区的首级控制时，应布设成环形网，且宜联测两个已知方向。

2)加密网可采用单一附合导线或结点导线网形式。

3)结点间或结点与已知点之间的导线段宜布设成直伸形状，相邻边长不宜相差过大，网内不同环节上的点也不宜相距过近。

(2)导线点位的选定，应符合下列规定：

1)点位应选择在土质坚实、稳固可靠、便于保存的地方，视野应相对开阔，便于加密、扩展和寻找。

2)相邻点之间应通视良好，其视线与障碍物的距离，三、四等不宜小于 1.5 m；四等以下宜保证便于观测，以不受旁折光的影响为原则。

3)当采用电磁波测距时，相邻点之间视线应避开烟囱、散热塔、散热池等发热体及强电磁场。

4)相邻两点之间的视线倾角不宜过大。

5)充分利用旧有控制点。

3. 导线测量观测步骤

根据项目部已移交的控制网的等级及点位，测量人员在经现场踏勘后结合已知控制点的位置，拟定以下布置方案：为确保测绘成果质量，本次施测拟定以一级导线测量的方式布置控制点，满足现场施工要求。根据控制点情况，以控制点 CK2 为起点，构成 CK2～CK3～Y1～Y2～Y3～Y4～Y5～GL05 支导线。

(1)水平角观测宜采用方向观测法，并应符合表 3-3 的规定。

(2)当观测方向不多于 3 个时，可不归零。

(3)当观测方向多于 6 个时，可进行分组观测。分组观测应包括两个共同方向(其中一个为共同零方向)。其两组观测角的差不应大于同等级测角中误差的 2 倍。分组观测的最后结果，应按等权分组观测进行测站平差。

(4)水平角的观测值应取各测回的平均数作为测站成果。

(5)导线边长用南方全站仪 NTS352LL 进行测量。

(6)导线转折角采用全站仪用测回法测量，可分为两测回施测，两个以上方向组成的角也可用方向导线转折角，有左角和右角之分。当与高级控制点连测时，需要进行连接测量。

4. 数据处理

(1)坐标反算。根据两已知点的坐标($X_{CK2}=204\ 774.093$，$Y_{CK2}=189\ 785.836$)和($X_{CK3}=204\ 865.091$，$Y_{CK3}=189\ 841.712$)，计算 CK2～CK3 边的边长 $D_{CK2～CK3}=106.784$ m 和坐标方位角 $\alpha_{CK2～CK3}=221°33'05''$。

注意：用式 $\alpha_{AB}=\arctan\dfrac{\Delta y_{AB}}{\Delta x_{AB}}=\arctan\dfrac{y_B-y_A}{x_{B1}-x_{A1}}$ 计算坐标方位角会出现负值，所以，一般先按照式 $R_{AB}=\arctan\dfrac{\Delta y_{AB}}{\Delta x_{AB}}=\arctan\dfrac{y_B-y_A}{x_B-x_A}$ 计算其象限角，再将象限角转化为坐标方位角。

(2)支导线的坐标计算。支导线(本次控制点)只涉及坐标增量支差的计算和调整。支导线的起始点和终点坐标已知。支导线的纵、横坐标增量的代数和理论上等于终点和始点的坐标差。

f_x、f_y 的调整原则：

$$f_x=\sum\Delta x_{计算}-\sum\Delta x_{理论}$$
$$f_y=\sum\Delta y_{计算}-\sum\Delta y_{理论}$$

平差：采用卡西欧 5800 计算。

(3)本次支导线测量控制简图如图 5-26 所示。

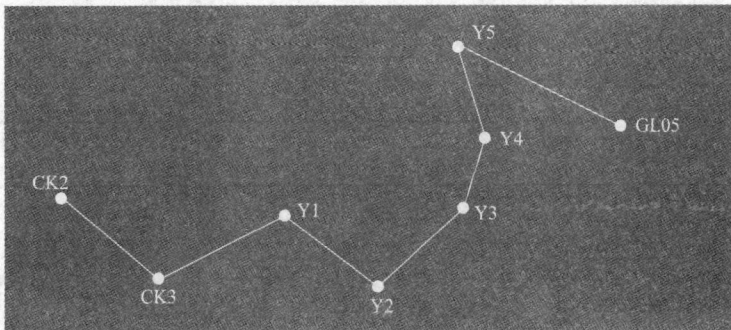

图 5-26　支导线测量控制简图

5.5.3 高程测量

1. 技术要求

电磁波测距三角高程测量，宜在平面控制点的基础上布设成三角高程网或高程导线。

控制点复核高程测量采用电磁波测距三角高程测量，电磁波测距三角高程测量使用南方 NTS352 LL 测量及配套的棱镜，电磁波测距三角高程测量的主要技术要求符合表 5-13、表 5-14 中的规定。

2. 观测

(1)垂直角的对向观测，当直觇完成后应即刻迁站进行返觇测量。

(2)仪器、反光镜或觇牌的高度，应在观测前后各量测一次并精确至 1 mm，取其平均值作为最终高度。

3. 电磁波测距三角高程测量的数据处理

电磁波测距三角高程测量的数据处理应符合下列规定：

(1)直返觇的高差，应进行地球曲率和折光差的改正。

(2)平差前，应计算每公里高差全中误差。

(3)各等级高程网，应按最小二乘法进行平差并计算每公里高差含中误差。

(4)高程成果的取值，应精确至 1 mm。

5.5.4 控制网复核测量成果

1. 控制网布置成果表(见表 5-18)

表 5-18 控制网布置成果表

点号	类别	X/m	Y/m	H/m	备注
CK3	移交成果	204 865.091	189 841.712	60.644	
CK2	移交成果	204 774.093	189 785.836	62.744	
Y1		204 896.058	189 524.146	65.566	
Y2		205 449.553	190 007.280	54.927	
Y3	布置成果	206 276.946	189 576.297	55.193	
Y4		206 966.882	189 107.818	49.453	
Y5		207 468.843	188 671.612	48.000	
GL05	移交成果	207 298.353	188 882.645	44.51	

Y1、Y2、Y3、Y4、Y5 精度完全满足施工放样的精度要求，可以使用。

2. 原始记录

原始记录手簿如图 5-27、图 5-28 所示。

导线测量记录表

工程名称：引水工程隧洞出口至永庄水库　　天气：晴　　成像：清晰

测站	盘位	目标	第Ⅰ测回水平度盘读数(° ′ ″)	角值(° ′ ″)	第Ⅱ测回水平度盘读数(° ′ ″)	角值(° ′ ″)	平均角值(° ′ ″)	距离测量(m) 端点号	距离测量(m) 边长	高程测量 高差	平均距离(m) 端点号	平均距离(m) 边长
CK3	左	CK2	00 00 00	64 01 18	60 00 02	64 01 20	64 01 21	CK3～CK2	106.786 106.785	4.895 4.893	CK3～CK2	106.785
		Y1	64 01 18		124 01 22			CK3～Y1	319.063 319.063	4.908/4.910 4.906/4.900		
	右	Y1	244 01 27	64 01 21	304 01 37	64 01 25		CK3～Y1	319.061 319.058	4.908 4.907	CK3～Y1	319.063
		CK2	180 00 06		240 00 12			CK3～CK2	106.784 106.784	4.896 4.8895		
Y1	左	CK3	359 59 59	305 32 57	60 00 02	305 32 50	305 32 51	Y1～CK3	319.071 319.070	-4.896 -4.904/-4.900	Y1～CK3	319.070
		Y2	305 32 56		5 32 52			Y1～Y2	734.674 734.672	-10.644 -10.658		
	右	Y2	125 32 58	305 32 50	185 33 00	305 32 42		Y1～Y2	734.673 734.673	-10.643 -10.617	Y1～Y2	734.673
		CK3	180 00 08		240 00 12			Y1～CK3	319.069 319.071	-4.899 -4.899		
Y2	左	Y1	0 00 00	111 22 09	60 00 01	111 22 07	111 22 06	Y2～Y1	734.682 734.685	+10.612 +10.642	Y2－Y1	734.683
		Y3	111 22 09		171 22 08			Y2～Y3	932.886 932.884	+0.264 +0.235		
	右	Y3	291 22 15	111 22 05	351 22 13	111 22 02		Y2～Y3	932.886 932.863	+0.280 +0.257	Y2－Y3	932.885
		Y1	180 00 10		240 00 11			Y2～Y1	734.682 734.681	+10.665 +10.629		
Y3	左	Y2	0 00 00	173 20 17	60 00 00	173 20 14	173 20 15	Y3－Y2	932.881 932.879	-0.277 -0.301	Y3－Y2	932.880
		Y4	173 20 17		233 20 14			Y3－Y4	833.930 833.975	-5.817 -5.761		
	右	Y4	353 20 22	173 20 16	53 20 21	173 20 15		Y3－Y4	833.977 833.935	-5.711 -5.724	Y3－Y4	833.928/933/933
		Y2	180 00 08		240 00 06			Y3－Y2	932.879 932.879	-0.270 -0.245		

观测：　　记录：　　2016年6月27日

图 5-27　原始记录手簿(一)

导线测量记录表

工程名称：引水工程隧洞出口至永庄水库　　天气：晴　　成像：清晰

测站	盘位	目标	第Ⅰ测回水平度盘读数(° ′ ″)	角值(° ′ ″)	第Ⅱ测回水平度盘读数(° ′ ″)	角值(° ′ ″)	平均角值(° ′ ″)	距离测量(m) 端点号	距离测量(m) 边长	高程测量 高差	平均距离(m) 端点号	平均距离(m) 边长
Y4	左	Y3	359 59 59	173 11 12	60 00 00	173 11 12	173 11 11/12	Y4－Y3	833.922 833.923	+5.704 +5.720	Y4～Y3	833.928
		Y5	173 11 11		233 11 12			Y4～Y5	664.993 664.994	-1.483 -1.461		
	右	Y5	353 11 07	173 11 15	53 11 12	173 11 05		Y4～Y5	664.995 664.994	-1.483 -1.474	Y4～Y5	664.993
		Y3	179 59 52		240 00 07			Y4～Y3	833.922 833.922	+5.710 +5.708		
Y5	左	Y4	0 00 00	349 55 26	60 00 00	349 55 35	349 55 30	Y5～Y4	664.992 664.992	+1.427 +1.440	Y5－Y4	664.993
		G205	349 55 26		49 55 35			Y5～G205	271.288 271.289	-3.587 -3.577		
	右	G205	169 55 32	349 55 28	229 55 39	349 55 30		Y5～G205	271.297 271.290	-3.577 -3.568	Y5～G205	271.289
		Y4	180 00 04		240 00 00			Y5～Y4	664.992 664.994	+1.435 +1.424		

观测：　　记录：　　2016年6月27日

图 5-28　原始记录手簿(二)

3. 平差计算表

平差计算表如图 5-29 所示。

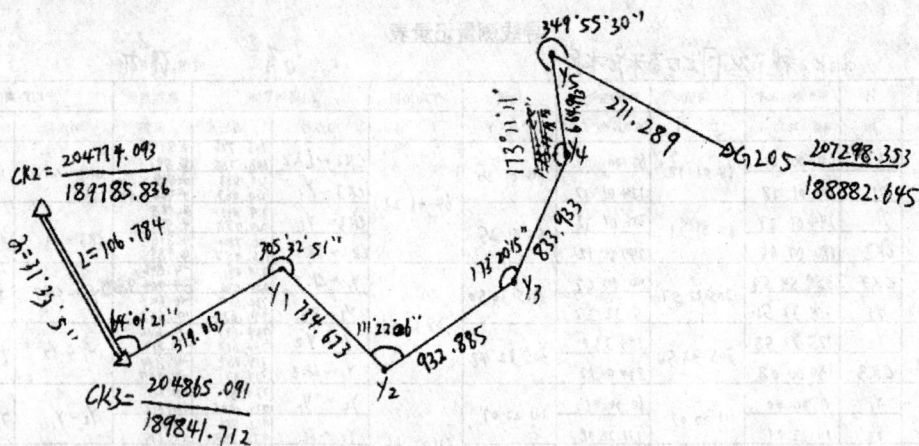

1. 导线全长 $S=3756.836m$，导线全长闭合差 $f(cm)=0.215$

2. 导线全长相对闭合差 $K=\frac{1}{17452}<\frac{1}{15000}$，满足一级导线要求

3. 坐标成果表如下：（其中高程原始数据的高差计算）

序号	点号	坐标X	坐标Y	高差	高程H	改正后高程
1	Y₁	204896.058	189524.146	4.901	65.545	65.56
2	Y₂	205449.553	190007.280	-10.639	54.906	54.927
3	Y₃	206276.946	189576.297	0.266	55.172	55.193
4	Y₄	206966.882	189107.818	-5.740	49.432	49.453
5	Y₅	207418.843	188671.612	-1.453	47.979	48.000
6	G205	207298.353	188882.645	-3.576	44.403	44.51

图 5-29 平差计算表

本章小结

本章主要讲述了控制测量的基本概念、控制测量的技术设计及实施、导线测量和 GPS 测量技术等内容。

学习本章时，一定要正确理解测量基本概念，掌握导线测量方法，加强实训是掌握本章知识的关键。本章是后续章节学习的知识保证。

课后习题

一、填空题

1. 三等水准测量中丝读数法的观测顺序为_____、_____、_____、_____、
_____。

2. 四等水准测量中丝读数法的观测顺序为_____、_____、_____、_____、_____。

3. 三等水准测量采用"后—前—前—后"的观测顺序可以削弱_____的影响。

4. 已知 A、B 两点的坐标值分别为 $x_A = 5\,773.633$ m，$y_A = 4\,244.098$ m，$x_B = 6\,190.496$ m，$y_B = 4\,193.614$ m，则坐标方位角 $\alpha_{AB} = $_____，水平距离 $D_{AB} = $_____ m。

5. 某直线的方位角为 $123°20'$，其反方位角为_____。

二、选择题

1. 在三角高程测量中，采用对向观测可以消除（ ）的影响。
   A. 视差　　　　　　　　　　　　B. 视准轴误差
   C. 地球曲率差和大气折光差　　　D. 水平度盘分划误差

2. 设 AB 距离为 200.23 m，方位角为 $121°23'36''$，则 AB 的 x 坐标增量为（ ）m。
   A. -170.919　　B. 170.919　　C. 104.302　　D. -104.302

3. 导线测量角度闭合差的调整方法是（ ）。
   A. 反号按角度个数平均分配　　　B. 反号按角度大小比例分配
   C. 反号按边数平均分配　　　　　D. 反号按边长比例分配

4. 衡量导线测量精度的一个重要指标是（ ）。
   A. 坐标增量闭合差　　　　　　　B. 导线全长闭合差
   C. 导线全长相对闭合差　　　　　D. 相对闭合差

5. 坐标方位角的取值范围为（ ）。
   A. $0°\sim270°$　　B. $-90°\sim90°$　　C. $0°\sim360°$　　D. $-180°\sim180°$

6. 地面上有 A、B、C 三点，已知 AB 边的坐标方位角 $\alpha_{AB} = 35°23'$，测得左夹角 $\angle ABC = 89°34'$，则 CB 边的坐标方位角 $\alpha_{CB} = $（ ）。
   A. $124°57'$　　　B. $304°57'$　　　C. $-54°11'$　　D. $305°49'$

7. 坐标反算是根据直线的起点、终点平面坐标，计算直线的（ ）。
   A. 斜距、水平角　　　　　　　　B. 水平距离、方位角
   C. 斜距、方位角　　　　　　　　D. 水平距离、水平角

8. 某导线全长 620 m，算得 $f_x = 0.123$ m，$f_y = -0.162$ m，导线全长相对闭合差 $K = $（ ）。
   A. $1/2\,200$　　B. $1/3\,100$　　C. $1/4\,500$　　D. $1/3\,048$

9. 已知 AB 两点的边长为 188.43 m，方位角为 $146°07'06''$，则 AB 的 x 坐标增量为（ ）。
   A. -156.433 m　　B. 105.176 m　　C. 105.046 m　　D. -156.345 m

10. 某直线的坐标方位角为 $121°23'36''$，则反坐标方位角为（ ）。
    A. $238°36'24''$　　B. $301°23'36''$　　C. $58°36'24''$　　D. $-58°36'24''$

11. GPS 系统主要由（ ）组成。
    A. 空间卫星　　B. 地面监控系统　　C. 用户设备　　D. 以上都是

12. GPS 卫星发射的信号由（ ）组成。
    A. 载波　　　　B. 测距码　　　　　C. 导航电文　　D. 以上都是

13. 与传统测量仪器相比，GPS 定位的优势有（ ）。
    A. 精度高　　　　　　　　　　　B. 提供三维坐标、操作简便
    C. 全天候作业　　　　　　　　　D. 站间无须通视

14. GPS 定位方式有（ ）。
    A. 单点定位　　B. 相对定位　　　　C. 动态定位　　D. 静态定位

15. GPS 网的基本构网方式有(　　　)。

　　A. 点连式　　　　　B. 边连式　　　　　C. 网连式　　　　　D. 边点混合连接式

16. GPS 的外业观测主要包括(　　　)。

　　A. 天线的安置　　　　　　　　　B. 接收机操作

　　C. 气象数据记录　　　　　　　　D. 以上都是

三、简答题

1. 用中丝读数法进行四等水准测量时,每站观测顺序是什么?

2. 导线坐标计算的一般步骤是什么?

3. 全球定位系统由哪几部分组成?

4. 单点定位时为什么要至少同时观测四颗卫星?

5. 简述 GPS 测量实施的方法。

6. 简述 GPS 在工程测量中的应用。

四、计算题

1. 已知图 5-30 中 AB 的坐标方位角、观测图中四个水平角,试计算边长 $B \to 1$、$1 \to 2$、$2 \to 3$、$3 \to 4$ 的坐标方位角。

2. 已知 $\alpha_{AB} = 89°12'01''$,$x_B = 3\ 065.347$ m,$y_B = 2\ 135.265$ m,坐标推算路线为 $B \to 1 \to 2$,测得坐标推算路线的右角分别为 $\beta_B = 32°30'12''$,$\beta_1 = 261°06'16''$,水平距离分别为 $D_{B1} = 123.704$ m,$D_{12} = 98.506$ m,试计算 1、2 点的平面坐标。

3. 已知 1、2 点的平面坐标列于表 5-19 中,试计算坐标方位角 α_{12}(计算取位到 1″)。

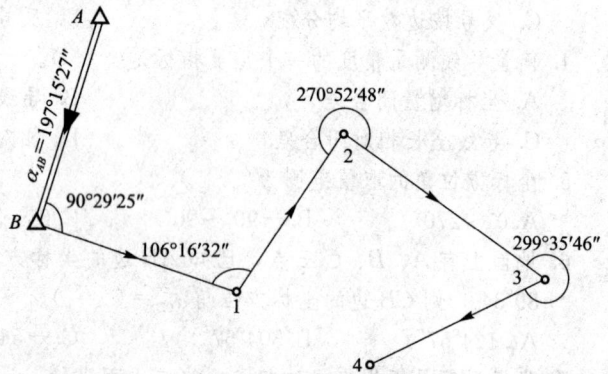

图 5-30　计算题 1 图

表 5-19　平面坐标计算表

点名	X/m	Y/m	方向	方位角/(°　′　″)
1	44 810.101	23 796.972		
2	44 644.025	23 763.977	1→2	

4. 已知控制点 A、B 及待定点 P 的坐标(见表 5-20),试在表格中计算 $A \to B$、$A \to P$ 的方位角及 $A \to P$ 的水平距离。

表 5-20　点坐标计算表

点名	X/m	Y/m	方向	方位角/(°　′　″)	平距/m
A	3 189.126	2 102.567			
B	3 185.165	2 126.704	$A \to B$		
P	3 200.506	2 124.304	$A \to P$		

5. 图 5-31 所示为某支导线的已知数据与观测数据,试在表 5-21 中计算 1、2、3 点的平面坐标。

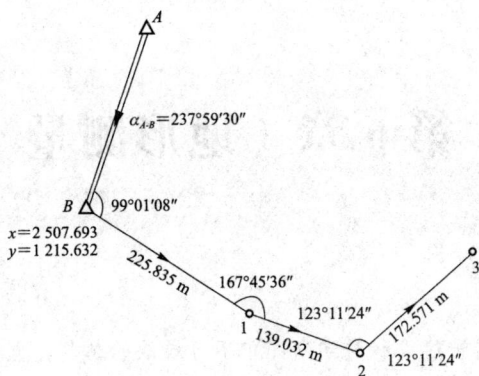

图 5-31　计算题 5 图

表 5-21　支导线计算表

点名	水平角	方位角	水平距离	Δx	Δy	x	y
	° ′ ″	° ′ ″	m	m	m	m	m
A		237 59 30					
B	99 01 08		225.853			2 507.693	1 215.632
1	167 45 36		139.032				
2	123 11 24		172.571				
3							

6. 已知 1、2、3、4、5 五个控制点的平面坐标列于表 5-22 中，试计算方位角 α_{31}、α_{32}、α_{34} 与 α_{35}（计算取位到秒）。

表 5-22　坐标计算表

点名	X/m	Y/m	点名	X/m	Y/m
1	4 957.219	3 588.478	4	4 644.025	3 763.977
2	4 870.578	3 989.619	5	4 730.524	3 903.416
3	4 810.101	3 796.972			

7. 某闭合导线，其横坐标增量总和为 -0.35 m，纵坐标增量总和为 $+0.46$ m，如果导线总长度为 1 216.38 m，试计算导线全长相对闭合差和边长每 100 m 的坐标增量改正数。

8. 已知四边形闭合导线内角的观测值，见表 5-23，并且在表 5-23 中计算：(1)角度闭合差；(2)改正后角度值；(3)推算出各边的坐标方位角。

表 5-23　闭合导线计算表

点号	角度观测值(右角) /(° ′ ″)	改正数 /(° ′ ″)	改正后角值 /(° ′ ″)	坐标方位角 /(° ′ ″)
1	112　15　23			123　10　21
2	67　14　12			
3	54　15　20			
4	126　15　25			
$\sum$				

$$\sum \beta = \qquad\qquad f_\beta =$$

第6章 地形测量

引 言

地形图是经济建设、国防建设和科学研究中不可或缺的工具，也是编制各种小比例尺地图、专题地图和地图集的基础资料。不同比例尺的地形图，具体用途也不同。

地形图不仅是国防、科研等领域的法宝，还是工程建设各阶段必不可少的工具。在各种领域里，对地形图的认识和利用的熟练程度、地形图测绘的水平，都会给相关的工作带来深远的影响。

本章主要介绍地形图测量的基本知识。

学习目标

通过本章学习，能够：

1. 熟悉地形图的基本知识；
2. 掌握大比例尺地形图的传统测绘方法；
3. 掌握交会定点的原理和方法。

文献导读

千姿百态的地图世界

目前已被发现的最古老地图是巴比伦地图，这张地图，与其说是一"张"，其实应该说是一"块"，因为它是刻画在泥块上的，距今有四五千年。考古学家推测当时的人是先在湿软的泥块上刻画图像，再将它放在太阳下烤晒，硬化之后就成为泥块图。这一张泥块图上面，刻划的是巴比伦附近的一座城市，上面刻画着山脉、河谷及聚落。考古学家也发现了不同比例尺的泥块图，上面分别记载了街道、土地产权、城镇位置，乃至于涵盖整个巴比伦地区和天堂。另外，科学家也发现这些地图，是以十二进制的方式来记录数字，与目前所使用的十进制系统不同。

马绍尔群岛是位于太平洋中央的一群岛屿。西方学者们发现，在这些小岛上有一种由树枝和贝壳编织成的特殊图案。原来这是一张地图，每一个贝壳是用来表示附近海域的一个岛屿，枝条则是用来代表岛屿附近的风浪形态。这些太平洋上的岛民们，为了航海探险的需要，就地取材，以贝壳和椰子树树叶的梗条编织成地图，将各个岛屿及其间的风浪方向记录下来。这种地图是他们维持生存的重要工具，如果他们错失了方向或距离，可能就丧失了捕捞的机会，也可能错失方向而永远回不了家。这是另一种类型的地图，反映了岛屿居民的生活方式和他们所使用的工具。

早期的因纽特人，利用河流中的漂木，刻画出许多大小、形状各不相同的小木块，并且将木块涂上不同的颜色，而后再安置到海狮皮上。这些木块分别用来表示岛屿、湖泊、沼泽、潮汐和滩地等。在19世纪末期发现的地图中，因纽特人已经用铅笔来画地图，虽然这些地图的绘制没有使用精密的测量仪器，但是地图上的河流曲折形态和数量却非常准确，这可能意味着河川的数量和复杂程度是因纽特人非常关心的自然现象。从数学的角度看，这些地图上的距离不甚精确，因为它们的长短和实际地面的距离并没有一定的比例。科学家后来发现地图上的距离，是依照步行所需要的时间来绘制的，这种距离其实是依据通行的困难程度所衍生的时间距离。

美洲的印第安人也有一些具有特殊风格的地图。在印第安人绘制的地图上，地形资料出现的数量和类别比较少，准确度也不高。他们对于河流、山脉等自然环境的叙述并不很重视，与爱斯基摩人的地图有明显的差异。另外，他们的地图含有极强烈的图画性质，记录了他们族群的生活史。这种地图事实上反映了印第安人对于历史性的事件和社会性的事件的关心。

我国见于记载的古代地图，可以上溯到 3 000 年前西周初年周人营建洛邑时绘制的洛邑城址附近地形图。春秋战国时期，地图更广泛地应用于政治、军事活动。秦汉之际，地理科学及地图绘制已有相当水平。1973 年 12 月，长沙马王堆三号汉墓出土一幅绘有山脉、河流、道路、居民点等的地图(图 6-1)。其长宽各为 96 cm，是一幅绘制在绢上的正方形地图。绘制时期很可能在西汉初期文帝年间(公元前 170 年左右)，距今已有 2 100 多年。我国公元前 1125 年就已经出现了地形图(上古史书《尚书·洛诰》记载)，而我国最早的城市规划图是南宋编绘的《平江图》石刻(公元 1229 年)。学完本章的内容将会对地形图的重要性有一个更深的了解。

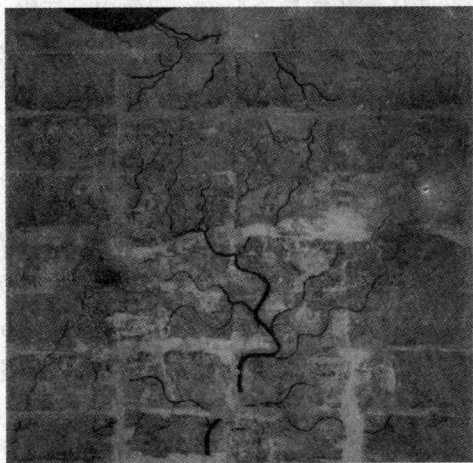

图 6-1　长沙马王堆帛地图

6.1　地形图基本知识

📷 **学习目标**

1. 掌握地形图及地形图测绘的概念；
2. 掌握比例尺精度及其作用；
3. 了解地形图分幅及地形图图式；
4. 掌握等高线的概念和等高线的特性。

地形图、比例尺精度、地形图图式、等高线。

本节相关的现行规范有《工程测量规范》(GB 50026—2007)、《国家基本比例尺地图图式 第1部分：1∶500 1∶1 000 1∶2 000 地形图图式》(GB/T 20257.1—2017)。

6.1.1 地形图的基本概念

地形图是表示一定范围内地面点的平面位置和地表起伏形态的正射投影图。其包含自然环境、人文社会、地理等要素和信息，能够较全面、客观地反映地面情况，因此，地形图是国家整治、资源勘察、城乡规划、土地利用、环境保护、工程设计、矿藏采掘、河道整理等工作的重要资料依据。特别是在规划设计阶段，不仅要以地形图为底图进行总平面的布设，而且还需要在地形图上进行一定的算量工作，以便合理地进行规划和设计。

地物是指地面上有明显轮廓的、自然形成的物体或人工建造的建(构)筑物，如房屋、道路、水系等；地貌是指地面的高低起伏变化等自然形态，如高山、丘陵、平原、洼地等；地形是地物和地貌的统称；地形图是指在图上既表示地物的平面分布状况，又用特定的符号表示地貌的起伏情况的图。

1. 地形图比例尺

地形图比例尺是指在地形图上某一段距离的长度与地面上相应线段的水平距离之比。其可分为数字比例尺和图示比例尺(又称直线比例尺)。

数字比例尺用分母为整数、分子为1的分数来表示。图上任意两点的距离为 d，地面上相应的水平距离为 D，则记为 $d/D=1/M$，其中 M 越大，比例尺越小；M 越小，比例尺越大。

大比例尺地形图比例采用 1∶500、1∶1 000、1∶2 000、1∶5 000；中比例尺地形图比例采用 1∶1万、1∶2.5万、1∶5万、1∶10万；小比例尺地形图比例采用 1∶25万、1∶50万、1∶100万。

如图 6-2 所示，图示比例尺绘制在数字比例尺下方，是在地形图上绘制出一条直线线段，用数字注记该线段上一定长度所代表地面上相应的水平距离。其作用是便于用分规直接在图上量取直线段的水平距离，还可以抵消在图上量取长度时图纸伸缩的影响。

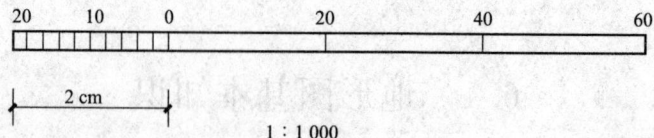

图 6-2 图示比例尺

我国规定，1∶1万、1∶2.5万、1∶5万、1∶10万、1∶25万、1∶50万和1∶100万七种比例尺地形图为国家基本比例尺地形图。中比例尺地形图为国家的基本地图，由国家专业测绘部门负责测绘，目前均用航空摄影测量方法成图；小比例尺地形图由中比例尺地形图缩小编绘而成。

城市和工程建设一般需要大比例尺地形图，比例尺为 1∶500 和 1∶1 000 的地形图，一般用平板仪、经纬仪或全站仪等测绘；比例尺为 1∶2 000 和 1∶5 000 的地形图，一般由 1∶500 或 1∶1 000 的地形图缩小编绘而成。

大面积 1∶500～1∶5 000 的地形图，也用航空摄影测量方法成图。

2. 比例尺精度

正常人的肉眼在图上能分辨出的最小距离为 0.1 mm，因此，绘图者绘测时最多只能达到 0.1 mm 的精度。将图纸上的 0.1 mm 长度所代表的实际水平距离称为比例尺精度，用符号 ε 表示，则 $\varepsilon = 0.1 m(mm)$。

例如，1∶500 的地形图其比例尺精度为 $0.1 \times 500 = 50$ mm。

所采用的比例尺不同，比例精度也就不同。地形图精度要求越高，其表示的地形地貌也就越详细，相应的测量工作量就会成倍的增长。采用何种比例尺应根据工程的实际需要来确定。表 6-1 所示为几种常用的比例尺精度及用途。

表 6-1　常用的比例尺精度及用途

比例尺	1∶500	1∶1 000	1∶2 000	1∶5 000	1∶10 000
比例尺精度/m	0.05	0.1	0.2	0.5	1.0
用途	大中城市市区基本图，一般用于城市详细规划、管理、地下工程竣工图和工程项目的施工设计图	小城市、城镇街区图，一般用于城市详细规划、管理、地下工程竣工图和工程项目的施工设计图	城市郊区基本图，一般用于城市详细规划及施工项目的初步设计	城市管辖区范围的基本图，一般用于城市总体规划、厂址选择、区域布局、方案比较等	

6.1.2　地形图的分幅与编号

各种比例尺地形图都应进行统一的分幅与编号，以便进行测绘、管理及使用。地形图的分幅方法一般可分为两大类：一是按经纬线分幅的梯形分幅法，用于 1∶1 万～1∶100 万的中、小比例尺地形图的分幅；二是按坐标格网分幅的矩形分幅法，用于城市和工程建设 1∶500～1∶5 000 大比例尺地形图分幅。

1. 中、小比例尺地形图的分幅与编号

一般采用梯形分幅法，属于国际分幅，国际统一规定经线为图东西边界，纬线为图南北边界。因子午线向南北两极收敛，故整个图幅呈梯形。

1∶5 000 地形图也可以按经纬线在 1∶1 万地形图的基础上进行分幅。

每幅 1∶1 万图分成 4 幅 1∶5 000 图，分别在 1∶1 万图号后写上各自代号 a、b、c、d 作为编号。如图 6-3 所示北京某处所在 1∶5 000 梯形分幅图号为 J－50－5－(15)－a。

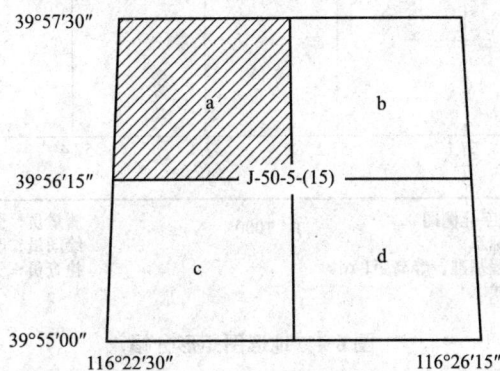

图 6-3　地形图梯形分幅

2. 1∶500～1∶2 000 大比例尺地形图的分幅与编号

矩形分幅法是按统一的直角坐标格网划分，表 6-2 所示为大比例尺的图幅大小。

表 6-2　大比例尺的图幅大小

比例尺	图幅大小/(cm×cm)	实地面积/km²	每平方千米分幅数
1∶5 000	40×40	4	1
1∶2 000	50×50	1	4
1∶1 000	50×50	0.25	16
1∶500	50×50	0.625	64

一般采用 50 cm×50 cm 正方形分幅和 40 cm×50 cm 矩形分幅，根据需要也可采用其他规格分幅。

正方形或矩形分幅的地形图的图幅编号，一般采用图廓西南角坐标公里数编号法，也可以选用流水编号法和行列编号法。

(1)矩形分幅编号。用图廓西南角坐标公里数编号法时，x 坐标在前，y 坐标在后。1∶500 地形图编号值取至坐标公里数的 0.01 km，如 10.40-21.75；1∶1 000、1∶2 000 地形图编号值取至坐标公里数的 0.1 km，如 10.0-21.0，如图 6-4 所示。

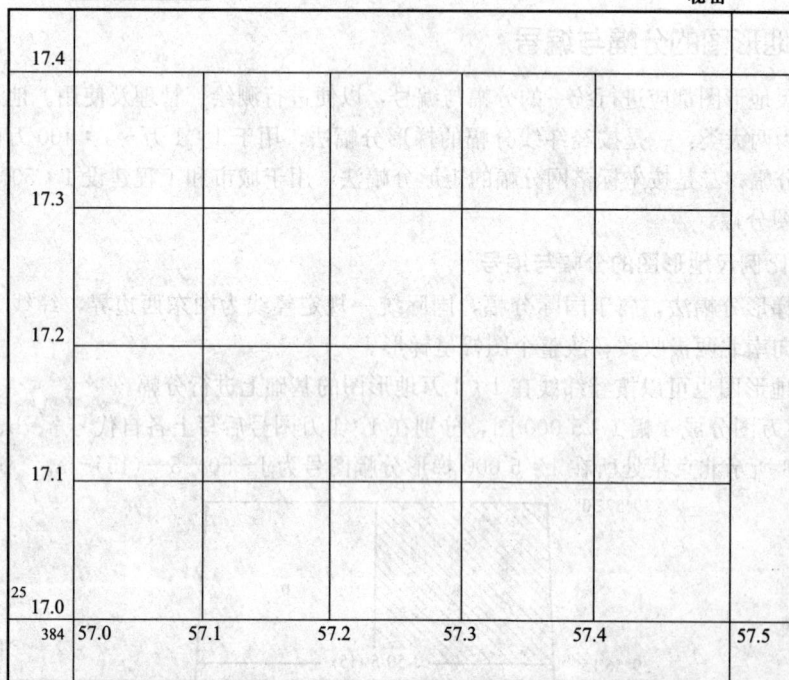

图 6-4　地形图矩形分幅

如图 6-5 所示，以 1∶5 000 地形图为基础，取图形西南角的坐标作为 1∶5 000 的比例尺地形图的图幅编号。将 1∶5 000 分为四等份得到四幅 1∶2 000 的比例尺地形图，如 30－42－1、30－42－2、30－42－3、30－42－4；将 1∶2 000 分为四等份得到四幅 1∶1 000 的比例尺地形图，如 30－42－4－1、30－42－4－2、30－42－4－3、30－42－4－4；再将 1∶1 000 分为四份就得到 1∶500 的比例尺地形图，如 30－42－4－2－1、30－42－4－2－2、30－42－4－2－3、30－42－4－2－4。

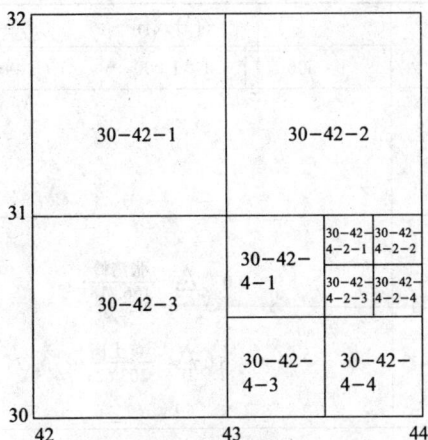

图 6-5　地形图分幅

（2）独立分幅编号。带状测区或小面积测区，以及需要保密的某些工程与国家测量控制网没有联测，可按测区统一顺序编号，如图 6-6 所示。一般从左到右、从上到下用阿拉伯数字 1、2、3、4…编定，如图 6-6(a)中××－8（××为测区代号）。

行列编号法一般以字母（如 A、B、C、D…）为代号的横行由上到下排列，以阿拉伯数字为代号的纵列从左到右排列来编定的，如图 6-6(b)中的 A－4。

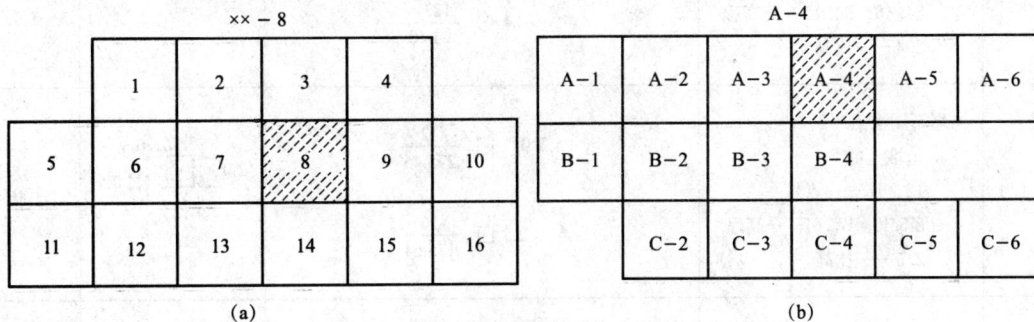

图 6-6　地形图独立分幅编号
（a）顺序编号法；（b）行列编号法

6.1.3　地形图图式

地形图图式是表示地物和地貌的符号及方法。每个国家都有统一的地形图图式，属于国家标准。

我国现行的大比例尺地形图图式《国家基本比例尺地图图式　第1部分：1∶500 1∶1 000 1∶2 000 地形图图式》(GB/T 20257.1—2017)由国家测绘总局组织制定，中华人民共和国国家质量监督检验检疫总局[①]于 2017 年 10 月 14 日发布，2018 年 5 月 1 日开始实施。

图式符号有地物符号、地貌符号和注记符号三类。

部分图式见表 6-3。全套图式可扫码进入规范详细查看。

表 6-3　大比例尺地形图图式(部分)

编号	符号名称	符号式样			符号细部图	多色图色值
		1∶500	1∶1 000	1∶2 000		
4.1	定位基础					
4.1.1	三角点 a. 土堆上的 张湾岭、黄土岗——点名 156.718、 203.623——高程 5.0——比高	3.0 △ $\frac{张湾岭}{156.718}$ a　5.0 △ $\frac{黄土岗}{203.623}$				K100
4.1.2	小三角点 a. 土堆上的 摩天岭、张庄——点名 294.91、156.71——高程 4.0——比高	3.0 △ $\frac{摩天岭}{294.91}$ a　4.0 ▽ $\frac{张庄}{156.71}$				K100
4.1.3	导线点 a. 土堆上的 116、123——等级、点号 84.46、94.40——高程 2.4——比高	2.0 ⊙ $\frac{116}{84.46}$ a　2.4 ⊙ $\frac{123}{94.40}$				K100
4.1.4	埋石图根点 a. 土堆上的 12、16——点号 275.46、175.64——高程 2.5——比高	2.0 ⊡ $\frac{12}{275.46}$ a　2.5 ⊡ $\frac{16}{175.64}$				K100
4.1.5	不埋石图根点 19——点号 84.47——高程	2.0 ⊡ $\frac{19}{84.47}$				K100

①今为国家市场监督管理总局。

编号	符号名称	符号式样			符号细部图	多色图色值
		1:500	1:1 000	1:2 000		
4.2.48 4.2.48.1 4.2.48.2	防波堤、制水坝 突堤、防波堤、制水坝 　a. 斜坡式 　b. 直立式 　c. 石垒式 　d. 其他形式 突堤					K100
4.3	居民地及设施					
4.3.1	单幢房屋 　a. 一般房屋 　b. 裙楼 　　b1. 楼层分割线 　c. 有地下室的房屋 　d. 简易房屋 　e. 突出房屋 　f. 艺术建筑 　混、钢——房屋结构 2、3、8、28——房屋层数 (65.2)——建筑高度 —1——地下房屋层数					K100
4.3.2	建筑中房屋					K100
4.3.41	风磨房、风车					K100
4.3.42	打谷场、贮草场、贮煤场、水泥预制场谷——场地说明					K100
4.3.43	药浴池 　a. 依比例尺的 　b. 不依比例尺的					K100
4.3.44	积肥池 　a. 依比例尺的 　b. 不依比例尺的					K100

编号	符号名称	符号式样			符号细部图	多色图色值
		1:500	1:1 000	1:2 000		
4.3.45	学校		2.5 文			K100
4.3.46	医疗点		2.8			C100Y100
4.3.47	专用供氧点 a. 房屋内的 b. 不依比例尺的		a 砖 b			M100Y100
4.3.48	海上救助站、救生艇站		2.0 0.5			M100Y100
4.3.49	体育馆、科技馆、博物馆、展览馆		砼5科 ::0.5			K100
4.3.50	宾馆、饭店		砼5 H			K100
4.3.51	商场、超市		砼5 M			K100
4.3.100	科学实验站		砖			K100
4.3.101	长城、砖石城墙 a. 完整的 　a1. 城门 　a2. 城楼 　a3. 台阶 b. 损坏的 　b1. 豁口					K100

编号	符号名称	符号式样			符号细部图	多色图色值
		1：500	1：1 000	1：2 000		
4.3.102	土城墙 a. 城门 b. 豁口 c. 损坏的					K100
4.3.103	围墙 a. 依比例尺的 b. 不依比例尺的					K100
4.3.104	隔声墙(声屏障)					K100
4.3.105	防风墙(挡风墙)					K100
4.3.106	栅栏、栏杆					K100
4.3.107	篱笆					K100
4.3.108	活树篱笆					K100

6.1.4 地物表示方法

地物是指地面上天然或人工形成的物体，如河流、湖泊、旱田、房屋、道路、桥梁及建筑小品等。

地物符号可以分为比例符号、半比例符号、非比例符号和地物注记符号四种。

1. 比例符号

地面上的建筑物、旱田等地物按比例尺并用规定的符号缩绘在图纸上，称为比例符号，如房屋、湖泊、农田、森林等。

2. 半比例符号

一些线状的延伸地物，如电力线、通信线、管道等，其长度可以按比例尺缩绘出来，但宽度不能按比例表示的符号称为半比例符号。

3. 非比例符号

非比例符号是指一些地面上物体无法按比例尺缩绘，而用特定的符号表示其中心位置，如树、消火栓、路灯、测量控制点等。

4. 地物注记符号

地物注记符号就是对地物加以文字或数字说明，如道路名称、房屋的建筑层数、地名等。

6.1.5 地貌表示方法

地貌是指地表的高度起伏形态，包括山地、丘陵、平原洼地等。地貌在测量工作中通常用等高线来表示，如图 6-7 所示。

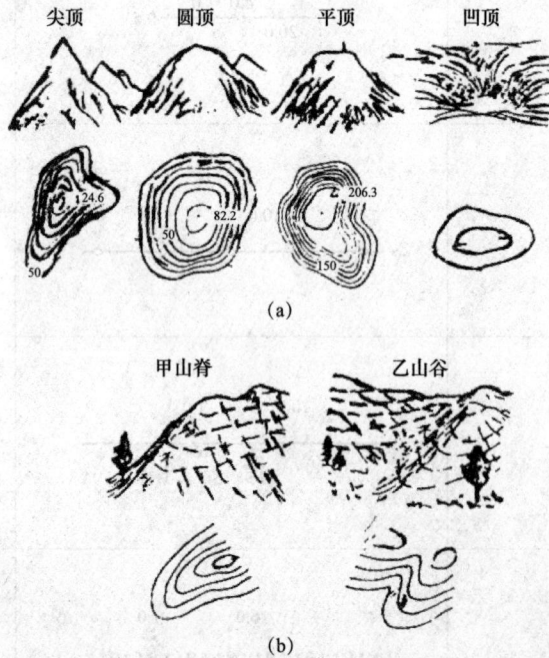

图 6-7　各种地貌形态

(a)山顶和凹地；(b)山脊和山谷

1. 等高线

地面上高程相同的各相邻点所连成的闭合曲线，称为等高线。

如图 6-8 所示，就像湖中的小岛，起初水面的高度为 95 m 时，湖水与小岛形成一条相交的闭合曲线，这条闭合曲线的高程就为 95 m；若湖水下降 5 m，这时湖水与小岛相交的闭合曲线的高度就是 90 m。将这些等高程曲线上的点沿着铅垂方向投影到水平面上，再按一比例将水平投影缩绘到图纸上就得到了小岛的等高线图，通过等高线图就能了解小岛的地貌形态。地貌的起伏状态也就决定了等高线的疏密程度。

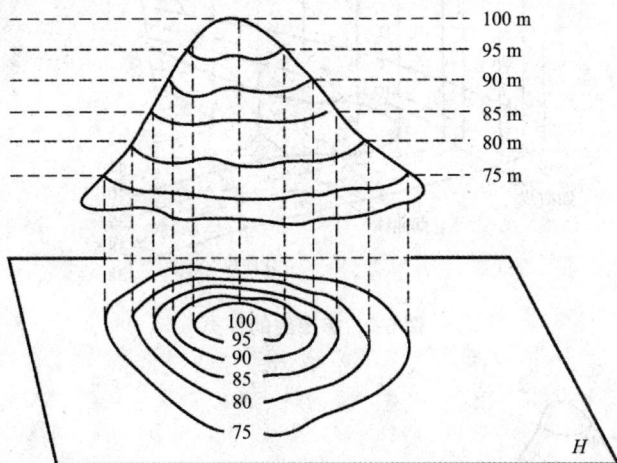

图 6-8 等高线

2. 等高距和等高线平距

两条相邻等高线的高差称为等高距，用 h 表示。两条相邻等高线的水平间距称为等高线平距，用 D 表示。在同一幅地形图上等高距是相同的，等高线平距则是随着地形的起伏而变化的。坡陡等高线越密，等高线平距越小；坡缓等高线越疏，等高线平距越大。等高距是按测图的比例尺和测区的地形类别选择的。

(1)首曲线。在同一幅地形图上，按规定的基本等高距描绘的等高线称为首曲线，也称基本等高线。首曲线用 0.15 mm 的细实线描绘。如图 6-9 中高程为 38 m、42 m 的等高线。

(2)计曲线。凡是高程能被 5 倍基本等高距整除的等高线称为计曲线，也称加粗等高线。为了计算和读图的方便，计曲线要加粗描绘并注记高程，计曲线用 0.3 mm 粗实线描绘。如图 6-9 中高程为 40 m 的等高线。

(3)间曲线。为了显示首曲线不能表示出的局部地貌，按 1/2 基本等高距描绘的等高线称为间曲线，也称半距等高线。间曲线用 0.15 mm 的细长虚线表示。如图 6-9 中高程为 39 m、41 m 的等高线。

(4)助曲线。用间曲线还不能表示出的局部地貌，可按 1/4 基本等高距描绘的等高线称为助曲线。助曲线用 0.15 mm 的细短虚线表示。如图 6-9 中高程为 38.5 m 的等高线。

3. 典型地貌及其等高线

(1)山头与洼地。如图 6-10(a)所示，地貌中隆起高于四周的高地称为山地，最高处称为山头，山头的侧面为山坡，山地与平地相连处为山脚；如图 6-10(b)所示，洼地就是四周较高、中间下陷的低地。

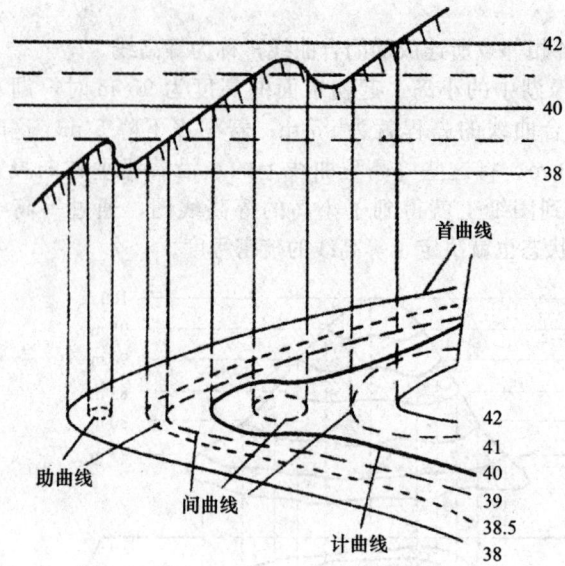

图 6-9　等高线的种类

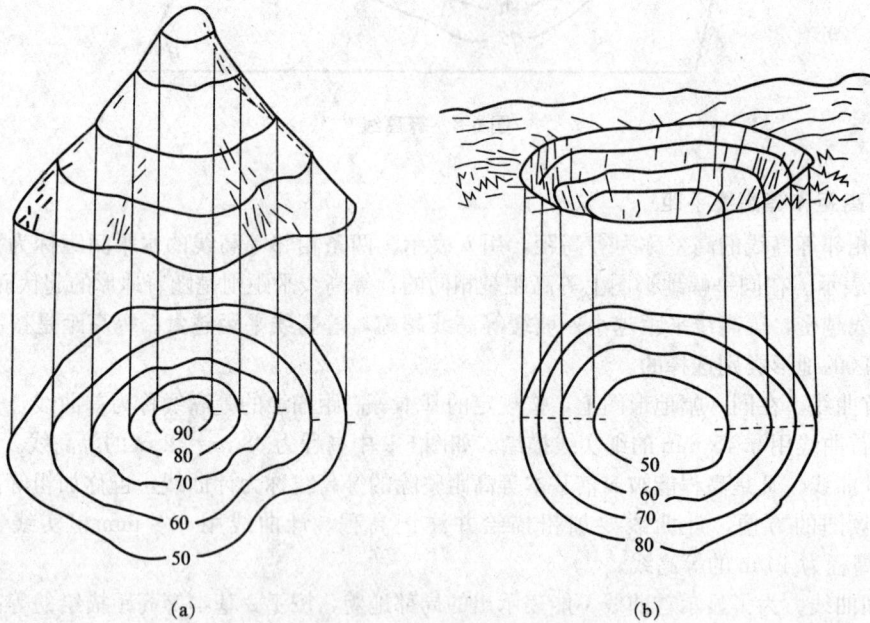

图 6-10　山头与洼地等高线图

（a）山头；（b）洼地

　　山头与洼地的等高线都是一组闭合曲线，内圈标注的高程比外圈高程高则为山头；反之，则为洼地。也可以加绘示坡线，示坡线一般绘制在山头或者是洼地最低处的等高线上。

　　(2)山脊与山谷。如图 6-11(a)所示，沿着一个方向延伸的高地称为山脊，山脊的最高棱线称为山脊线，也称分水线，山脊的等高线是凸向低处的一组曲线；如图 6-11(b)所示，两山脊之间的凹地为山谷，山谷最低点的连线称为山谷线，也叫作集水线。

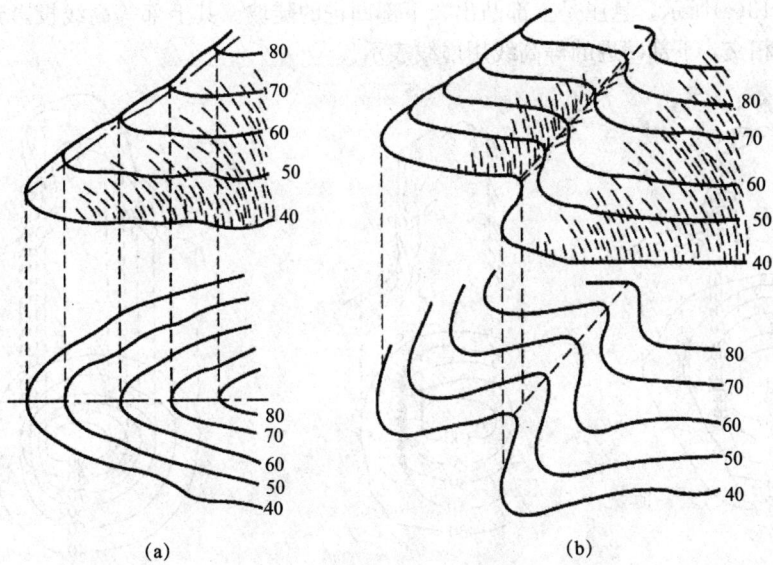

图 6-11　山脊与山谷等高线图

(a)山脊；(b)山谷

山脊线和山谷线统称为地性线，对阅读和使用地形图具有重要的意义。

(3)鞍部。如图 6-12 所示，鞍部一般是指两山脊线与山谷线的交汇处，是在两山头之间呈马鞍形的低凹部位。

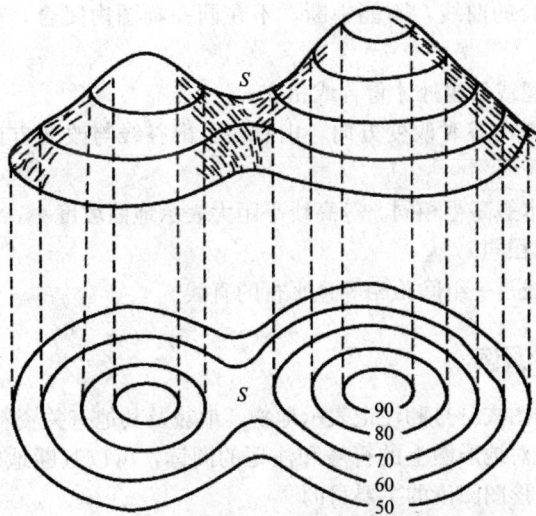

图 6-12　鞍部等高线图

(4)峭壁、断崖和悬崖。

1)如图 6-13(a)所示，峭壁是 70°～90°近于垂直的陡坡，其等高线很密集，甚至重叠，绘图时用专用符号表示。

2)如图 6-13(b)所示，断崖是垂直的陡坡，其等高线几乎重合，用锯齿形表示。峭壁、断崖统称为陡崖。

3)如图 6-13(c)所示，悬崖是上部凸出、下部凹进的陡坡。其上部等高线投影到水平面，与下部的等高线相交，下部凹进的等高线用虚线表示。

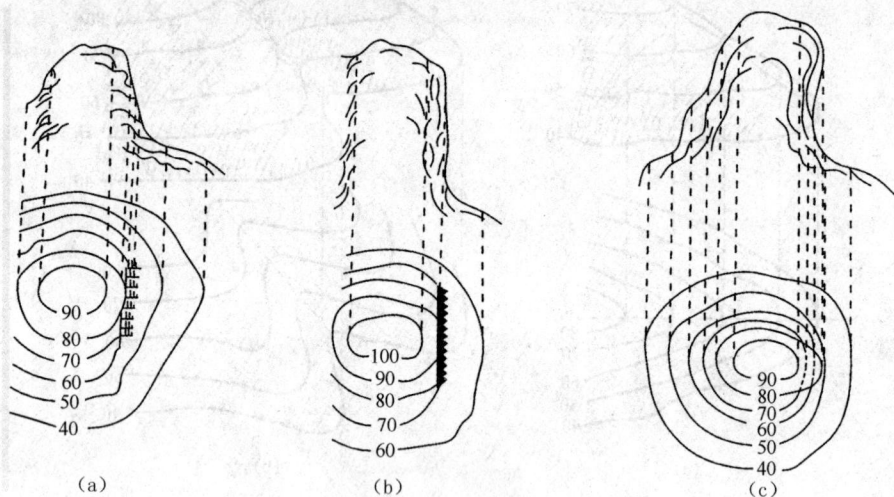

图 6-13 峭壁、断崖和悬崖等高线图

(a)峭壁；(b)断崖；(c)悬崖

(5)冲沟。冲沟是因长期被雨水急流冲蚀，逐渐形成的沟壑。

4. 等高线的特性

(1)同一线上的各点高程相等。

(2)等高线是一条闭合的曲线，不能中断，不在同一幅图内闭合，就在相邻的其他图幅内闭合。

(3)等高线只有在陡崖或悬崖处才重合或相交。

(4)等高线经过山脊或山谷时改变方向，山脊线、山谷线与改变方向处的等高线切线垂直相交。

(5)同一幅图内，基本等高距相同。等高线平距大表示地面坡度小，等高线平距小表示地面坡度大，平距相等则坡度相同。

(6)倾斜平面的等高线是一组间距相等且平行的直线。

6.1.6 地形图的识读

地形图用各种规定的图式符号和注记表示地物、地貌及其他有关资料，要正确使用地形图，首先要熟读地形图。通过对地形图上的符号和注记的阅读，可以判断地貌的自然形态和地物之间的相互关系，这也是地形图阅读的主要目的。

1. 图廓外信息的识读

图廓外信息主要有地形图的图号、图名、接图表、比例尺、坐标系统、高程系统、使用图式、等高距、测图时间、测绘单位，以及真北、磁北和轴北之间的角度关系等。其分布在北、南、西、东四面图廓线外。

(1)图号、图名和接图表。

1)图名与图号：图名是指本图幅的名称，一般以本图幅内最重要的地名或主要单位名称来命名，注记在图廓外上方的中央；图号即图的分幅编号，注在图名下方。如图 6-14 所示，图号为 17.0－57.0，它由左下角纵、横坐标值组成。

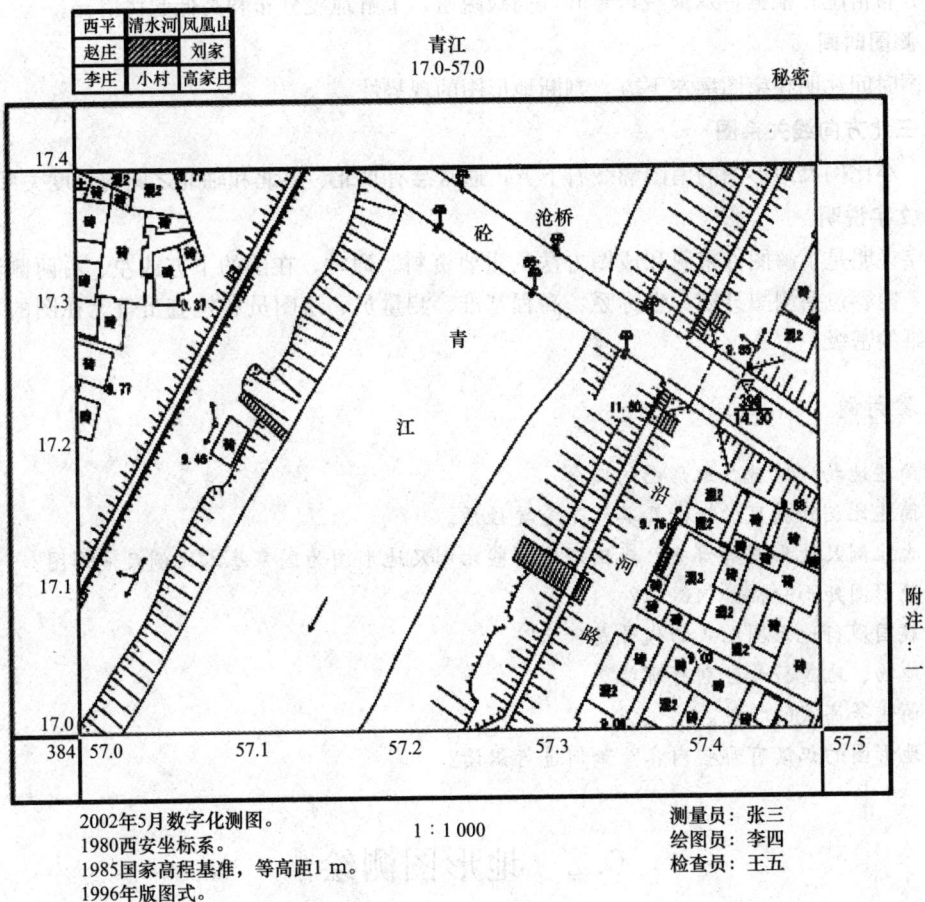

图 6-14　地形图的识读

2)接图表：地形图左上角的九宫格，说明本图幅与相邻八个方向图幅位置的相邻关系。其作用是为便于查找、使用地形图。

3)图廓与坐标格网：图廓是地形图的边界，正方形图廓只有内、外图廓之分。内图廓为直角坐标格网线；外图廓用较粗的实线描绘。外图廓与内图廓之间的短线用来标记坐标值。

(2)比例尺。注记在地形图外廓的正下方。中小比例尺地形图在数字比例尺下还绘有直线比例尺。1∶500、1∶1 000 和 1∶2 000 大比例尺地形图只注明数字比例尺，不注明直线比例尺。

2. 地形图的平面坐标系统和高程系统

地形图的坐标系和高程系在南图廓外左下方用文字说明。

3. 地物与地貌的识别

首先熟悉测图所用的地形图图式、规范和测图日期，然后对地物与地貌进行识别。

(1)地物的识别。按先主后次的步骤，顾及取舍的内容与标准进行地物大小、种类、位置、分布情况的识别。先识别大的居民点、主要道路和用图需要的地物，再扩大识别小居民点、次要道路、植被和其他地物。通过分析，对主、次地物的分布情况，主要地物的位置和大小形成全面的了解。

(2)地貌的识别。根据基本地貌等高线特征和特殊地貌(如陡崖、冲沟等)符号进行各种地貌分布和地面高低起伏状况的了解；根据水系的江河、溪流找出山谷、山脊系列，识别山脊、山谷地貌分布情况；根据特殊地貌符号和等高线疏密，了解地貌分布和高低起伏情况。

4. 测图时间

测图时间注明在南图廓左下方，判断地形图的现势性。

5. 三北方向线关系图

中、小比例尺地形图的南图廓线右下方，通常绘有真北、磁北和轴北之间的角度关系。

6. 文字说明

文字说明是了解图件来源和成图方法的重要资料。通常，在图的下方或左、右两侧注有文字说明，内容包括测图日期、坐标系、高程基准、测量员、绘图员和检查员等。在图的右上角标注图纸的密级。

课后讨论

1. 简述地物、地貌、地形图的概念。
2. 简述比例尺精度的概念及其两个重要性质。
3. 大比例尺地形图有哪些？我国规定哪些比例尺地形图为国家基本比例尺地形图？
4. 地形图矩形分幅如何编号？
5. 我国现行地形图图式的代号是什么？
6. 地物、地貌符号分别有哪些？
7. 简述等高线的特性。
8. 地形图的识读有哪些内容？如何进行识读？

6.2 地形图测绘

学习目标

1. 了解图纸的准备，坐标格网的绘制，控制点展绘；
2. 掌握地形图的测绘，地形图的拼接、检查和整饰。

关键概念

碎部点、解析测图法、数字测图（电子全站仪）法。

地形图测绘方法有解析测图法和数字测图（电子全站仪）法。解析测图法是使用量角器配合经纬仪测图（使用小平板仪）、经纬仪联合光电测距仪测图（使用小平板仪）、大平板仪测图、小平板仪与经纬仪联合测图。

本节以使用小平板仪量角器配合经纬仪解析测图法和数字测图（电子全站仪）为例，介绍地形图测绘原理。

6.2.1 解析测图法

1. 测图前的准备工作

(1)图纸准备。一般使用半透明聚酯薄膜图纸，厚度为 0.07～0.1 mm，经热定型处理后，伸缩率小于 0.2‰。其具有透明度好、伸缩性小、不怕潮湿等优点；图纸弄脏后，可用水洗，便于野外作业；图纸着墨后，可直接复晒蓝图。缺点是易燃、易折，在使用与保管时应注意防火、防折。

(2)绘制坐标方格网。一般使用空白图纸和印有坐标方格网的图纸。印有坐标方格网的图纸有 50 cm×50 cm 正方形分幅、50 cm×40 cm 矩形分幅两种。

方格网绘制好后，及时进行图纸方格网检查。

1)直尺检查方格对角线方向角点应位于同一直线上，偏离不应大于 0.2 mm；

2)检查各个方格的对角线长度，与理论值 141.4 mm 之差不应超过 0.2 mm；

3)图廓对角线长度与理论值之差不应超过 0.3 mm；超过限差要求，对印有坐标方格网的图纸应予作废。

(3)展绘控制点。如图 6-15 所示，根据地形图的分幅位置，将坐标格网线的坐标值注记在图框外相应的位置。再将测区测图施测的控制点坐标展绘于图纸上。

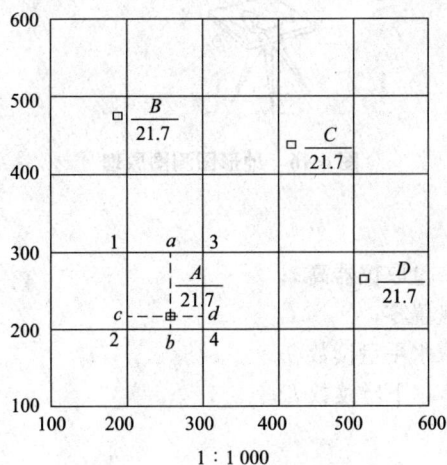

图 6-15　方格网展绘控制点

检查展点正确性：图上量取已展绘控制点之间的长度，与已知值(由坐标反算长度除以地形图比例尺分母)之差不应超过±0.3 mm，否则应重新展绘。

为保证地形图精度，测区内应有一定数目的图根控制点。《工程测量规范》(GB 50026—2007)规定，测区内解析图根点个数按表 6-4 的要求。

表 6-4　一般地区解析图根点的数量

测图比例尺	图幅尺寸/cm	解析图根点/个数		
		全站仪测图	GPS-RTK 测图	平板测图
1:500	50×50	2	1	8
1:1 000	50×50	3	1~2	12
1:2 000	50×50	4	2	15
1:5 000	40×40	6	3	30

2. 量角器配合经纬仪测图法

(1)原理。如图 6-16 所示，使用经纬仪观测水平角，视距测量法测量测站至碎部点的平距、碎部点高程，专用量角器展绘碎部点。

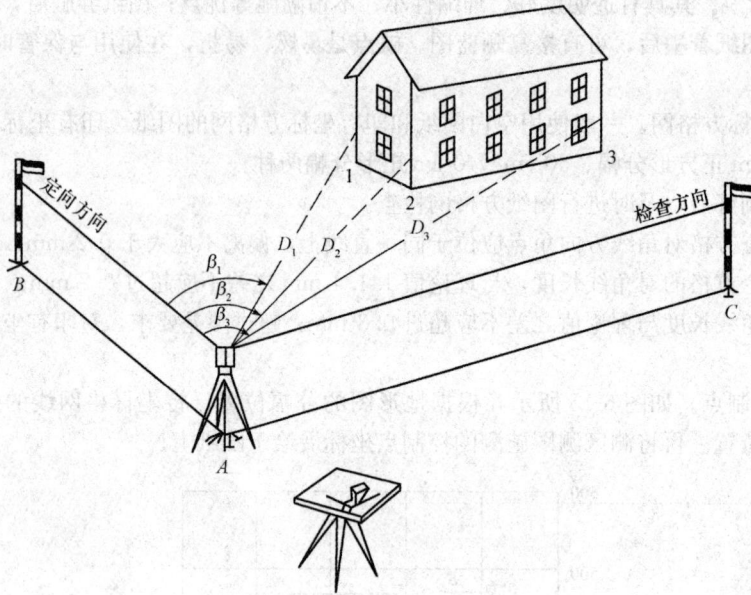

图 6-16　地形图测图原理

（2）操作方法。

1）在已知点安置经纬仪，量取仪器高 i；

2）瞄准定向方向，水平盘置零；

3）瞄准碎部点标尺，读取水平盘读数 β；

4）视距测量：上丝读数 l_1，下丝读数 l_2；

5）竖盘读数 L；

6）视距计算与展点：

$$\alpha=90°-L；\quad v=\frac{l_2-l_1}{2}$$

$$D=kl\cdot\cos^2\alpha；\quad D\cdot\tan\alpha=\frac{1}{2}kl\cdot\sin2\alpha$$

$$H=H_A+D\cdot\tan\alpha+i-v$$

按照规定的图式符号，将所测各碎部特征点展绘到图纸上，对照实地随时描绘地物和等高线，即可绘制出所测图形。

6.2.2　数字测图（电子全站仪）法

用电子全站仪在测站进行数字化测图，称为地面数字测图。

由于用电子全站仪直接测定地物点和地形点的精度很高，所以，地面数字测图是几种数字测图方法中精度最高的一种，也是城市大比例尺地形图最主要的测图方法。

地面数字测图系统的模式主要有两种，即数字测记法模式和电子平板模式。

（1）数字测记法模式为野外测记、室内成图，即用电子全站仪测量并记录，同时配以人工画草图和编码系统，到室内将野外测量数据从电子全站仪直接传输到计算机中，再配以成图软件，根据编码系统及参考草图编辑成图。

（2）电子平板模式为野外测绘，实时显示，现场编辑成图。所谓电子平板测量，即将电子全站仪与装有成图软件的便携机联机，在测站上电子全站仪实测地形点，计算机屏幕现场显示点位和图形，并可以对其进行编辑，满足测图要求后，将测量和编辑数据存盘。这样，相当于在现场就得到一张平板仪测绘的地形图，因此，无须画草图，即可在现场将测得图形和实地相对照，如果有错误和遗漏，也能得到及时纠正。

📋 提 示

(1)地形图测绘：以控制测量为依据，按一定的步骤和方法将地物和地貌测定在图上，并用规定的比例尺和符号绘制成图。

(2)普通地形图：按一定比例尺、正射投影、内容有地物和地貌。

📋 课后讨论

简述解析法测绘地形图的原理。

➤ 本章小结

本章主要讲述了大比例尺地形图的测绘原理及识读的内容。

➤ 课后习题

一、填空题

1. 相邻等高线之间的水平距离称为_____。

2. 等高线的种类有_____、_____、_____、_____。

3. 测绘地形图时，碎部点的高程注记在点的_____侧，字头应_____。

4. 测绘地形图时，对地物应选择_____立尺，对地貌应选择_____立尺。

5. 汇水面积的边界线是由一系列_____连接而成。

6. 在1∶2 000地形图上，量得某直线的图上距离为18.17 cm，则实地长度为_____m。

7. 地形图应用的基本内容包括量取_____、_____、_____、_____。

8. 等高线应与山脊线及山谷线_____。

9. 绘制地形图时，地物符号分为_____、_____和_____。

10. 测图比例尺越大，表示地表现状越_____。

11. 试写出下列地物符号的名称：⊖_____，⊕_____，Ⓐ_____，⊘_____，⊖_____
_____，⦶_____，◍_____，⊖_____，⊜_____，₽_____，⚲_____，⤓
_____，⊥⊥_____，▽▽▽_____，——o——_____，—×——×—
_____，⌐·⌐·⌐_____，⊦⊦⊦_____，—+—+—_____，o·····o·····o_____，
⚘_____，⬆_____，♀_____，♀_____，⚲_____，↓_____。

12. 典型地貌有_____、_____、_____、_____、_____。

二、判断题（下列各题，正确的请在题后的括号内打"√"，错的打"×"）

1. 地形图图式是一个企业级别的技术标准。 （ ）

2. 一幅地形图内等高线可以交叉。 （ ）

3. 等高距是地形图上两条相邻等高线的水平距离。 （ ）

三、选择题

1. 下列比例尺地形图中, 比例尺最大的是(   )。

    A. 1：5 000   B. 1：2 000   C. 1：1 000   D. 1：500

2. 在地形图上有高程分别为 26 m、27 m、28 m、29 m、30 m、31 m、32 m 的等高线, 则需加粗的等高线为(   )m。

    A. 26、31   B. 27、32   C. 29   D. 30

3. 高差与水平距离之(   )为坡度。

    A. 和   B. 差   C. 比   D. 积

4. 在地形图上, 量得 A 点高程为 21.17 m, B 点高程为 16.84 m, AB 距离为 279.50 m, 则直线 AB 的坡度为(   )。

    A. 6.8%   B. 1.5%   C. −1.5%   D. −6.8%

5. 地形图的比例尺用分子为 1 的分数形式表示时,(   )。

    A. 分母大, 比例尺大, 表示地形详细   B. 分母小, 比例尺小, 表示地形概略

    C. 分母大, 比例尺小, 表示地形详细   D. 分母小, 比例尺大, 表示地形详细

6. 1：2 000 地形图的比例尺精度是(   )。

    A. 0.2 cm   B. 2 cm   C. 0.2 m   D. 2 m

7. 在 1：1 000 地形图上, 设等高距为 1 m, 现量得某相邻两条等高线上 A、B 两点之间的图上距离为 0.01 m, 则 A、B 两点的地面坡度为(   )。

    A. 1%   B. 5%   C. 10%   D. 20%

8. 山脊线也称(   )。

    A. 示坡线   B. 集水线   C. 山谷线   D. 分水线

9. 下列比例尺地形图中, 比例尺最小的是(   )。

    A. 1：2 000   B. 1：500   C. 1：10 000   D. 1：5 000

四、名词解释

1. 等高距

2. 地物

3. 地貌

4. 地形

五、简答题

1. 比例尺精度是如何定义的? 有何作用?

2. 等高线有哪些特性?

3. 测绘地形图前, 如何选择地形图的比例尺?

4. 地形图比例尺的表示方法有哪些? 国家基本比例尺地形图有哪些? 何为大、中、小比例尺?

5. 等高线、等高距、等高线平距是如何定义的? 等高线可以分为哪些类型? 如何绘制?

六、计算题

1. 如图 6-17 所示为碎部点的平面位置和高程, 勾绘等高距为 1 m 的等高线, 加粗并注记 45 m 高程的等高线。

2. 用目估法勾绘图 6-18 所拟地形点的等高线图(测图比例尺为 1：1 000, 等高距为 1 m)。

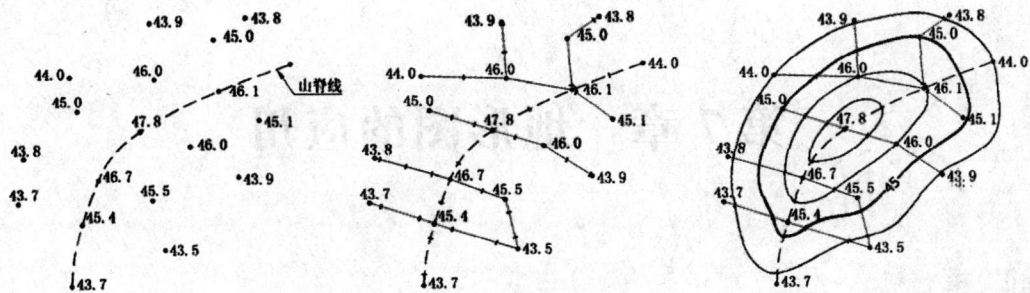

图 6-17　等高线勾绘题

94.6	93.8	95.0
100.5	96.6	101.3
95.8	94.2	94.0

图 6-18　目估法勾绘等高线

第7章 地形图的应用

进入施工场区首先要进行场地平整(称为土方平衡)工作,为了计算平整后所开挖或回填的土石方量,必须进行地表标高测量工作(此土石方量的计算与基坑内土石方量相同,这是大范围的基坑外的土石方挖填量)。在业主提供地形图的情况下,要将高低起伏的场区整理成一个水平面或斜面。为了更好地进行土方平衡工作,还要学习大比例尺地形图的有关知识。

本章主要介绍地形图应用的基本知识。

学习目标

通过本章学习,能够:

1. 学会利用地形图确定点的坐标、高程,直线的距离、方位角、坡度,面积计算;
2. 绘制指定方向的横断面图,按指定坡度设计最短路线;
3. 熟悉土方平衡的计算。

文献导读

2013 年 4 月 20 日 8 时 02 分,四川省雅安市芦山县发生 7.0 级地震。中科院遥感与数字地球研究所立即启动应急响应预案。遥感飞机于 9 时 50 分从绵阳机场起飞,执行雅安地震灾情遥感监测任务。同时,完成地震灾区部分卫星的灾前数据产品处理,数据获取时间分别为 2009 年 6 月 3 日、2010 年 3 月 18 日和 2011 年 4 月 9 日,最高数据分辨率为 2.5 m。利用卫星数据完成的芦山县遥感卫星影像图,在图上叠加了经纬网格,并对震中、芦山县、龙门乡等重点位置进行了标志。科研人员依据这些震前卫星数据,对灾情情况进行判读和评估。这对于灾情评估具有重要的基础性作用。

与此同时,国家测绘地理信息局立即启动应急保障机制。利用"资源三号"卫星获取芦山县灾前 2.1 m 分辨率卫星影像图,制作完成相应的地势图、行政区划图等;紧急调配多颗高分辨率卫星影像图,雷达卫星进行编程,以接收灾区卫星影像。2013 年 4 月 20 日 17 时左右,紧急派出的无人机成功获取到芦山县核心灾区太平镇的首批高分辨率航空影像,技术人员在第一时间赶制出了第一张芦山县太平镇震后无人机航拍影像图,分辨率达到 0.16 m,图 7-1(a)所示为无人机航拍影像图部分内容,随后相关航拍影像图提供给国务院应急办、国家减灾委、国土资源部[1]、中国地震局、四川省有关部门等,用于指挥决策和抢险救灾。

而此时的四川测绘地理信息局,按照国家测绘地理信息局的部署和要求,为四川省政府提供抗震救灾专用图、四川省交通图,为原成都军区提供核心灾区 1∶1 万数字正射影像图、数字栅格地图、纸质地形图,并将测绘应急指挥平台部署在四川省政府应急指挥中心,派出测绘应急技术保障小组,现场提供测绘应急技术保障。

---

①今为自然资源部。

为了有效防止因地震引发的次生地质灾害给灾区人民带来二次伤害，阻碍救援工作，四川省测绘地理信息局等部门连夜对 2013 年 4 月 20 日获取的宝盛乡、太平镇、龙门乡低空无人机影像进行解译，在宝盛乡、太平镇、龙门乡附近初步判定滑坡 203 处，公路被堵 57 处，图 7-1(b)所示为宝盛乡高分辨率航空遥感图像。

科研人员进一步利用地震灾害空间分析模型，开展了受灾范围和受灾人口的快速评估。评估结果：本次地震极重灾区烈度达 IX 度，受灾范围约为 16 720 km^2，主要涉及芦山县、宝兴县、天全县、雅安市雨城区、名山县[①]、邓㟭市、大邑县、康定县[②]、泸定县等区域；结合 2010 年人口数据，地震影响范围内受灾人口为 185 万左右。评估结果与最终结论极其吻合。

在雅安地震灾害中，由于地形图资料准备充分，信息采集反应快速，居民地、水系、土质、地形地貌、植被等信息全面，信息判读准确，极大地提高了地质灾害发生后的科学判断能力和应急反应速度，为精准救援、防灾减灾及民生需求应急指挥部门提供了可靠的保障服务。

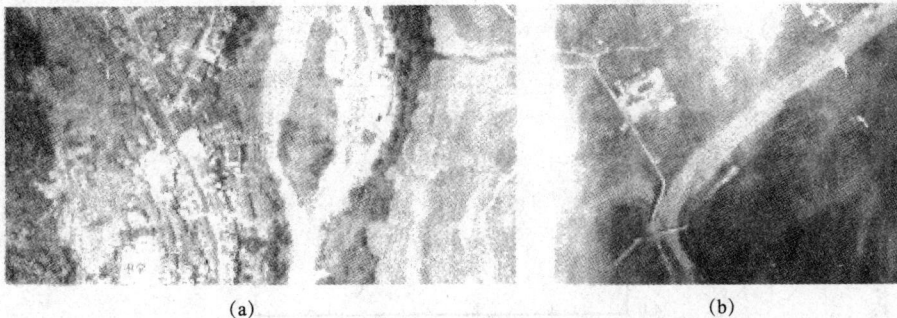

(a)   (b)

图 7-1　四川省雅安市 7.0 级地震震后航拍影像图

7.1　地形图应用的基本内容

📖 **学习目标**

1. 掌握图上点位、边长、方向及高程、坡度的量算方法；
2. 掌握图上面积的量算，以及用 CAD 辅助计算电子地形图面积；
3. 熟悉地形图在工程设计中的应用。

📖 **关键概念**

地形图点位高程计算、CAD 法计算地形图面积、指定方向绘制断面图、指定坡度设计最短路线。

📖 **提　示**

地形图是工程建设规划和设计阶段的重要资料。在规划和设计时很多问题都需要利用地形图来解决，因而，使用者必须熟悉地形图才能用好地形图。

---

①今为名山区。
②今为康定市。

在城市用地分析方面，对已用土地的地形进行分析，在地形图上标明不同坡度的地区，地面水流方向、分水线、集水线、汇水线等，以便合理利用地形和改造原有地形。

在给水排水工程和水利工程规划设计中，使用地形图进行水厂选址、计算水库容量、确定坡度交线、计算汇水面积等。

建筑工程规划设计阶段，依据地形图进行土方平衡，估算场地平整土方量。

7.1.1 量测点位坐标、两点边长及方位角

1. 点位坐标量测

如图 7-2 所示，根据图廓坐标格网的坐标值来计算图上 A 点的坐标。

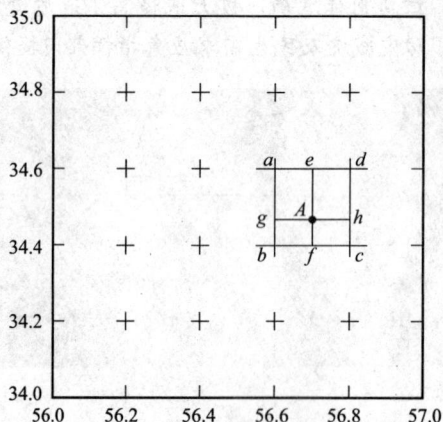

图 7-2　点位坐标量测

先绘制出平行于 X、Y 轴的方格 a、b、c、d，然后过 A 点垂线交方格于 e、f、g、h。在图上量出 bg 和 bf 的长度，乘以数字比例尺的分母 M 得实地水平距离，由该方格西南角点坐标，以及该点至 A 点的坐标增量，按式(7-1)计算 A 点坐标：

$$\begin{cases} x_A = x_b + \overline{bg} \cdot M \\ y_A = y_b + \overline{bf} \cdot M \end{cases} \tag{7-1}$$

式中　x_b，y_b——A 点所在方格西南角点坐标；

　　　M——比例尺分母。

由图可见，A 点位于横轴 34.4~34.6、纵轴 56.6~56.8，即 $abcd$ 方格中，则该方格西南角点坐标为 $x_b = 34\,400$、$y_b = 56\,600$。用 1∶2 000 的比例尺量得 bg、bf 的实际水平长度，$D_{bg} = 60.7\,\text{m}$、$D_{bf} = 110.3\,\text{m}$，则有

$$x_A = x_b + D_{bg} = 34\,400 + 60.7 = 34\,460.7(\text{m})$$
$$y_A = y_b + D_{bf} = 56\,600 + 110.3 = 56\,710.3(\text{m})$$

由于图纸伸缩的原因，导致量测的长度不够精确，还应量取 ga 和 fb 的距离，当量取的方格网边长长度不等于其理论长度 l 时，为了精确求得坐标值，可以通过式(7-2)来进行计算。

$$\begin{cases} x_A = x_b + \dfrac{\overline{bg} \cdot l}{bg + ga} \cdot M \\[2mm] y_A = y_b + \dfrac{\overline{bf} \cdot l}{bf + fc} \cdot M \end{cases} \tag{7-2}$$

2. 两点边长量测

如图 7-3 所示，图中 A、B 两点的距离，可用图解法和解析法求得。

(1)图解法：用比例尺直接量取 A、B 两点的图上距离，乘以比例尺分母即可。

(2)解析法：先量取并计算出 A、B 两点的坐标，然后按式(7-3)来计算。

$$D=\sqrt{(x_B-x_A)^2+(y_B-y_A)^2} \tag{7-3}$$

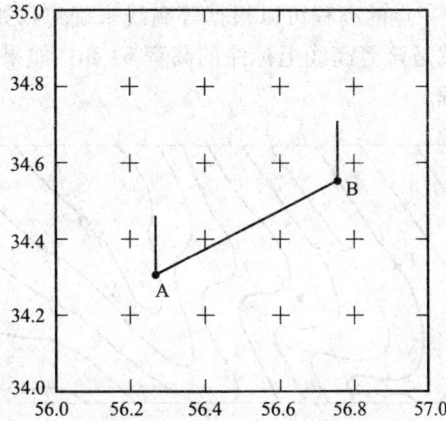

图 7-3 两点之间距离量测

3. 方位角量测

求 A、B 两点连线的方位角，也有图解法和解析法两种方法。

(1)图解法：如图 7-4 所示，在图纸上用量角器直接量取。

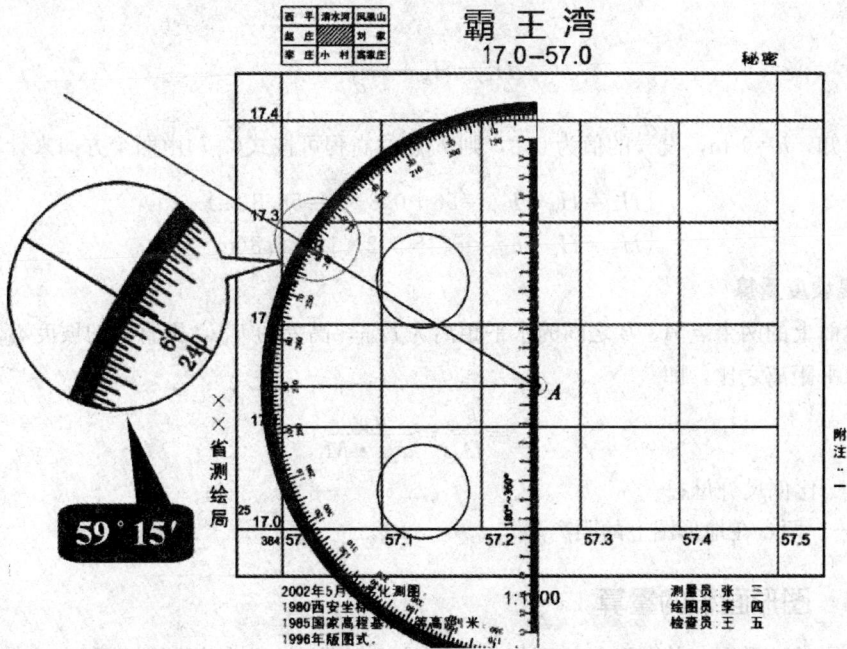

图 7-4 方位角量测

(2)解析法：先量取 A、B 两点坐标，然后按照反正切函数用式(7-4)计算象限角：

$$R_{AB}=\arctan\frac{y_B-y_A}{x_B-x_A} \tag{7-4}$$

再按式(7-5)转化为方位角：

$$a_{AB}=f(R_{AB}) \tag{7-5}$$

7.1.2 高程和直线坡度的量算

1. 高程量算

如图 7-5 所示，地形图上一点的高程可以根据等高线来确定，如果一个点 E 正好在一条等高线上，那么这个点的高程就是该等高线上标注的高程 54 m；如果在两条相邻的等高线之间，就要用内插法求得该点的高程。

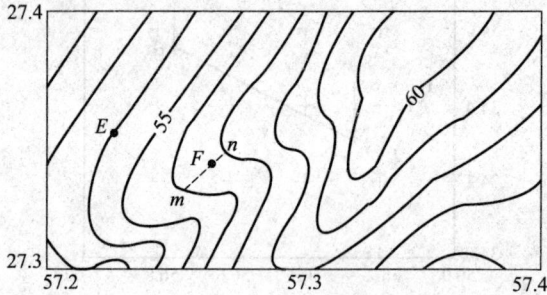

图 7-5　图上点高程的量取

要求出 F 点的高程，先过该点作一条大致垂直于两条相邻等高线于 m、n 两点的线段，图上量取长度 $mn=d$，按照高程增高的方向，再量取长度 $mF=d_1$，已知等高距 h，则 F 点高程按式(7-6)计算。

$$H_F = H_m + h\frac{d_1}{d} \tag{7-6}$$

由图可知，$h=1$ m，设 $\dfrac{d_1}{d}$ 的值为 0.8，则 F 点的高程可按式(7-7)由两个方向来计算：

$$\begin{cases} H_F = H_m + h_{mF} = 56 + 0.8 \times 1 = 56.8(\text{m}) \\ H_F = H_n - h_{nF} = 57 - 0.2 \times 1 = 56.8(\text{m}) \end{cases} \tag{7-7}$$

2. 直线坡度量算

如果地面上的两个点 A、B 之间的水平距离为 D_{AB}，高差为 h_{AB}，则直线的坡度 i_{AB} 为高差与相对应的水平距离之比，即

$$i_{AB} = \frac{h_{AB}}{D_{AB}} = \frac{h_{AB}}{d_{AB} \cdot M} \tag{7-8}$$

式中　M——比例尺分母；

　　　d_{AB}——两点在地形图上的距离。

7.1.3　图形面积的量算

高斯投影的地形图，其图形与地面相应图形是相似图形，则相似图形面积之比等于其相应边平方之比。即

$$\frac{P'}{P} = \frac{1}{M^2} \text{ 或 } P = P' \times M^2 \tag{7-9}$$

要在地形图上确定某地区的面积，首先应在图上画出其范围线，然后根据图形情况，按某一方法计算出图上面积，再换算出地上实际面积。

量算图形面积常用方法有几何图形法、透明方格纸法、平行线法、求积仪法和 CAD 法等。

本节只介绍平行线法和 CAD 法。

1. 平行线法

如图 7-6 所示，量算面积时，将绘有间距 $h=1$ mm 或 $h=2$ mm 的平行线组的透明纸覆盖在待计算面积的图形上，则整个图形被平行线切割成若干等高 h 的近似梯形，上、下底的平均值以 l_i 表示，则图形在图上的总面积由式(7-10)算得。

$$S = h \cdot \sum_{i=1}^{n} l_i + \frac{h_1}{2}(l_{n+1} + 0) \tag{7-10}$$

再根据图的比例尺，按式(7-11)将其换算为实地面积。

$$S = h \cdot \sum_{i=1}^{n} l_i \cdot M^2 + \frac{h_1}{2} l_{n+1} \cdot M^2 \tag{7-11}$$

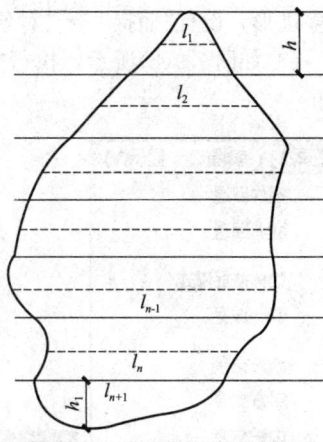

图 7-6 平行线法量算面积

📖 **提 示**

式(7-9)的举例证明：矩形边长为 a、b，其图上面积 $P' = ab$，则实地面积 $P = (a \times m) \times (b \times m) = ab \times m^2$。

2. CAD 法

当需要计算面积的图纸是电子地形图时，可以使用 CAD 的量算面积功能进行计算，或使用在其平台下开发的插件类软件，如南方 CASS 等。

下面以南方 CASS8.0 为例，叙述其计算过程。

如图 7-7 所示，首先将电子地形图各角点坐标以坐标文件的形式存储起来，形成 CASS 能够识别的数据文件。

(1)如图 7-8 所示，执行 CASS 下拉菜单"绘图处理"→"展野外测点点号"命令，选择之前已创建的坐标文件，选择绘图比例尺，展绘多边形顶点于 AutoCAD 绘图区。

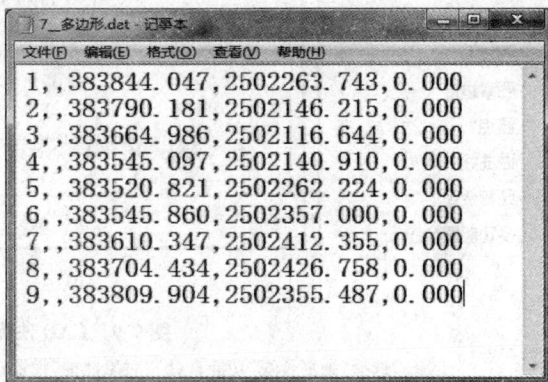

图 7-7 将测区范围坐标点资料形成数据文件

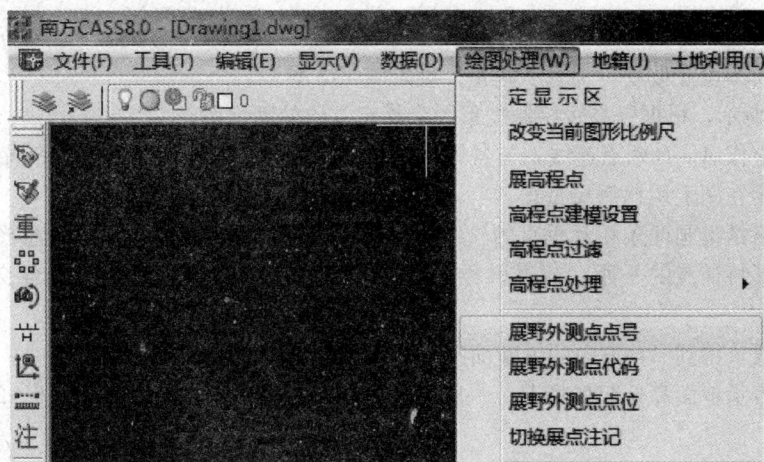

图 7-8 CASS 下将坐标点展绘到绘图区

(2)如图 7-9(a)所示，执行"工具"→"画复合线（多功能复合线）"命令，连接多边形顶点为封闭多边形，设置"捕捉"→"对象捕捉"为"节点"[图 7-9(b)]。

(3)如图 7-9(c)所示，执行"工程应用"→"计算指定范围的面积"命令，计算封闭多边形的面积。

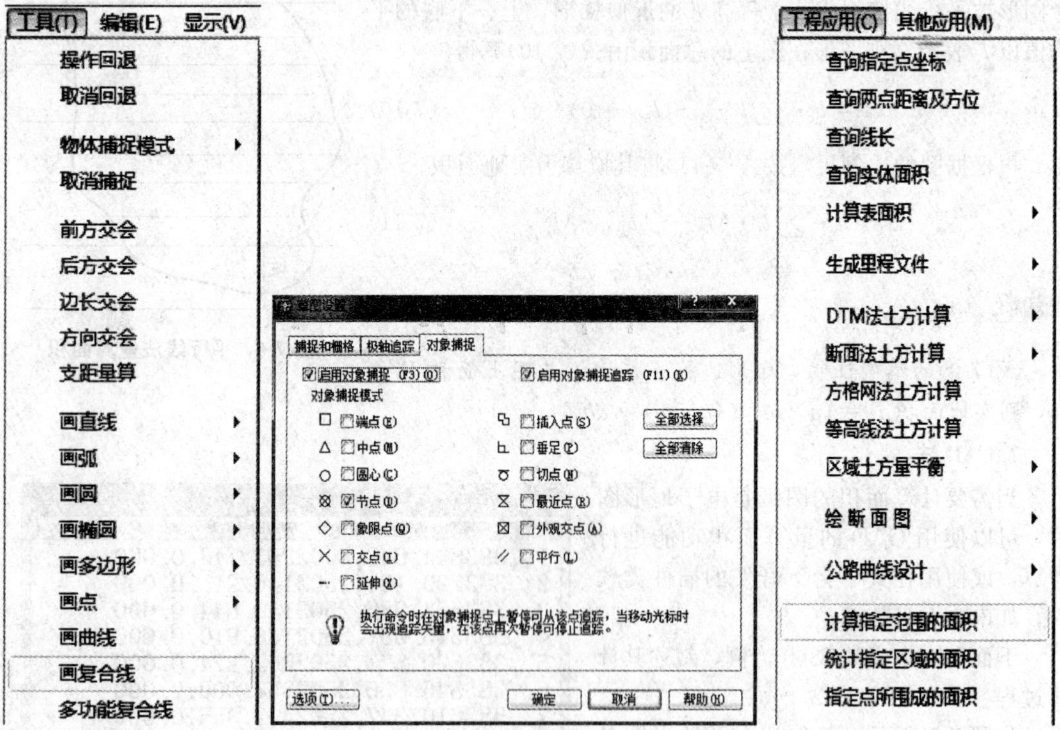

图 7-9 CAD 法操作步骤

(a)选择"画复合线"功能；(b)"对象捕捉"设置；(c)选择"计算指定范围的面积"功能

7.1.4 根据指定方向绘制断面图

修筑道路、埋设管道、建设隧道等工程设计时，需要了解某一方向上两点之间的地形起伏情况。根据断面图设计坡度，估算工程量，确定施工方案。

如图 7-10 所示，根据等高线绘制地形图上指定方向的断面图。

在地形图上作 A、B 两点连线，与各等高线相交，各交点高程为交点所在等高线的高程，A 点至各交点平距在图上用比例尺量得。

在毫米方格纸上画两条相互垂直的轴线，横轴为平距，纵轴为高程，在地形图上量取 A 点至各交点及地形特征点的平距，将其转绘到横轴，以相应高程作纵坐标，到各交点在断面的位置。

将各点连线，得到 AB 方向的纵断面图。

为更明显表示地面高低起伏情况，一般情况下高程比例尺比平距比例尺大 5～20 倍。

(a)

(b)

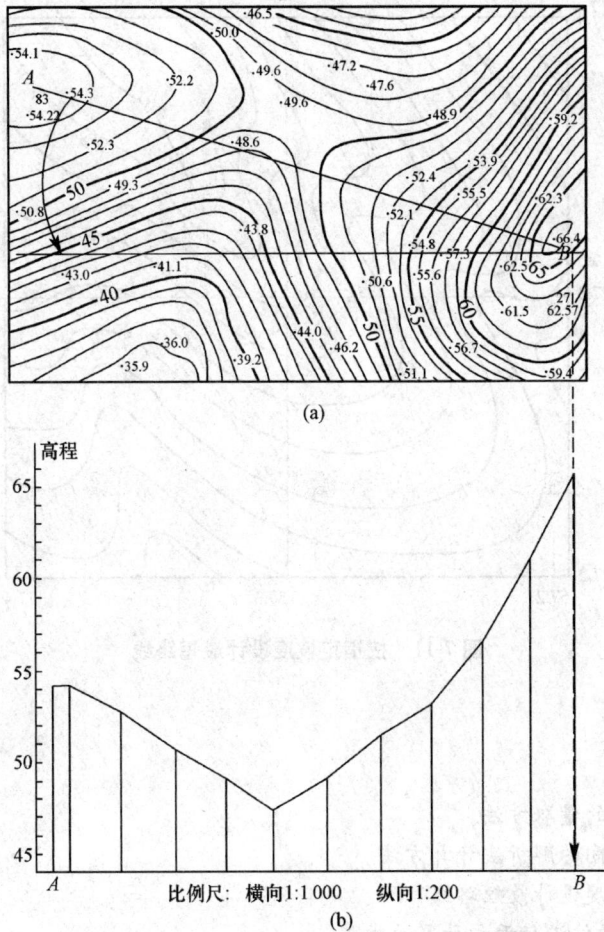

图 7-10 绘制指定方向断面图

7.1.5 按限制坡度选定最短路线

在山地或丘陵地区进行铁路、公路、管线工程设计时，要求在不超过某一坡度条件下，选定一条从低地 A 点到高地 B 点限制坡度为 i 的最短路线。

如图 7-11 所示，要求在图上 A、B 两点之间修一条道路，最大允许坡度为 5%，地形图的比例尺为 1∶1 000，等高距为 1 m。

由坡度定义 $i = \dfrac{h}{d \cdot M}$，得路线跨过两相邻等高线的最短水平距离 $d = \dfrac{h}{i \cdot M}$，将 h＝1 m、M＝1 000、i＝5% 代入求得 d＝0.02 m。

在地形图上使用圆规，先以 A 点为圆心，d 为半径画弧，交 54 m 等高线于 a′、a 两点。然后分别以 a′、a 两点为圆心，d 为半径画弧，交 55 m 等高线于 b′、b 两点。以此类推，直至 60 m 等高线。最后连接所有点，得到两条待选路线。

在两条待选路线中综合考虑地质、工程造价等情况，择优选定一条路线作为最终设计路线。

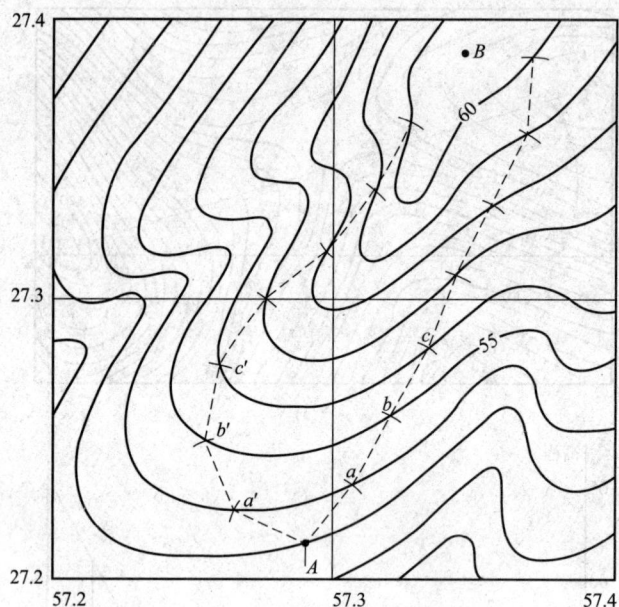

图 7-11 按指定坡度设计最短路线

📻 课后讨论

1. 简述图上点位的量取方法。
2. 简述图上某方向的解析法计算方法。
3. 如何按给定坡度设计最短路线？
4. 简述用 CAD 软件进行面积计算的步骤。
5. 图上面积与实地面积的关系是什么？

7.2 建筑场地土方平衡

📻 学习目标

1. 掌握建筑场地土方平衡的原则；
2. 熟悉土方平衡的方法。

📻 关键概念

原始地表标高、整理成水平面(倾斜面)、土方平衡计算。

📻 提 示

我国现行政策规定，工程项目通过招标确定施工承包商之后，工程开工必备的条件是施工场区"四通一平"。其中，"一平"就是要求工程开工前完成场地平整工程，具备后续施工的条件。

7.2.1 将原始地表整理成水平面或倾斜面

场地平整就是将原始地表整理成设计要求的水平面或倾斜面。

(1)整理成水平面时,设计标高是场地平整工程土石方量计算的依据,合理选择场地设计标高,可以减少土方工程量,缩短施工工期。场地设计标高关系建筑设计思想及业主建设意图的实现,由设计单位和业主统一规划商定。

应充分考虑下述因素来确定平整场地的设计标高:

1)满足生产工艺和施工运输要求;

2)尽量做到挖、填平衡,以减少土方工程量,节省工程建设费用;

3)即使场地整理成水平面,也要有一定的排水坡度,确保排水畅通;

4)如果确实存在弃土问题,还要考虑运距对工程造价的影响。

(2)整理成倾斜面时,设计坡度是场地平整工程土石方量计算的依据。选择合适的坡度,是实现业主建设意图的关键,由设计单位和业主确定。

无论场地整理成水平面还是倾斜面,当设计单位和业主无明确要求时,可根据场区实际情况,按"挖、填土方量平衡"的原则进行场地平整,以达到降低土方工程量和工程造价的目的。

场地平整要进行土石方工程,施工前进行土石方工程量的计算,以便编制土石方工程施工方案,组织施工。场地平整土石方工程的现场地形比较复杂,大多不是规则图形,很难准确计算其工程量。一般根据现场具体情况,将其划分为若干有一定几何形状的部分,采用具有一定精度又与实际接近的方法计算。

7.2.2 场地平整土方量的计算方法

场地平整土方量的计算方法有等高线法、断面法和方格网法三种。

1. 等高线法计算步骤

(1)确定平整范围。

(2)确定设计高程和挖、填边界线。

(3)计算各条等高线所围区域的挖、填面积。以挖、填边界线(某等高线)为界,求出各条等高线与边界线所围成的挖方、填方面积。

(4)计算挖、填土方量。以挖、填边界线为界,按式(7-12)分别计算相邻等高线水平面间的挖或填土方量。

$$挖(填)土方量 = 相邻两等高线挖(填)面积的平均值 \times 等高距 \qquad (7\text{-}12)$$

将所有的挖、填土方量相加,即得总的挖、填土方量。

2. 断面法计算步骤

(1)确定平整范围;

(2)将计算场地划分为若干横截面;

(3)逐段计算;

(4)将逐段计算结果汇总。

3. 方格网法计算

当场地地形较平坦时,一般采用方格网法(后续项目详述)。

> **提　示**

等高线法和断面法计算精度低，适用于地形起伏较大、断面不规则的场地。

> **课后讨论**

1. 简述土方平衡的原则。
2. 土方平衡通常有哪几种计算方法？

7.3　土方工程施工测量

> **学习目标**

掌握建筑场地土方工程的施工测量方法。

> **关键概念**

四通一平、踏勘清障、标定测区、设置控制网、标高控制、土方量计算。

> **提　示**

　　场地平整是将拟建建筑场区范围内的自然地面，通过人工或机械方式挖、填平整改造成为设计所需要的平面或倾斜面，以便现场平面布置和文明施工。项目以总承包方式发包情况下，"四通一平"工作通常由承包商来实施，因此，场地平整工作也成为工程开工前的一项重要内容。

　　场区土石方工程与基坑土方工程有所不同，虽然都可以人工或机械方法施工，但基坑土方开挖，只有挖方没有填方，而且其施工区域仅限于基础基槽或基坑大开挖的范围。因此，其场地初始标高方格网设置，方格间距一般为 1～2 m，而场区土石方工程则较大。

　　场地平整要满足总体规划、生产施工工艺、交通运输和场地排水等要求，并尽量使土方的挖、填平衡，减少运土量和重复挖运，节约资源和项目建设资金。

　　场地平整是工程施工中的一个重要项目。其一般施工工艺流程：现场踏勘→清除地表障碍物→标定整平范围→设置水准基点→设置方格网、测量方格网交点标高→结合设计标高计算土方挖填工程量→平整土方→场地碾压→验收。

1. 现场踏勘

　　工程施工合同签订后，当确认需要进行场区土方平整时，施工人员首先应到现场进行勘察，了解场地地形、地貌和周围环境。根据建筑总平面图及规划了解并确定现场平整场地的大致范围。了解业主提供的测量控制点的位置，并进行场区控制测量的测点布设准备工作。

2. 场区清障

　　平整前必须将场地平整范围内影响施工的腐殖土及障碍物，如树木、电线、电杆、管道、房屋、坟墓等清理干净。

3. 标定平整场地范围

　　根据总平面图、工程定位图及基础施工图，使用全站仪采用极坐标法在实地标定出需要平整的场地各边顶点位置，丈量各边边长，并计算平整场地的面积。

4. 控制网设置

依据业主提供的水准控制点，将高程引测至需要平整的场地内。根据场区情况，合理设置水准点的数量（一般两个控制点间距为 200～300 m，但点数最少不得少于三个），测定各控制点的高程，施测场地平整高程控制网。

5. 设置方格网

在施工场地实际区域沿设计建筑边界，打下木桩用于进行方格点点位标定，作为测定原始地表标高的依据，方格边长随地形起伏情况一般为 10～20 m。

6. 方格网交点高程测量

方格网布设完成后，对各方格网交点桩进行水准测量，获得各交点桩的地面高程，作为土方工程挖、填量的计算依据。

7. 施工标高控制测量

土方开挖时，根据场区设置的高程控制点，指挥人员或机械进行土石方开挖。随时测量开挖区域高程以控制开挖深度，使用机械开挖施工，在离设计标高尚有 0.5 m 时改由人工清底抄平，严禁对基底老土产生扰动。

8. 土方工程量计算

根据土石方开挖前的地表原始标高、开挖达到的设计标高，计算出各个方格网的开挖（或回填）深度，依据已知的开挖面积计算土方工程量。

📖 **课后讨论**

简述土方平整工程施工工艺流程。

7.4 土方量的计算

📖 **学习目标**

1. 掌握建筑场地平整为水平面的土方工程量计算方法；
2. 了解建筑场地平整为倾斜面的土方工程量计算方法。

📖 **关键概念**

绘制方格网，确定设计高程，确定挖、填边界，土方量计算。

📖 **提　示**

土方平整一般将场地整理成水平场地或倾斜面场地。下面以方格网法介绍其方法和步骤。

7.4.1　整理成水平场地

【例 7-1】　如图 7-12 所示为比例尺 1∶1 000 的地形图，拟将原地面平整成某一高程的水平面，要求使填、挖土石方量基本平整。方法如下：

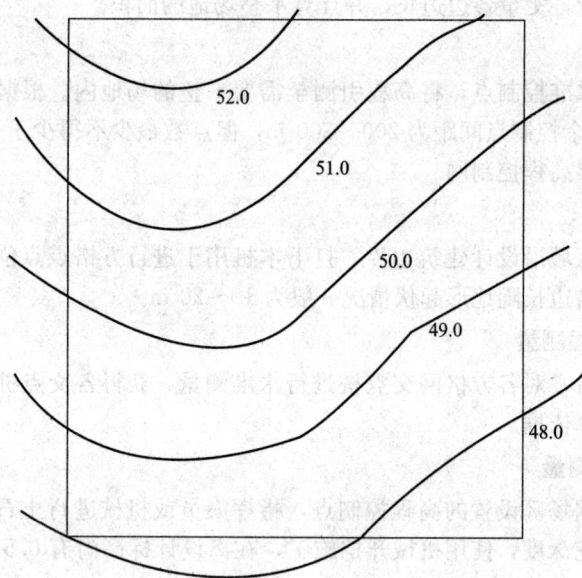

图 7-12 施工场地等高线图

1. 绘制方格网

如图 7-13 所示，在地形图上拟平整场地内绘制方格网。

方格大小根据地形起伏程度、地形图比例尺及要求的精度而定。一般方格的边长为 10 m 或 20 m(对于一般单体工程，甚至可以缩短为 1～2 m)。图中方格为 20 m×20 m。各方格顶点号注于方格网点的左下角，如图中的 A_1、A_2、…、E_3、E_4 等。横坐标用阿拉伯数字自左到右递增，纵坐标用大写字母顺序自下而上(或自上而下)递增。

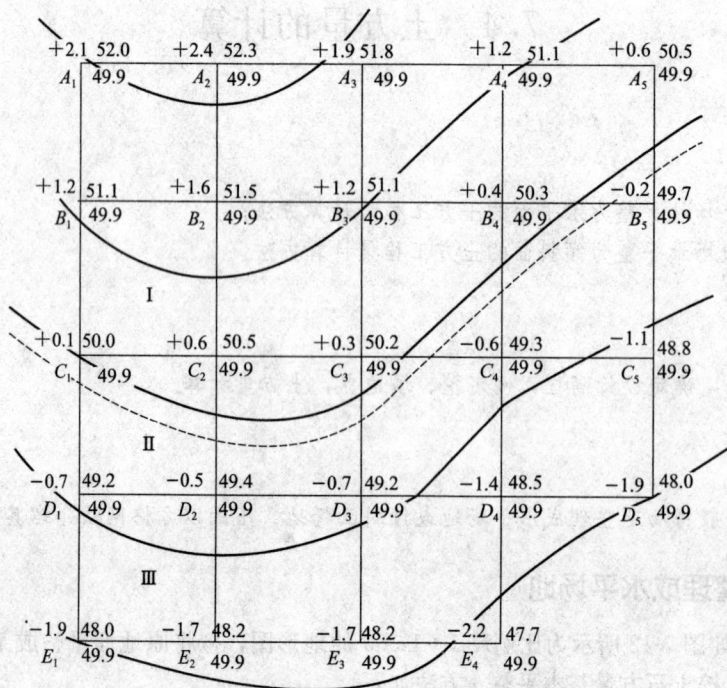

图 7-13 绘制方格网计算交点高程

2. 求各方格顶点的地面高程

根据地形图上的等高线，用内插法求出各方格顶点的地面高程，并注于方格点的右上角，如图 7-13 所示。

3. 计算设计高程

分别求出各方格四个顶点的平均值，即各方格的平均高程；然后，将各方格的平均高程求和并除以方格数 n，即得到设计高程 $H_{设}$。

各方格点参加计算的次数分别为：角点(图边往外)高程一次；边点(图边上)高程两次；拐点(图边往内)高程三次；中间点高程四次。即角点、边点、拐点、中间点参加平均高程计算的权分别为 1/4、2/4、3/4、4/4。故，设计高程 $H_{设}$ 按式(7-13)计算：

$$H_{设} = \frac{\sum H_{角} \times 1 + \sum H_{边} \times 2 + \sum H_{拐} \times 3 + \sum H_{中} \times 4}{4\,n} \qquad (7\text{-}13)$$

根据图中的数据，求得的设计高程 $H_{设} = 49.9$ m，并注于方格顶点右下角。

4. 确定方格顶点的填、挖高度

各方格顶点地面高程与设计高程之差，为该点的填、挖高度，即

$$h = h_{地} - H_{设}$$

式中，h 为"+"表示开挖深度；h 为"−"表示回填高度，并将 h 值标注于相应方格顶点左上角。

5. 确定填、挖边界线

根据设计高程 $H_{设} = 49.9$ m，在地形图上用内插法绘出 49.9 m 等高线，如图中用虚线绘制的等高线，该线就是填、挖边界线。

6. 计算填、挖土石方量

计算填、挖土石方量有两种情况，一种是整个方格全填或全挖方，如图中方格 I、III；另一种是既有挖方，又有填方的方格，如图中的方格 II。

现以方格 I、II、III 为例，说明其计算方法。

方格 I 为全挖方：

$$V_{I挖} = \frac{1}{4} \times (1.2 + 1.6 + 0.1 + 0.6) \times A_{I挖} = 0.875 A_{I挖} (\text{m}^3)$$

方格 II 既有挖方，又有填方：

$$V_{II挖} = \frac{1}{4} \times (0.1 + 0.6 + 0 + 0) \times A_{II挖} = 0.175 A_{II挖} (\text{m}^3)$$

$$V_{II填} = \frac{1}{4} \times (0 + 0 - 0.7 - 0.5) \times A_{II填} = -0.30 A_{II填} (\text{m}^3)$$

方格 III 为全填方：

$$V_{III填} = \frac{1}{4} \times (-0.7 - 0.5 - 1.9 - 1.7) \times A_{III填} = -1.2 A_{III填} (\text{m}^3)$$

式中　$A_{I挖}$，$A_{II挖}$，$A_{II填}$，$A_{III填}$——各方格的填、挖面积(m^2)。

同方法可计算出其他方格的填、挖土石方量，最后将各方格的填、挖土石方量累加，即得总的填、挖土石方量。

7.4.2　整理成倾斜面

下面结合两种不同方式，在土方平整前提下将场地整理成倾斜面示例，讲解土方量工程的计算方法和步骤。

【例 7-2】　场地整理有时要求所设计的倾斜面必须包含某些不能改动的高程点，如已有道路

某中线高程点、永久性或大型建筑物的外墙地坪高程点等。如图 7-14 所示，要求将原地形整理成过 A、B、C 三点的倾斜面。其方法步骤如下。

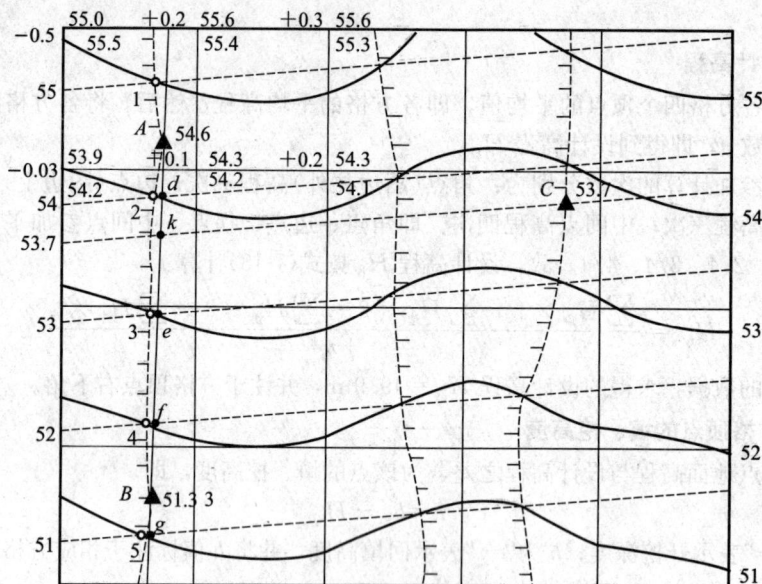

图 7-14 过指定三点整理场地成倾斜面

1. 确定设计等高线的平距

过 A、B 两点作直线，沿 AB 直线用内插法求高程为 54 m、53 m、52 m 各点位置，则场地整理成倾斜面的设计等高线应经过 AB 直线上相应位置，如 d、e、f、g⋯点。

2. 确定设计等高线的方向

在 AB 直线上内插出高程等于 C 点高程 53.7 m 的 k 点。

过 k、C 连一直线，kC 方向就是设计等高线的方向。该直线位于过 A、B、C 三点形成的倾斜面内。

3. 插绘设计倾斜面的等高线

过 d、e、f、g⋯各点作 kC 的平行线即设计倾斜面的等高线。

过设计等高线和原同高程的等高线交点的连线，连接 1、2、3、4、5 点，得到挖、填边界线。绘有短线的一侧为填土区，另一侧为挖土区。

4. 计算挖、填土方量

先在图上绘制方格网，确定各方格顶点的挖深和填高量。各方格顶点设计高程根据设计等高线内插求得，注记在方格顶点右下方；填高和挖深量注记在各顶点的左上方。

挖方量和填方量的计算与前面的方法相同。

【例 7-3】 如图 7-15 所示，将地面平整为倾斜场地，设计要求：倾斜面的坡度，从北到南的坡度为 -2%，从西到东的坡度为 -1.5%。

为使得填、挖土石方量基本平衡，具体估算步骤如下。

1. 绘制方格网并求方格顶点的地面高程

与将场地平整成水平地面同方法绘制方格网，并将各方格顶点的地面高程注于图上，图中方格边长为 20 m。

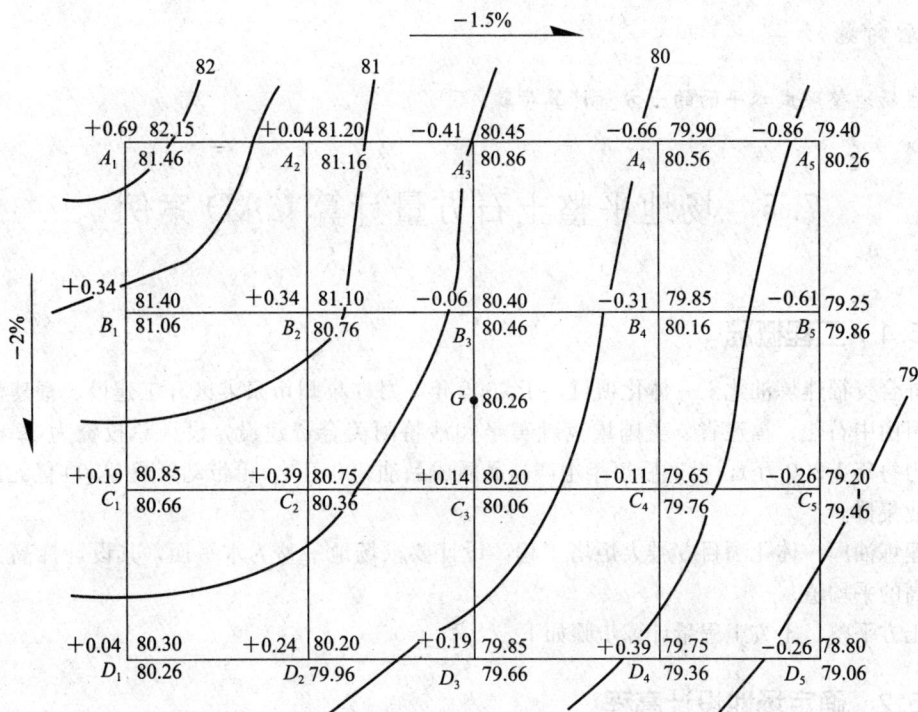

图 7-15　将场地整理为双向坡度的倾斜面

2. 计算各方格顶点的设计高程

根据填、挖土石方量基本平整的原则，按与将场地平整成水平地面计算设计高程相同的方法，计算场地几何图形重心点 G 点的高程，并作为设计高程(因为两个方向为等坡度，故其场地几何图形重心点即设计高程点)。用图中的数据计算得 $H_{设}=80.26$ m。

重心点及设计高程确定以后，根据方格点间距和设计坡度，自重心点起沿方格方向，向四周推算各方格顶点的设计高程。

$$南北两方格点间的设计高差=20×2\%=0.4(m)$$
$$东西两方格点间的设计高差=20×1.5\%=0.3(m)$$

则
$$B_3 \text{ 点的设计高程}=80.26+0.2=80.46(m)$$
$$A_3 \text{ 点的设计高程}=80.46+0.4=80.86(m)$$
$$C_3 \text{ 点的设计高程}=80.26-0.2=80.06(m)$$
$$D_3 \text{ 点的设计高程}=80.06-0.4=79.66(m)$$

同理可推算得其他方格顶点的设计高程，并将高程注于方格顶点的右下角。

推算高程时应进行两项检核：从一个角点起沿边界逐点推算一周后到起点，设计高程应闭合；对角线各点设计高程的差值应完全一致。

3. 计算方格顶点的填、挖高度

按 $h=h_{地}-H_{设}$ 计算各方格顶点的填、挖高度并注于相应点的左上角。

4. 计算填、挖土石方量

根据方格顶点的填、挖高度及方格面积，分别计算各方格内的填、挖方量及整个场地总的填、挖方量。

简述场地整理成水平面的土方量计算步骤。

7.5 场地平整土石方量计算 CAD 案例

7.5.1 工程概况

中外合资福建炼油化工一体化项目,于 2005 年 7 月在泉州市泉港区开工建设。福建炼化一体化项目由中石化、福建省、美国埃克森美孚和沙特阿美合资建设,设计总投资为 320 亿元,炼油能力每年 1 200 万 t,投产后每年生产高品质成品油 700 万 t,可带动形成 1 500 亿元以上的石化产业集群。

福建炼油厂一体化项目 3 号火炬塔工程,设计要求场地平整为水平面,其设计标高为实测地表标高的平均值。

该土方平整、土方工程量计算步骤如下。

7.5.2 确定场地设计高程

首先计算方格网各交点实测高程值,然后确定场地设计高程。

如图 7-16 所示,用 CAD 绘制施测场地的范围,在现场设置方格网,每格边长为 20 m,按施测时的路线顺序将各交点的点号、实测高程(原始记录如图 7-17 所示)、设计高程(由实测高程中算出为 25.7 m)、实测高程与设计高程的比差,分别标注在各方格的顶点十字四格中。

通过实测标高,精确计算出该场地按设计要求平整需要挖土和回填的土方量,同时考虑基础开挖还要挖出多少(减去回填的土方量),并计算实测高程与设计高程的差值。

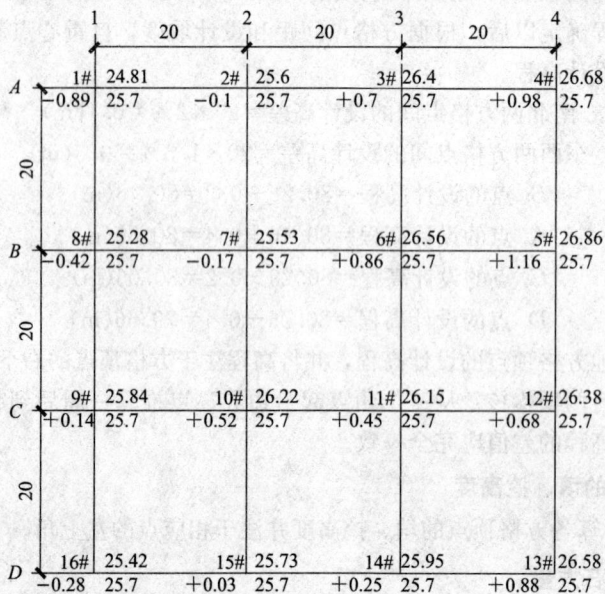

图 7-16 福建炼油厂一体化项目 3 号火炬塔工程场地平整示意图

水准测量记录表

工程名称:		福建炼油一体化建设项目		施测日期: 2007 年 4 月 7 日		
施测部位:		3♯火炬塔场地平整		仪器:		DZ2
立尺人:	施瑞海	施测人:	邓明华	天气:		晴
点号	读数/m		实测高程/m	设计高程/m	比差/m	
	后视读数	前视读数				
A	1.135		25.914		−0.89	
1		2.239	24.81	25.7	−0.89	
2		1.449	25.6	25.7	−0.1	
3		0.649	26.4	25.7	0.7	
4		0.369	26.68	25.7	0.98	
5		0.189	26.86	25.7	1.16	
6		0.489	26.56	25.7	0.86	
7		1.519	25.53	25.7	−0.17	
8		1.729	25.28	25.7	−0.42	
9		1.209	25.84	25.7	0.14	
10		0.829	26.22	25.7	0.52	
11		0.899	26.15	25.7	0.45	
12		0.669	26.38	25.7	0.68	
13		0.469	26.58	25.7	0.88	
14		1.099	25.95	25.7	0.25	
15		1.379	25.73	25.7	+0.03	
16		1.629	25.42	25.7	−0.28	

建设单位 　　　　　　　　　　 监理单位 　　　　　　　　　 施工单位

图 7-17　地表标高实测原始记录

7.5.3 平均高程计算

(1)计算每个方格的平均高程。

$$H_1 = (24.81 + 25.6 + 25.32 + 25.53) \div 4 = 25.32 \, (\text{m})$$
$$H_2 = (26.4 + 25.6 + 26.56 + 25.53) \div 4 = 26.02 \, (\text{m})$$
$$H_3 = (26.4 + 26.56 + 26.68 + 26.86) \div 4 = 26.63 \, (\text{m})$$
$$\cdots$$
$$h_9 = \cdots$$

(2)将各格的高程取平均值。

$$H_0 = \sum (H_1 + H_2 + H_3 + \cdots + H_n) \div n$$
$$= (25.32 + 26.02 + 26.63 + 25.72 + 26.12 + 26.49 + \tag{7-14}$$
$$25.80 + 26.01 + 26.26) \div 9 = 26.04 \, (\text{m})$$

(3)如图 7-18 所示,将每一格的平均高程标注在图中。

图 7-18 区域方格网图：

```
        1        20        2        20        3        20        4
       1#  24.81      2#  25.6       3#  26.4       4#  26.68
A   -0.89  25.7    -0.1  25.7     +0.7  25.7     +0.98 25.7
20          H₁=25.32 m      H₂=26.02 m      H₃=26.63 m
       8#  25.28      7#  25.53      6#  26.56      5#  26.86
B   -0.42  25.7   -0.17  25.7    +0.86  25.7     +1.16 25.7
20          H₄=25.72 m      H₅=26.12 m      H₆=26.49 m
       9#  25.84     10#  26.22     11#  26.15     12#  26.38
C   +0.14  25.7   +0.52  25.7    +0.45  25.7     +0.68 25.7
20          H₇=25.80 m      H₈=26.01 m      H₉=26.26 m
      16#  25.42     15#  25.73     14#  25.95     13#  26.58
D   -0.28  25.7   +0.03  25.7    +0.25  25.7     +0.88 25.7
```

图 7-18 计算方格网高程平均值

7.5.4 计算零点位置(挖填边界)

在一个方格网内同时有填方或挖方时，应先计算出方格网边上的零点位置，并标注于方格网上，连接零点，即得填方区与挖方区的分界线(即零线)，如图 7-19 和图 7-20 所示。零点计算公式如下：

$$\begin{cases} x_1 = \dfrac{h_1}{h_1 + h_2} \cdot L \\ x_2 = \dfrac{h_2}{h_1 + h_2} \cdot L \end{cases} \tag{7-15}$$

式中 x_1，x_2——角点至零点的距离(m)；

h_1，h_2——相邻两角点的施工高度(m)的绝对值；

L——方格网的边长(m)。

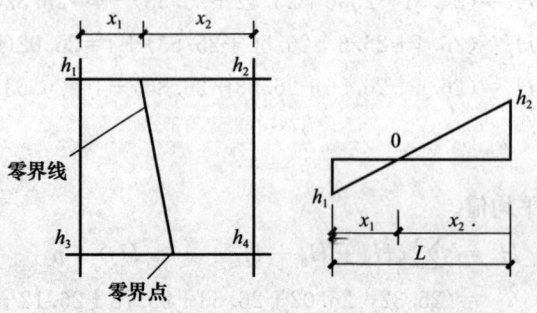

图 7-19 零点位置计算示意

	1#	24.81	2#	25.6	3#	26.4	4#	26.68
A	−0.89	25.7	−0.1	25.7	+0.7	25.7	+0.98	25.7
	8#	25.28	7#	25.53	6#	26.56	5#	26.86
B	−0.42	25.7	−0.17	25.7	+0.86	25.7	+1.16	25.7

零线

	9#	25.84	10#	26.22	11#	26.15	12#	26.38
C	+0.14	25.7	+0.52	25.7	+0.45	25.7	+0.68	25.7
	16#	25.42	15#	25.73	14#	25.95	13#	26.58
D	−0.28	25.7	+0.03	25.7	+0.25	25.7	+0.88	25.7

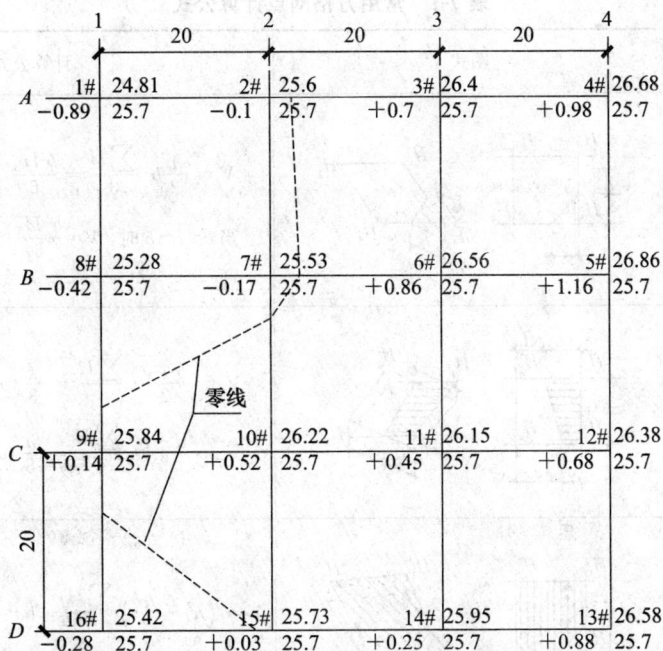

图 7-20　确定挖填边界线

2#～3#　$x_1 = 0.1 \div (0.1 + 0.7) \times 20 = 2.5(m)$

$x_2 = 0.7 \div (0.1 + 0.7) \times 20 = 17.5(m)$

6#～7#　$x_1 = 0.17 \div (0.17 + 0.86) \times 20 = 3.30(m)$

$x_2 = 0.86 \div (0.17 + 0.86) \times 20 = 16.70(m)$

7#～10#　$x_1 = 0.17 \div (0.17 + 0.52) \times 20 = 4.93(m)$

$x_2 = 0.52 \div (0.17 + 0.52) \times 20 = 15.07(m)$

8#～9#　$x_1 = 0.42 \div (0.42 + 0.14) \times 20 = 15(m)$

$x_2 = 0.14 \div (0.42 + 0.14) \times 20 = 5(m)$

9#～10#　$x_1 = 0.14 \div (0.52 + 0.14) \times 20 = 4.24(m)$

$x_2 = 0.52 \div (0.52 + 0.14) \times 20 = 15.76(m)$

9#～16#　$x_1 = 0.28 \div (0.14 + 0.28) \times 20 = 13.33(m)$

$x_2 = 0.14 \div (0.14 + 0.28) \times 20 = 6.67(m)$

16#～15#　$x_1 = 0.28 \div (0.03 + 0.28) \times 20 = 18.06(m)$

$x_2 = 0.03 \div (0.03 + 0.28) \times 20 = 1.94(m)$

7.5.5　土方工程量计算

1. 计算挖方或填方量

按方格网底面积图形和表 7-1 所列体积计算公式计算每个方格内的挖方或填方量，或用查表法计算。

表 7-1 常用方格网点计算公式

项目	图式	计算公式
一点填方或挖方（三角形）		$V = \dfrac{1}{2}bc\dfrac{\sum H}{3} = \dfrac{bcH_3}{6}$ 当 $b=c=a$ 时，$V = \dfrac{a^2 H_3}{6}$
二点填方或挖方（梯形）		$V_+ = \dfrac{b+c}{2}a\dfrac{\sum H}{4} = \dfrac{a}{8}(b+c)(H_1+H_3)$ $V_- = \dfrac{d+e}{2}a\dfrac{\sum H}{4} = \dfrac{a}{8}(d+e)(H_2+H_4)$
三点填方或挖方（五角形）		$V = \left(a^2 - \dfrac{bc}{2}\right)\dfrac{\sum H}{5} = \left(a^2 - \dfrac{bc}{2}\right)\dfrac{H_1+H_2+H_4}{5}$
四点填方或挖方（正方形）		$V = \dfrac{a^2}{4}\sum H = \dfrac{a^2}{4}(H_1+H_2+H_3+H_4)$

表中　a——方格网的边长(m)；

　　　b，c——零点到一角的边长(m)；

　　　H_1，H_2，H_3，H_4——方格网四角点的施工高程(m)，用绝对值代入；

　　　$\sum H$——填方或挖方施工高程的总和(m)，用绝对值代入；

　　　V——挖方或填方体积(m^3)。

表 7-1 公式是按各计算图形底面积乘以平均施工高程而得出。一次计算出 1~9 个方格网的挖、填方量标注在图 7-21 中。

4 点挖、填方计算，第 1 格、第 3 格、第 6 格、第 8 格、第 9 格。

第 1 格　$V_T = 20^2 \times (-0.89 - 0.1 - 0.42 - 0.17) \div 4 = -158(m^3)$

第 3 格　$V_W = 20^2 \times (0.7 + 0.98 + 0.86 + 1.16) \div 4 = 370(m^3)$

第 6 格　$V_W = 20^2 \times (0.86 + 1.16 + 0.45 + 0.68) \div 4 = 315(m^3)$

第 8 格　$V_W = 20^2 \times (0.52 + 0.45 + 0.03 + 0.25) \div 4 = 125(m^3)$

第 9 格　$V_W = 20^2 \times (0.45 + 0.25 + 0.68 + 0.88) \div 4 = 226(m^3)$

3 点挖方三角形，1 点填方五角形：第 5 格、第 7 格

第 5 格　$V_T = 4.93 \times 3.30 \times (-0.17) \div 6 = -0.46(m^3)$

　　　　$V_W = (20^2 - 4.93 \times 3.30 \div 2) \times (0.86 + 0.52 + 0.45) \div 5 = 143.42(m^3)$

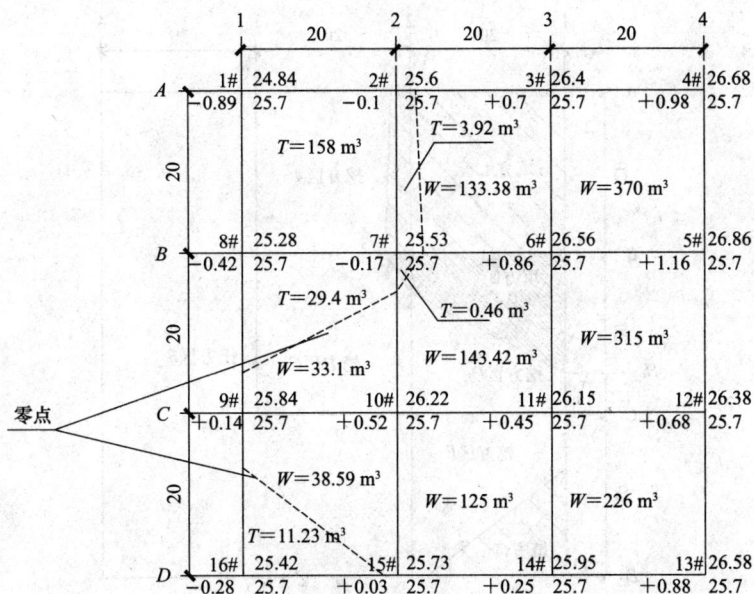

图 7-21　各方格网的挖填方量

第 7 格　$V_T = 13.33 \times 18.06 \times (-0.28) \div 6 = -11.23 (\text{m}^3)$

$V_w = (20^2 - 13.33 \times 18.06 \div 2) \times (0.14 + 0.52 + 0.03) \div 5 = 38.59 (\text{m}^3)$

2 点挖填方梯形：第 2 格、第 4 格。

第 2 格　$V_T = 20 \times (2.5 + 3.30) \times (-0.1 - 0.17) \div 8 = -3.92 (\text{m}^3)$

$V_w = 20 \times (16.70 + 17.5) \times (0.7 + 0.86) \div 8 = 133.38 (\text{m}^3)$

第 4 格　$V_T = 20 \times (15 + 4.93) \times (-0.17 - 0.42) \div 8 = -29.4 (\text{m}^3)$

$V_w = 20 \times (5 + 15.07) \times (0.14 + 0.52) \div 8 = 33.1 (\text{m}^3)$

2. 土方挖、填量汇总

将挖方区(或填方区)所有方格计算土方量汇总，即得该场地挖方和填方的总土方量。

$$V_{挖} = 370 + 315 + 125 + 226 + 143.42 + 38.59 + 133.38 + 33.1 = 1\,384.49 (\text{m}^3)$$

$$V_{填} = 158 + 0.46 + 11.23 + 3.92 + 29.4 = 203.01 (\text{m}^3)$$

3. 计算挖、填面积

总面积 $= 9 \times 20^2 = 3\,600 (\text{m}^2)$

填方面积 $= 20^2 + (2.5 + 3.30) \times 20 \div 2 + 20 \times (4.93 + 15) \div 2 + 13.33 \times 18.06 \div 2 + 3.30 \times$

$\qquad 4.93 \div 2$

$\qquad = 785.8 (\text{m}^2)$

挖方面积 $= 9 \times 20^2 - 785.8 = 2\,814.2 (\text{m}^2)$

7.5.6　土方平整

场地土方平整，就是在使土石方运输量或运输成本最低的前提下，确定挖、填区的土方调配方向及调配量，达到缩短工期和提高效益的目的。如图 7-22 所示为例，介绍土方平衡的步骤。

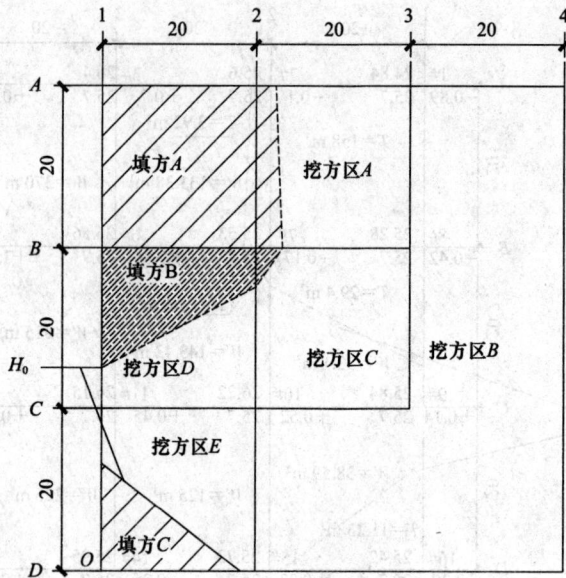

图 7-22　土方平衡区域

1. 划分调配区

在场地平面图上画出挖、填分界线，并在挖方区、填方区画出若干个调配区，确定调配区的大小位置。

2. 计算各调配区的土方量

如图 7-23 所示，用方格网计算各调配区的土方量，并标注在图上。

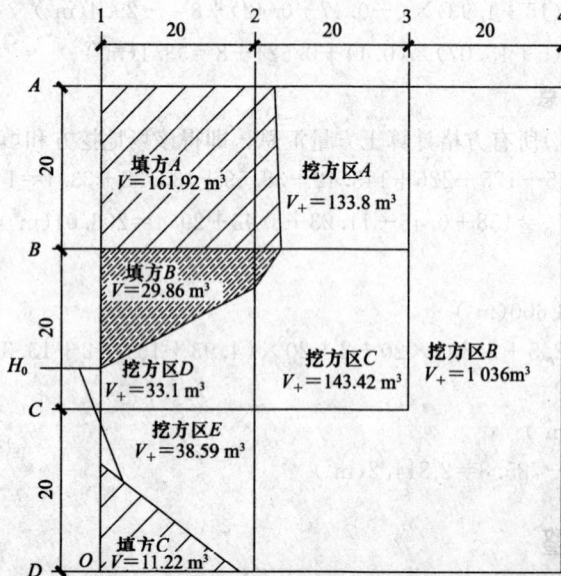

图 7-23　计算调配区土方量

(1)填方区。

A 区：面积 $=20^2+(2.5+3.30)\times20\div2=458(\mathrm{m}^2)$

填方量 $=158+3.92=161.92(\mathrm{m}^3)$

B 区：面积 $=(15+4.93)\times20\div2+(3.30\times4.93)\div2=207.4(\mathrm{m}^2)$

填方量 $=29.4+0.46=29.86(\mathrm{m}^3)$

C 区：面积 $=13.33\times18.06\div2=120.4(\mathrm{m}^2)$

填方量 $=11.23\ \mathrm{m}^3$

(2)挖方区。

A 区：面积 $=20^2-(2.5+3.30)\times20\div2=342(\mathrm{m}^2)$

挖方量 $=133.38\ \mathrm{m}^3$

B 区：面积 $=20^2\times4=1\ 600(\mathrm{m}^2)$

挖方量 $=370+315+226+125=1\ 036(\mathrm{m}^3)$

C 区：面积 $=20^2-3.30\times4.93\div2=391.9(\mathrm{m}^2)$

挖方量 $=143.42\ \mathrm{m}^3$

D 区：面积 $=20^2-(15+4.93)\times20\div2=200.7(\mathrm{m}^2)$

挖方量 $=33.1\ \mathrm{m}^3$

E 区：面积 $=20^2-13.33\times18.06\div2=279.63(\mathrm{m}^2)$

挖方量 $=38.59\ \mathrm{m}^3$

通过计算在满足填方去土方的需要后，剩余 $1\ 181.91\ \mathrm{m}^3$，这些土方需要外运到弃土区。

3. 计算调配区的平均运距

计算出挖方区到填方区的重心距离。

以场地的纵横两边为坐标轴，以左下角为坐标原点，按式(7-16)分别求出各区土方的重心位置，即

$$\begin{cases} x=\dfrac{\sum V_i\cdot x_i}{\sum V_i} \\[3mm] y=\dfrac{\sum V_i\cdot y_i}{\sum V_i} \end{cases} \tag{7-16}$$

式中　x，y——挖方或填方调配区的重心坐标；

V_i——各个方格的土方量；

x_i，y_i——各个方格的重心坐标。

(1)挖方区重心。

A 区 $x=49.84\ \mathrm{m}$；$y=30.87\ \mathrm{m}$

B 区 $x=20\ \mathrm{m}$；$y=20\ \mathrm{m}$

C 区 $x=29.38\ \mathrm{m}$；$y=30.63\ \mathrm{m}$

D 区 $x=24.3\ \mathrm{m}$；$y=12.2\ \mathrm{m}$

E 区 $x=13.87\ \mathrm{m}$；$y=13.8\ \mathrm{m}$

(2)填方区重心。

A 区 $x=50.4$；$y=11.91$

B 区 $x=35.44$；$y=8.25$

C 区 $x=4.82$；$y=4.92$

(3)运距计算。挖填平衡通过优化找出最近的运距，如图 7-24 所示。

$W_E \rightarrow T_C$ $\qquad$ $L = (4.82 - 13.87)^2 + (4.92 - 13.8)^2 = 12.68 (m)$

$W_D \rightarrow T_B$ $\qquad$ $L = (24.3 - 35.44)^2 + (12.23 - 8.25)^2 = 11.83 (m)$

$W_A \rightarrow T_A$ $\qquad$ $L = (49.84 - 50.43)^2 + (30.87 - 11.91)^2 = 18.97 (m)$

$W_C \rightarrow T_A$ $\qquad$ $L = (29.38 - 50.43)^2 + (30.63 - 11.9)^2 = 28.17 (m)$

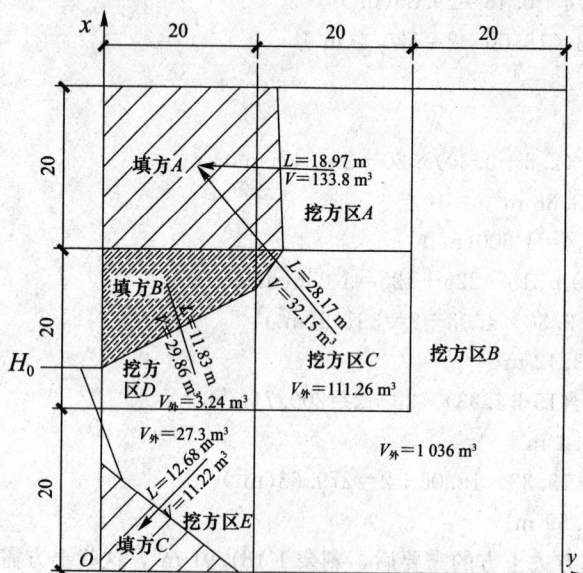

图 7-24 土方调配示意

本章小结

本章是一个知识应用单元，主要讲述了地形图应用示例、建筑场地土方平整施工测量、土方量计算等内容。

课后习题

一、填空题

1. 面积量算的方法有_____、_____和_____。

2. 已知 A、B 两点的坐标值分别为 $x_A = 5\ 773.633$ m，$y_A = 4\ 244.098$ m，$x_B = 6\ 190.496$ m，$y_B = 4\ 193.614$ m，则坐标方位角 α_{AB}=_____、水平距离 D_{AB}=_____m。

3. 地形图应用的基本内容包括量取_____、_____、_____、_____。

4. 在 1∶1 000 地形图上，若等高距为 1 m，现要设计一条坡度为 4% 的等坡度路线，则在地形图上该路线的等高线平距应为_____m。

5. 平整场地时，填、挖高度是地面高程与_____之差。

二、判断题(下列各题，正确的请在题后的括号内打"√"，错的打"×")

1. 土方工程一般情况下遵循土方挖填方量平衡的原则。 $\qquad$ (　　)

2. 目前计算地形图面积最常用的方法是 CAD 法。 $\qquad$ (　　)

3. 测绘地形图常用的方法有经纬仪测绘法、小平板仪与经纬仪联合测绘法、大平板仪测绘法及摄影测量方法等。（　　）

4. 场地平整测量通常采用方格法和断面法两种方法。（　　）

5. 场地平整是根据竖向设计图进行的，它的原则是平整后的场地坡度能满足排水的要求，以便全场土方量平衡和工程量最小。（　　）

6. 场地平整中的测量任务，是以一定的密度测设平土标桩，作为平土依据。（　　）

7. 若场地平整后成单向泄水的斜面，则必须首先确定场地中心线的位置。（　　）

8. 方格点设计高程是指场土地平整后，各方点处的地面高程。（　　）

9. 经纬仪测绘法是将经纬仪安置在控制点上，测定至碎部点的方向、距离、高程。（　　）

10. AB 两点之间的高差为 6.7 m，水平距离为 42.0 m，则 A 点到 B 点的坡度为 16%。（　　）

三、选择题

1. 展绘控制点时，应在图上标明控制点的（　　）。
   A. 点号与坐标
   B. 点号与高程
   C. 坐标与高程
   D. 高程与方向

2. 道路纵断面图的高程比例尺通常比水平距离比例尺（　　）。
   A. 小一倍
   B. 小 10 倍
   C. 大一倍
   D. 大 10 倍

3. 若地形点在图上的最大距离不能超过 3 cm，对于比例尺为 1/500 的地形图，相应地形点在实地的最大距离应为（　　）m。
   A. 15
   B. 20
   C. 30
   D. 25

4. 图 7-25 所示为某地形图的一部分，各等高线高程如图 7-25 所示，A 点位于线段 MN 上，点 A 到点 M 和点 N 的图上水平距离为 $MA=3$ mm，$NA=7$ mm，则 A 点高程为（　　）m。
   A. 26.3
   B. 26.7
   C. 27.3
   D. 27.7

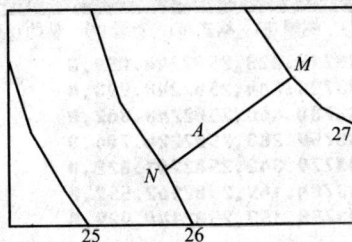

图 7-25　等高线图

5. 根据需要，在图上表示的最小距离不大于实地 0.5 m，则测图比例尺不应小于（　　）。
   A. 1∶500
   B. 1∶1 000
   C. 1∶2 000
   D. 1∶5 000

6. 在 1∶1 000 比例尺地形图上，量得某一电厂的面积为 50 cm²，实地面积是（　　）km²。
   A. 0.005
   B. 0.05
   C. 0.5
   D. 5

四、计算题

1. 试在谷歌地球上获取徐州云龙湖的图像并测量一条基准距离，将获取的图像文件引入 AutoCAD，使用基准距离校正图像，然后用 CAD 法计算云龙湖的面积与周长。

2. 场地平整范围如图 7-26 方格网所示，方格网的长宽均为 20 m，要求：①计算挖、填平衡的设计高程 h_0 及挖填土方量，并在图上绘制出挖、填平衡的边界线；②计算设计高程 $h_0 = 46$ m 的挖、填土方量；③计算设计高程 $h_0 = 42$ m 的挖、填土方量。

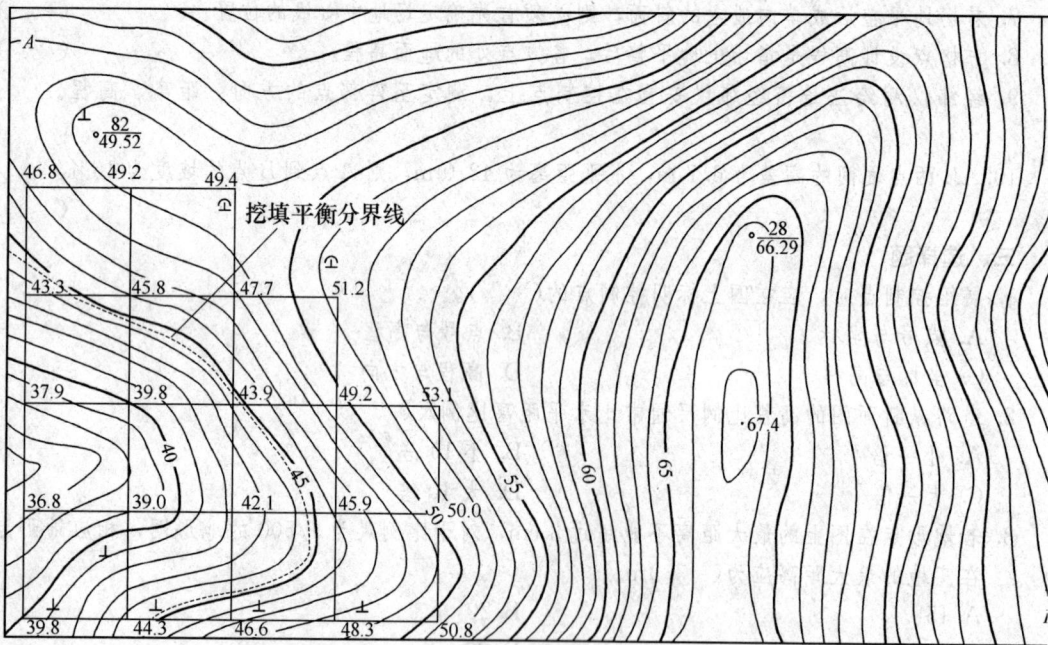

图 7-26　场地平整地形图

3. 已知七边形顶点的平面坐标如图 7-27 所示，分别用 CAD 法计算其周长与面积。

图 7-27　七边形顶点平面坐标

4. 根据图 7-28 所示的等高线，作 AB 方向的断面图。

图 7-28 等高线图

第8章　建筑工程测量

引　言

　　施工场区平整工作完成之后，就进入了基础及主体工程全面实施阶段，各种施工机械、分包单位全部依次或同时进入现场，平行、交叉流水作业，工地呈现出一片生机勃勃但略显杂乱的景象。

　　本章主要介绍建筑工程施工测量的基本知识、建筑工程平面及高程定位测量的有关知识，同时介绍使用经纬仪和钢尺、全站仪等放样平面点位及轴线，高程放样、坡度放样等内容。

学习目标

　　通过本章学习，能够：

1. 了解建筑工程施工测量的目的、内容和原则；
2. 熟悉已知边长、角度、点位的放样方法；
3. 掌握布设场地控制网的方法，熟练掌握工程定位与放线的方法；
4. 会编制建筑物沉降观测方案，并能组织实施；
5. 会分析沉降观测数据，根据分析结果采取适当应对措施；
6. 熟悉建筑物倾斜及裂缝、水平位移等变形观测的方法；
7. 掌握多层及高层民用建筑、工业建筑、高耸建筑工作测量基本技能；
8. 熟悉竣工测量的目的、内容和竣工总平面图的编绘方法。

文献导读

　　花园新城2号地块1#、2#、3#楼，总建筑面积约为56 100.5 m²。其包括地下两层、主体28层，建筑总高度为89.70 m，地下两层面积为16 248.29 m²，地上28层面积为39 852.2 m²。结构形式为高层剪力墙、框架结构。±0.000标高相当于黄海高程标高399.7 m。

　　××建筑工程有限公司通过竞标获得该项目的建筑权，该建筑公司测绘队承担了整个工程的施工测量任务。

8.1　施工测量概述

学习目标

1. 了解建筑工程施工测量的目的、内容和原则；
2. 掌握施工测量的特点。

施工测量。

8.1.1 施工测量的目的和内容

1. 施工测量的目的

施工测量的目的是将设计的建(构)筑物的平面位置和高程,按设计要求以一定的精度测设在地面上,作为施工的依据,并在施工过程中进行一系列的测量工作,以衔接和指导各工序之间的施工。

施工测量贯穿于整个施工过程中,从场地平整、建筑物定位、基础施工到建筑物构件的安装。有些高大或特殊的建筑物建成后,还要定期进行变形观测。

2. 施工测量的主要内容

(1)在施工前建立施工控制网。

(2)熟悉设计图纸,按设计和施工要求对建(构)筑物进行放样。

(3)检查并验收,每道工序完成后应进行测量检查。

(4)变形观测。

8.1.2 施工测量的特点和原则

1. 施工测量的特点

测绘地形图是将地面上的地物、地貌测绘在图纸上,而施工放样则与它相反,是将设计图纸上的建(构)筑物按其设计位置测设到相应的地面上。

测设精度的要求取决于建(构)筑物的大小、材料、用途和施工方法等因素。一般高层建筑物的测设精度应高于低层建筑物,钢结构厂房的测设精度应高于钢筋混凝土结构厂房,装配式建筑物的测设精度应高于非装配式建筑物。

施工测量工作与工程质量及施工进度有着密切的联系。各种测量标志必须埋设稳固且在不容易破坏的位置。

施工测量的特点可归纳为:目的不同,精度要求不同,测量工序与施工工序相关,受施工干扰。

2. 施工测量的原则

为了保证建筑物的相对位置及内部尺寸能满足设计要求,施工测量必须坚持"从整体到局部,先控制后碎部"的原则。即先在施工现场建立统一的平面控制网和高程控制网,然后以此为基础,测设出各个建(构)筑物的位置。

施工测量的检核工作也很重要,必须采用各种不同的方法加强外业和内业的检核工作。

8.1.3 建筑物施工放样、轴线投测和标高传递的允许偏差

《工程测量规范》(GB 50026—2007)规定,建筑物施工放样、轴线投测和标高传递的偏差不应超过表 8-1 的规定。

表 8-1　建筑物施工放样、轴线投测和标高传递的允许偏差

项目	内容		允许偏差/mm
基础桩位放样	单排桩或群桩中的边桩		±10
	群桩		±20
各施工层上放线	外廓主轴线长度 L/m	$L \leqslant 30$	±5
		$30 < L \leqslant 60$	±10
		$60 < L \leqslant 90$	±15
		$90 < L$	±20
	细部轴线		±2
	承重墙、梁、柱边线		±3
	非承重墙边线		±3
	门窗洞口线		±3
轴线竖向投测	每层		3
	总高 H/m	$H \leqslant 30$	5
		$30 < H \leqslant 60$	10
		$60 < H \leqslant 90$	15
		$90 < H \leqslant 120$	20
		$120 < H \leqslant 150$	25
		$150 < H$	30
标高竖向传递	每层		±3
	总高 H/m	$H \leqslant 30$	±5
		$30 < H \leqslant 60$	±10
		$60 < H \leqslant 90$	±15
		$90 < H \leqslant 120$	±20
		$120 < H \leqslant 150$	±25
		$150 < H$	±30

施工层标高的传递，宜采用悬挂钢尺代替水准尺的水准测量方法进行，并应对钢尺读数进行温度改正、尺长改正和拉力改正；传递点的数目根据建筑物的大小一般从 2～3 处分别向上传递。

施工层轴线的投测，宜使用 2″ 级激光经纬仪或激光铅直仪进行。

📖 课后讨论

1. 施工测量的目的是什么?
2. 施工测量的主要内容是什么?
3. 简述施工测量的特点。
4. 施工测量的原则是什么?

8.2 测设的基本工作

📖 学习目标

1. 熟悉已知边长的放样方法;
2. 熟悉已知角度的放样方法;
3. 熟悉已知点位的放样方法。

📖 关键概念

建筑物放样。

📖 提　示

建筑施工测量的基本任务是按照设计要求,将建筑物的位置测设到地面上,并配合施工以保证工程质量。

8.2.1 已知水平距离的测设

将设计水平距离测设在给定的方向上,沿给定方向量出设计的水平距离,定出终点。使用的仪器和工具为钢尺、测距仪或全站仪。

1. 普通钢尺法(一般方法,普通精度)

如图 8-1 所示,宜用于所测设长度小于一个整尺段的水平距离、地面较平坦且精度要求又较低的情况。

由起始点 A 开始,沿给出的已知方向 AC,按已知水平距离,用一般丈量距离的方法定出端点 B,然后再往、返丈量 AB 的水平距离,若往、返较差在容许范围内,则取其平均值作为最后结果。

2. 精密钢尺法(精密方法,较高精度)

如图 8-2 所示,宜用于所测设长度相对较长(大于一个整尺段)的水平距离且精度要求又较高的情况。

图 8-1　测设水平距离(钢尺普通)

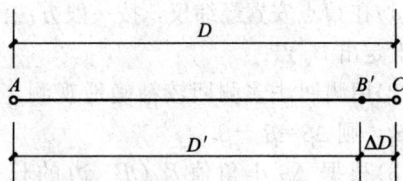

图 8-2　测设水平距离(钢尺精密)

可先按已知水平距离 D，用一般方法在地面上概略定出 B' 点，然后使用经纬仪定线、精密量距（钢尺零端施以检定时的拉力，观测量距温度，测量尺两端高差，错尺往、返丈量），进行尺长、温度、拉力、倾斜等改正，精确量取 AB' 的水平距离 D'，若 D' 与 D 不相等，则按其差值 $\Delta D = D' - D$，以 B' 点为准沿 AB' 方向进行改正。当 ΔD 为正时，向内改正；反之则向外改正。

3. 测距仪法

如图 8-3 所示，在 A 点安置测距仪（或全站仪），在 AC 方向测设距离，应使加气象改正与倾斜改正后的距离等于设计水平距离。

首先在已知方向线上标定一点 C，使点 C 在待定点 C_0 的附近。然后用光电测距仪测算出 AC 的水平距离 D，并求出改正值 $\Delta D = D - D_0$。最后用钢尺按此改正值定出终点 C_0，使 $AC_0 = D_0$。

为了检查 AC_0 长度的正确性和标定精度，可

图 8-3　测距仪精密测设水平距离

用光电测距仪检测 AC_0 距离，并与设计值比较，其差值不应超过所要求的精度。

光电测距仪如有跟踪功能，可用跟踪法在测设方向前后移动反光棱镜来寻找略大于测设距离的 C 点，然后在 C 点设置反光棱镜，按上述方法测距并改正 C 点至 C_0 点。

8.2.2　已知水平角度的测设

测设已知水平角，是根据地面上已有的一个方向标定出另一个方向，使两个方向间的水平角等于已知水平角值 β。使用仪器为经纬仪或全站仪。

1. 正倒镜分中法（一般方法）

对于精度要求不高的水平角测设可用此方法。如图 8-4 所示，AB 为已知方向，A 为角顶点，β 为已知水平角值，AC 为要标定的方向。其测设步骤如下：

（1）安置经纬仪于 A 点，用盘左位置后视 B 点，读取水平度盘读数 a；

（2）顺时针转动照准部，使水平度盘读数置于 $(\beta + a)$ 处，在视线方向上定出点 C'；

（3）用盘右位置后视 B 点，按同方法可定出 C''；

（4）取两点 C'、C'' 连线中点 C，则 $\angle BAC$ 即要测设的水平角 β，此方法又称盘左、盘右分中法；

图 8-4　正倒镜分中法测设水平角度

（5）为检查该水平角的正确性，可测一测回进行检查，看是否符合要求。

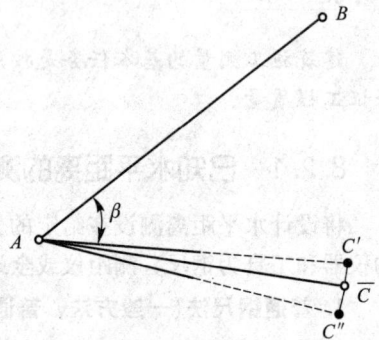

2. 多测回修正法（归化法，精确方法）

对于精度要求较高时，采用此方法，如图 8-5 所示。其测设步骤如下：

（1）在 O 点安置经纬仪，按一般方法测设出水平角，在地面上定出 B_1 点。

（2）用测回法多测回较精确地观测 $\angle AOB_1$，取其平均值为 β_1，则 $\Delta \beta = \beta_1 - \beta$。

（3）根据 $\Delta \beta$ 小角值及 OB_1 边的长度计算出垂直距离 BB_1：

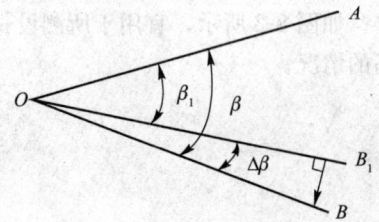

图 8-5　归化法精确测设水平角度

$$BB_1 = OB_1 \cdot \tan\Delta\beta \approx OB_1 \cdot \frac{\Delta\beta}{\rho} \qquad (8\text{-}1)$$

式中，$\rho = 206\ 265''$。

然后，从 B_1 点起沿 OB_1 边的垂直方向量出垂距 BB_1，定出 B 点。

量取改正距离时，如 $\Delta\beta$ 为正，则沿 OB_1 的垂直方向向内量取；如 $\Delta\beta$ 为负，则沿 OB_1 的垂直方向向外量取。

(4)测量 $\angle AOB$ 角，以检核测设的正确性。

【例 8-1】 要测设水平角 $\beta = 60°$，实际测得 $\beta' = 60°00'20''$，$OB_1 = 100.000$ m；则 $\Delta\beta = \beta_1 - \beta = +20''$，$BB_1 = 100.000 \times (+20''/206\ 265'') = +0.010$ m。

然后，过 B_1 点垂直于 OB_1 向内量取 0.010 m，定出 B 点，则 $\angle AOB$ 即为要测设的 β 角。

8.2.3 已知高程点的测设

高程点的测设是根据已给定的点位，利用施工现场已有的水准点，用水准测量的方法，在给定的点位上标出设计高程的位置。

1. 在地面上测设已知高程

如图 8-6 所示，已知水准点 A 的高程 $H_A = 75.451$ m，B 为建筑物室内地坪 ±0.000 m 待测点，设计标高为 $H_B = 75.258$ m。为此在 A、B 两点之间安置水准仪，先在 A 点立水准尺，读取后视读数 $a = 1.437$ m，由此得仪器视线高程为

$$H_i = H_A + a = 75.451 + 1.437 = 76.888(\text{m})$$

要使 B 桩高程为 75.258 m，则 B 尺的读数应为

$$b = H_i - H_B = 76.888 - 75.258 = 1.630(\text{m})$$

具体做法：将水准尺紧靠 B 桩一侧，上、下移动标尺，直至水准仪在尺上读数恰好 $b = 1.630$ m 时，紧靠尺底在 B 桩上划一红线，该红线的高程即要标定的高程。

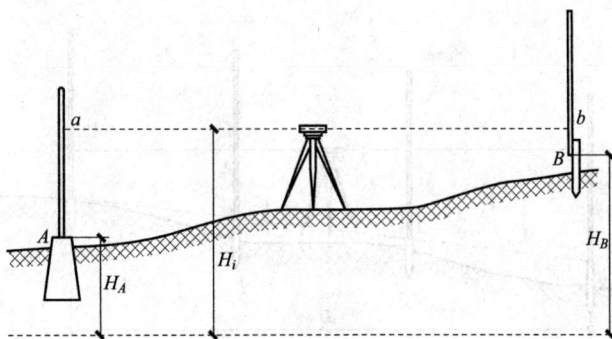

图 8-6 高程的测设

2. 高程传递

当测设的高程点与水准点之间的高差很大时，可用悬挂的钢尺来代替水准尺，以测设给定的高程。

如图 8-7 所示，欲向基坑内测设高程为 H_B 的 B 点，地面水准点 A 的高程为 H_A，则可在基坑边设一吊杆悬挂钢尺，钢尺零端吊一与钢尺检定时拉力相等的重物。测设时，A 点竖立标尺，用水准仪后视标尺读数为 a_1，前视钢尺读数为 b_1。在基坑内安置另一水准仪，读出钢尺读数 a_2，假设 B 点水准尺上的读数为 b_2，则有 $H_B - H_A = h_{AB} = (a_1 - b_1) + a_2 - b_2$，由此可得

出 b_2 为

$$b_2 = a_2 + (a_1 - b_1) - (H_B - H_A)$$

则钢尺零刻划线的高程即测设高程 H_B。

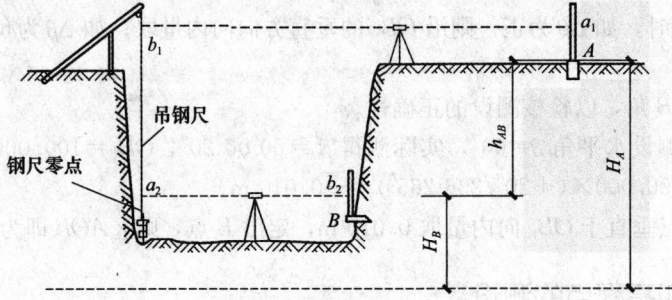

图 8-7　基坑内的高程测设

当向较高的建筑物 B 处传递高程时，方法与向深基坑传递高程类似。

8.2.4　已知坡度线的测设

在铺设管道、修筑道路等工程中，经常需要在地面上测设给定的坡度线。测设已知的坡度线时，如果坡度较小，一般采用水准仪；坡度较大时，则采用经纬仪。测设方法通常有水平视线法和倾斜视线法。

1. 水平视线法

当测设的坡度较小时，采用水准仪进行标定。如图 8-8 所示，A、B 为设计坡度线的两端点，其设计高程分别为 H_A、H_B，AB 设计坡度为 i。为了施工方便，在 AB 方向上每隔距离 d 打一木桩，要求在木桩上标定出坡度为 i 的坡度线。其方法如下：

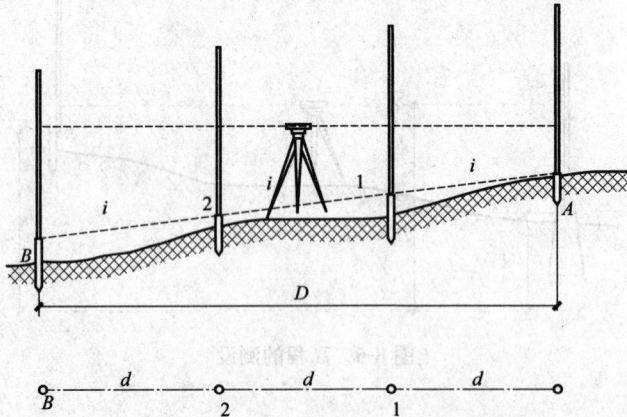

图 8-8　水平视线法测设坡度

(1)沿 AB 方向桩定出间距为 d 的中间桩 1、2、3…的位置。

(2)计算各桩的设计高程：

1 点的设计高程　　　$H_1 = H_A + i \times d$

2 点的设计高程　　　$H_2 = H_1 + i \times d$

3 点的设计高程　　　$H_3 = H_2 + i \times d$

...

B 点的设计高程　　　$H_B = H_3 + i \times d$

或以 $H_B = H_A + i \times d$ 作为检核。

注意坡度 i 的正、负，计算设计高程时同其符号一并运算。

（3）安置水准仪，后视 A 点标尺读数为 a，得仪器视线高 $H_i = H_A + a$，然后根据各点设计高程，计算各点的应读前视尺读数 $b_i = H_i - H_{设}$（$i=1$、2、3…）。

（4）将水准尺分别贴靠在各木桩的侧面，上、下移动尺子，当水准仪中丝读数为 b_i 时，水准尺的零点即各点的测设高程；或立尺于桩顶，读得前视读数 b，再根据 b_i 与 b 之差，自桩顶向下量取画线。

2. 倾斜视线法

当测设的坡度较大时，用经纬仪进行标定。

如图 8-9 所示，A、B 为设计坡度线的两端点，其设计坡度为 $-i‰$，具体测设方法如下：

（1）根据设计坡度 $-i‰$ 与标定点至已知高程点之间的距离，求出标定点 B 的高程 $H_B = H_A - i‰ \times D_{AB}$，用标定已知高程的方法标定出 B 点。

（2）安置仪器于 A 点处，量取仪器高 i，用望远镜照准 B 点的水准尺，使中丝读数为 i，固定望远镜和照准部。此时经纬仪视线与设计坡度线平行。

（3）分别在中间点 1、2 处竖立水准尺并上下移动，当仪器中丝读数为 i 时，水准尺的零点即 1、2 点的测设高程。

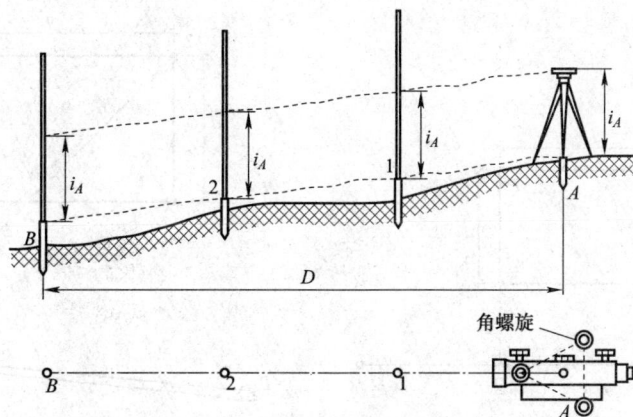

图 8-9　倾斜视线法测设坡度

8.2.5　点的平面位置测设

建筑物平面位置测设的方法主要有直角坐标法、极坐标法、角度交会法和距离交会法等。

1. 直角坐标法

直角坐标法是根据直角坐标原理进行点的平面位置测设的一种方法。当施工现场已建立互相垂直的主轴线或建筑方格网线，而待测建筑物轴线平行于主轴线或格网线且与其相距较近时，常用直角坐标法测设点位。其测设步骤如下：

(1)计算测设要素。如图 8-10 所示，BO、OA 为现场已有的建筑基线，M、N、P、Q 为要测设的建筑物的四个角点。根据设计给定该建筑物的四点的坐标和 O 点的坐标，按式(8-2)可求出测设距离值 Δx_M、Δy_M：

$$\Delta x_M = x_M - x_O$$
$$\Delta y_M = y_M - y_O$$
$$(8-2)$$

(2)测设方法。

1)安置经纬仪于 O 点上，照准 A 点，沿 OA 方向线用钢尺精确量取水平距离 $OM_y = \Delta y_M$ 得 M_y 点。

2)再将经纬仪安置于 M_y 点，测设 $\angle AM_yM = 270°$，沿 M_yM 方向线用钢尺精确测设水平距离 $M_yM = \Delta x_M$，所得点即需测设的建筑物角点 M。

3)同方法可标定出其他三点 N、P、Q 点。

4)最后应观测四边形的四个内角，检查各内角是否等于 90°；或者丈量两个对角线长度检核是否等于设计长度。上述检核如果证明点位测设有误，应找出原因重新放样。

2. 极坐标法

极坐标法是根据水平角和距离测设点的平面位置的一种方法，适用于待定点附近有已知平面控制点，且便于量距的场地。方法如下：

(1)计算测设要素。如图 8-11 所示，A、B 为已知控制点，其坐标为 (x_A, y_B)、(x_B, y_B)，点 1、2、3、4 为设计的建筑物角点，坐标分别为 (x_1, y_1)、(x_2, y_2)…。按式(8-3)根据坐标反算求出测设数据 β_1 和水平距离 D_{A1}。

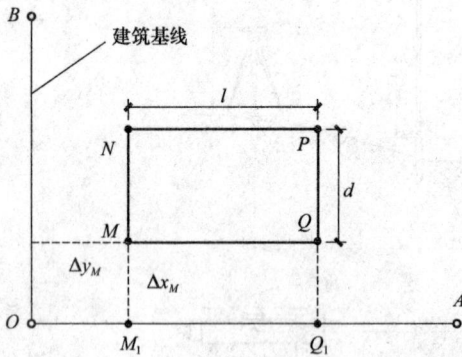

图 8-10　直角坐标法测设点的平面位置

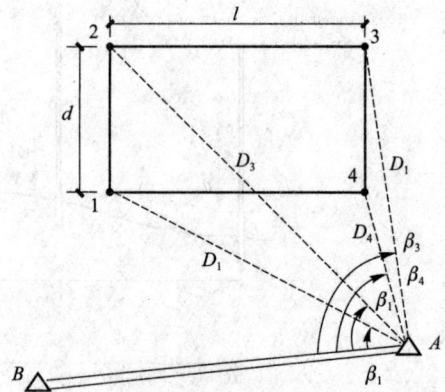

图 8-11　极坐标法测设点的平面位置

$$\alpha_{AB} = \arctan \frac{y_B - y_A}{x_B - x_A}$$

$$\alpha_{A1} = \arctan \frac{y_1 - y_A}{x_1 - x_A}$$
$$(8-3)$$

$$\beta_1 = \alpha_{A1} - \alpha_{AB}$$

$$D_{A1} = \frac{y_1 - y_A}{\sin\alpha_{A1}} = \frac{x_1 - x_A}{\cos\alpha_{A1}} = \sqrt{\Delta x_{A1}^2 + \Delta y_{A1}^2}$$

(2)测设方法。在 A 点安置经纬仪，以 AB 为起始方向，以测设角度的方法测设水平角 β_1，定出 A_1 方向，沿此方向再用测设距离的方法测设距离 D_{A1} 定出 1 点。以此类推，可定出其余各点。

【例 8-2】 已知控制点 A、B 的坐标分别为 $x_A = 1\ 125.605\ \text{m}$，$y_A = 1\ 743.644\ \text{m}$，$x_B = 1\ 075.364\ \text{m}$，$y_B = 1\ 839.642\ \text{m}$；待测设点 P 的坐标 $x_P = 1\ 016.823\ \text{m}$，$y_P = 1\ 778.345\ \text{m}$。试计算测设要素水平角 β 和水平距离 D。

【解】

$$\alpha_{AB} = \arctan \frac{y_B - y_A}{x_B - x_A} = \arctan \frac{95.998}{-50.241} = 117°37'32''$$

$$\alpha_{AP} = \arctan \frac{y_P - y_A}{x_P - x_A} = \arctan \frac{34.701}{-108.782} = 162°18'27''$$

$$\beta = \alpha_{AP} - \alpha_{AB} = 44°40'55''$$

$$D_{AP} = \sqrt{\Delta x_{AP}^2 + \Delta y_{AP}^2} = \sqrt{34.701^2 + (-108.782)^2} = 114.183(\text{m})$$

3. 角度交会法

角度交会法是在两个控制点上用两台经纬仪测设出两个已知水平角所定的两条方向线，交会出点的平面位置的一种方法。此方法适用于待测点距离控制点较远或量距较困难的场地。

(1)计算测设要素。如图 8-12 所示，A、B 为已知控制点，P 为待测设点，其坐标分别为 (x_A, y_A)、(x_B, y_B)、(x_P, y_P)。用角度交会法测设 P 点的测设要素，按式(8-4)计算求得：

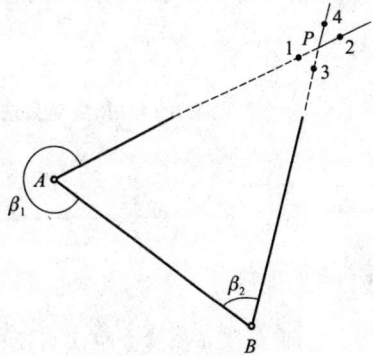

$$\alpha_{AP} = \arctan \frac{y_P - y_A}{x_P - x_A}$$

$$\alpha_{BP} = \arctan \frac{y_P - y_B}{x_P - x_B} \qquad (8\text{-}4)$$

$$\alpha_{BA} = \arctan \frac{y_A - y_B}{x_A - x_B}$$

$$\beta_1 = \alpha_{AP} - \alpha_{AB}$$

$$\beta_2 = \alpha_{BP} - \alpha_{BA}$$

图 8-12　角度交会法测设点的平面位置

(2)测设方法。

1)在 A 点安置经纬仪，测设出 β_1 角的方向线，在此方向线上于 P 点前后定出两点 1 和 2。

2)再将经纬仪安置于 B 点，测设 β_2 角的方向线，并在方向线上定出 3 和 4 点，连接 1、2 及 3、4，其交点即 P 点的位置。

3)也可用两台经纬仪分别安置在 A、B 两点，同时测设 β_1 和 β_2 角的方向线，其交点即待定点 P 的平面位置。

为了提高点位放样的精度，常采用三方向(或多方向)进行交会，如图 8-13 所示，由于测设交会角度误差的影响，在交会点处三个方向将不能交于一点而产生示误三角形。当误差三角形的边长不超过 4 cm 时，可取误差三角形的重心(三条中线的交点/内切圆圆心)作为所求 P 点的最终点位。

若误差三角形的边长超限，则应重新放样。

4. 距离交会法

距离交会法是在控制点上根据各测设已知长度交会出点的平面位置。此方法适用于待定点与两控制点距离不超过一整尺长，且地面平坦便于量距的场地。

(1)计算测设要素。如图 8-14 所示，先根据已知点 A、B 及待定点 P 的坐标 (x_A, y_A)、(x_B, y_B)、(x_P, y_P)，用坐标反算公式求出水平距离 D_{AP} 和 D_{BP}。

（2）测设方法。测设时用两把钢尺，分别以 A、B 两点为圆心，以 D_{AP} 和 D_{BP} 为半径，在钢尺水平的情况下摆动钢尺画弧，两弧的交点即标定点 P。此方法精度较低。

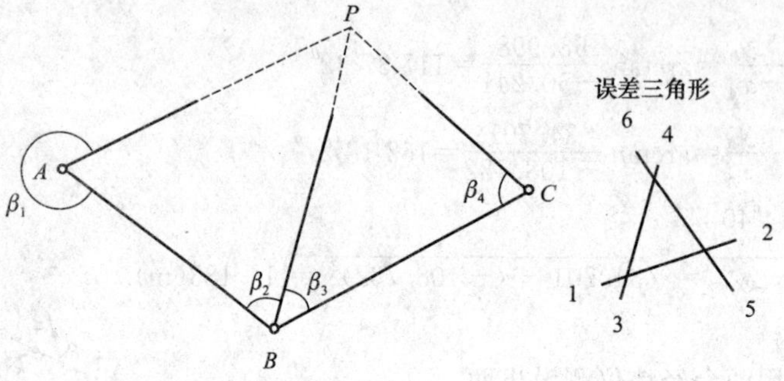

图 8-13　角度交会法示误三角形

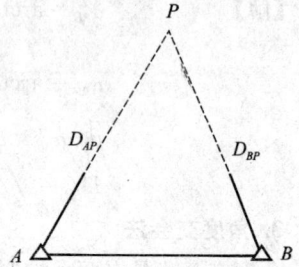

图 8-14　距离交会法测设点的平面位置

课后讨论

1. 画图叙述正倒镜分中法测设已知角度。
2. 简述归化法放样已知距离的方法步骤。
3. 如何控制基槽开挖深度？
4. 如何使用皮数杆控制基础标高和墙体标高？
5. 如何向深基坑、高层建筑传递标高？
6. 放样已知坡度有哪几种？如何进行？
7. 平面点位放样的方法有哪些？各适应在什么场合？

8.3　建筑施工控制测量

学习目标

1. 了解建筑物测设平面位置的准备工作；
2. 掌握建筑场地控制测量的方法。

关键概念

建筑施工控制网、建筑基线、建筑方格网。

8.3.1　施工控制网概述

在勘测时期建立的控制网，由于它是为测图而建立的，未考虑施工的要求，以及控制点的分布、密度和精度，故难以满足施工测量的要求。另外，由于平整场地控制点大多被破坏，因此，在施工之前，为了保证各类建（构）筑物的平面及高程位置能够按设计要求，合理精确地标定到实地，互相连成统一的整体，必须重新建立统一的平面和高程施工控制网，以测设建（构）筑物的位置。

遵循"由整体到局部，先控制后碎部"的原则，建立施工控制网，可利用原场地内的平面与高程控制（点）网。当原场地内的控制（点）网在密度、精度上不能满足施工测量的技术要求时，应重新建立统一的施工平面控制网和高程控制网。

施工控制网的布设形式，应以经济、合理和适用为原则，根据建筑设计总平面图和施工现场的地形条件来确定。

(1)控制范围小，控制点的密度大，精度要求高。与测图的范围相比，工程施工场区范围比较小，各种建筑物布置复杂，没有密度足够的控制点无法满足施工放样工作的要求。

施工控制网的主要任务是进行建筑物轴线的放样。这些轴线的位置偏差都有一定的限值，《工程测量规范》（GB 50026—2007）规定，建筑物施工放样外廓主轴线的允许误差为 $\pm5\sim20$ mm，细部轴线允许误差为 2 mm。因此，施工控制网的精度比测图控制网的精度要高很多。

(2)受施工干扰较大，使用频繁。平行施工交叉作业的建设流程，使场区高度相差悬殊的各种建筑在同时施工；施工机械的设置（如起重机、建筑材料运输机、混凝土搅拌机等），妨碍了控制点之间的相互通视；控制点容易被碰动、不易保存。因此，应恰当分布施工控制点的位置，易于通视和长久保存，要有足够的密度，必须埋设稳固（图 8-15），以方便长期使用。

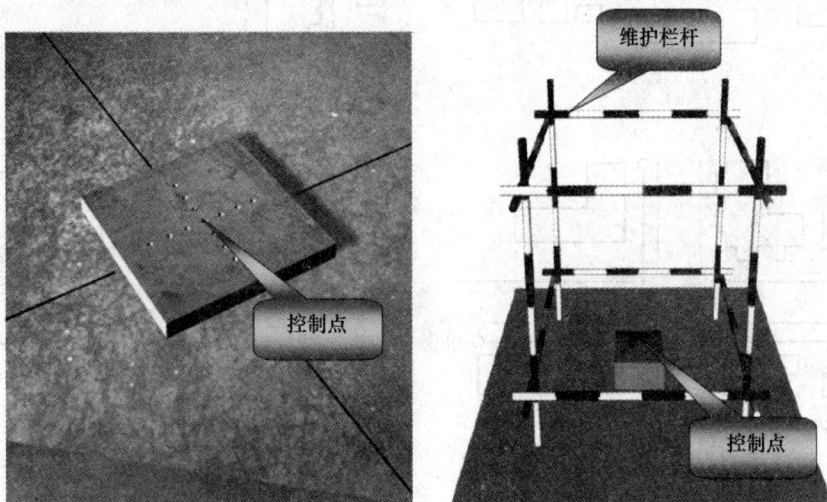

图 8-15 控制点埋设与保护

(3)布网等级宜采用两级布设。相对于各自轴线的细部要求，其精度远高于建筑物轴线之间几何关系的要求。因此，在布设施工控制网时，一般采用两级布网的方案。

首先建立布满整个场区的全局控制网，服务于各建筑物的主要轴线放样。然后，为了进行厂房或主要生产设备的细部轴线放样，根据厂房主轴线建立厂房矩形控制网。

由于上述特点，要求施工控制网的布设应作为整个工程施工设计的一部分。布网时，必须考虑施工的程序、方法，以及施工场地的布置情况。施工控制网的设计点位应标在施工设计的总平面图上。

8.3.2 平面控制网的布设

根据场地地形条件和建(构)筑物的布置情况，布设成建筑基线、建筑方格网、导线网或三角网及 GPS 网。

在面积不大又不十分复杂的建筑场地上，常布置一条或几条基线，作为施工测量平面控制基准线，称为建筑基线；在大中型建筑场地上，由正方形或矩形组成的施工控制网，称为建筑方格网。下面简单地介绍这两种控制形式。

1. 建筑基线的布置

建筑基线的布置适用于建筑设计总平面图布置比较简单的小型建筑场地。

建筑基线的布置是根据建筑物的分布、场地的地形和原有控制点的状况而选定的。建筑基线应靠近主要建筑物，并与其长轴线平行或若干条与其短轴线垂直，以便采用直角坐标法进行测设。建筑基线的布设形式是根据建筑物的分布、场地地形等因素来确定的。如图 8-16 所示，其常见的形式有三点"一"字直线形、三点"L"字直角形、四点"T、丁"字形和五点"十"字形。

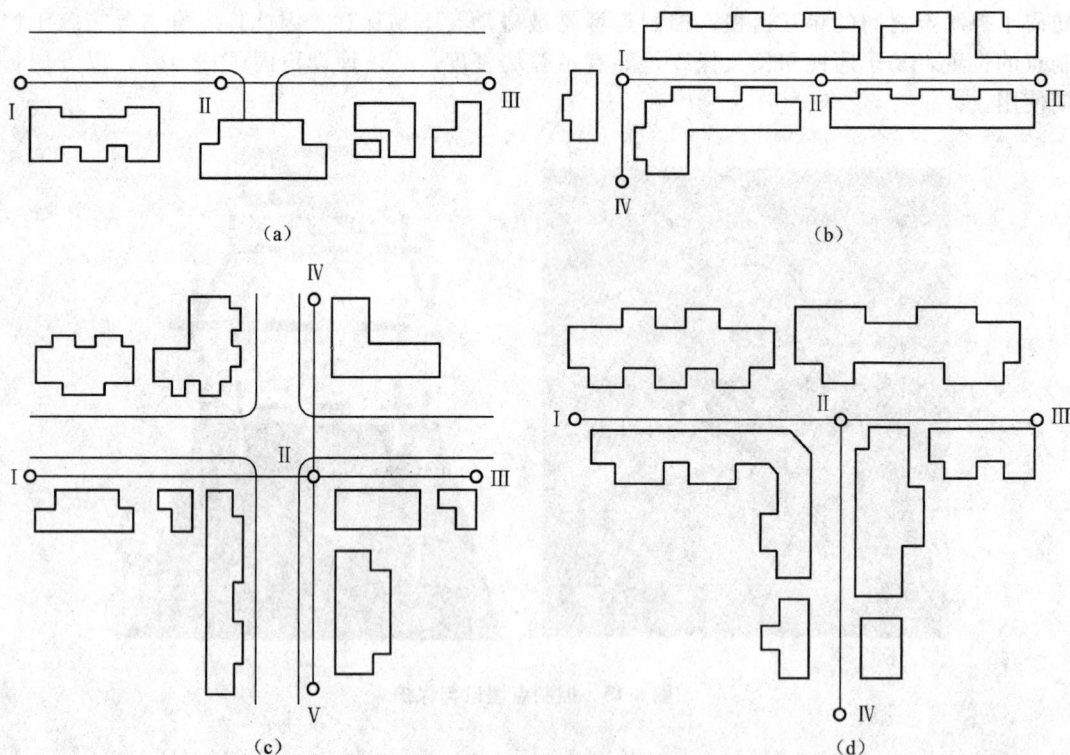

图 8-16 建筑基线

为了便于检查建筑基线点有无变动，基线点数不应少于三个。布网时，建筑基线要平行或垂直于主要建筑物的轴线，以便用直角坐标法进行建筑物的定位放线工作。基线点位应选择在通视良好和不易被破坏的地方，且要设置成永久性控制点，如设置成混凝土桩或石桩。

2. 建筑方格网的坐标系统与布设

(1)建筑方格网的坐标系统。如图 8-17 所示，设计和施工部门，为了工作上的方便，常采用一种独立坐标系统，其坐标系的正交轴平行或垂直于建筑物的主轴线，称为施工坐标系或者建筑坐标系。

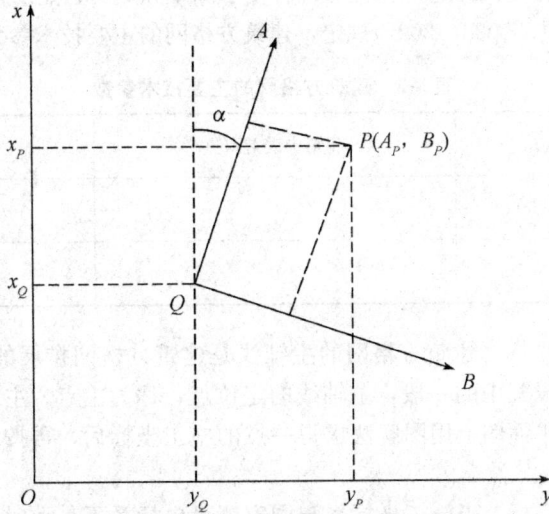

图 8-17 施工与测图坐标系的关系

施工坐标系的纵轴通常用 A 表示，横轴用 B 表示，施工坐标也用 A、B 坐标。

施工坐标系的 A 轴和 B 轴，也可与厂区主要建筑物或主要道路、管线方向平行。坐标原点设置在总平面图的西南角，使所有建(构)筑物的设计坐标均为正值。施工坐标系与国家测量坐标系之间的关系，可用施工坐标系原点的测量系坐标来确定。在进行施工测量时，上述数据由勘测设计单位给出。

(2)建筑方格网的布设。

1)建筑方格网的布置和主轴线的选择。如图 8-18 所示，建筑方格网的布置应根据建筑设计总平面图上各建(构)筑物、道路及各种管线的布设情况，结合现场的地形情况拟定。布置时应先选定建筑方格网的主轴线，然后布置方格网。方格网的形式可布置成正方形或矩形。当场区面积较大时，常分两级。首级可采用"十"字形、"口"字形或"田"字形，然后再加密方格网。当场区面积不大时，应尽量布置成全面方格网。

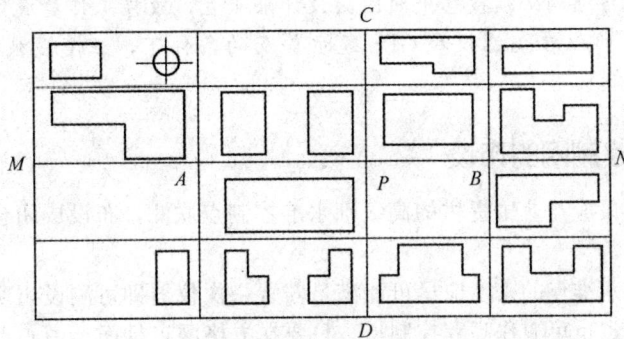

图 8-18 建筑方格网

布网时，方格网的主轴线应布设在厂区的中部，并与主要建筑物的基本轴线平行；方格网的折角应严格呈 90°；方格网的边长一般为 100~200 m，边长的相对精度一般为 1/10 000~1/20 000；矩形方格网的边长视建筑物的大小和分布而定，为了便于使用，边长应尽可能为 50 m 或它的整倍数；按照实际地形布设，使控制点便于测角、量距，并使埋设标桩的高程与场地的设计标高比较接近；方格网的边应保证通视且便于测距和测角，点的标志应能长期保存。

《工程测量规范》(GB 50026—2007)规定，建筑方格网的主要技术参数见表 8-2。

表 8-2　建筑方格网的主要技术参数

等级	边长/m	测角中误差/(″)	边长相对中误差
一级	100~300	5	≤1/30 000
二级	100~300	8	≤1/20 000

2)确定主点的施工坐标。建筑方格网的主轴线是建筑方格网扩展的基础。当场区较大时，主轴线较长，一般只测设其中的一段，主轴线的定位点，称为主点。主点的施工坐标一般由设计单位给出，也可在总平面图上用图解法求得一点的施工坐标后，再按主轴线的长度推算其他主点的施工坐标。

3)求算主点的测量坐标。当施工坐标系与国家测量坐标系不一致时，在施工方格网测设之前应将主点的施工坐标换算为测量坐标，以便求算测设数据。

若将 P 点的施工坐标转化为测图坐标，则其换算公式为

$$\begin{cases} x_P = x_Q + A_P \cos\alpha - B_P \sin\alpha \\ y_P = y_Q + A_P \sin\alpha + B_P \sin\alpha \end{cases}$$

若将 P 点的测图坐标转化为施工坐标，则其换算公式为

$$\begin{cases} A_P = (x_P - x_Q)\cos\alpha + (y_P - y_Q)\sin\alpha \\ B_P = -(x_P - x_Q)\sin\alpha + (y_P - y_Q)\cos\alpha \end{cases}$$

式中　α——两坐标系之间的夹角。

提　示

优点：由于建筑方格网的轴线与建筑物轴线平行或垂直，因此，用直角坐标法进行建筑物的定位、放线较为方便，且精度较高。

缺点：由于建筑方格网必须按总平面图的设计来布置，放样工作量成倍增加，其点位缺乏灵活性，易被毁坏，所以在全站仪和 GPS 逐步普及的条件下，正慢慢被导线网或 GPS 网所代替。

8.3.3　高程控制网的布设

高程控制网的布设应与业主提供的高级别水准控制点联测，布设成闭合水准路线、附合水准路线或结点水准网等。

在建筑场地上，水准点的密度应尽可能满足安置一次仪器即可测设出所需的高程点。一般情况下，建筑方格网点也可兼作高程控制点，只要在方格网点桩面上中心点旁边设置一个突出的半球状标志即可。

一般情况下，采用四等水准测量方法测定各水准点的高程，而对连续生产的车间或下水管

道等，则需采用三等水准测量的方法测定各水准点的高程。

课后讨论

常用的建筑场地平面控制测量方法有哪些？

8.4 建筑施工测量

学习目标

1. 了解工业建筑施工测量的工作内容；
2. 掌握工业建筑基础施工、模板施工、构建安装施工测量的方法；
3. 了解高层建筑施工测量的主要任务；
4. 掌握外控法、内控法轴线传递的方法；
5. 掌握激光垂准仪的使用；
6. 掌握标高传递的方法。

关键概念

工业建筑施工测量的内容、构建安装施工测量、竖向轴线传递、高程传递、内外控方法。

8.4.1 施工测量前的准备工作

在施工测量之前，项目部应建立健全测量组织和质量保证体系，落实检查制度，并核对设计图纸，检查总尺寸和分尺寸是否一致、总平面图和大样详图尺寸是否一致，不符之处要向设计单位提出，并进行修正。然后对施工现场进行实地踏勘，根据实际情况编制测设详图，计算测设数据。对施工测量所使用的仪器、工具应进行检验、校正；否则不能使用。工作中必须注意人身和仪器的安全，特别是在高空和危险地区进行测量时，必须采取防护措施。

1. 了解设计意图并熟悉和核对图纸（图纸会审）

首先通过阅读图纸了解工程全貌和主要设计意图、测量的要求等内容，然后熟悉核对与放样有关的建筑总平面图、建筑物定位图、建筑施工图和结构施工图，主要检查总的尺寸是否与各部分尺寸之和相符、总平面图与大样详图尺寸是否一致，以免出现差错。

2. 进行现场踏勘并校核定位的平面控制点和水准点

了解现场的地物、地貌及控制点的分布情况，调查与施工测量有关的问题。对建筑物地面上的平面控制点，在使用前应校核点位是否正确，并应实地检测水准点的高程。通过校核，取得正确的测量起始数据和点位。

提 示

国家现行政策规定，承包商必须对已知控制点的正确性负责，监理、业主对其正确性不负任何责任。

若在施工场地中，只有2个坐标点和1个高程点作为建（构）筑物定位和定标高的依据，由于没有校核条件，则应通过监理书面向建设单位提出增加校核条件，否则平面及高程定位出现的错误，由承包商承担责任。若业主不予理会，承包商则不承担责任。

3. 制订测设方案

根据设计要求、定位条件、现场地形和施工方案等因素制订测设方案。

如图 8-19 所示，按设计要求，拟建的 3 号建筑物与已有建筑物平行，两相邻墙面相距 18 m，南墙面在一条直线上。因此，可根据已建的 2 号建筑物用直角坐标法进行放样。

图 8-19　建筑物工程定位图

4. 准备测设数据

从下列图纸查取房屋内部平面尺寸和高程数据等必需的测设基础数据：

(1)如图 8-20 所示，从建筑总平面图上查取建筑物定位数据，拟建建筑与原有建筑或控制点之间的平面尺寸和高差。

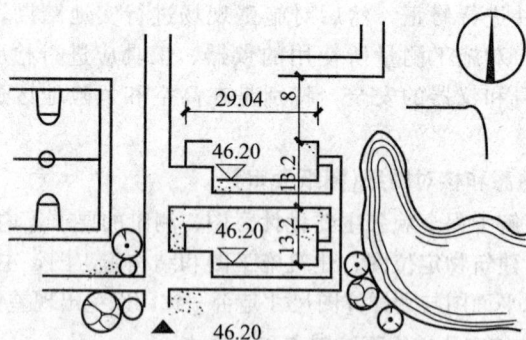

图 8-20　建筑总平面图

(2)如图 8-21 所示，在建筑平面图中查取细部轴线放样数据，建筑物的总尺寸和内部轴线之间的分尺寸。

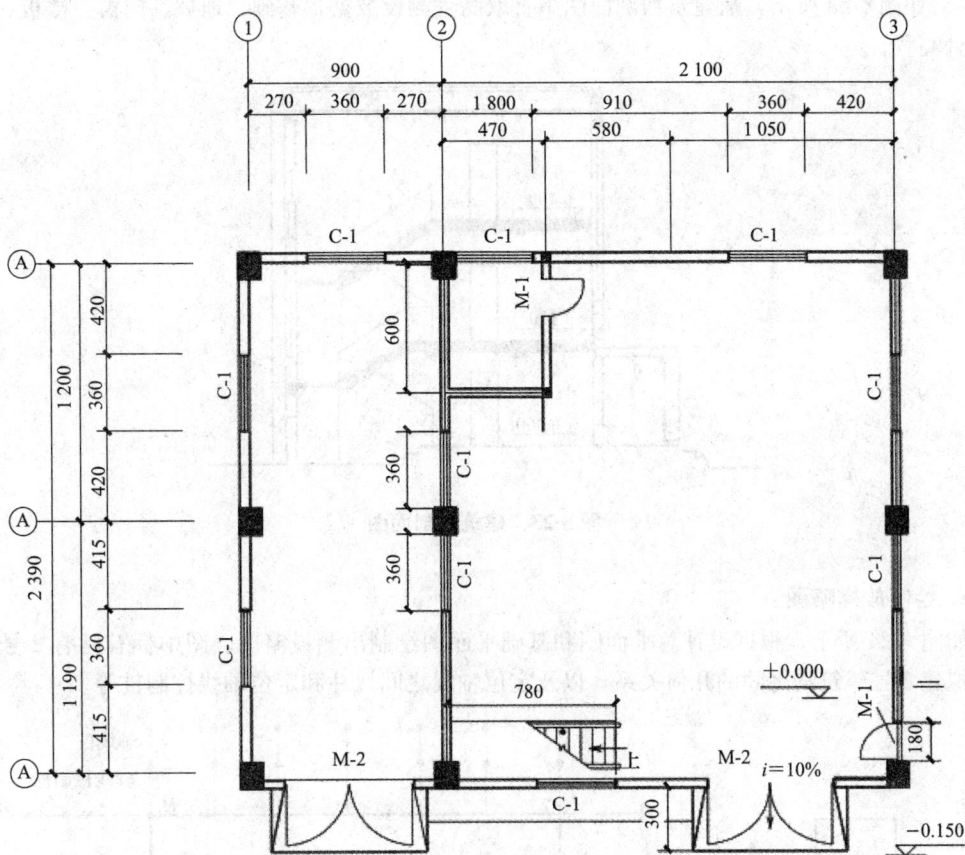

图 8-21　建筑平面图

(3)如图 8-22 所示,从基础平面图中确定定位轴线与基础边线的位置关系。

(4)如图 8-22 所示,从基础详图中查取基础高程测设数据、立面尺寸和设计标高。

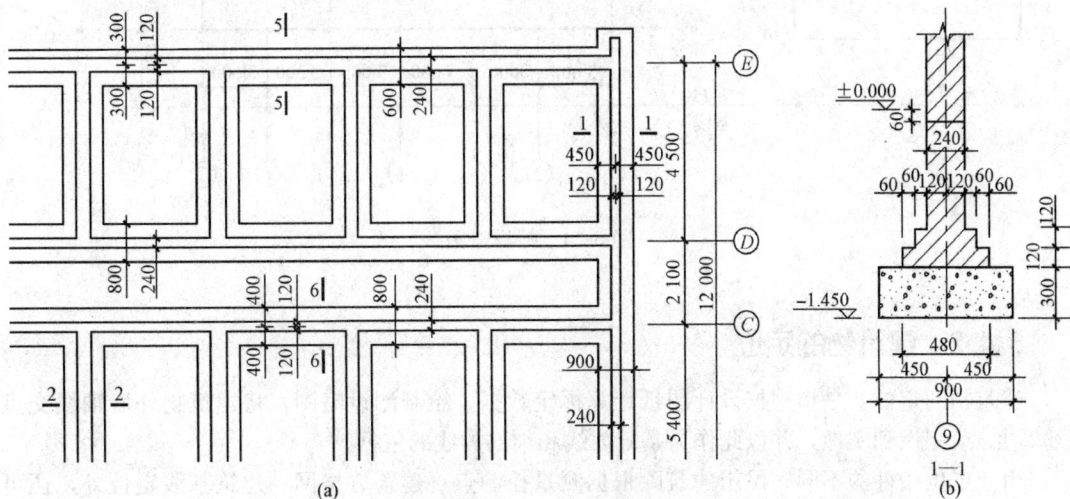

图 8-22　基础平面图及基础详图

(5)如图 8-23 所示，从建筑物剖面图中查取高程测设数据，基础、地坪、门窗、楼板、屋面等设计高程。

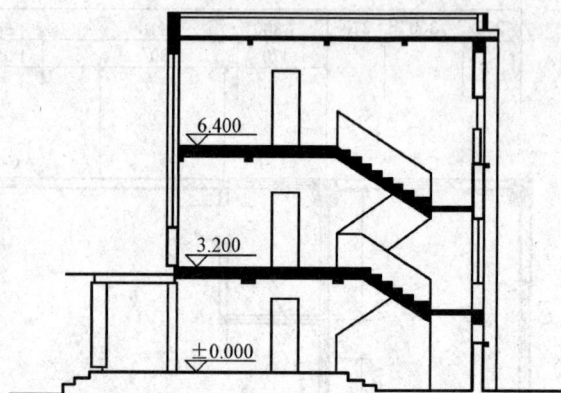

图 8-23　建筑物剖面图

5. 绘制放样略图

如图 8-24 所示，根据设计总平面图和基础平面图绘制出测设略图。图中标有已有 2 号建筑物和拟建 3 号建筑物之间的几何关系，以及定位轴线之间尺寸和定位轴线控制桩等。

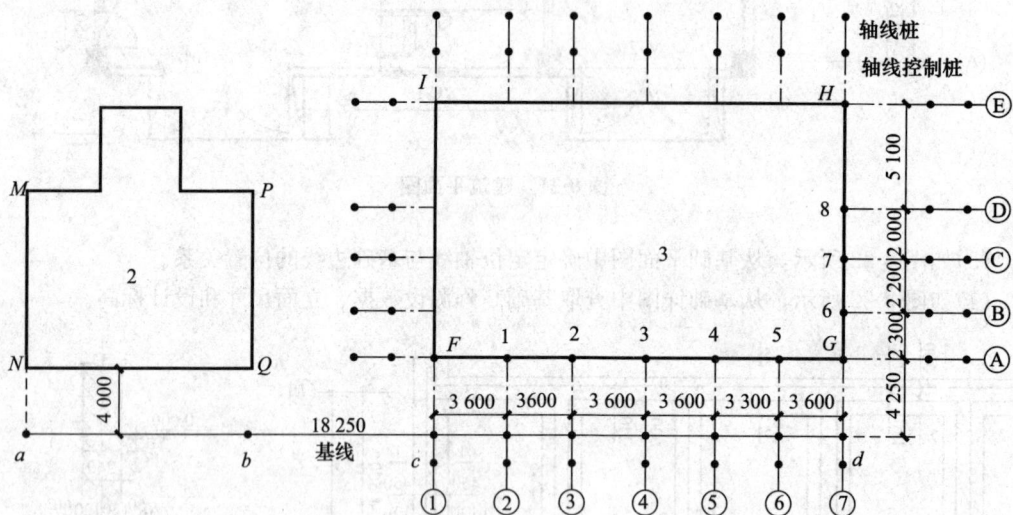

图 8-24　放样略图

8.4.2　建筑物的定位

建筑物的定位，是指根据设计图纸计算标定数据，绘制测设略图，将建筑物外墙轴线交点（也称角点）测设到实地，并以此作为基础放线和细部放线的依据。

由于定位条件的不同，民用建筑除根据测量控制点、建筑方格网、建筑基线定位外，还可以根据建筑红线或已有的建筑物来进行定位。

后者放样精度较低，应根据放样精度要求合理采用。

将建筑物外墙轴线（主轴线）交点（也称角点）测设到实地。标志角点点位的木桩称为角桩。

由于现场条件不同，角点的定位方法也不同，主要有以下三种情况。

1. 根据原有建筑物的关系定位

在建筑区内新建或扩建建筑物时，一般设计图上都给出了新建建筑物与原有建筑物的相互位置关系，标定时即可利用原有建筑物进行标定。如图 8-25 所示的几种情况，图中绘有斜线的是原有建筑物，虚线是拟建建筑物。

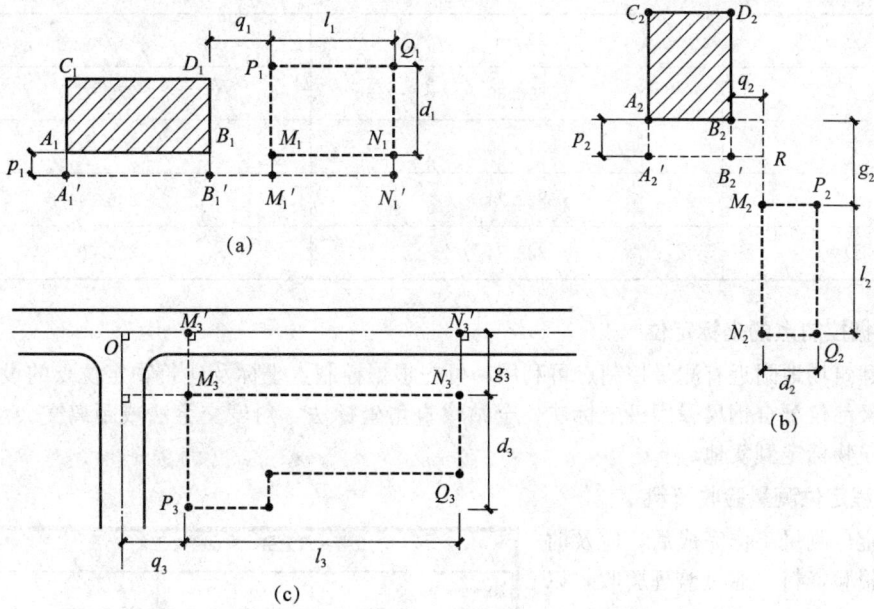

图 8-25　根据原有建筑物定位新建筑物
(a)延长直线法；(b)直角坐标法；(c)平行线法

如图 8-25(a)所示，拟建的建筑物轴线 M_1N_1 在原有建筑物轴线 A_1B_1 的延长线上，可用延长直线法定位。首先设置 A_1B_1 的平行线 $A_1'B_1'$，然后用经纬仪将 $A_1'B_1'$ 线延长，根据所给定的距离定出 M_1' 点和 N_1' 点，$M_1'N_1'$ 与 M_1N_1 平行且相等，再在 M_1' 点和 N_1' 点安置经纬仪按 $90°$ 角和相关距离定 M_1、N_1 和 P_1、Q_1 点。

如图 8-25(b)所示，可用直角坐标法定位。先作 A_2B_2 的平行线 $A_2'B_2'$，然后用经纬仪延长 $A_2'B_2'$，并按设计距离 p_2、q_2 定出 R 点，再安置经纬仪于 R 点，按 $90°$ 角和 RM_2、RN_2 的设计距离定出 M_2、N_2 点，最后安置经纬仪于 M_2 和 N_2 点测设 $90°$，根据建筑物的宽度分别定出 P_2 点和 Q_2 点。

如图 8-25(c)所示，拟建建筑物与道路中心线平行，可用直角坐标法定位，用分中法作出道路中心线，然后用经纬仪作垂线，定出建筑物轴线，再根据建筑物尺寸定位。

2. 根据建筑基线或方格网定位

根据建筑场地建立的建筑方格网和建筑物角点的坐标，可用直角坐标法来测设，如图 8-26 和表 8-3 所示，由 A、B 点的坐标值可计算出建筑物的长度 $a = 268.24 - 226.00 = 42.24(\text{m})$，宽度 $b = 328.24 - 316.00 = 12.24(\text{m})$。

测设建筑物定位点 A、B、C、D 时，先将经纬仪安置在

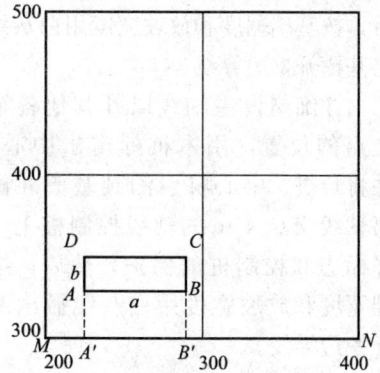

图 8-26　根据建筑方格网定位

方格点 M 上，照准 N 点，沿视线方向自 M 点用钢尺量取 A 与 M 点的横坐标差 $=226.00-200=26.00(\mathrm{m})$ 得 A' 点，再由 A' 点沿视线方向量取建筑物的长度 $42.24(\mathrm{m})$ 得 B'，然后安置经纬仪于 A'，照准 N 点，顺时针测设 $270°$，并在视线上量取 $A'A=316.00-300=16.00(\mathrm{m})$，得 A 点，再由 A 点继续量取建筑物的宽度 $12.24\ \mathrm{m}$ 得 D 点。安置经纬仪于 B' 点，用同方法定出 B、C 点。为了校核，应用钢尺丈量 AB、BC 或对角线 AC、BD 的长度。

表 8-3　建筑物定位点坐标

点	X/m	Y/m
A	316.00	226.00
B	316.00	268.24
C	328.24	268.24
D	328.24	226.00

3. 根据控制点的坐标定位

如果建筑场地附近有测量控制点可利用，可先根据控制点坐标及建筑物定位点的设计坐标，然后使用经纬仪配合钢尺采用极坐标法、全站仪直角坐标法、角度交会法或距离交会法按前述方法将建筑物标定到实地。

4. 工程定位测量验收资料

工程定位测量工作完成后，应及时填写相关报验资料，通过监理验收，以进行后续工程施工。图 8-27 所示为江苏省工程定位测量报验统一资料标准样例，主要内容包括工程定位数据及宏观的草图等。

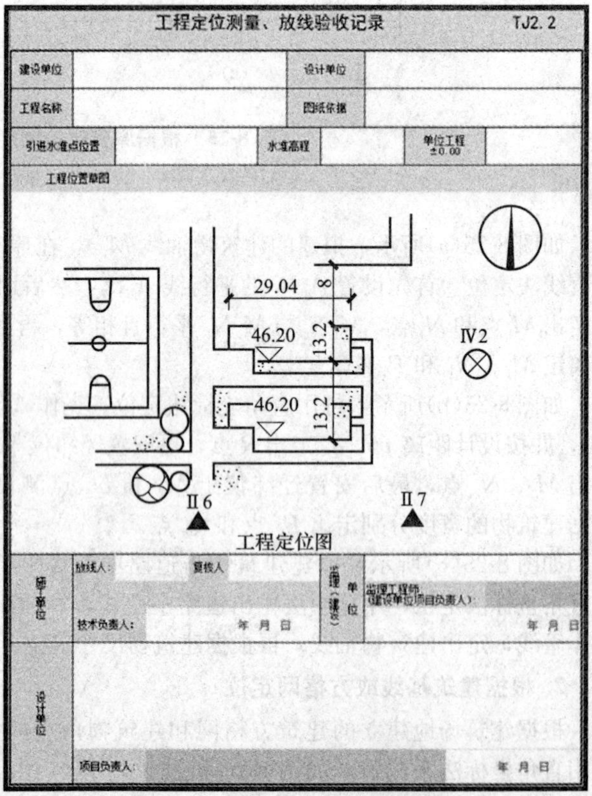

8.4.3　建筑物轴线放样

建筑物的轴线放样就是放线，是指根据已测设的外墙轴线交点桩，详细测设出建筑物各细部轴线的交点桩，并将交点桩用控制桩引测到场地外侧。然后，按基础宽度和放坡宽度用白灰线撒出基槽开挖边界线。

详细测设主轴线以外其他各轴线交点的位置，用木桩标定出中心桩，并将角桩、中心桩引测到基槽外侧距离轴线交点 4 m 的轴线控制桩上，做好标志和控制桩的保护。然后，按基础宽度和放坡宽度用白灰线撒出基槽开挖边界线。

图 8-27　江苏省工程定位测量验收记录

1. 测设细部轴线交点

如图 8-28 所示的细部轴线交点测设，A 轴、E 轴、①轴和⑦轴是四条建筑物的外墙主轴线，其轴线交点 $A1$、$A7$、$E1$ 和 $E7$ 是建筑物的定位点，这些定位点已在地面上测设完毕，各主次轴线间隔如图 8-28 所示，现欲测设次要轴线与主轴线的交点。

在 $A1$ 上安置经纬仪，照准 $A7$ 点，为防止误差累积，沿此视线方向，用直线内分点法测出每两轴线之间的水平距离，定出各次轴线（隔墙

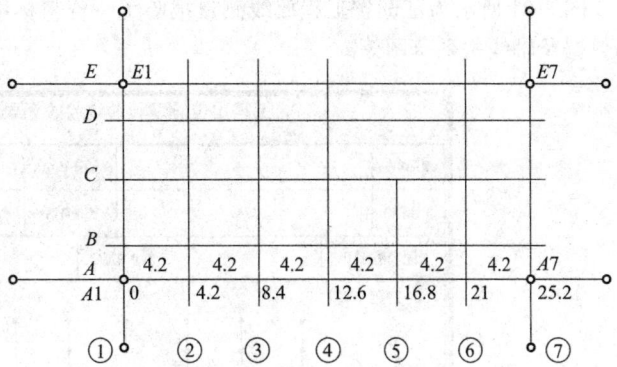

图 8-28　细部轴线交点测设

轴线）与主轴线的交点点位（$A2$、$A3$、…、$A6$），打入木桩（称为中心桩）并在桩顶钉入小钉以示点位的精确位置。同样方法可以在 E 轴上测设与各次要轴线的交点（$E2$、$E3$、…、$A6$）。

2. 引测轴线控制桩

由于开挖基槽时角桩和中心桩都要被挖掉，为了在施工时能方便地恢复各轴线的位置，需要将建筑物各轴线延长到安全地点（一般离开角桩或中心桩的距离为 4 m），并做好标志，称为轴线引测。轴线引测有龙门板法和轴线控制桩法。

如图 8-29 所示为龙门板、轴线控制桩法引测轴线示意。图中水平木板称为龙门板，固定木板的木桩称为龙门桩。

龙门桩与龙门板的设置步骤及要求如下：

(1)在建筑物外墙轴线角桩和中间隔墙的中心桩基槽外 2 m 处，竖直钉设龙门桩。龙门桩要竖直、牢固，桩的侧面应平行于基槽。

(2)根据水准控制点，用水准仪在每个龙门桩外侧测设出室内地面±0.000 m 标高线，并做好倒三角形"▼"标志。如受条件限制，可设任意高程线。

(3)沿龙门桩上±0.000 m 高程线钉设水平的木板称为龙门板。这样，龙门板顶面上的高程就是±0.000 m 水平面。龙门板设置后要对顶面高程进行检测。

(4)用经纬仪将各轴线引测到龙门板顶面上，并用小钉做好标志，称为中心钉。

(5)用钢尺沿龙门板顶面，检查中心钉的间距与设计值相比其相对误差应符合有关规范的要求。检查合格以后，以中心钉为准，将基础宽、墙宽标在龙门板上。最后根据基槽上口宽度拉线，用石灰撒出开挖边线。

图 8-30 所示为轴线控制桩法。在基槽外侧轴线延长线上距离轴线交点 4 m 处打下的木桩称为轴线控制桩，桩顶钉上小钉，以控制轴线位置。

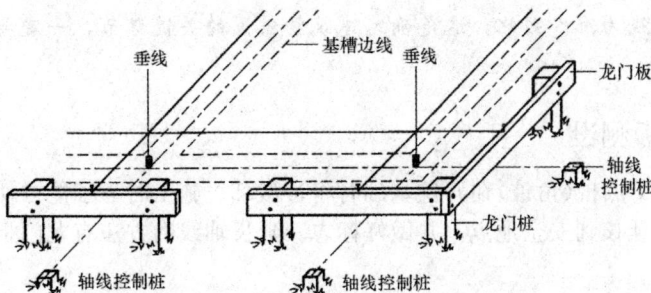

图 8-29　龙门板、轴线控制桩法引测轴线

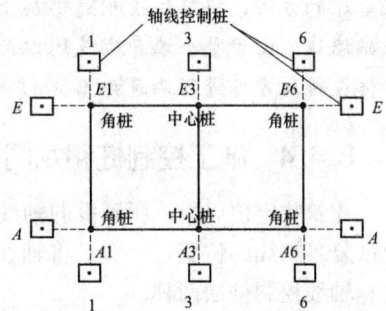

图 8-30　轴线控制桩法引测轴线

3. 工程放线测量验收资料

图 8-31 所示为江苏省工程放线测量报验统一资料标准样例，主要内容包括工程轴线放样细部数据及轴线关系草图等。

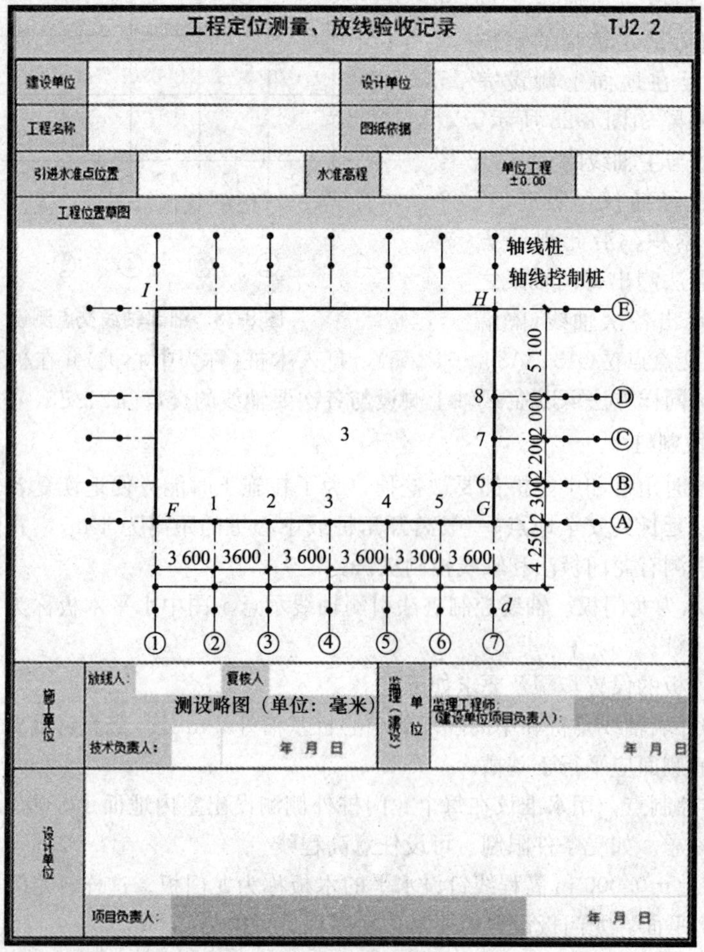

图 8-31 江苏省工程放线测量报验统一资料标准样例

> 📖 提 示

基槽开挖完成并基础垫层打好后，根据龙门板上轴线钉或轴线控制桩，用经纬仪或拉线绳挂垂球的方法，将轴线投测到垫层上，并用墨线弹出基础墙体中心线和基础墙边线，以便砌筑基础墙体。由于整个墙身砌筑均以此线为准，因此，这是确定建筑物位置的关键环节，一定要严格校核后方可进行砌筑施工。

8.4.4 施工控制桩和龙门板测设

建筑物定位以后，所测设的轴线交点桩（角桩）在开挖基础时将被破坏。施工时为了能方便地恢复各轴线的位置，一般是将轴线延长到安全地点，并做好标志。延长轴线的方法有龙门板法和轴线控制桩法两种。

（1）龙门板法适用于一般小型的民用建筑物，为了方便施工，在建筑物四角与隔墙两端基槽开挖边线以外为 1.5~2 m 处钉设龙门桩。桩要钉得竖直、牢固，桩的外侧面与基槽平行。根据建筑场地的水准点，用水准仪在龙门板上测设建筑物±0.000 标高线。根据±0.000 标高线将龙门板钉在龙门桩上，使龙门板的顶面在一个水平面上，且与±0.000 标高线一致。用经纬仪将各轴线引测到龙门板上。

（2）轴线控制桩设置在基槽外基础轴线的延长线上，作为开槽后各施工阶段确定轴线位置的依据。轴线控制桩与基础外边线的距离根据施工场地的条件而定，一般为 4 m 左右。如果附近有已建的建筑物，也可将轴线投设在建筑物的墙上。为了保证控制桩的精度，施工中往往将控制桩与定位桩一起测设，有时先测设控制桩，再测设定位桩。

8.4.5 基础施工测量

基础开挖前，根据轴线控制桩（或龙门板）的轴线位置和基础宽度，并顾及基础挖深放坡的尺寸，在地面上用白灰放出基槽边线（或称基础开挖线）。

1. 建筑物基槽开挖与抄平

为了放样方便，在每栋较大的建筑物附近，还要布设±0.000 水准点（一般以底层建筑物的地坪标高为±0.000），其位置多选择在较稳定的建筑物墙、柱的侧面，用红油漆绘制成上顶为水平线的"▼"形，其顶端表示±0.000 位置。但要注意各建筑物的±0.000 的绝对高程不一定相同。

基槽开挖时，不得超挖基底，要随时注意挖土的深度，禁止对基底老土的扰动。要特别注意基槽挖到距离槽底 0.5 m 左右时的标高控制，在基坑较深、工程体量较大的情况下，可以在槽底间距离 5 m 左右和拐角处钉垂直桩，用以控制挖槽深度及作为清理槽底和铺设垫层的依据，垂直桩高程测设的允许误差为±10 mm。当工程为深基坑时，由于一般采用钢丝网、锚杆混凝土护壁，则可以在槽壁打水平桩来控制槽底开挖标高。

2. 在垫层上投测基础的中心线

如图 8-32 所示，基础垫层打好后，根据龙门板上轴线钉或轴线控制桩，用经纬仪或拉线绳挂垂球的方法，将轴线投测到垫层上，并用墨线弹出基础墙体中心线和基础墙边线，以便砌筑基础墙体。

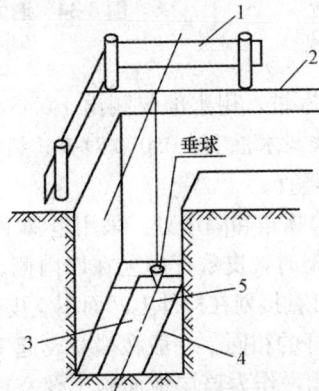

图 8-32 基础轴线的投测

1—龙门板；2—工程线；3—垫层；4—基础边线；5—墙中线

由于整个墙身砌筑均以此线为准，因此，这是确定建筑物位置的关键环节，一定要严格校核后方可进行砌筑施工。

8.4.6 主体施工测量

主体施工测量主要介绍墙体的施工测量和现浇柱的施工测量。

1. 墙体的施工测量

(1)墙体定位测量。为防止基础施工土方及材料的堆放与搬运产生碰动，基础工程结束后应及时对控制桩进行检查。复核无误后，用其将轴线测设到基础顶面(或承台、地梁)上，并用墨线弹出墙中心线和墙边线。检查外墙轴线交角是否为直角，符合要求后，将墙轴线延伸并划在外墙基础上，做好标志，如图 8-33 所示，作为向上层投测轴线的依据。同时，将门、窗和其他洞口的边线也划在外墙基础立面上。

轴线投测：常用悬吊垂球法或全站仪正倒镜法将轴线逐层向上传递。

(2)墙体各部位高程的控制(通过皮数杆传递)。墙体施工通常也用皮数杆来控制墙身细部高程，皮数杆可以准确控制墙身各部位构件的位置。如图 8-34 所示，在皮数杆上标明±0.000、门、窗、楼板、过梁、圈梁等构件高度位置，并根据设计尺寸，在墙身皮数杆上划出砖、灰缝处线条，这样可保证每皮砖、灰缝厚度均匀。

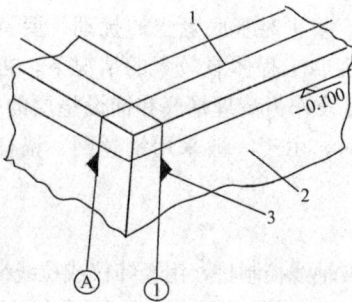

图 8-33　墙体轴线及标高控制
1—中心线；2—外墙基础；3—轴线

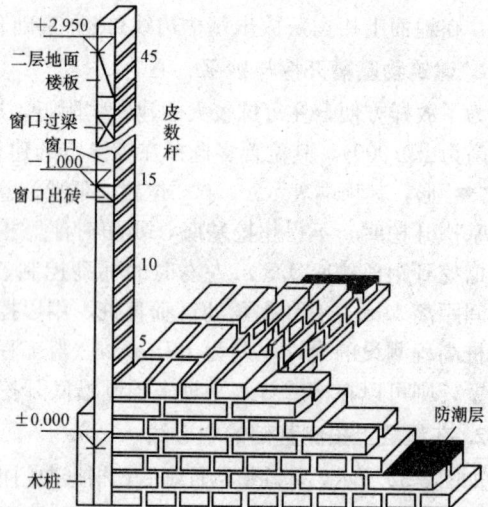

图 8-34　墙体细部标高控制及墙身皮数杆

立皮数杆时，先在地面上打一木桩，用水准仪测出±0.000 标高位置，并划一横线作为标志；然后，将皮数杆上的±0.000 线与木桩上±0.000 对齐、钉牢。皮数杆钉好后要用水准仪进行检测，并用垂球来校正皮数杆的竖直。

皮数杆一般设立在建筑物内(外)拐角和隔墙处。采用里脚手架砌砖时，皮数杆应立在墙外侧；采用外脚手架时，皮数杆应立在墙内侧。砌框架或钢筋混凝土柱间墙时，每层皮数杆可直接划在构件上，而不立皮数杆。

墙身皮数杆的测设与基础皮数杆的相同。一般在墙身砌起 1 m 后，就在室内墙身上定出+0.5 m 的标高线，作为该层地面施工及室内装修的依据。在第二层以上墙体施工中，为了使同层四角的皮数杆立在同一水平面上，要用水准仪测出楼板面四角的标高，取平均值作为本层的地坪标高，并以此作为本层立皮数杆的依据。当精度要求较高时，可用钢尺沿墙身自±0.000 起向上直接丈量至楼板外侧，确定立杆标志。

图 8-35　激光墨线仪

(3)使用激光墨线仪控制+0.5 m 标高线。地面施工及室内装修时需要在墙面上弹一些水平或垂直墨线，作为立面施工的基准，目前可以使用激光墨线仪(图 8-35)。图 8-36 所示为激光墨线仪的应用。

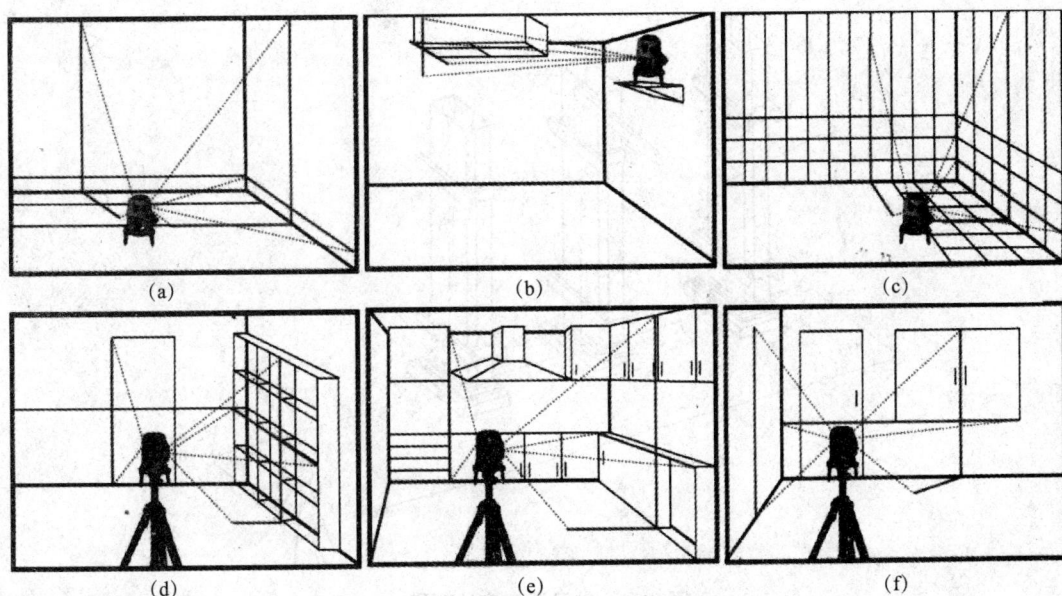

图 8-36　激光墨线仪的应用

(a)提供安装踢脚线基准；(b)提供安装吊顶基准线；(c)提供铺设地砖基准线；
(d)提供安装隔断基准线；(e)提供安装橱柜基准线；(f)提供安装门窗基准线

2. 现浇柱的施工测量

(1)柱子垂直角度的测量控制。混凝土现浇结构几何尺寸的准确与否，关键靠正确的模板几何尺寸来保证。柱身模板支好后，须用经纬仪检查校正柱子的垂直度。由于柱子在一条线上，现场无法通视，故一般采用平行线投点法测量。

如图 8-37 所示，为了使视线畅通，首先在楼地面将柱子轴线 AB 平行引至相距 $1\,m$ 的 $A'B'$ 处。事先标记出柱子模板中心墨线，根据地面上引出的平行轴线，由一人在模板上端持钢板尺，其零点对准柱子中线，根据观测的柱子倾斜情况进行柱身模板校正。

经纬仪安置在平行轴线的 B' 点，照准 A'，然后抬高望远镜观察沿模板水平放置的钢板尺，若十字丝正照准尺上读数 $1\,m$ 处，则说明柱模板在此方向上垂直，否则应校正上端模板，直至视线与尺上 $1\,m$ 标志重合为止。

(2)模板标高的测设。柱模板垂直度校正正确说明柱子的平面位置无误，之后在模板外侧引测 50 标高控制线。每根柱不少于两点，并注明标高数值，作为测量柱顶标高、安装预埋件、牛腿支模等标高的依据。

柱顶标高的引测，一般选择不同行列的三根柱子，从柱子下面的 50 标高控制线处，根据设计柱长用钢尺沿柱身向上量取距离，在柱子上端模板上各确定一个同高程的点。然后在柱子上端脚手架平台上支水准仪，将钢尺所引测上来的高程传递到柱顶模板上。注意从一点引测，最后要闭合于另一点上，第三点用于校核。

(3)现浇结构尺寸、标高允许偏差。施工中要通过《工程测量规范》(GB 50026—2007)规定的检验方法，随时检查结构几何尺寸的偏差值，发现问题及时纠正。表 8-4 所列为现浇结构尺寸的允许偏差。

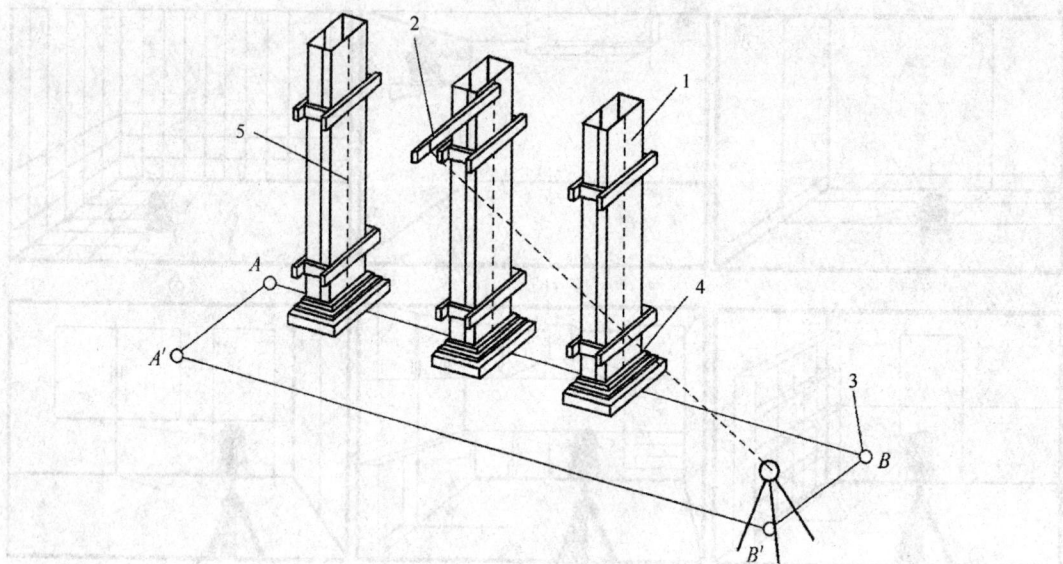

图 8-37 柱子垂直度的测量
1—模板；2—木尺；3—柱中心线控制点；4—柱下端中心线；5—柱中线

表 8-4 现浇结构尺寸的允许偏差

项目		允许偏差/mm	检验方法
轴线位置	基础	15	钢尺检查
	独立基础	10	
	墙、柱、梁	8	
	剪力墙	5	
垂直度	层高 ≤5 m	8	经纬仪或吊线、钢尺检查
	层高 >5 m	10	
	全高(H)	$H/1\,000$ 且≤30	经纬仪、钢尺检查
标高	层高	±10	水准仪或拉线、钢尺检查
	全高	±30	
截面尺寸		+8，-5	钢尺检查
电梯井	井筒长、宽定位中心线	+25，0	钢尺检查
	井筒全高(H)垂直度	$H/1\,000$ 且≤30	经纬仪、钢尺检查
表面平整度		8	2 m 靠尺和塞尺检查
预埋设施中心线位置	预埋件	10	钢尺检查
	预埋螺栓	5	
	预埋管	3	
预留洞中心线位置		15	钢尺检查

注：检查轴线、中心线位置时，应沿纵、横两个方向量测，并取其中的较大值。

8.4.7 建筑的高程测设

1. 基槽开挖深度的控制

在建筑物定位及轴线引测完成后，即可根据基槽灰线破土开挖基槽。当基槽挖到距离槽底 0.5 m 左右时，在槽底每隔 3～4 m 处测设一垂直桩，用以控制挖槽深度，同时作为槽底抄平和基础垫层施工的依据。

垂直桩是用水准仪根据现场已测设的 ±0.000 m 标志或龙门板顶面高程来测设的。如图 8-38 所示，槽底设计高程为 −1.700 m，欲测设比槽底设计高程高 0.500 m 的垂直桩，首先在地面安置水准仪，在龙门板顶面立水准尺，假设后视读数 $a=0.774$ m，则测设垂直桩应读的前视读数 b 为

$$b=0.774-(-1.700+0.500)=1.974(\text{m})$$

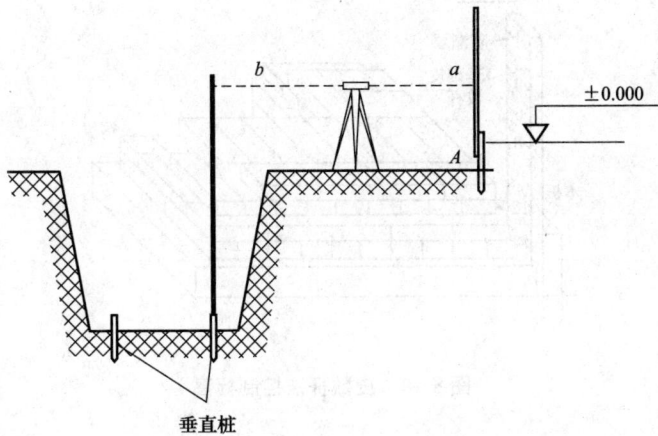

图 8-38　槽底标高的控制测量

然后在槽底打一木桩，紧贴木桩竖立水准尺并上下移动，直至水准仪视线读数为 1.974 m 时，沿水准尺底面在木桩上做好倒三角形"▼"标志，即要测设的基槽开挖高程控制桩。

2. 墙基础的高程定位

基槽开挖至设计标高并清底抄平完成后，通过控制桩用经纬仪将轴线位置投测到槽底，作为确定槽底边线的基准线，施工垫层。垫层打好后，再用经纬仪或用拉绳挂垂球法将轴线投测到垫层上，并用墨线弹出墙中线和基础边线。当基础施工结束后，用水准仪检查基础面是否水平，俗称找平。如图 8-39 所示，在基础施工结束后，可利用龙门板或控制桩将轴线测设到基础或防潮层面上，并延长到侧面作出标志。一般用墨线弹出，以此作为墙体向上砌筑投测轴线的依据。投测前，应对龙门板或控制桩进行认真检查复核，以防止碰动移位。

3. 基础标高的控制

基础标高的控制常采用皮数杆。皮数杆是根据建筑物剖面图画有每一皮砖和灰缝的厚度，并注明墙体上窗台、门窗、过梁、雨篷、圈梁和楼板等高程位置的专用木杆，如图 8-40 所示。在墙体施工中，用皮数杆来控制墙身各部位的高程位置。

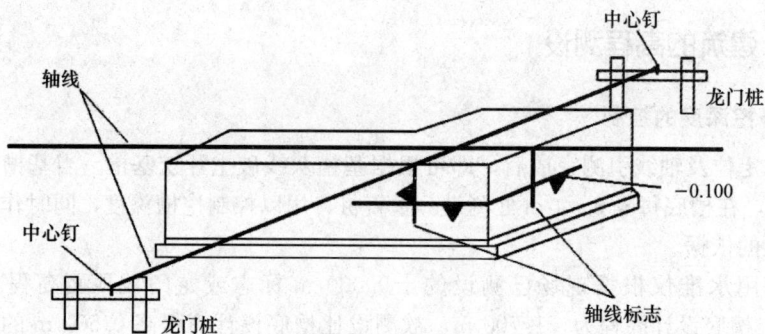

图 8-39　弹线定位

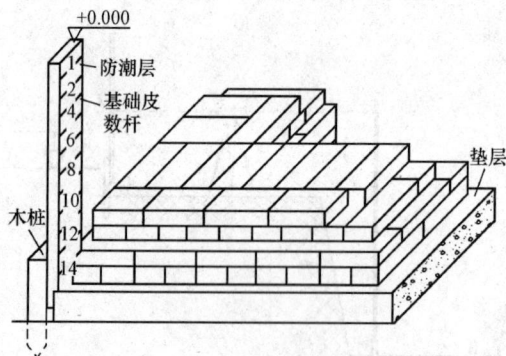

图 8-40　皮数杆法控制标高

　　皮数杆一般都立在建筑物转角和隔墙处。内脚手架施工时设置在基础外侧，外脚手架施工时设置在基础内侧。立皮数杆时，先在地面钉一木桩，用水准仪测出±0.000 m 标高位置，并作标志，然后将皮数杆上±0.000 m 线与木桩上线对齐钉牢。皮数杆钉好后要用水准仪检测，并用垂球使皮数杆处于竖直位置。

　　框架结构的民用建筑，墙体砌筑是在框架施工后进行，故可在柱面上画线，代替皮数杆。

4. 主体施工高程传递

　　一般建筑物可用皮数杆来传递高程。对于高程传递要求较高的建筑物，通常用钢尺直接丈量来传递高程。一般是在底层墙身砌筑到 1.5 m 以后，用水准仪在内墙面上测设一条高出室内地坪 0.500 m 的水平线，作为该层地面施工及室内装修时的标高控制线，俗称 50 线。对于二层以上各层，同样在墙身砌筑到 1.5 m 以后，一般沿外墙柱用钢尺从下层的＋0.5 m 标高线处，向上一层量取一段等于该层层高的距离，并作标志。然后，再用水准仪测设出上一层的"＋0.5 m"标高线。这样用钢尺逐层向上引测。

　　图 8-41 中的相互位置关系：第二层为 $(a_2-b_2)-(a_1-b_1)=l_1$，可解出 b_2 为 $b_2=(a_2-l_1)-(a_1-b_1)$。

　　在进行第二层水准测量时，上下移动水准尺，使其读数为 b_2，沿水准尺底部在墙面上划线，即可得到该层的＋0.5 m 标高线。

　　如图 8-41 所示，根据具体情况也可以采用悬挂钢尺代替水准尺，用水准仪读数，从下向上传递高程，还可以使用全站仪沿天顶方向测距进行高程传递。

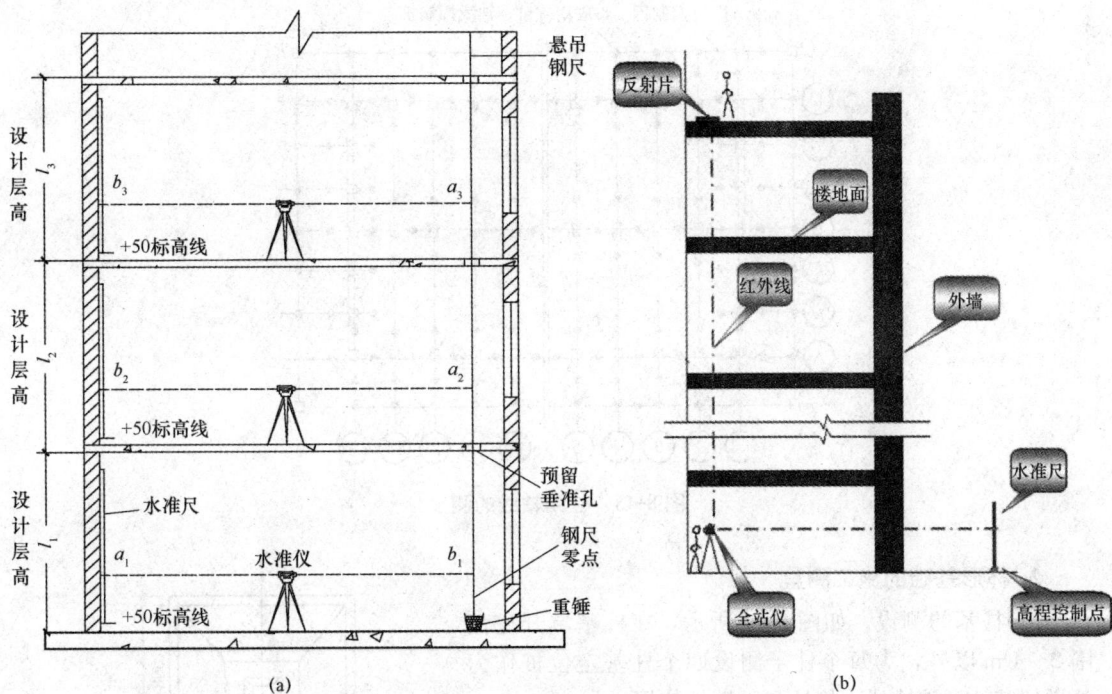

图 8-41　悬吊钢尺法传递高程

(a)悬吊钢尺法；(b)全站仪对天顶测距法

8.4.8　工业建筑施工测量

1. 柱列轴线的测设

厂房矩形控制网如图 8-42 所示。

检查其精度符合要求后，如图 8-43 所示，根据施工图上设计的柱距和跨度，用钢尺沿矩形控制网各边采用直线内分点法测设列柱列轴线控制点位置，并打入大木桩，钉上小钉，用桩位表示出来。这些轴线共同构成了厂房柱网，它是厂房细部测设和施工的依据。

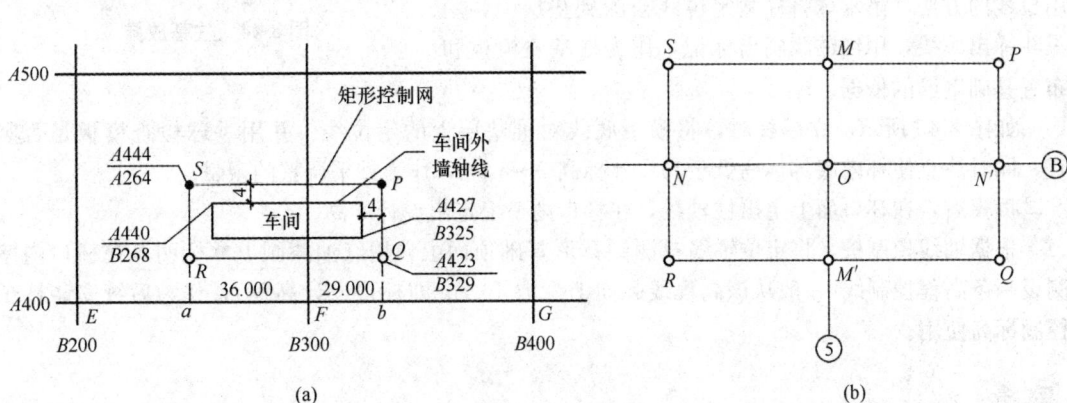

图 8-42　厂房矩形控制网

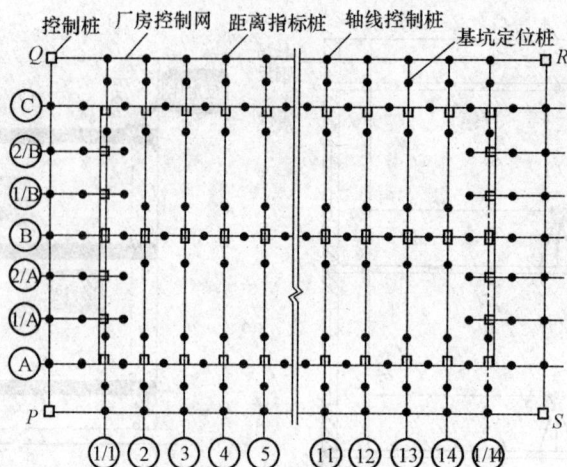

图 8-43　柱列轴线的测设

2. 杯形基础的施工测量

(1)柱基的测设。如图 8-44 所示，在柱基坑开挖范围 2~4 m 以外，为每个柱子测设四个柱基定位桩作为放样柱基坑开挖边线、修坑和立模板依据。

在进行柱基测设时，应注意定位轴线不一定都是基础中心线，有时一个厂房的柱基类型不同，尺寸各异，放样时应特别注意。

(2)基坑高程的测设。基坑开挖过程严密控制坑底开挖高程，当距离坑底设计高程为 0.3~0.5 m 时，停止机械开挖，改由人工进行基坑修坡和清底抄平。

(3)垫层和基础放样。基坑清理完成后，在基坑底设置 1~2 个垂直垫层标高控制桩，作为垫层施工的依据。

(4)基础模板的定位。根据基坑外的柱基定位桩，用拉线的方法，吊垂球将柱基定位线投测到垫层上，用墨斗弹出墨线，用红油漆画出标记，作为柱基立模板和布置基础钢筋的依据。

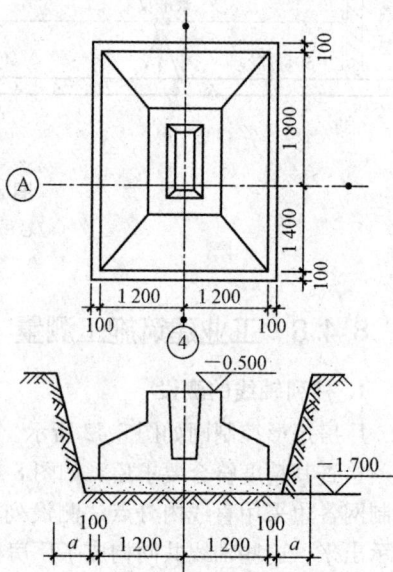

图 8-44　柱基放样

如图 8-45 所示，立模板时，将模板底线对准垫层上的定位线，并用垂球检查模板是否竖直，同时注意使杯内底部标高低于其设计标高 2~5 cm，作为抄平调整的余量。

拆模后，在杯口面上定出柱轴线，在杯口内壁上定出设计标高。

根据轴线控制桩，将定位轴线投测到杯形基础顶面上，用红油漆画上▼标明；在杯口内壁测设一条高程控制线(一般从该高程线起向上量取 10 cm 即杯顶设计高程)，作为后续安装柱子控制标高使用。

📖 提　示

《钢结构工程施工质量验收标准》(GB 50205—2020)规定，杯形基础允许偏差值为：杯口底面标高：0~−5 mm，杯口深度：±5 mm。

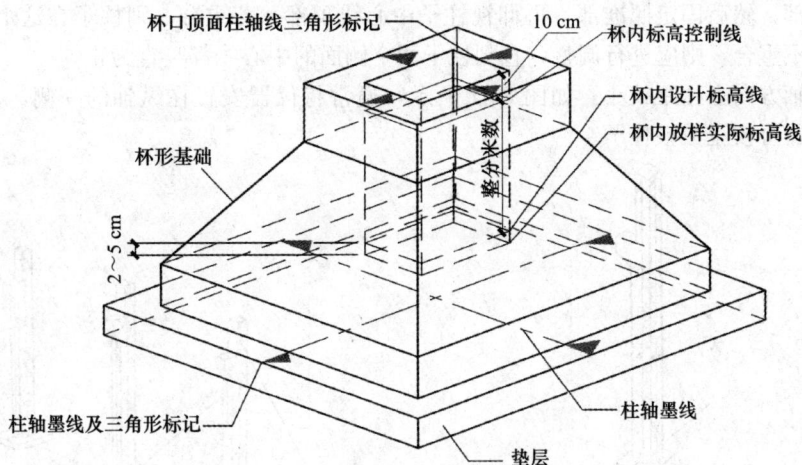

图 8-45　杯形基础轴线及标高控制

3. 基础模板的定位

打好垫层之后，根据坑边定位桩，用拉线的方法，吊垂球把柱基定位线投到垫层。用墨斗弹出墨线，用红油漆画出标记，作为柱基立模板和布置基础钢筋网的依据。立模时，将模板底线对准垫层上的定位线，并用垂球检查模板是否竖直。最后将柱基顶面设计高程测设在模板内壁。

4. 厂房构件的安装测量

装配式单层工业厂房主要由柱、起重机梁及轨道、屋架、天窗架和屋面板等主要构件组成。在吊装每个构件时，有绑扎、起吊、就位、临时固定、校正和最后固定等操作工序。下面着重介绍柱子、起重机梁及起重机轨道等构件在安装时的校正工作。

(1)柱子的安装测量。

1)柱子安装的精度要求。

①柱脚中心线应对准柱列轴线，允许偏差为±5 mm。

②牛腿面的高程与设计高程一致，其误差不应超过：柱高在 5 m 以下为±5 mm；柱高在5 m 以上为±8 mm。

③柱的全高竖向允许偏差值为 1/1 000 柱高，但不应超过 20 mm。

2)吊装前的准备工作。如图 8-45 所示，柱子吊装前，应根据轴线控制桩，将定位轴线投测到杯形基础的顶面上，并用红油漆画上"▲"标明。同时，还要在杯口内壁测出一条高程线，从高程线起向上 10 cm 即杯顶标高，向下量取一整分米数即到杯底的设计高程。

在柱子的三个侧面弹出柱中心线，每一面又需要分为上、中、下三点，并画小三角形"▲"标志，以便安装校正。

3)柱长的检查与杯底找平。柱子在预制时，由于模板制作和变形等原因，不可能使柱子的实际尺寸与设计尺寸一样，为了解决这个问题，往往在浇筑基础时把杯形基础底面高程降低 2~5 cm，再用钢尺从牛腿顶面沿柱边量到柱底，根据这根柱子的实际长度，用 1：2 水泥砂浆在杯底进行找平，使牛腿面符合设计高程。

4)安装柱子时的竖直校正。如图 8-46 所示，柱子插入杯口后，首先应使柱身基本竖直，再令其侧面所弹出的中心线与基础轴线重合。用木楔或钢楔初步固定，然后进行竖直校正。校正时用两架经纬仪分别安置在柱基纵横轴线附近，与柱子的距离约为柱高的 1.5 倍。先瞄准柱子中心线的底部，然后固定照准部，再仰视柱子中心线顶部。若重合，则柱子在这个方向上就是竖直的；若不重合，则应进行调整，直到柱子两个侧面的中心线都竖直为止。

由于纵轴方向上柱距较小，如图 8-47 所示，通常将仪器安置在纵轴的一侧，在此方向上，安置一次仪器可校正数根柱子。

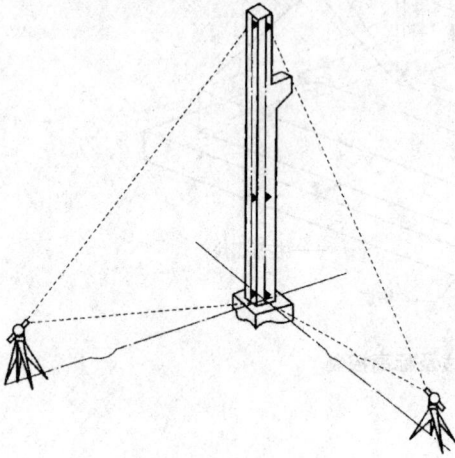

图 8-46 柱子竖直校正

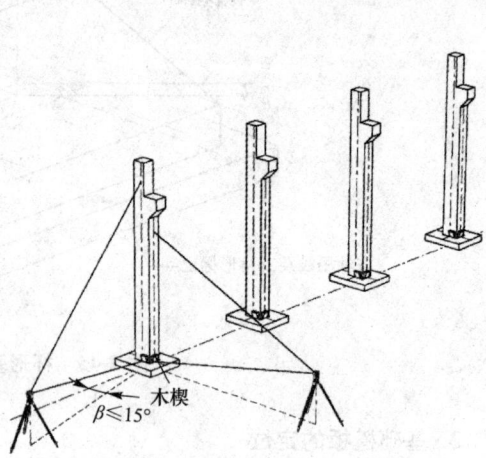

图 8-47 数根柱子同时进行竖直校正

柱子校正的注意事项如下：

①校正用的经纬仪事前应经过严格检校，因为校正柱子竖直时，往往只用盘左或盘右观测，仪器误差影响较大，操作时，还应注意使照准部水准管气泡严格居中。

②柱子在两个方向的垂直度都校正好后，应复查平面位置，看柱子下部的中线是否仍对准基础的轴线。

③当校正变截面的柱子时，经纬仪必须放在轴线上校正，否则容易产生差错。

④在阳光照射下校正柱子垂直度时，要考虑温度影响，因为柱子受太阳照射后，柱子向阴面弯曲，使柱顶有一个水平位移。因此，应在早晨或阴天时校正。

⑤如图 8-47 所示，当安置一次仪器校正几根柱子时，仪器偏离轴线的角度最好不要超过 15°。

（2）起重机梁的安装测量。如图 8-48 所示，安装前先弹出起重机梁顶面中心线和起重机梁两端中心线，要将起重机轨道中心线投测到牛腿面上。

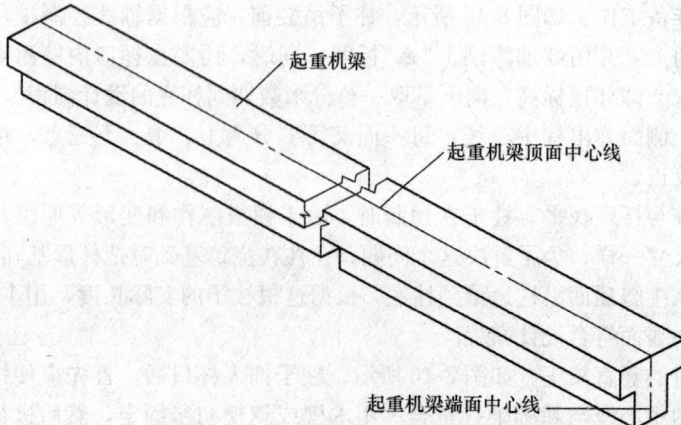

图 8-48 起重机梁安装时的中线测量

如图 8-49 所示，分别安置经纬仪于起重机轨道中心线的一个端点上，瞄准另一端点，仰起望远镜，即可将起重机轨道中心线投测到每根柱子的牛腿面上并弹以墨线。然后，根据牛腿面的中心线和梁端中心线，将起重机梁安装在牛腿上。起重机梁安装完成后，应检查起重机梁的高程，可将水准仪安置在地面上，在柱子侧面测设＋50 cm 的标高线，再用钢尺从该线沿柱子侧面向上量出至梁面的高度，检查梁面标高是否正确，然后在梁下用铁板调整梁面高程，使之符合设计要求。

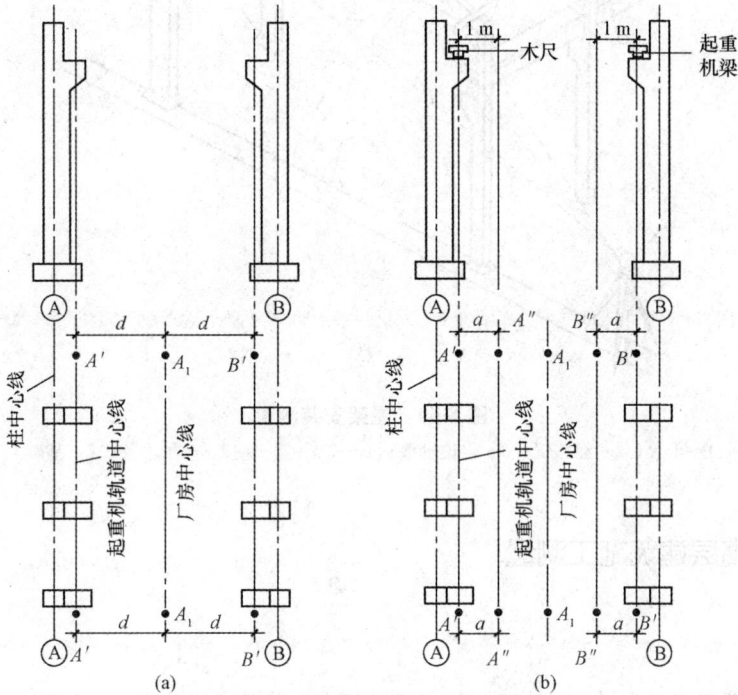

图 8-49 起重机梁的安装测量

安装起重机轨道前，需先对梁上的中心线进行检测，此项检测多用平行线法。首先在地面上从起重机轨道中心线向厂房中心线方向量出长度 a(1 m)，设置起重机轨道安装辅助轴线。然后安置经纬仪于安装辅助轴线一端点上，瞄准另一端点，固定照准部，仰起望远镜投测。此时另一人在梁上移动横放的木尺，当视线正对准尺上 1 m 刻划时，尺的零点应与梁面上的中线重合。如不重合应予以改正，可用撬杠移动起重机梁。

起重机轨道按中心线安装就位后，可将水准仪安置在起重机梁上，水准尺直接放在轨顶上进行检测，每隔 3 m 测一点高程。还要用钢尺或手持式光电测距仪检查两起重机轨道间跨距。

(3)屋架的安装测量。屋架吊装前，用经纬仪或其他方法在柱顶面放出屋架定位轴线，并弹出屋架两端头的中心线，以便进行定位。屋架吊装就位时，使屋架的中心线和柱顶上的定位线对准，允许误差为±5 mm。屋架的垂直度可用垂球或经纬仪进行检查。

用经纬仪时，可在屋架上安装三把钢板尺，如图 8-50 所示，一把钢板尺安装在屋架上弦中点附近，另外两把钢板尺分别安装在屋架的两端。自屋架几何中心沿钢板尺向外量出一定距离，一般为 500 mm，并作标志。然后在地面上距离屋架中心线同样距离处安置经纬仪，观测三把钢板尺上的标志是否在同一竖直面内，若屋架竖向偏差较大，则用机具校正，最后将屋架固定。

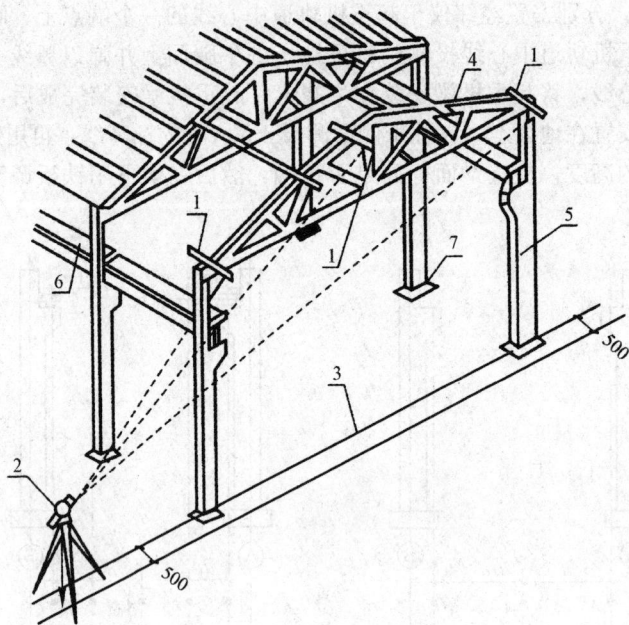

图 8-50　屋架安装测量

1—卡尺；2—经纬仪；3—定位轴线；4—屋架；5—柱；6—吊木架；7—基础

8.4.9　高层建筑施工测量

提　示

《民用建筑设计统一标准》(GB 50352—2019)规定，建筑高度不大于 27.0 m 的住宅建筑、建筑高度不大于 24.0 m 的公共建筑及建筑高度大于 24.0 m 的单层公共建筑为低层或多层民用建筑；建筑高度大于 27.0 m 的住宅建筑和建筑高度大于 24.0 m 的非单层公共建筑，且高度不大于 100.0 m 的，为高层民用建筑；建筑高度大于 100.0 m 为超高层建筑。

高层建筑施工测量的主要任务是轴线和高程的竖向传递，控制建筑物的垂直偏差和高程偏差，做到正确地进行各楼层的定位放线、标高控制。其主要任务是如何控制竖向偏差，也就是各层轴线如何精确地向上引测的问题。

《工程测量规范》(GB 50026—2007)对高层竖向轴线传递和高程传递允许偏差作了同样的规定，见表 8-5。

表 8-5　高层竖向轴线传递和高程传递的允许偏差规定

项目	竖向传递允许偏差值/mm						
总高 h /m	每层	$h \leqslant 30$	$30 < h \leqslant 60$	$60 < h \leqslant 90$	$90 < h \leqslant 120$	$120 < h \leqslant 150$	$h > 150$
轴线	3	5	10	15	20	25	30
高程	±3	±5	±10	±15	±20	±25	±30

高层建筑的施工过程复杂，高层作业的难度大，施工空间有限，且多工种交叉，施工测量的各阶段测量工作必须与施工同步且要服从整个施工的计划和进程。

高层建筑物在施工测量中的主要问题是控制垂直度，就是将建筑物的基础轴线准确地向高层引测，并保证各层相应轴线位于同一竖直面内，控制竖向偏差，使轴线向上投测的偏差值不超限。

轴线向上投测时，要求竖向误差在本层内不超过 3 mm，建筑全高累计误差值不应超过 $3h/10\,000$（h 为建筑物总高度），且在 30 m$<h\leqslant$60 m 时，不应大于$\pm$10 mm；60 m$<h\leqslant$90 m 时，不应大于$\pm$15 mm；90 m$<h\leqslant$120 m 时，不应大于$\pm$20 mm。

1. 高层建筑的竖向轴线传递

高层建筑物轴线的竖向投测，主要有外控法和内控法两种。

(1)外控法。外控法是在建筑物外部，利用经纬仪，根据建筑物轴线控制桩来进行轴线的竖向投测，也称作"经纬仪引桩投测法"。该方法适用于场区开阔的工程。具体操作方法如下：

1)在建筑物底部投测中心轴线位置。高层建筑的基础工程完工后，将经纬仪安置在轴线控制桩 A_1、A_2、B_1 和 B_2 上，将建筑物主轴线精确地投测到建筑物的底部，设立标志，如图 8-51 中的 3_1、3_2、C_1 和 C_2，以供下一步施工与向上投测之用。

2)向上投测中心线。随着建筑物不断升高，要逐层将轴线向上传递，如图 8-51 所示，将经

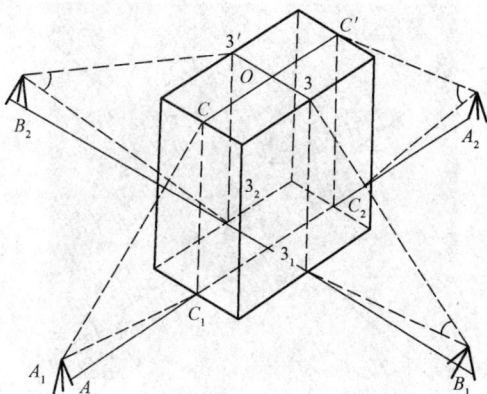

图 8-51　经纬仪投测中心轴线

纬仪安置在中心轴线控制桩 A_1、A_2、B_1 和 B_2（控制桩离开建筑物的距离应该是其高度的 1.5 倍以上）上，严格整平仪器，用望远镜瞄准建筑物底部已标出的轴线 3_1、3_2、C_1 和 C_2 点，用盘左和盘右分别向上投测到每层楼板上，并取其中点作为该层中心轴线的投影点，如图 8-51 中的 3、$3'$、C 和C'。

3)增设轴线引桩。当楼房逐渐增高，而轴线控制桩距离建筑物又较近时，望远镜的仰角较大，操作不便，会降低投测精度。为此，要将原中心轴线控制桩引测到更远的安全地方，或者附近大楼的屋面。

具体作法是将经纬仪安置在已经投测上去的较高层（如第 10 层）楼面轴线 a_{10}、a'_{10} 上，如图 8-52 所示，瞄准地面上原有的轴线控制桩 A_1 和 A'_1 点，用盘左、盘右分中投点法，将轴线延长到远处 A_2 和 A'_2 点，并用标志固定其位置，A_2 与 A'_2 点即新投测的 A_1 和 A'_1 轴控制桩。

更高层的中心轴线，可将经纬仪安置在新的引桩上，按上述方法继续进行投测。

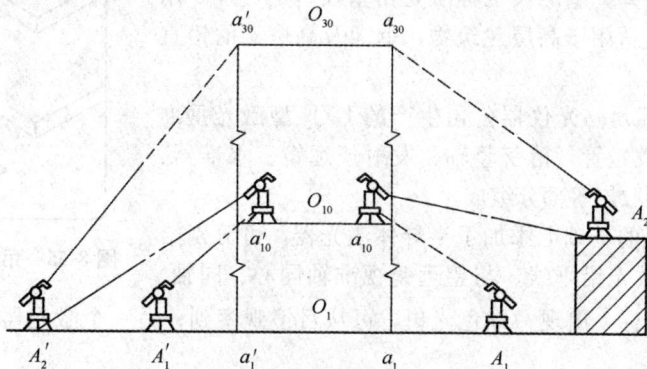

图 8-52　经纬仪引桩投测

(2)内控法。内控法是在建筑物内±0.000平面设置轴线控制点，并预埋标志。如图8-53所示，楼板施工时，在控制点的正上方开设200 mm×200 mm的方形孔洞，各层楼板相应位置均预留传递孔，在轴线控制点上直接采用吊线坠法或激光铅垂仪法，通过预留孔将其点位垂直投测到任一楼层。

1)内控法轴线控制点的设置。在基础施工完毕后，在±0.000首层平面上适当位置设置与轴线平行的辅助轴线。辅助轴线距轴线500～800 mm为宜，并在辅助轴线交点或端点处理设标志，如图8-54所示。

图 8-53　穿过楼层做法示意

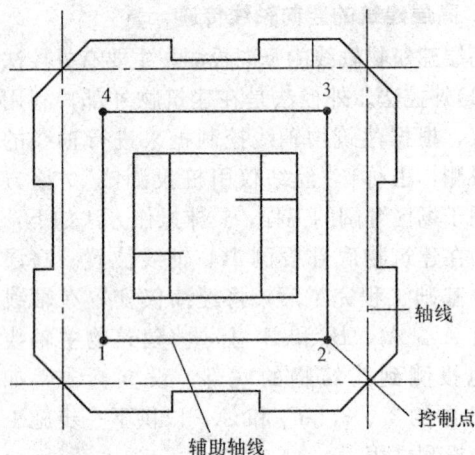

图 8-54　内控法轴线控制点的设置

2)吊线坠法。吊线坠法是利用钢丝悬挂重垂球的方法，进行轴线竖向投测。这种方法一般用于高度在50～100 m的高层建筑施工中，垂球的质量为10～20 kg，钢丝的直径为0.5～0.8 mm。投测方法如下：

①如图8-55所示，在预留孔上面安置十字架，挂上垂球，对准首层预埋标志。当垂球线静止时，固定十字架，并在预留孔四周作出标记，作为以后恢复轴线及放样的依据。

②此时，十字架中心即轴线控制点在该楼面上的投测点。

③用吊线坠法实测时，要采取一些必要措施，如用铅直的塑料管套着坠线或将垂球沉浸在油中，以减少摆动。

3)激光垂准仪法。

①激光垂准仪简介。垂准仪也称激光铅垂仪，是一种专用的铅直定位仪器。其适用于高层建筑物、烟囱及高塔架的铅直定位测量。

图8-56所示为苏州一光仪器公司生产的DZJ₂型激光垂准仪。其主要由氦氖激光管、精密竖轴、发射望远镜、水准器、基座、激光电源及接收屏等部分组成。

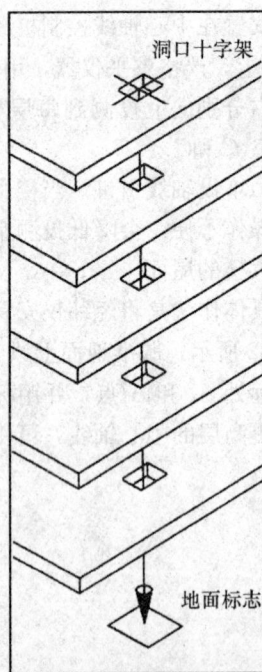

图 8-55　吊线坠法投测轴线

在光学垂准系统的基础上添加了半导体激光器，可分别给出上下同轴的两束激光铅垂线，与望远镜视准轴同心、同轴、同焦。望远镜照准目标，出现一红色光斑，可从目镜观察到；另一个激光器向下发射激光束，用于对中操作。

②激光铅垂仪投测轴线。用一台垂准仪两个接受靶，投测方法如下：

a. 如图 8-57 所示,为了将建筑物的平面定位轴线投测到各层上,每条轴线至少需要两个投测点。如图 8-58 所示,在上层施工楼面预留孔处,放置接收靶。

图 8-56 激光垂准仪

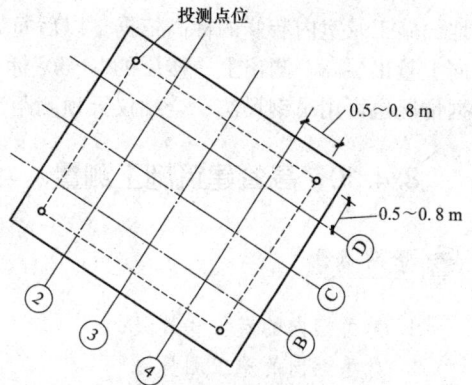

图 8-57 定位投测示意

b. 在首层轴线控制点上安置激光垂准仪,接通激光电源,利用底端激光器所发射的激光束进行对中,通过调节基座整平螺旋,使管水准器气泡严格居中。

c. 启动上端激光器发射向上垂直激光束,通过发射望远镜调焦,使激光束聚成红色耀目光斑,投射到半透明材质的接收靶上。

d. 移动接收靶,使靶心与红色光斑重合,固定接收靶 1;在同轴线另一端进行轴线点投测,固定接收靶 2,靶心位置即轴线控制点在该楼面上的投测点。

e. 在接收靶 1 靶心点上精确安置经纬仪,照准接收靶 2 靶心点,在预留孔两侧作出标记 3、4 点,3、4 点连线就是投测的轴线。

f. 轴线投测完成后,按照以往的方法进行校核。

g. 同样的方法,可以投测与该轴线垂直的主轴线。

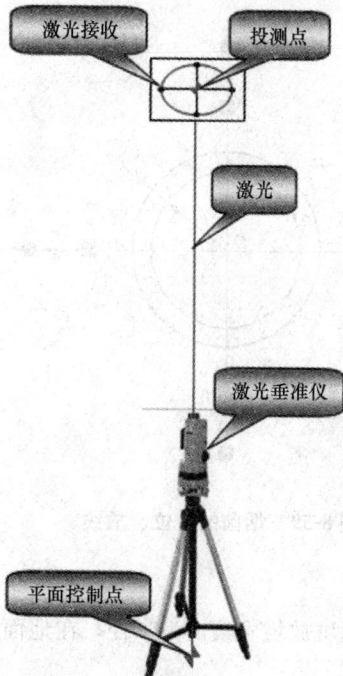

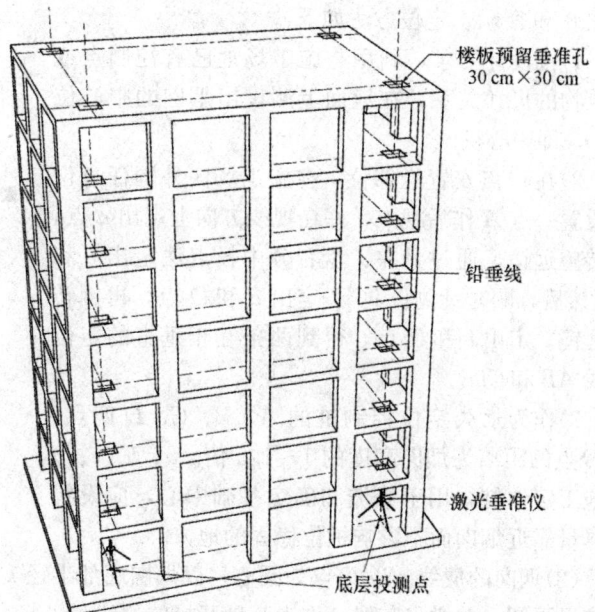

图 8-58 轴线投测示意

2. 高层建筑物的高程传递

首层墙体砌筑到 1.5 m 高后，用水准仪在内墙面上测设一条"+50 cm"的水平线，作为首层地面施工及室内装修的标高依据。以后每砌高一层，就从楼梯间用钢尺从下层的"+50"标高线向上量出层高，测出上一楼层的"+50"标高线，每层须由三处向上传递，合限后取平均值。根据情况也可用吊钢尺法、全站仪天顶测距法向上传递高程。

8.4.10 高耸建筑施工测量

学习目标

1. 熟悉烟囱的定位和放线；
2. 熟悉烟囱的施工测量。

关键概念

高耸建筑定位测量、高耸建筑施工测量。

提 示

随着现代化城市的发展，高耸建筑物日益增多。所谓高层和高耸建筑物一般是指比较高大的建筑物，如烟囱、电视塔等。其特点是高度大，受场地限制，不使用通常的施工方法进行中心控制。高耸建筑结构多为框架式，施工常用滑模工艺，这对施工测量的精度提出了更高的要求，尤其要求严格控制垂直度偏差。

烟囱、水塔是圆台形的高耸构筑物，其特点是基础小，主体高。下面以烟囱为例介绍其施工测量的主要工作。

1. 烟囱的定位、放线

(1)烟囱的定位。主要是定出基础中心的位置，如图 8-59 所示。定位方法如下：

1)按设计要求，利用与施工场地已有控制点或建筑物的尺寸关系，在地面上测设出烟囱的中心位置 O，即中心桩。

2)在 O 点安置经纬仪，在施工场区外围任意位置设置一点 A 作后视点，并在视线方向上定出 a 点，倒转望远镜，通过盘左、盘右分中投点法定出 b 和 B；然后，顺时针测设 90°，定出 d 和 D 点，再倒转望远镜，定出 c 和 C 点，得到两条互相垂直的定位轴线 AB 和 CD。

3)作为永久定位控制桩的 A、B、C、D 四点，至 O 点的距离为烟囱高度的 1~1.5 倍。a、b、c、d 是施工定位桩，用于修坡和确定基础中心，应设置在尽量靠近烟囱而不影响桩位稳固的地方。

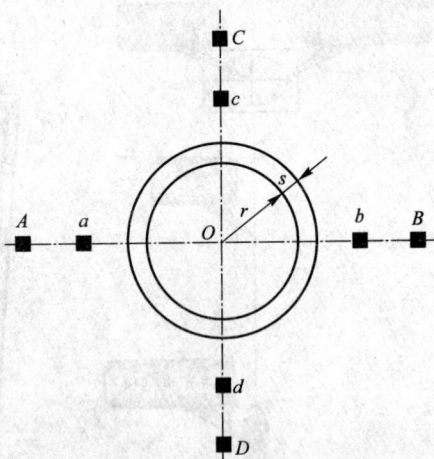

图 8-59 烟囱的定位、放线

(2)烟囱的放线。以 O 点为圆心，以烟囱底部半径 r 加上基坑放坡宽度 s 为半径，在地面上用皮尺画圆，并撒出灰线，作为基础开挖的边线。

2. 烟囱的基础施工测量

(1)当基坑开挖接近设计标高 0.5 m 时，在基坑槽底测设高程垂直控制桩，作为检查基坑底面标高和施工垫层的依据。

(2)土方开挖完成、基槽清底抄平后，从施工定位桩拉两根工程线，用垂球将烟囱中心投测到坑底，打下木桩，钉上小钉，作为垫层的中心控制点。

(3)浇灌混凝土基础时，应在基础中心埋设定位标志盘，根据定位轴线，用经纬仪将烟囱中心投测到标志盘上，并刻上"十"字，作为在施工过程中控制筒身中心位置的依据。

3. 烟囱筒身施工测量

(1)引测烟囱中心线。在烟囱施工中，应随时将中心点引测到施工的作业面上。

1)在烟囱施工中，每砌筑一步架或每升模板一次，就必须引测一次中心线，以检核该施工作业面的中心与基础中心是否在同一铅垂线上。引测方法如下：如图 8-60 所示，在施工作业面上固定一根枋子，在枋子中心处悬挂 8～12 kg 的垂球，缓慢移动枋子，直到垂球对准基础中心"十"字标志为止。此时，枋子中心就是该作业面的中心位置。

2)另外，烟囱每砌筑完 10 m，必须用经纬仪引测、校核一次中心线。引测方法如下：

①分别在定位控制桩 A、B、C、D 上安置经纬仪，瞄准相应的施工控制点 a、b、c、d，将轴线点投测到作业面上，并作出标记。

②按标记拉两条工程绳，其交点即烟囱的中心位置，并与垂球引测的中心位置比较，以作校核。烟囱的中心偏差一般不应超过砌筑高度的 1/1 000。

3)对于高大的钢筋混凝土烟囱，应采用激光垂准仪进行铅直定位。烟囱模板每滑升一次，就定位一次。定位方法如下：在烟囱底

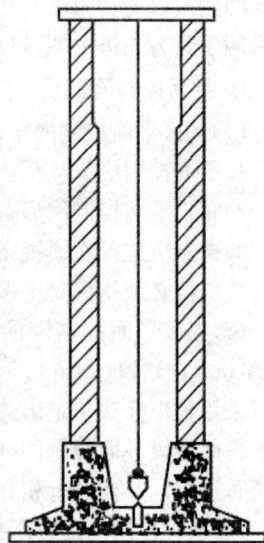

图 8-60 烟囱轴线控制

部的中心标志上，安置激光铅垂仪，在作业面中央安置接收靶。在半透明接收靶上，显示的激光光斑中心，即烟囱的中心位置。

4)如图 8-61 所示，在检查中心线的同时，以引测的中心位置为圆心，以施工作业面上烟囱的设计半径为半径，用木尺画圆，以检查烟囱壁的位置。

(2)烟囱外筒壁收坡控制。烟囱筒壁的收坡是用靠尺板来控制的。如图 8-62 所示，靠尺板的形状及其两侧的斜边应严格按设计的筒壁斜度制作。使用时，将斜边贴靠在筒体外壁上，若垂球线恰好通过下端缺口，则说明筒壁的收坡符合设计要求。

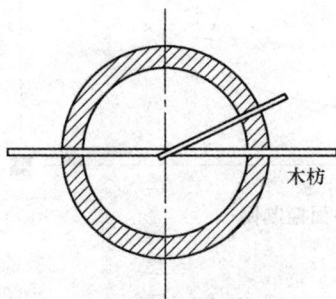

图 8-61 烟囱壁位置的检查

图 8-62 坡度靠尺板

(3)烟囱筒体标高的控制。一般是先用水准仪,在烟囱底部的外壁上测设出+0.500 m(或任一整分米数)的标高线。

以此标高线为准,用钢尺直接向上量取高度。

8.4.11 房屋建筑定位测量案例

国家大剧院工程测量方案

国家大剧院工程是一个标志性建筑。该工程占地面积较大、基础较深,较大跨度钢结构壳体安装,以及考虑到该建筑与毗邻建筑的重要性,从而使该工程的测量工作较其他工程尤为重要。采用常规测量方法,无法完全有效地保证施工测量的精度,因此,在该工程中不仅要采用常规的测量仪器和方法,还要大胆采用新技术、新设备。在钢结构安装测量及沉降变形测量方面采用了较为先进的测量仪器,并将三维工业测量技术和近景摄影测量等技术应用到该工程。

1. 平面控制网测设

(1)场区平面控制网布设原则。

1)平面控制应先从整体考虑,遵循先整体后局部,高精度控制低精度的原则;

2)布设平面控制网形首先根据设计总平面图,现场施工平面布置图;

3)选点应选择在通视条件良好、安全、易保护的地方;

4)桩位必须用混凝土保护,需要时用钢管进行围护,并用红油漆做好测量标记。

(2)场区平面控制网的布设及复测。由于该工程占地面积较大,根据总平面图利用 Leiba TCA2003 全站仪(测角 0.5,测距 1+1 ppm),从高级起算点在场区布测一条闭合或附合导线,然后采用极坐标法,定出建筑物纵横两条主轴线,经角度、距离校测符合点位限差要求后,作为主场区首级平面控制网(图 8-63)。主场区南北两侧地下室的平面控制应与主场区首级平面控制同时进行,并要进行相互校核。场区平面控制网的精度等级根据《工程测量规范》(GB 50026—2007)要求,控制网的技术指标必须符合表 8-6 的规定。

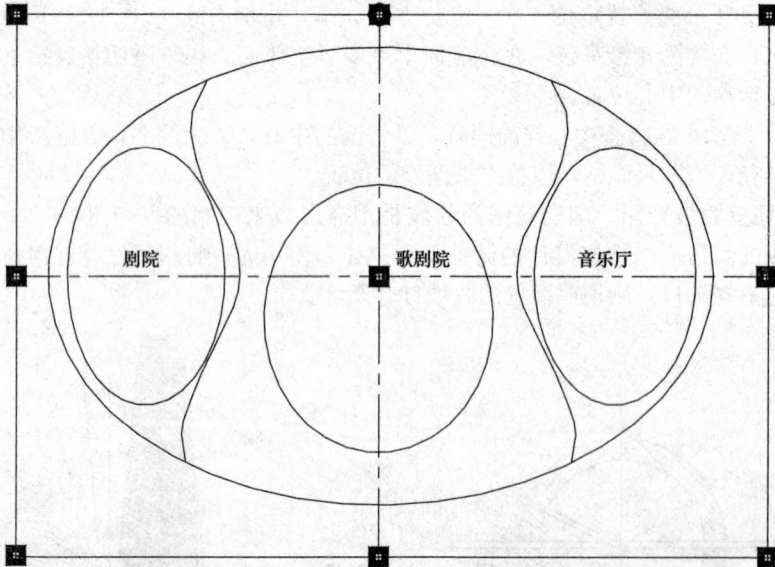

图 8-63 场区首级平面控制网

表 8-6　控制网的技术指标

等级	测角中误差/(″)	边长相对中误差
一级	±5	1/30 000

(3)建筑物的平面控制网。首级控制网布设完成后，建立建筑物平面矩形控制网(图 8-64)。建筑物平面矩形控制网悬挂于首级平面控制网上。

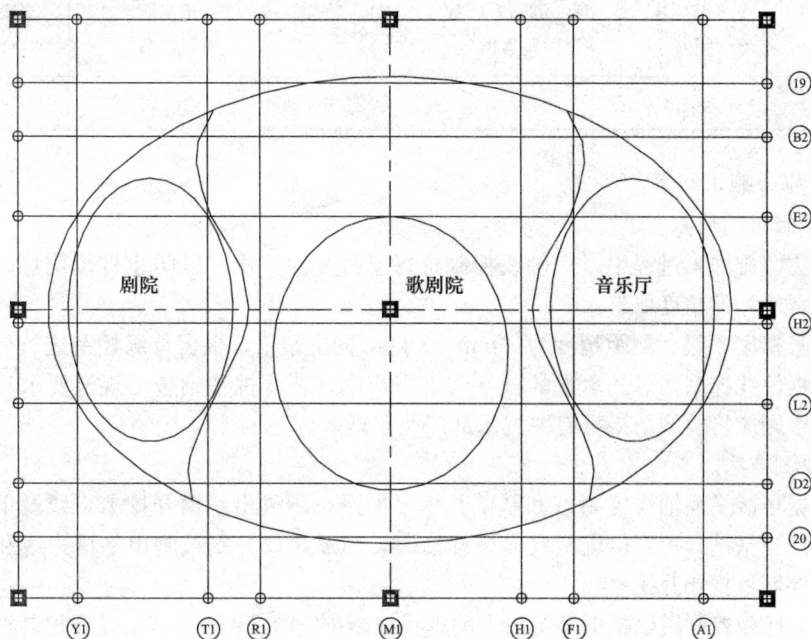

图 8-64　场区平面轴线控制网

2. 高程控制网建立

(1)高程控制网的布设原则。

1)为保证建筑物竖向施工的精度要求，在场区内建立高程控制网。高程控制网的建立是根据建设单位提供的场区水准基点(至少应提供三个)，采用 Zeiss DINI10 电子水准仪(精度为 0.3 mm/km 往、返测)对所提供的水准基点进行复测检查，校测合格后，测设一条附合水准路线，联测场区平面控制点，以此作为保证施工竖向精度控制的首要条件。

2)高程控制网的精度，不低于三等水准的精度。

3)在布设附合水准路线前，结合场区情况，在场区与建设单位所提供的水准基点间埋设半永久性高程点，埋设 3～6 个月后，再进行联测，测出场区半永久性点的高程，该点也可以作为以后沉降观测的基准点。

4)场区内至少应有三个水准点，水准点的间距应小于 1 km，距离建筑物应大于 25 m，距离回土边线应不小于 15 m。

(2)水准线路应按附合路线和环形闭合差计算，每千米水准测量高差全中误差，按下式计算：

$$M_W=\sqrt{\frac{1}{N}\left[\frac{WW}{L}\right]}$$

式中　M_W ——高差全中误差(mm)；

W——闭合差(mm);

L——相应线路长度；

N——附合或闭合路线环的个数。

(3)国家二等水准测量数字水准仪技术要求(见表 8-7)。

表 8-7　二等水准测量数字水准仪技术要求

视线长度/m	前后视距差/m	任一测站上前后视距差累积/m	视线高度/m	重复测量次数	测段、环线闭合差/mm
≥3 且≤50	≤1.5	≤6.0	≤2.80 且≥0.55	≥2 次	≤$4\sqrt{L}$

3. ±0.00 以下施工测量

(1)轴线控制桩的校测。

1)在建筑物基础施工过程中，对轴线控制桩每半月复测一次，以防止桩位位移，而影响到正常施工及工程施测的精度要求。

2)采用测量精度 2″级、测距精度为 2 mm＋3 ppm 的全站仪，根据首级控制进行校测。校测无误后，再根据轴线控制网对其承重的桩基础进行检测，符合桩基础施工规范要求后方可进行下一步工作，否则应将检测结果报有关技术部门及监理单位。

(2)轴线投测方法。

1)首先依据场区平面轴线控制桩和基础开挖平面图，测放出基槽开挖上口线及下口线，并用白石灰撒出。当基槽开挖到接近槽底设计标高时，用经纬仪分别投测出基槽边线和集水坑控制轴线，并打控制桩指导开挖。

2)待垫层、底板打好后，根据基坑边上的轴线控制桩，将 T2 经纬仪架设在控制桩位上，经对中、整平后，后视同一方向桩(轴线标志)，将所需的轴线投测到施工的平面层上，在同一层上投测的纵、横轴线不得少于两条，以此作角度、距离的校核。一经校核无误后，方可在该平面上放出其他相应的设计轴线及细部线，并弹墨线标明作为支模板的依据。模板支好后，应用两台经纬仪架设在两条相互垂直的轴线上检查上口的位置。在各楼层的轴线投测过程中，上下层的轴线竖向垂直偏移不得超过 4 mm。对电梯井位的平面控制，在测量放线中是一个该注意的问题，在电梯井位附近设置纵、横控制轴线各一条，确保电梯井平面位置的正确性。施工放样技术参数见表 8-8。

表 8-8　施工放样技术参数

建筑物结构特征	测距相对中误差	测角中误差/(″)	测站测定高差中误差/mm	起始与施工测定高程中误差/mm	竖向传递轴线点中误差/mm
钢混结构	1/20 000	5	1	6	4

(3)该工程−20.00 m 以下的基础施工采用经纬仪方向线交会法来传递轴线，引测投点误差不应超过±3 mm，轴线间误差不应超过±2 mm。−20.00 m 以上，可采用轴线交会法或内控法。在−20.00 m 层适当的平面位置测设轴线控制点(图 8-65)，作为该平面层以上层面轴线控制的依据。采用激光准直仪向上传递轴线平面位置。

(4)内控法轴线投测。−20.00 m 层验收后，应将控制轴线引测至建筑物内。根据施工前布设的控制网基准点及在施工过程中流水段的划分，在各建筑物内做内控点(每一流水段至少 2~3 个内控基准点)，埋设在首层相应偏离轴线 1 m 的位置。基准点的埋设采用 10 cm×10 cm

钢板，钢针刻划十字线，钢板通过锚固筋与首层楼面钢筋焊牢，作为竖向轴线投测的基准点。基准点周围严禁堆放杂物，向上各层在相应位置留出预留洞(15 cm×15 cm)。

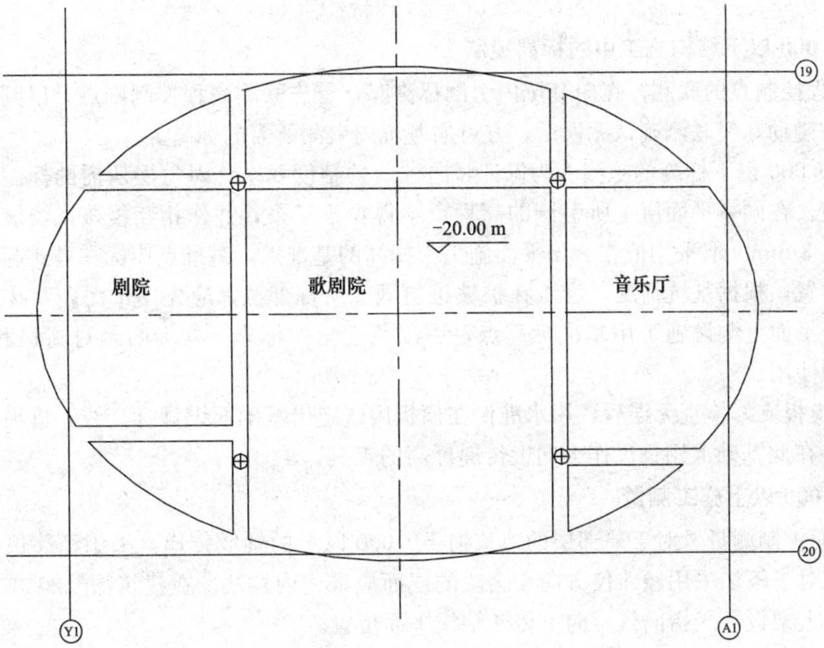

图 8-65　内控法基准点埋设

竖向投测前，应对钢板基准点控制网进行校测，校测精度不宜低于建筑物平面控制网的精度，以确保轴线竖向传递精度。轴线竖向投测的允许误差见表 8-9。

表 8-9　轴线竖向投测的允许误差

高度/m	允许误差/mm
每层	3
$h \leqslant 30$	5
$30 < h \leqslant 60$	10

轴线控制点的投测采用激光准直仪，先在底层基点处架设激光准直仪，调校到准直状态后，打开激光电源，就会发射和该点铅垂的可见光束。然后在楼板开口处用接收靶接收。通过无线对讲机调校可见光光斑直径，达到最佳状态时，通知观测人员逆时针旋转准直仪，这样，在接收靶处就可见到一个同心圆(光环)，取其圆心作为向上的投测点，并将接收靶固定。同样的办法投测下一个点，保证每一个施工段至少 2～3 个点，作为角度及距离校核的依据。控制轴线投测至施工层后，应组成闭合图形，且间距不得大于所用钢尺长度。施工层放线时，应先在结构平面上校核投测轴线，闭合后再测设细部轴线。

(5)在施工过程中，每当施工平面测量工作完成后，进入竖向施工。在施工中，每当柱浇筑成形拆掉模板后，应在柱侧平面投测出相应的轴线，并在墙柱侧面抄测出建筑 1 m 线或结构 1 m 线(1 m 线相对于每层楼板设计标高而定)，以供下一道工序的使用。

(6)当每一层平面或每段轴线测设完成后，必须进行自检，自检合格后及时填写报验单，报送报验单必须写明层数、部位、报验内容并附一份报验内容的测量成果表，以便能及时验证各轴线的正确程度状况。基础验线时，允许偏差如下：

$$L < 30 \text{ m} \quad 允许偏差 \pm 5 \text{ mm}$$

4. ±0.000 以下结构施工中的标高控制

(1)高程控制点的联测。在向基坑内引测标高时，首先联测高程控制网点，以判断场区内水准点是否被碰动，经联测确认无误后，方可向基坑内引测所需的标高。

(2)±0.000 以下标高的施测。为保证竖向控制的精度要求，对每层所需的标高基准点，必须正确测设，在同一平面层上所引测的高程点不得少于三个，并作相互校核，校核后三点的较差不得超过 3 mm。取平均值作为该平面施工中标高的基准点，基准点应标在塔式起重机或护坡桩的立面位置，根据基坑情况，设置在护坡桩侧面。所标部位，应先用水泥砂浆抹成一个竖平面，在该竖平面上测设施工用基准标高点，用红色三角作标志，并标明绝对高程和相对标高，便于施工中使用。

(3)待模板支好检查无误后，用水准仪在模板内壁定出基础面设计标高线。柝模后，抄测结构 1 m 线，在此基础上用钢尺作为向上传递标高的工具。

5. ±0.000 以上施工测量

(1)平面控制测量。对于局部层的建筑物±0.000 以上的轴线传递，采用经纬仪方向交会法(外控法)，对于不能采用经纬仪方向交会法的层面应采用内控法。在建筑物－20.000 m 内测设轴线控制点上架设激光指向仪，向上传递轴线平面位置。

(2)支立模板时的测量。

1)中心线及标高的测设。拆模后，根据轴线控制点将中心线测设在靠近柱底的基础面上，并在露出的钢筋上测设标高点，供支立柱子模板时定位及定标高使用。

2)柱子垂直度的检测。柱身模板支好后，先在柱子模板上端标出柱中心点，与柱下端的中心点相连并弹出墨线。将两台经纬仪架设在两条相互垂直的轴线上，对柱子的垂直度进行检查校正或用垂球法。

3)柱顶及平台模板的抄平。柱子模板校正好后，选择不同行列的 2～3 根柱子，从柱子下面已测设好的 1 m 线标高点，用钢尺沿柱身向上量距，引测 2～3 个相同的标高点于柱子上端模板上。在平台上放置水准仪，以引测的任一标高点作为后视，施测各柱顶模板标高，并闭合于另一点作为校核。

(3)高程的传递。在第一层的柱子和平台浇筑好后，从柱子下面的已有标高点(通常是 1 m线)向上用钢尺沿柱身量距。

1)标高的竖向传递，应用钢尺从首层起始高程点竖直量取，当传递高度超过钢尺长度时，应另设一道标高起始线，钢尺需加拉力改正、尺长改正、温度改正。

2)每栋建筑物应由三处(选择三个内控点)分别向上传递。标高的允许误差见表 8-10。

表 8-10　标高的允许误差

高度/m	允许误差/mm
每层	±3
$h \leqslant 30$	±5

3)施工层抄平之前，应先校测首层传递上来的三个标高点，当较差小于 3 mm 时，以其平均点引测水平线。抄平时，应尽量将水准仪安置在测点范围的中心位置，并进行一次精密定平，水平线标高的允许误差为±3 mm。

1. 简述建筑物测设平面位置的准备工作。

2. 建筑物定位、放样的概念是什么？

3. 什么是建筑基线？什么是建筑方格网？其适用范围是什么？

4. 平面点位放样的方法有哪些？各适用什么场合？

5. 建筑物定位的主要任务是什么？

6. 建筑物轴线放样用何种方法确定相邻两轴线之间位置？为何这样做能确保放样精度？

7. 民用建筑施工测量的主要工作是什么？

8. 现行《钢结构工程施工质量验收标准》(GB 50205—2020)规定，杯形基础杯口底面标高和杯口深度允许偏差值分别是多少？

9. 柱子安装如何校正其垂直度？

10. 屋架安装如何校正其垂直度？

11. 起重机梁安装几项重要检查参数分别是多少？

12. 高层建筑施工测量的主要任务是什么？

13. 高层建筑施工测量的主要特点是什么？

14. 简述外控法竖向传递轴线的步骤。

15. 内控法传递有哪些方法？如何操作？

16. 高程传递如何进行？

17. 如何进行烟囱定位测量？

18. 简述烟囱筒身施工测量的主要工作。

19. 房屋建筑定位有哪些方法？

8.5 建筑工程变形观测

学习目标

1. 明确变形测量的目的、意义和任务；

2. 了解变形监测的分类；

3. 掌握编制建筑物沉降观测方案，并能组织实施；

4. 掌握分析沉降观测数据，根据分析结果采取适当应对措施；

5. 熟悉建筑物倾斜及裂缝观测的方法；

6. 掌握建筑物水平位移观测的方法。

关键概念

变形监测、变形测量。

提 示

工程的变形监测分析与灾害预报是 20 世纪 70 年代发展起来的新兴学科方向，是对由工程建筑物以工程建设有关的对象所可能引发的灾害的预报，关系到人民生命和财产的安全，受到国际社会的广泛关注。许多国际学术组织，如国际大地测量协会(IAG)、国际测量师联合会(FIG)、国际岩石力学学会(ISRM)、国际大坝委员会(ICOLD)和国际矿山测量协会(ISM)等，都非常重视该领域的研究，定期举行学术会议，交流研究对策。

变形监测为变形分析和预报提供基础数据，对于工程的安全来说，监测是基础，分析是手段，预报是目的。

工程的变形监测(简称变形监测)是工程测量学的重要内容之一。

本节主要介绍建筑物的沉降、倾斜、裂缝、水平位移等方面的测量知识。

8.5.1　建筑工程变形观测概述

1. 建筑工程变形监测的作用

建筑工程变形监测的作用主要表现在两个方面。

(1)实用上的作用：保障工程安全，监测各种工程建筑物、机器设备，以及与工程建设有关的地质构造的变形，及时发现异常变化，对其稳定性、安全性作出判断，以便采取措施处理，防止事故发生。对于大型特种精密工程，如大型水利枢纽工程、核电站、粒子加速器、火箭导弹发射场等更具有特殊的意义。

(2)科学上的作用(意义)：积累监测分析资料，能更好地解释变形的机理，验证变形的假说，为研究灾害预报的理论和方法服务；检验工程设计的理论是否正确，设计是否合理，为以后修改设计、制定设计规范提供依据，如改善建筑的物理参数、地基强度参数，以防止工程破坏事故，提高抗灾能力等。

2. 建筑工程变形监测的定义

变形监测是对监测对象或物体(简称变形体)进行测量以确定其空间位置随时间的变化特征。变形监测又称变形测量或变形观测，它包括全球性的变形监测、区域性的变形监测和工程的变形监测。

全球性的变形监测是对地球自身的动态变化，如自转速率变化、极移、潮汐、全球板块运动和地壳形变的监测。

区域性的变形监测是对区域性地壳形变和地面沉降的监测。

对于工程的变形监测来说，变形体一般包括工程建(构)筑物(以下简称工程建筑物)、机械设备及其他与工程建设有关的自然或人工对象，如大坝、船闸、桥梁、隧道、重要工业建筑、大型设备基础、高层建筑物、地下建筑物、大型科学试验设备、车船、飞机、天线、古建筑、油罐、贮矿仓、崩滑体、泥石流、采空区、高边坡、开采沉降区域等都可称为变形体。

变形体用一定数量的有代表性的位于变形体上的离散点(称监测点或目标点)来代表。监测点的变化可以描述变形体的变形。

变形可分为变形体自身的变形和变形体的刚体位移两类。变形体自身的变形包括伸缩、错动、弯曲和扭转四种变形；而变形体的刚体位移则包括整体平移、整体转动、整体升降和整体倾斜四种变形。变形监测可分为静态变形监测和动态变形监测。静态变形监测通过周期测量得到；动态变形监测需通过持续监测得到。

3. 建筑物变形监测的分类

(1)移动类。移动类包括建筑物主体倾斜观测、建筑物水平位移观测、建筑物裂缝观测、挠度观测、日照变形观测、风振观测、建筑场地滑坡观测。

（2）沉降类。沉降类包括建筑物沉降观测、地基土分层沉降观测、建筑场地沉降观测、基坑回弹观测。

4. 建筑变形测量的级别、精度指标及其适用范围

《建筑变形测量规范》(JGJ 8—2016)规定，建筑变形测量的等级、精度指标及其适用范围应符合表 8-11 的规定。

表 8-11　建筑变形测量的等级、精度指标及其适用范围

等级	沉降监测	位移监测	适用范围
	测站高差中误差/mm	观测点坐标中误差/mm	
特等	≤0.05	≤0.3	特高精度要求的变形测量
一等	≤0.15	≤1.0	地基基础设计为甲级的建筑的变形测量；重要的古建筑、历史建筑的变形测量；重要的城市基础设施的变形测量等
二等	≤0.5	≤3.0	地基基础设计为甲、乙级的建筑的变形测量；重要场地的边坡监测；重要的基坑监测；重要管线的变形测量；地下工程施工及运营中的变形测量；重要的城市基础设施的变形测量等
三等	≤1.5	≤10.0	地基基础设计为乙、丙级的建筑的变形测量；一般场地的边坡监视；一般的基坑监测；地表、道路及一般管线的变形测量；一般的城市基础设施的变形测量；日照变形测量；风振变形测量等
四等	≤3.0	≤20.0	精度要求低的变形测量

注：1. 沉降监测点测站高差中误差：对水准测量，为其测站高差中误差；对静力水准测量、三角高程测量，为相邻沉降监测点间等价的高差中误差。

2. 位移监测点坐标中误差：指的是监测点相对于基准点或工作基点的坐标中误差、监测点相对于基准线的偏差中误差、建筑上某点相对于其底部对应点的水平位移分量中误差等。坐标中误差为其点位中误差的 $1/\sqrt{2}$。

8.5.2　建筑物的沉降观测

🖥️ **学习目标**

1. 掌握沉降观测的方法，编制沉降观测方案；
2. 熟悉沉降观测成果的整理分析。

🖥️ **关键概念**

沉降观测、水准基点、工作基点、沉降观测点、"四固定"沉降观测方法、沉降-荷载-时间关系曲线。

1. 沉降观测的意义

建筑物的沉降观测是采用水准测量的方法，连续观测设置在建筑物上的观测点与周围水准点之间的高差变化值，确定建筑物在垂直方向上的位移量的工作。

在工业与民用建筑中，为了掌握建筑物的沉降情况，及时发现对建筑物不利的下沉现象，以便采取措施，保证建筑物安全使用，同时，也为今后合理的设计提供资料，因此，在建筑物施工过程中和投入使用后，必须进行沉降观测。

基础沉降观测工作程序如图 8-66 所示。

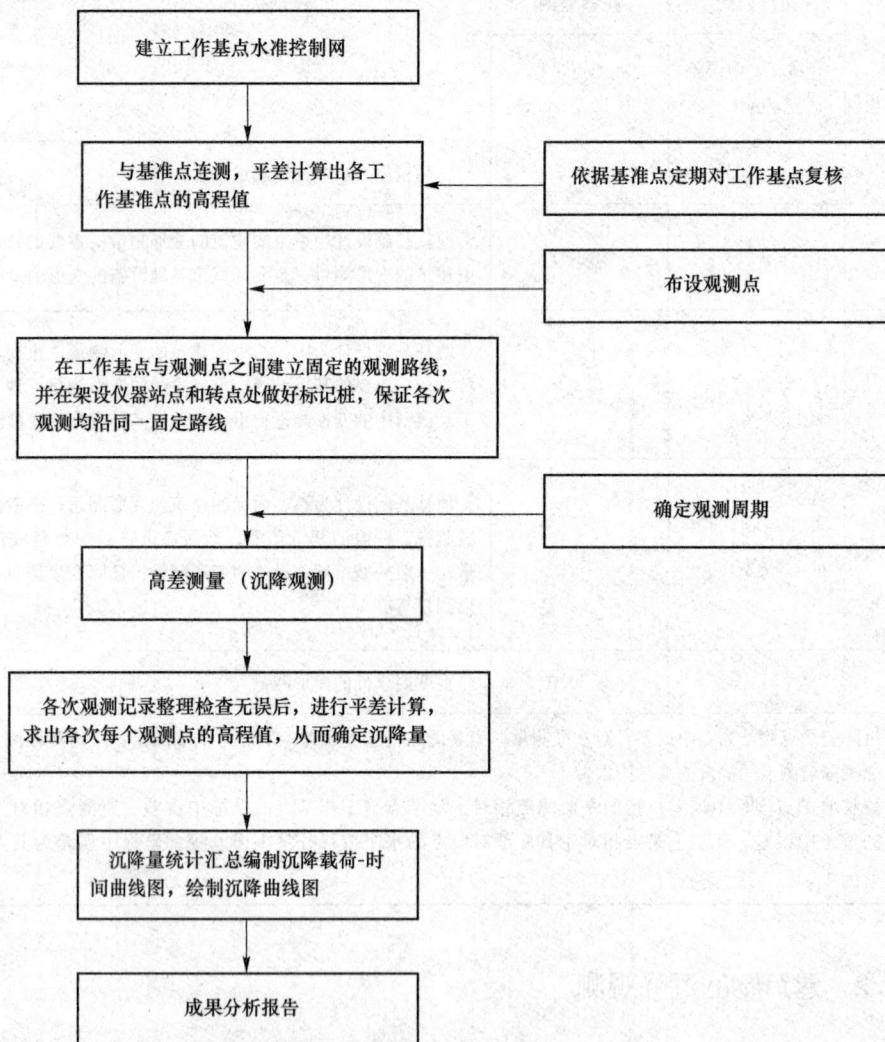

图 8-66　基础沉降观测工作程序

2. 观测点的布设

沉降观测需要用水准测量的方法设置专用高程控制网，分三级布设。

首级控制点为水准基点，作为沉降观测的依据，必须保证其高程在相当长的观测时期内固定不变。

次级控制点为工作基点，作为日常观测的引测起始点，确保在观测期间内高程不受施工影响而变化，一般设置在稳定的永久性建筑物墙体或基础上。

水准基点和工作基点统称为专用水准点。

第三级是沉降观测点，又称变形点，是设置在建筑物上能反映其沉降特征地点的固定标志，这些点在施工和运营过程中其高程可能发生变化，通过其高程的变化来了解建筑物的沉降状态。

(1)专用水准点及沉降观测点的设置。

1)专用水准点的设置。专用水准点应布设在施工建筑应力影响范围之外且不受打桩、机械施工和开挖等操作影响，坚实稳固的基岩层或原状土层中；离开地下管道至少 5 m；底部埋设深度至少要在冰冻线及地下水位变化范围以下 0.5 m；为了提高沉降观测的精度，专用水准点离开沉降观测点的距离不应大于 100 m。

建筑物的沉降观测是依据埋设在建筑物附近的水准点进行的，为了相互校核并防止由于某个水准点的高程变动造成差错，测区水准基点数不少于 3 个；小测区且确认点位稳定可靠时，水准基点数不得少于 2 个，工作基点不得少于 1 个。

工作基点位置与邻近建筑物的距离不得小于建筑物基础深度的 1.5～2.0 倍。

专用水准点的形式一般可选用混凝土普通标石。

水准标石埋设后，一般在 15 天后达到稳定后方可开始观测。

2)沉降观测点的设置。观测点设置的数量与位置，应能全面反映建筑物的沉降情况，并应考虑便于立尺、没有立尺障碍，同时注意保护观测点不致在施工过程中受到损坏。一般沿建筑物周边布设，其位置通常设置在建筑物的四角点，纵横墙连接处，平面及立面有变化处，沉降缝两侧，地基、基础、荷载有变化处等。

①建筑物的四角、大转角处及沿外墙每 10～15 m 处或每隔 2～3 根柱基上；

②高层建筑物、新旧建筑物、纵横墙等交接处的两侧；

③建筑物裂缝和沉降缝两侧、基础埋深相差悬殊处、人工与天然地基接壤处、不同结构分界及填挖方分界处；

④宽度大于等于 15 m 或小于 15 m 而地质复杂以及膨胀土地区的建筑物，在承重内隔墙中部设内墙点，在室内地面中心及四周设地面点；

⑤邻近堆置重物处、受振动有显著影响的部位及基础下的暗浜(沟)处；

⑥框架结构建筑物每个或部分柱基上或沿纵、横轴线设点；

⑦筏形基础、箱形基础底板或接近基础的结构部分之四角处及其中部位置；

⑧重型设备基础和动力设备基础的四角、基础形式或埋深改变处及地质条件变化处两侧；

⑨电视塔、烟囱、水塔、油罐、炼油塔、高炉等高耸建筑物，沿周边在与基础轴线相交的对称位置上布点，点数不少于 4 个。

3)沉降观测点的形式。沉降观测点的形式与设置方法应根据工程性质和施工条件来确定。观测点的标志形式有墙上观测点、钢筋混凝土柱上的观测点(一般布设在基础上 0.3～0.5 m 的高度处)和基础上的观测点。为使点位牢固稳定，观测点埋入的部分应大于 10 cm；观测点的上部须为半球形状或有明显的凸出之处，这样放置标尺均为同一标准位置；观测点外端须与墙身、柱身保持至少 4 cm 的距离，以便标尺可对任意方向垂直置尺。观测点按其与墙、柱连接方式与埋设位置的不同，有以下几种形式：

①现浇柱式观测点。如图 8-67 所示，用厚度不小于 10 mm、长宽为 100 mm×100 mm 的钢板作为预埋件，埋入柱子里，拆模后将直径 $\phi18～\phi20$ mm 的不锈钢或铜，一端弯成 90°角，顶部加工成球状焊接在预埋钢板上，而成沉降观测点。

②隐蔽式观测点。如图 8-68 所示，螺栓式隐蔽标志，适用于墙体上埋设。观测时旋进标身，观测完毕后卸下标身，旋进保护盖以便保护标志。

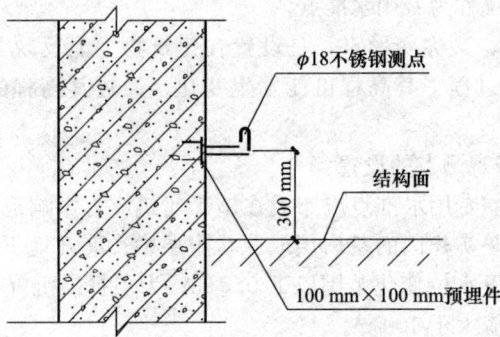

图 8-67 现浇柱式观测点

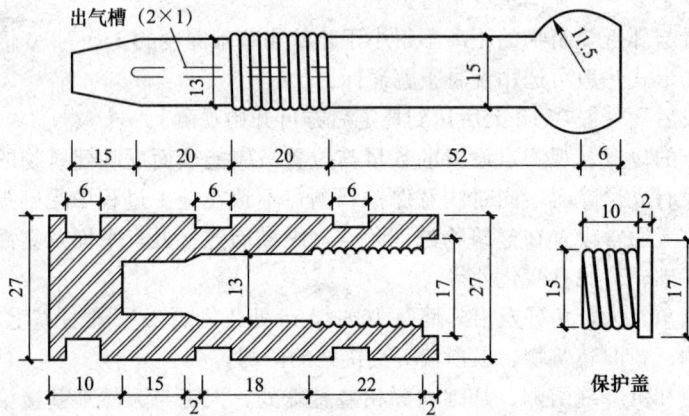

图 8-68 螺栓式隐蔽标志及其几何尺寸(mm)

3. 沉降观测的时间、方法及精度

(1)沉降观测的时间。一般在结构增加一层或增加较大荷重之后(如浇灌基础、回填土、安装柱子和厂房屋架、砌筑砖墙、设备安装、设备运转、烟囱高度每增加 15 m 左右等)要进行沉降观测。施工中,如果中途停工时间较长,应在停工时和复工前进行观测。当基础附近地面荷重突然增加,周围大量积水,暴雨及地震后,或周围大量挖方等可能导致沉降发生的情况时,均应观测。竣工后要按沉降量的大小,定期进行观测。开始可隔 1~2 个月观测一次,以每次沉降量在 5~10 mm 以内为限度,否则要增加观测次数。以后,随着沉降量的减小,可逐渐延长观测周期,直至沉降稳定为止。

建筑物投入使用后,可按沉降速度参照表 8-12 所列观测周期,定期进行观测,直到每日沉降量小于 0.01 mm 时停止。

表 8-12　沉降观测周期表

沉降速度/(mm·d^{-1})	观测周期	沉降速度/(mm·d^{-1})	观测周期
> 0.3	半个月	0.02~0.05	六个月
0.1~0.3	一个月	0.01~0.02	一年
0.05~0.1	三个月	< 0.01	停止

(2)沉降观测的方法。沉降观测实质上是根据专用水准点用精密水准仪定期进行水准测量，测出建筑物上沉降观测点的高程，从而计算其下沉量。

在观测点和水准点埋设完毕并稳定后，根据水准点的位置与整个观测点布设情况，详细拟定观测路线、仪器架设位置，要在既考虑观测距离又顾及后视、中间视、前视的距离不等差较小的原则下，合理地观测到全部观测点。

对于一般精度要求的沉降观测，采用 S_3 型水准仪，以三等水准测量的方法进行观测。对于大型的重要建筑或高层建筑，需要采用 S_1 型精密水准仪，按精密水准测量的方法进行观测。

专用水准点是测量沉降观测点沉降量的高程控制点，应经常检测其高程有无变动。测定时，一般应用 S_1 型水准仪往、返观测。观测时，应在成像清晰、稳定的时间内进行，同时，应尽量在不转站的情况下测出各观测点的高程，以便保证精度。前、后视观测最好用同一根水准尺，水准尺与仪器的距离不应超过 50 m，并用皮尺丈量，使之大致相等。测站观测完成后，必须再次观测后视点，先后两次后视读数之差不应超过±1 mm。对一般厂房的基础或构筑物，同一后视点先后两次后视读数之差不应超过±2 mm。

在观测过程中要重视第一次观测的成果，因为首次观测的高程值是以后各次观测用以进行比较的依据，若初测精度低，则会造成后续观测数据的矛盾。为保证初测精度，首次观测宜进行两次，每次均布设成闭合水准路线，则以闭合差来评定观测精度。

(3)沉降观测的精度。为保证沉降观测的精度，减小仪器工具、设站等方面的误差，一般采用同一台仪器、同一根标尺，每次在固定位置架设仪器，固定观测几个观测点和固定转点位置的方法。同时应尽量使前后视距相等，以减小 i 角误差的影响。

沉降观测时，从水准点开始，组成闭合或附合路线逐点观测。对于重要建筑物、高层建筑物，闭合差不得大于±1.0 mm；对于一般建筑物，沉降观测闭合差不得大于±2.0$\sqrt{n}$ mm（n 为测站数）。

4. 沉降观测的成果整理

沉降观测应有专用的外业手簿，并需要将建(构)筑物施工情况详细注明，随时整理。其主要内容包括：建筑物平面图及观测点布置图，基础的长度、宽度与高度；挖槽或钻孔后发现的地质土壤及地下水情况；在施工过程中荷载增加情况；建筑物观测点周围工程施工及环境变化的情况；建筑物观测点周围笨重材料及重型设备堆放的情况；施测时所引用的水准点号码、位置、高程及其有无变动的情况；地震、暴雨日期及积水的情况；裂缝出现日期，裂缝开裂长度、深度、宽度的尺寸和位置示意图等。如中间停止施工，还应将停工日期及停工期间现场情况加以说明。

每次观测完毕后，应及时检查手簿，精度合格后，调整闭合差，推算各点的高程，与上次所测高程进行比较，计算出本次沉降量及累积沉降量，并将观测日期、荷载情况填入观测成果表中，提交委托单位。

为了预估下一次观测点沉降的大约数值和沉降过程是否渐趋稳定或已经稳定，可分别绘制时间与沉降量的关系曲线和时间与荷重的关系曲线。

时间与沉降量的关系曲线系以沉降量为纵轴，时间为横轴。根据每次观测日期和每次下沉量按比例画出各点位置，将各点连接起来，并在曲线一端注明观测点号码，便成为时间与沉降量的关系曲线图。

时间与荷载的关系曲线系以荷载的质量为纵轴，时间为横轴。根据每次观测日期和每次荷载的质量画出各点，将各点连接起来便成为时间与荷载的关系曲线图。

全部观测完成后，应汇总每次观测成果，绘制沉降-荷载-时间关系曲线图，以横轴表示时间，以年、月或天数为单位；以纵轴的上方表示荷载的增加，以纵轴的下方表示沉降量的增加，如图 8-69 所示。这样可以清楚地表示建筑物在施工过程中随时间及荷载的增加发生沉降的情况。

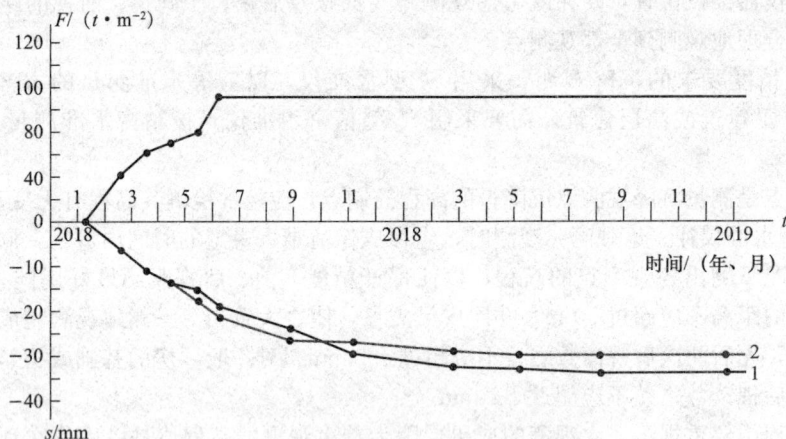

图 8-69　沉降-荷载-时间关系曲线

5. 沉降观测的注意事项

（1）在施工期间，沉降观测点被损毁经常发生，为此，一方面可以适当地加密沉降观测点，对重要的位置如建筑物的四角可布置双点；另一方面观测人员应经常注意观测点变动情况，如有损坏及时设置新的观测点。

（2）建筑物的沉降量应随着荷载的加大及时间的延长而增加，但有时却出现回升现象，这时需要具体分析回升现象的原因。

（3）建筑物的沉降观测是一项较长期的系统观测工作，为了保证获得资料的正确性，应尽可能地固定人员观测和整理成果，固定所用的水准仪和水准尺，按规定的日期、方法及路线，从固定的水准点出发进行观测，即所谓的"四固定"原则。

8.5.3　建筑物的倾斜观测

📷 **学习目标**

1. 了解建筑物倾斜观测的方法；
2. 熟悉基础沉降差法和激光垂准仪法测量建筑物倾斜。

📷 **关键概念**

经纬仪投影法、基础沉降差法、激光垂准仪法、测角前方交会法。

📷 **提　示**

用测量仪器测定建筑物的基础和主体结构倾斜变化的工作，称为倾斜观测。常用的方法有经纬仪投影法、基础沉降差法、激光垂准仪法、测角前方交会法等。

1. 经纬仪投影法

经纬仪投影法适用于一般建筑物主体的倾斜观测。先测定建筑物顶部观测点相对于底部观测点的偏移值，再根据建筑物的高度，计算建筑物主体的倾斜度，即式(8-5)。

$$i = \tan\alpha = \frac{\Delta D}{H}$$ (8-5)

式中　i——建筑物主体的倾斜度；

　　　ΔD——建筑物顶部观测点相对于底部观测点的偏移值(m)；

　　　H——建筑物的高度(m)；

　　　α——倾斜角(°)。

倾斜测量主要是测定建筑物主体的偏移值 ΔD。偏移值 ΔD 的测定一般采用经纬仪投影法。观测方法如下：

(1)如图 8-70 所示，将经纬仪安置在固定测站上，该测站到建筑物的距离为建筑物高度的 1.5 倍以上。瞄准建筑物 X 墙面上部的观测点 M，用盘左、盘右分中投点法，定出下部的观测点 N。用同样的方法，在与 X 墙面垂直的 Y 墙面上定出上观测点 P 和下观测点 Q。M、N 和 P、Q 即所设观测标志。

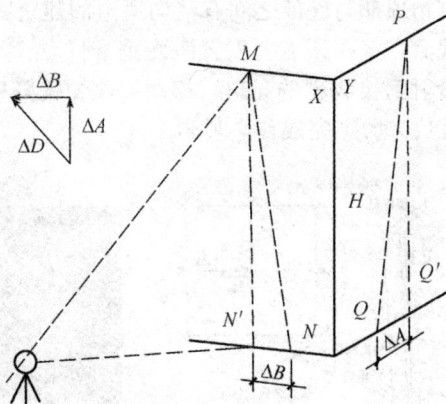

图 8-70　一般建筑物主体的倾斜观测

(2)隔一段时间后，在原固定测站上安置经纬仪，分别瞄准上部观测点 M 和 P，用盘左、盘右分中投点法，得到 N' 和 Q'。如果，N 与 N'、Q 与 Q' 不重合，说明建筑物发生了倾斜。

(3)用尺子，量出在 X、Y 墙面的偏移值 ΔA、ΔB，然后用矢量相加的方法，计算出该建筑物的总偏移值 ΔD，即

$$\Delta D = \sqrt{\Delta A^2 + \Delta B^2}$$

根据总偏移值 ΔD 和建筑物的高度 H 即可计算出其倾斜度 i。

2. 基础沉降差法

基础沉降差法适用于整体刚度较好的建筑物的倾斜观测。如图 8-71 所示，建筑物的基础倾斜观测，一般采用精密水准测量的方法，定期测出基础两端点的沉降量差值 Δh，再根据两点之间的距离 L，即可计算出基础的倾斜度：

$$i = \frac{\Delta h}{L}$$ (8-6)

利用基础沉降量差值，还可以推算主体偏移值。如图 8-72 所示，用精密水准测量的方法测定建筑物基础两端点的沉降量差值 Δh，再根据建筑物的宽度 L 和高度 H，推算出该建筑物主体的偏移值 ΔD，即

$$\Delta D = \frac{\Delta h}{L} H$$ (8-7)

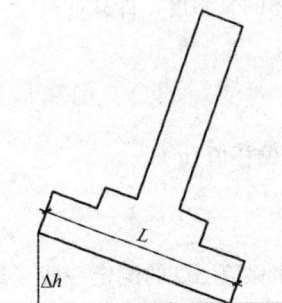

图 8-71 基础沉降差
法进行倾斜观测

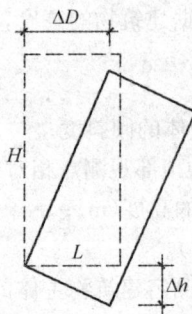

图 8-72 基础倾斜观测测
定建筑物的偏移值

3. 激光垂准仪法

激光垂准仪法适用于建筑物顶部与底部之间有竖向通道的建筑物。如图 8-73 所示，在建筑物竖向通道底部的地面埋设观测点，在该点上安置激光垂准仪（精确对中与整平），在通道顶部安置接收靶，根据铅垂光束投射到接收靶的光斑，移动接收靶使其中心与光斑重合，之后固定接收靶（观测期间要固定，不可移动），完成首次观测。

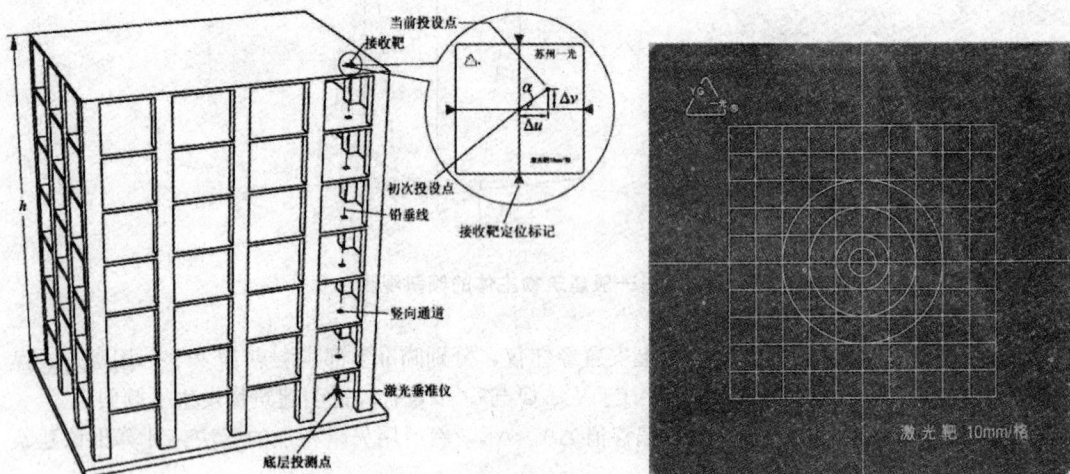

图 8-73 激光垂准仪法进行建筑物倾斜观测

下次观测时，在顶部接收靶上直接读取出光斑距离接收靶中心的两位移量 Δu、Δv（或用直尺量出光斑与中心点的偏移量），则该建筑物倾斜度与倾斜方向角如下：

$$i=\frac{\sqrt{\Delta u^2 + \Delta v^2}}{h}, \quad \alpha = \arctan\frac{\Delta v}{\Delta u} \tag{8-8}$$

式中 h——地板观测点到接收靶的铅垂距离。

4. 测角前方交会法

测角前方交会法适用于不规则高耸建筑物的主体倾斜观测。建筑物顶部无适宜照准目标时，应在顶部便于观测与保护的位置埋设观测标志，如图 8-74 所示的避雷针状照准标志。

前方交会基线 AB 与观测点应构成强度最佳图形，交会角 γ 为 $60°\sim120°$，基线长度应用电磁波精密测量。A、B 两点高程用水准方法，P 点高程用钢尺传递方法精确测量。

分别在 A、B 两点安置经纬仪，测回法观测水平角与 3～4 测回，取各测回平均值代入式(8-9)计算观测点 P 平面坐标，用式(8-10)作校核。

$$\begin{cases} x_P = x_A + \Delta x_{AP} = x_A + D_{AP} \cdot \cos\alpha_{AP} \\ y_P = y_A + \Delta y_{AP} = y_A + D_{AP} \cdot \sin\alpha_{AP} \end{cases} \tag{8-9}$$

$$\begin{cases} x_P = x_B + \Delta x_{BP} = x_B + D_{BP} \cdot \cos\alpha_{BP} \\ y_P = y_B + \Delta y_{BP} = y_B + D_{BP} \cdot \sin\alpha_{BP} \end{cases} \tag{8-10}$$

设 P 点首次测量的坐标为 x_P、y_P，本次测量的 P 点坐标为 x'_P、y'_P，则有

$$\begin{cases} \Delta u = x'_P - x_P \\ \Delta v = y'_P - y_P \end{cases} \tag{8-11}$$

按照式(8-8)或式(8-12)，计算建筑物的倾斜度与倾斜方向角。

$$i = \frac{\sqrt{\Delta u^2 + \Delta v^2}}{h}, \quad \alpha = \arctan\frac{\Delta v}{\Delta u} \tag{8-12}$$

式中　$h = H_P - \dfrac{H_A + H_B}{2}$。

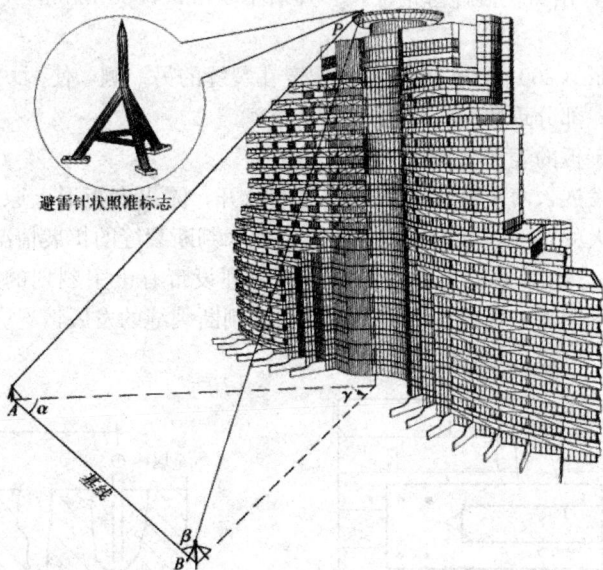

图 8-74　测角前方交会法进行建筑物倾斜观测

8.5.4　建筑物的裂缝观测

学习目标

熟悉建筑物裂缝观测常用的方法。

关键概念

土坝裂缝观测、石膏板标志法、镀锌薄钢板法、变形点标志法。

📖 提 示

工程建筑物发生裂缝时，为了了解其现状和掌握其发展情况，应该进行观测，以便根据这些资料分析其产生裂缝的原因和它对建筑物安全的影响，及时地采取有效措施加以处理。

当建筑物多处发生裂缝时，应先对裂缝进行编号，然后分别观测裂缝的位置、走向长度、宽度等项目。

1. 混凝土建筑物裂缝观测

对混凝土建筑物裂缝观测的位置、走向及长度的观测，一般有三种方法，即石膏板标志法、镀锌薄钢板标志法和变形点标志法。

(1)石膏板标志法。用厚度为 10 mm，宽度为 50～80 mm 的石膏板(长度视裂缝大小而定)，固定在裂缝的两侧。当裂缝继续发展时，石膏板也随之开裂，从而观察裂缝继续发展的情况。

(2)镀锌薄钢板标志法。

1)如图 8-75 所示，用两块镀锌薄钢板，一片取 100 mm×300 mm 的大矩形，固定在裂缝的一侧。

2)另一片为 50 mm×200 mm 的小矩形，固定在裂缝的另一侧，使两块镀锌薄钢板的边缘相互平行，并使其中的一部分重叠。

3)在两块镀锌薄钢板的表面涂上红色油漆。

4)如果裂缝继续发展，两块镀锌薄钢板将逐渐拉开，露出大矩形上原被覆盖没有油漆的部分，其宽度即裂缝加大的宽度，可用尺子量出。以此来判断裂缝的扩展情况。

(3)变形点标志法。如图 8-76 所示，在裂缝两侧埋设带有十字刻划的标志点，按规定观测周期测定两测点之间的距离，根据各次所测间距差来判断裂缝的发展情况。

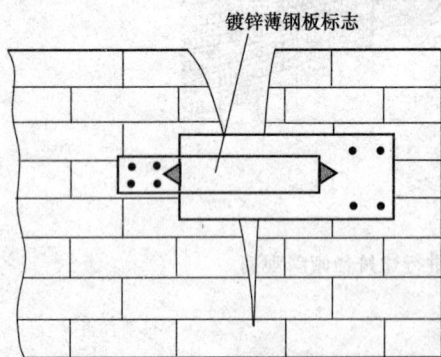

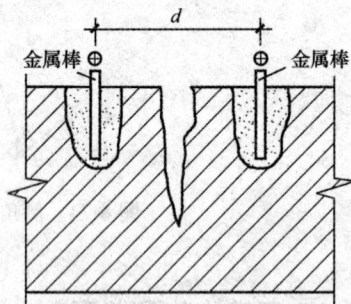

图 8-75　镀锌薄钢板标志法进行建筑物裂缝观测　　　图 8-76　变形点标志法进行建筑物裂缝观测

2. 土坝裂缝观测

可根据情况，对全部裂缝或选择重要裂缝，或选择有代表性的典型裂缝进行观测。对于缝宽大于 5 mm，或缝宽虽小于 5 mm 但长度较长或穿过坝轴线的裂缝，弧形裂缝，明显地垂直错缝及与混凝土建筑物连接处的裂缝，必须进行观测，观测的次数应视裂缝的发展情况而定，一般在发生裂缝的初期应每天一次，在裂缝有显著发展水库水位变动较大时应增加观测次数，暴雨过后必须加测一次，只有当裂缝发展缓慢后才可适当减少观测次数。对于需长期观测的裂缝，应考虑与土坝位移观测的次数相一致。

3. 混凝土大坝裂缝观测

一般应同时观测混凝土的温度、气温、水温、上游水位等因素，观测次数与土坝基本相同。但在出现最高气温、最低气温和上游最高水位，或气温及上游水位变化较大，或裂缝有显著发展时，均应增加观测次数。经过长期观测判明裂缝已不再发展方可停止观测。

8.5.5　建筑物的水平位移观测

📷 **学习目标**

了解建筑物水平位移观测常用的方法。

📷 **关键概念**

基准线法、极坐标法。

📷 **提　示**

测定建筑物的平面位置随时间而移动的大小及方向的工作叫作位移观测。有时测定建筑场地滑坡的工作也叫作位移观测。

水平位移的方向是任意的，通常以基准点和工作基点构成高精度的变形平面控制网；变形区较大时，可用部分工作基点和部分观测点组成次级变形平面控制网。变形平面控制网可布设成三角网、测边网、边角网和导线网等。每期先观测平面控制网，经严密平差计算出控制点坐标，再连测所有观测点并计算出各点坐标，由此得出各观测周期间观测点的水平位移情况。

水平位移观测的办法是否简单，不能一概而论，要看精度要求、变化量大小、现场条件、仪器设备等而定。当要求测定二维平面内的位移量时，根据场地条件，一般可采用以下几种方式：

(1)基准线法：包括视准线法、引张线法、激光准直法、测小角法、活动觇牌法等；

(2)几何大地测量方法：包括导线法、交会法(测边交会、测角前方交会)、极坐标法等；

(3)GPS方法观测监测网。

采用测角前方交会法时，交会角应在$60°\sim120°$，最好采用三点交会；采用极坐标法时，其边长应采用电磁波测距仪。

1. 基准线法

有时只要求测定建筑物在某特定方向上的位移量，观测时，可在垂直上述方向上建立一条基准线，在建筑物上埋设一些观测标志，定期测量观测标志偏离基准线的距离，就可以了解建筑物随时间位移的情况。这种水平位移方法称为基准线法。

(1)基准线观测水平位移的方法。根据构成基准线的方式不同，基准线法可分为以下三种：

1)用仪器望远镜的视准轴构成基准线的位移观测方法称为视准线法；

2)用拉紧金属线构成基准线的称为引张线法；

3)用激光准直仪的激光束构成基准线的称为激光准直法。

基准线法按其所使用的工具和作业方法的不同，又可分为测小角法和活动觇牌法。

1)测小角法。当基准点和位移观测点基本上在一条直线上，且平行于基准线时，可采用小角法测量，在基准点上测定观测点至基准点的距离和偏离基准面的小角度，从而算出观测点的水平偏离值。

2)活动觇牌法。利用活动觇牌上的标尺，直接测定偏离值。

随着激光技术的发展，出现了由激光束建立基准面的基准线法，根据其确定偏离值的原理，有以激光束替代经纬仪视线的"激光经纬仪准直"和利用光干涉原理的"波带板激光准直"（三点法准直）。

（2）对中、照准装置观测条件的改进。由于建筑物的位移值一般来说是较小的，对位移值的观测精度要求较高（例如混凝土坝位移观测的中误差要求小于 1 mm），因此在各种测定偏离值的方法中都采取了一些提高精度的措施。对基准线端点的设置、对中装置构造、觇牌设计及观测程序等均进行了了不断的改进。

1)观测墩。目前，一般采用钢筋混凝土结构的观测墩。观测墩底座部分要求直接浇筑在基岩上，以确保其稳定性。

为了减少仪器与觇牌的安置误差，在观测墩顶面常埋设固定的强制对中设备，通常要求它能使仪器及觇牌的偏心误差小于 0.1 mm。满足这一精度要求的强制对中设备式样很多，有采用圆锥、圆球插入式的，也有用埋设中心螺杆的，还有采用置中圆盘的。置中圆盘的优点是适用于多种仪器，对仪器没有损伤，但加工精度要求较高。

2)觇牌图案形状、尺寸及颜色。视准线法的主要误差来源之一是照准误差，研究觇牌形状、尺寸及颜色对于提高视准线的观测精度具有重要的意义。一般来说，觇牌设计应考虑以下五个方面：

①反差大：用不同颜色的觇牌所进行的试验表明，以白色作底色，以黑色作图案的觇牌为最好。白色与红色配合，虽然能获得较好的反差，但是它相对前者而言易使观测者产生疲劳。

②没有相位差：采用平面觇牌可以消除相位差，在视准线观测中一般采用平面觇牌。

③图案应对称。

④应有适当的参考面积：为了精确照准，应使十字丝两边有足够的比较面积，同心圆环图案对精确照准是不利的。

⑤便于安置：所设计的觇牌希望能随意安置，即当觇牌有一定倾斜时仍能保证精确照准。

试验表明，双线标志（白底，标志为黑色）是比较合适的图案。在觇牌的分划板倾斜时，观测者仍可通过十字丝两边楔形面积的比较达到精确照准的目的。

2. 极坐标法

当基准点和位移观测点无法布设在一直线上时，可采用光电测距极坐标法。极坐标法比较灵活，每次只要测出各位移点的坐标，再根据本次和上次坐标的偏移量在垂直于基准线方向上的分量，就可以判断位移点的位移和方向。

🖥 课后讨论

1. 变形监测的作用是什么？

2. 变形监测的分类有哪些？

3.《建筑变形测量规范》(JGJ 8—2016)规定变形监测可分为哪几级？

4.《建筑变形测量规范》(JGJ 8—2016)规定三级变形测量的精度和适用范围是什么？

5. 沉降观测的意义是什么？沉降观测水准点可分为哪几类？

6. 设置沉降观测点的原则是什么？

7. 沉降观测点的一般形式是什么？

8. 沉降观测周期如何确定？

9. 沉降观测精度有何要求？

10. 简述沉降-荷载-时间三者之间的关系。

11. 沉降观测的注意事项有哪些？

12. 何谓"四固定"？

13. 建筑物倾斜观测有哪几种方法？

14. 基础沉降差法观测建筑物沉降原理是什么？

15. 如何使用激光垂准仪对建筑物进行倾斜观测？

16. 混凝土建筑物裂缝观测常用的方法有哪些？

17. 简述基准线法进行建筑物水平位移观测的原理。

18. 基准线法包括哪几种方法？

8.6 竣工测量

学习目标

1. 明确工程竣工测量的目的；

2. 掌握竣工测量的内容。

关键概念

竣工测量。

8.6.1 竣工测量的目的、内容、方法与特点

1. 竣工测量的目的

所有建设工程都是根据设计图纸施工的，但在施工过程中，由于设计变更、工程变更等原因，使建(构)筑物竣工后的平面位置与原设计位置不完全一致，所以，施工单位需要编绘竣工总平面图，提交工程竣工测量成果。

工程通过竣工测量而绘制的总平面图，是工程设计总平面图在施工后实际情况的全面反映，所以设计总平面图不能完全代替竣工总平面图。

编绘竣工总平面图的目的如下：

(1)在施工过程中可能由于设计时没有考虑到的问题而使设计有所变更，这种临时变更设计的工程现状必须通过测量反映到竣工总平面图上；

(2)便于竣工后运营管理阶段进行各种设施的维修及事故处理，特别是为地下管道等隐蔽工程的检查和维修工作提供依据；

(3)为企业的扩建提供了原有各项建(构)筑物、地上和地下各种管线及交通线路的坐标、高程等资料；

(4)为工程验收提供依据，也是施工单位通过竣工验收的重要技术资料。

2. 竣工测量的内容

(1)工业厂房及一般建筑物包括房角坐标，管线进出口的位置和高程，室内地坪及房角标高，并附房屋编号、结构层数、面积和竣工时间等资料。

(2)交通线路包括线路起终点、转折点和交叉点的坐标，曲线元素，桥涵等构筑物的位置和高程，路面、人行道、绿化带界线等。

(3)地下管网包括起终点、转折点的坐标，检修井、井盖、井底、沟槽和管顶等的高程，并附注管道及检修井的编号、名称、管径、管材、间距、坡度和流向。

(4)架空管网包括转折点、结点、交叉点和支点的坐标，支架间距，基础面高程等。

(5)构筑物包括矩形构物的四角坐标、圆形构筑物的中心坐标，基础面标高，构筑物的高度或深度等。

3. 竣工测量的方法与特点

竣工测量与地形测量比较，测量方法相同，不同点如下：

(1)图根点密度大。由于增加大量地形图以外的信息，因此竣工测量图根控制点要远远多于地形测量的图根控制点。

(2)碎部点施测精度高。地形测量一般采用视距法测定碎部点与图根点之间的距离和高差；竣工测量一般相应采用钢尺量距、水准仪测高差，甚至使用全站仪进行测量。

地形测量要求满足图解精度即可，而竣工测量一般要满足解析精度，精确至厘米。

(3)测绘内容丰富。竣工测量不仅测绘地物和地貌，还要测量场区各种隐蔽工程，如给水排水管线、热力管线、燃气管线、电力管线等。

8.6.2　竣工总平面图的编绘

📠 学习目标

1. 明确工程竣工总平面图所包括的内容；
2. 掌握竣工总平面图编绘的方法步骤。

📠 关键概念

竣工总平面图编绘。

1. 竣工总平面图的编绘依据

竣工总平面图的编绘依据主要有设计总平面图、单位工程平面图、工程施工图及施工说明、设计变更、施工放样资料及竣工测量成果等。

2. 竣工总平面图的编绘内容

竣工总平面图上应包括建筑方格网点、水准点、厂房、辅助设施、生活福利设施、架空及地下管线、铁路等建(构)筑物的坐标和高程，以及厂区内空地和未建区的地形。

厂区地上和地下所有建(构)筑物绘制在一张竣工总平面图上时，如果线条过于密集而不醒目，则可采用分类编图，如综合竣工总平面图、交通运输竣工总平面图和管线竣工总平面图等。比例尺一般采用1∶1 000。如不能清楚地表示某些特别密集的地区，也可局部采用1∶500的比例尺。

3. 竣工总平面图的编绘步骤

(1)绘制坐标方格网并展绘图根控制点。绘制坐标方格网的方法、精度要求，与地形测量绘制坐标方格网的方法、精度要求相同。坐标方格网画好后，将施工控制点按坐标值展绘在图纸上。

(2)绘制设计总平面图。根据坐标方格网，将设计总平面图的图面内容，按其设计坐标，用铅笔展绘于图纸上，作为底图。

(3)展绘竣工总平面图。按设计坐标进行定位的工程，应以测量定位资料为依据，按设计坐标或相对尺寸和标高展绘。对原设计进行变更的工程，应根据设计变更资料展绘。对实测竣工测量资料的工程，若竣工测量成果不超过设计值所规定的定位容许误差，则按设计值展绘；否则，按竣工测量资料展绘。

提 示

新建的企业竣工总平面图的编绘，最好是随着工程的陆续竣工相继进行编绘。一边竣工，一边利用竣工测量成果编绘竣工总平面图。如发现地下管线的位置有问题，可及时到现场核对，使竣工图能真实反映实际情况。边竣工边编绘的优点是：当企业全部竣工时，竣工总平面图也大部分编制完成；既可作为交工验收的资料，又可大大减少实测工作量，从而节约了人力和物力。

4. 竣工总平面图的整饰

(1)有关建(构)筑物的符号应与设计图例相同，有关地形图的图例应使用国家地形图图式符号。

(2)使用黑色墨线，绘出厂房工程的竣工位置，并在图上注明工程名称、坐标、高程及有关说明。

(3)用各种不同颜色的墨线，绘出各种地上、地下管线中心位置，并在图上注明转折点及井位的坐标、高程及有关说明。

(4)对无变更的工程，用墨线按设计原图用铅笔绘出其竣工位置。

(5)对于直接在现场指定位置进行施工的工程、以固定地物定位施工的工程及多次变更设计而无法查对的工程等，必须进行现场实测。

课后讨论

1. 竣工测量的目的是什么？
2. 简述竣工测量的内容。
3. 竣工测量的特点有哪些？
4. 编绘竣工总平面图的依据是什么？
5. 编绘竣工总平面图的内容有哪些？
6. 简述编绘竣工总平面图的步骤。

本章小结

本章主要介绍施工测量的基本理论和知识，并在此基础上介绍了建筑工程的测量方法和施工测量的内容。基本测量理论和知识要结合工程实际情况，活学活用，也许一种新的测量方法就会诞生。

▷ 课后习题

一、填空题

1. 在施工测量中测设点的平面位置，根据地形条件和施工控制点的布设，可采用＿＿＿＿＿法、＿＿＿＿＿法、＿＿＿＿＿法和＿＿＿＿＿法。

2. 建筑场地的平面控制＿＿＿＿＿，主要有＿＿＿＿＿、＿＿＿＿＿和导线等形式；高程控制在一般情况下，采用等水准测量方法。

3. 建筑物定位后，在开挖基槽前一般要将轴线延长到槽外安全地点，延长轴线的方法有两种，即＿＿＿＿＿法和＿＿＿＿＿法。

4. 高层楼房建筑物轴线竖向投测的方法主要有吊锤法、＿＿＿＿＿法和＿＿＿＿＿法。

5. 建筑变形包括＿＿＿＿＿和＿＿＿＿＿。

6. 建筑物的位移观测包括＿＿＿＿＿、＿＿＿＿＿、＿＿＿＿＿、挠度观测、日照变形观测、风振观测和场地滑坡观测。

7. 建筑物主体倾斜观测方法有＿＿＿＿＿、＿＿＿＿＿、＿＿＿＿＿、＿＿＿＿＿、＿＿＿＿＿。

二、简答题

1. 施工测量的内容是什么？如何确定施工测量的精度？

2. 施工测量的基本工作是什么？

3. 水平角测设的方法有哪些？

4. 高层建筑轴线投测和高程传递的方法有哪些？

5. 试叙述使用拓普康 GTS-102N 全站仪进行坡度测设的方法。

6. 建筑轴线控制桩的作用是什么？龙门板的作用是什么？

7. 校正工业厂房柱子时，应注意哪些事项？

8. 试叙述使用水准仪进行坡度测设的方法。

三、计算题

1. 如图 8-77 所示，A、B 为已有的平面控制点，E、F 为待测设的建筑物角点，试计算分别在 A、B 设站，用极坐标法测设 E、F 点的数据（角度算至 $1''$，距离算至 1 mm）。

2. 用一般方法测设出 $\angle ABC$ 后，精确地测得 $\angle ABC$ 为 $45°00'24''$（设计值为 $45°00'24''$），BC 长度为 120 m，问怎样移动 C 点才能使 $\angle ABC$ 等于设计值？请绘制略图表示。

3. 已知水准点 A 的高程 $H_A = 20.355$ m，若在 B 点处墙面上测设出高程分别为 21.000 m 和 23.000 m，设在 A、B 中间安置水准仪，后视 A 点水准尺读数 $a = 1.452$ m，问怎样测设才能在 B 处墙得到设计标高？请绘制略图表示。

4. 如图 8-78 所示，已知 A、B 为控制点，$x_B = 643.82$ m，$y_B = 677.11$ m，$D_{AB} = 87.67$ m，$\alpha_{BA} = 156°31'20''$，待测设点 P 的坐标为 $x_P = 535.22$ m，$y_P = 701.78$ m。采用极坐标法测设 P 点，试计算测设数据，简述测设过程，并绘注测设示意。

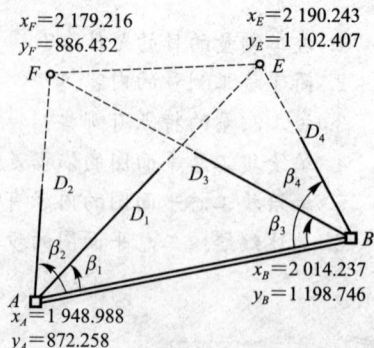

$x_F = 2\ 179.216$ $y_F = 886.432$ $x_E = 2\ 190.243$ $y_E = 1\ 102.407$

$x_B = 2\ 014.237$ $y_B = 1\ 198.746$

$x_A = 1\ 948.988$ $y_A = 872.258$

图 8-77　计算题 1 图

5. 如图 8-79 所示，已知地面水准点 A 的高程 $H_A=4\,000\,\mathrm{m}$，若在基坑内 B 点测设 $H_B=30.000\,\mathrm{m}$，测设时 $a=1.415\,\mathrm{m}$，$b=11.365\,\mathrm{m}$，$a_1=1.205$，问当 b_1 为多少时，其尺底即设计高程 H_B？

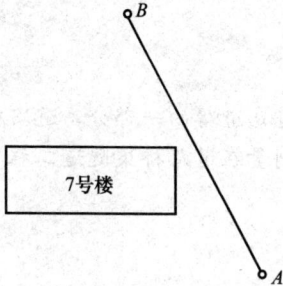

图 8-78　计算题 4 图

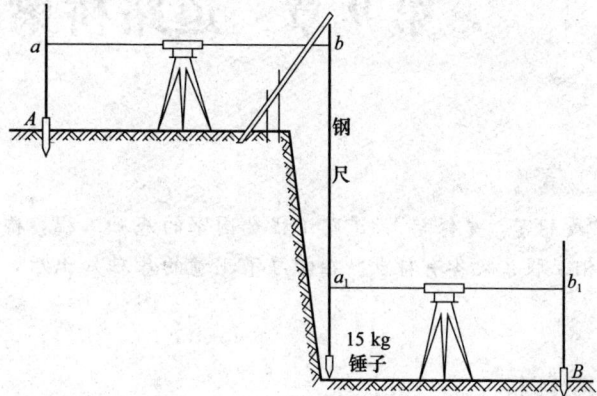

图 8-79　计算题 5 图

6. 设地面上 A 点高程已知 $H_A=32.785\,\mathrm{m}$，现要从 A 点沿 AB 方向修筑一条坡度为 -2% 道路，AB 的水平距离为 $120\,\mathrm{m}$，每隔 $20\,\mathrm{m}$ 打一中间点桩。试述用经纬仪测设 AB 坡度线的作法，并绘制草图表示。若用水准仪测设坡度线，作法有何不同？

7. 假设测设一字形的建筑基线 $A'B'C'$ 三点已测设于地面，经检查 $\angle A'B'C'=179°59'42''$，已知 $A'B'=200\,\mathrm{m}$，$B'C'=120\,\mathrm{m}$，试计算各点移动量值，并绘图说明如何改正使三点成一直线？

8. 在一建筑物上设置一变形观测点 P_1，通过三期观测计算出该点的平面坐标列于表 8-13 中，试在 AutoCAD 上展绘该点的三期观测坐标，并量出每次观测的平均位移量与方位角、总位移量与方位角。

表 8-13　变形观测数据

观测周期	x/m	y/m
1	8 009.996	4 201.253
2	8 009.983	4 201.257
3	8 009.971	4 201.251

9. 地基的不均匀沉降导致建筑物发生倾斜，某建筑物的高度 $H=29.5\,\mathrm{m}$，基础上的沉降观测点 A、B 间的水平距离 $L=10.506\,\mathrm{m}$，用精密水准测量法观测得 A、B 两点的沉降差 $\Delta h=0.033\,\mathrm{m}$，试计算该建筑物的倾斜率与顶点位移量。

10. 测得某圆形建筑物顶部中心点的坐标 $x_T=4\,155.951\,\mathrm{m}$，$y_T=2\,011.933\,\mathrm{m}$，底部中心点的坐标 $x_B=4\,155.647\,\mathrm{m}$，$y_B=2\,012.069\,\mathrm{m}$，试计算顶部相对于底部的倾斜位移量与方位角。

第9章 道路桥梁隧道测量

引言

"要想富，先修路"，道路工程是国家的基础工程，桥梁和隧道是道路的一部分，道路桥梁隧道相互联系又各有特点。在学习了测量的基础知识后，来学习测量在道路桥梁隧道工程中的应用。

学习目标

通过本章学习，能够：

1. 掌握中线上各主点桩的测设方法；
2. 理解圆曲线的测设；
3. 熟悉路基和路面施工测量；
4. 熟悉桥梁工程施工测量；
5. 熟悉隧道工程施工测量。

文献导读

某水库 2 号桥是一座中线半径为 400 m 的预应力混凝土连续弯箱梁桥(图 9-1)，分成主线桥(两幅)和 C、D 匝道共四幅桥，主线桥中线为跨径 27 m＋36 m＋27 m 三跨连续箱梁桥，C、D 匝道分别为跨径 26.291 m＋35.055 m＋26.291 m、27.709 m＋36.945 m＋27.709 m 三跨连续箱梁桥；两幅主线桥采用单箱单室箱梁，箱梁宽均为 10 m，C、D 匝道采用单箱双室箱梁，箱梁宽度均为 14 m；各幅桥箱梁高为 1.4 m，箱梁跨中底板厚度为 25 cm，顶板厚度为 25 cm；两桥台处箱梁横隔梁宽为 1.5 m，两桥墩支撑处横隔梁宽为 2 m，箱梁采用强度等级为 C50 的混凝土；桥面铺装层采用 8 cm SMA 沥青混凝土；桥梁设计荷载等级：城-B 级(汽车-20，挂车-100)，人群荷载 3.5 kN/m^2。桥梁竣工于 2005 年 5 月。

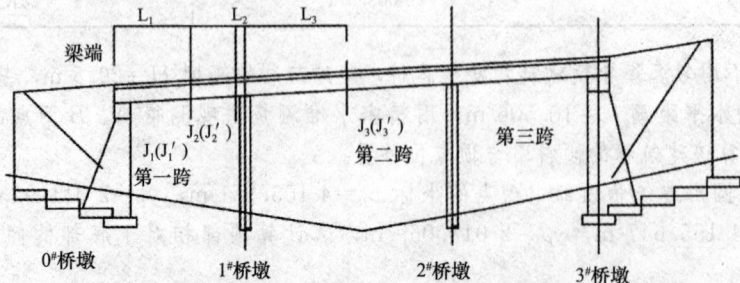

图 9-1 预应力混凝土连续弯箱梁桥示意图

按桥面中线测量方法，采用数字水准仪，通过对桥面中线高程的测量，以达到以下目的：

(1)检验桥梁结构的承载能力、结构变形及正常使用状态是否满足设计要求；

（2）为桥梁的鉴定和竣工验收提供依据；

（3）通过运营后桥面线型和设计线型的变化，考察桥梁结构的整体变形规律，评价结构的实际受力状态和工作状况，为桥梁日后的运营、养护和管理提供科学依据。

9.1 道路工程测量

学习目标

1. 了解道路工程测量的特点；
2. 熟悉道路测量的内容；
3. 熟悉道路测量的作业方法。

关键概念

道路工程、路线勘测。

9.1.1 道路工程测量概述

1. 道路工程测量的特点

道路工程包括铁路工程和公路工程。铁路工程按任务和运量划分，可分为Ⅰ级、Ⅱ级、Ⅲ级及地方铁路。道路工程按行政划分，一般可分为国道、省道、县道、乡道和村道，由此组成全国道路网。道路工程测量是指道路工程在勘测设计、施工和管理阶段所进行的测量工作。其主要任务是，为道路的设计提供地形图、断面图及其他基础资料；按设计要求将设计的线路、桥涵、隧道及其他附属构筑物的位置标定于实地，以便于施工；同时，为道路竣工、检查、验收、质量评定等活动提供资料。道路工程测量的工作程序，在遵循"先控制，后细部"的原则前提下，先进行道路工程控制测量和沿路线的地形测量，再进行道路工程的设计，然后进行道路工程的施工测量。

2. 道路工程测量的内容

道路的路线以平、直最为理想，但实际上，由于地形及其他原因的限制，路线也必须有平面上的转折和纵断面的上坡或下坡。为了选择一条经济、高效和合理的路线，必须进行路线平面和纵断面的勘测。路线勘测一般可分为"初测"和"定测"两个阶段。

（1）初测阶段的任务：在沿着路线可能经过的范围内布设 GNSS 控制网、导线网和水准网作为控制，测绘路线带状地形图和路线纵、横断面图，收集沿线的地质及水文等资料，作纸上定线，编制比较方案，为初步设计提供依据。根据初步设计，选定某一定线方案，便可转入路线的定测工作。

（2）定测阶段的任务：在选定设计方案的路线上进行中线测量、纵断面和横断面测量，以及局部地区的大比例尺地形图的测绘等，为路线纵坡设计和工程量计算等道路技术设计提供详细的测量资料。

初测和定测工作统称为道路勘测设计测量。

道路经过技术设计，它的平面线型、纵坡和横断面等已有设计数据和图纸，即可进行道路施工。在施工前和施工中，需要恢复中线、测设路基边桩和竖曲线等。当工程结束后，还应进行竣工验收测量，为工程竣工后的使用和养护提供必要的资料，这些测量工作总称为道路施工测量。

3. 作业方法

由于道路工程为线形工程，使道路工程控制网有其明显的特点。它只沿线路方向布设，是一个长度达数千米、数十千米甚至数百千米而宽度只有数十米或数百米的狭长带状控制网，并且需要与国家或城市控制网联测，以纳入统一的大地坐标系统。传统上用导线布设道路工程的平面控制网，用水准路线布设高程控制网。

道路线路测量的方法可根据设备、人员和精度要求分别采用传统的流水作业法和全站仪（测距仪）坐标施测法。传统的流水作业方法是将测设人员分成若干个作业小组，如选线组、测角组和中桩组、水准组、横断面组、地形组和桥涵组等。测设时，选线组首先确定出路线的交点。确定交点通常有两种方法：一种方法是采用现场标定法，即根据既定的技术标准，结合地形和地质条件，在现场反复比较，直接定出路线交点的位置，这种方法不需要测绘地形图，比较直接，但只适用于等级较低的公路。另一种方法称为纸上定线法，先在实地布设导线，测绘大比例尺地形图（通常为1：1 000 或 1：2 000 地形图），在图上定出路线，再到实地放线，将交点在实地标定下来。交点定出后，测角组在交点测定转折角并设置分角桩。中桩组按照选定的圆曲线半径和缓和曲线长度，从路线起点起，丈量里程，设置中桩，依次将路线中线测设在实地上。水准组测出各中桩地面高程，绘制纵断面图。横断面组测出每一中桩处垂直于路线方向的地面起伏情况，绘制横断面图。流水作业法工序多，需要的测量人员多，各组的工作相互衔接和牵制，因此工效较低。特别是由于中桩处于施工路线中，其标志难以保存。

全站仪在道路工程测量中的应用，大大地改善了测量条件，减少了工序和人员，提高了测设效率。首先，沿线路方向布设一条全站仪（或测距仪）三维导线，并将路线的起、终点与该导线联测，使路线与该导线位于同一坐标系内。然后，以导线点为基础，根据中桩坐标，测设出中桩位置、中桩高程及横断面。三维导线点可灵活地选择在地势高、通视条件好、不受施工影响的地方，有利于使用和保存。尤其是中桩以导线点为依据，容易恢复，因而，中桩能否保留并不重要。另外，这种方法采用坐标法测设中桩，误差不会积累，提高了测设精度。同时，还可以视具体情况，将路线分成数段，用数台仪器同时进行测设，也不会造成"断链"。

全球导航卫星系统（GNSS）技术为道路测量建立控制网提供了新的方法，GNSS 技术由于不需要测站间的通视，使几何图形不再是制约控制网精度的主要因素，可以提高道路测量的速度和精度；也有采用在全局范围内用 GNSS 技术来建立首级平面控制网，再用导线网或边角网方法进行局部加密的方案。

GNSS 技术的测量方法可采用一般静态或快速静态测量方法，构成一定的网形，如三角形和多边形等，使得每一条测量基线都得到检核，以保证成果的可靠性。图 9-2 所示为某高速公路中的一段 GNSS 控制网图。

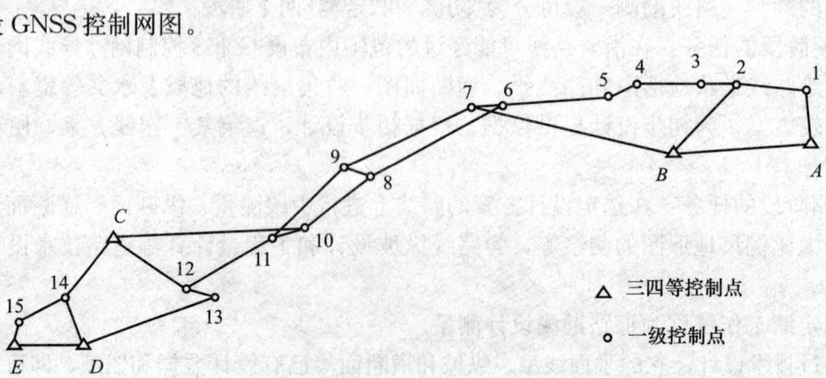

图 9-2　道路 GNSS 平面控制网

为道路工程建立高程控制的路线水准测量称为基平测量，常用三、四等水准测量来建立。通过 WGS-84 椭球体高程与大地水准面黄海高程系的转换，用 GNSS 技术也可以测定控制点的高程，其精度已能达到三、四等水准测量精度，因此，GNSS 技术高程测量也可用于路线测量中的基平测量。

9.1.2　道路中线测量

学习目标

1. 掌握中线上各主点桩的测设方法；
2. 理解圆曲线的测设；
3. 熟悉路基和路面施工测量。

关键概念

主点、中线、圆曲线。

道路是陆上交通的主要设施，其由路、桥、涵、隧洞、安全设施、交通标志及其附属工程组成。在道路建设中，力求在满足使用功能的前提条件下使道路所经的路线最短、建设费用最省、质量最优，为此就要从路线的勘察、设计阶段进行多方面的比较，选择最优方案。因此，需要有具体、全面的地形、地质、水文、建筑材料、经济和建设等资料，作为分析比较选优方案的依据。对测量来说，在设计之前要对拟建路线所在地测绘带状地形图。选线之后，要进行中线的纵断面测量和横断面测量。在施工中，进行曲线的测设、路基的放线及路面高程的控制测量，对于桥涵和隧道工程，在施工之前还要做地面的控制测量。

从理论上讲，道路的路线以平、直最为理想。但实际上，由于受到地形、水文、地质及其他因素的限制，路线的平面线形必然有转折，即路线的前进方向发生改变。道路中线的平面几何由直线和曲线组成(图 9-3)。中线测量就是通过直线段与曲线段的测设，将道路中心线的平面位置用木桩在现场标定出来，同时测定路线的实际里程。

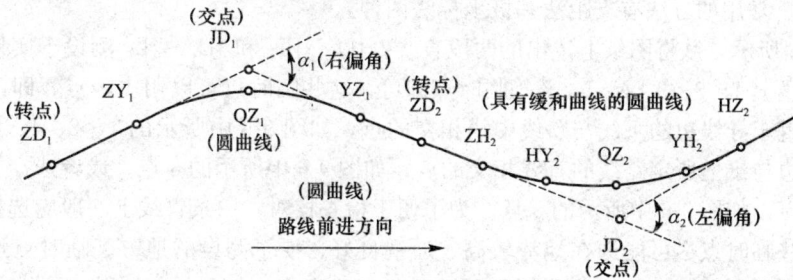

图 9-3　道路中线

中线测量根据其特点可以分为测角和中桩部分。测角的主要工作是测定路线的交点(JD)、转点(ZD)及偏角(α)；中桩的主要工作是在线路直线段或曲线段测设时，在现场用木桩标定出路线中心线的具体位置，如测设圆曲线和缓和曲线上的主点(ZY，QZ，YZ…)和细部点，再进行各中桩里程的测量与换算。

路线中线测量是道路工程在测量中的关键工作，是测绘纵断面图、横断面图及平面图的基础，也是道路设计、施工和后续工作顺利开展的依据。

1. 路线的交点和转点测设

(1)定线测量。定线测量，即在现场标定交点和转点。交点是指路线改变方向时，两相邻直线段延长线相交之点，通常用 JD_i 表示(取"交点"两字汉语拼音的第一个字母，i 为交点编号)，它是中线测量的控制点。转点是路线直线段上的点。当相邻两交点之间距离较长或互不通视时，在其直线段上测定一个或几个转点，以便在交点测量转折角和直线量距时作为照准和定线的目标。路线直线段上，一般每隔 $200\sim300$ m 设一转点。另外，在路线与其他道路交叉处，以及路线上需要设置桥涵等构筑物处，也要测设转点，通常用 ZD_i 表示(取"转点"两字汉语拼音的第一个字母，i 为转点编号)。

(2)交点和转点的测设。

1)交点的测设。

①根据与地物的关系测设路线交点。如图 9-4 所示，设路线交点 JD_{10} 的位置已在地形图上确定，在图上量得该点至两房角和电杆的距离，可在现场用距离交会法测设路线交点 JD_{10}。

②根据平面控制点测设路线交点。按平面控制点的坐标和路线交点的设计坐标计算测设数据，用极坐标法、距离交会法或角度交会法测设交点。如图 9-5 所示，根据导线点 T_4、T_5 和交点 JD_{12} 三点的坐标，计算出导线边的方位角 α_{45} 和 T_4 至 JD_{12} 的平距 D 和方位角 α，用极坐标法测设交点 JD_{12}。

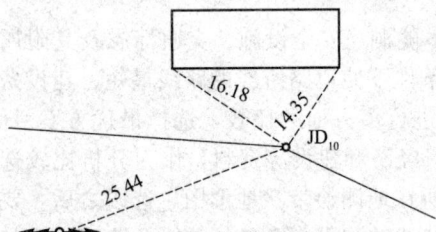

图 9-4　根据地物测设路线交点　　　　图 9-5　根据平面控制点测设路线交点

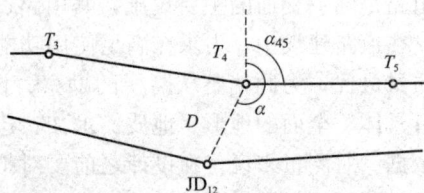

③穿线法测设交点。以初测时测绘的带状地形图上的导线点为依据，按地形图上设计的道路中线和导线之间的距离和角度的关系，在实地将道路中线的直线段测定出来，再将相邻两直线段延长相交得到路线交点。具体测设步骤如下：

a. 放点。常用的方法有支距法和极坐标法两种。

如图 9-6 所示，欲将图纸上定出的两段直线：$JD_3\sim JD_4$ 和 $JD_4\sim JD_5$ 测设于实地，只需要在地面定出直线上 1、2、3、4、5、6 等临时点即可，这些临时点可以用支距点，即以初测导线点为垂足并垂直于导线边的垂线与路线中线相交的点，如图 9-6 中所示的 1、2、4、6 点；也可选择初测导线边与纸上所定路线的直线相交的点，如图 9-6 中所示的 3 点；或者选择能够控制中线位置的任意点，如图 9-6 中所示的 5 点。为了便于检查核对，一条直线上一般应选择三个以上的临时点，这些临时点尽可能选在地势较高、通视良好、便于测设的地方。临时点选定后，即可在地形图上用量角器和比例尺分别量取所需的角度和距离，如图 9-6 中所示的角度 β 和 $l_1\sim l_6$，绘制放点示意，标明点位和数据，作为放点的依据。

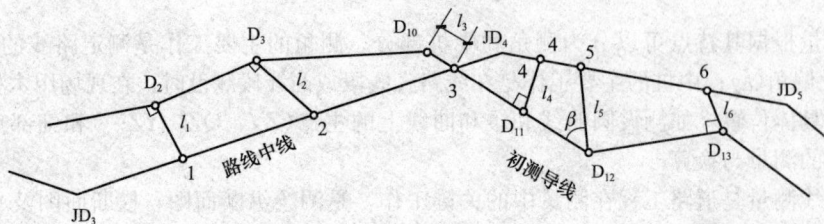

图 9-6　放点

放点时，先在现场找到相应的初测导线点，再根据具体情况用支距法或极坐标法精细放点。临时点如果是支距点，可用支距法放点；其步骤为：用经纬仪或者方向架定出垂线方向，再用皮尺量出支距 l_i 定出点位；如果是任意点，则可用极坐标法放点，其步骤为：将经纬仪安置在导线点上，根据角度 β 定出临时点的方向，再用皮尺量出距离 l_i 定出点位。

b. 穿线。如图 9-7 所示，由于图解数据和测量误差及地形的影响，故在图上同一条直线上的各点放到地面后，一般不在同一条直线上，放到实地上没有共线。这时可根据实际情况，采用目估法和经纬仪法穿线，通过比较和选择，定出一条尽可能多地穿过靠近临时点的直线 AB。在 A、B 或其方向上打下两个或两个以上的方向桩，随即取消临时点，此种确定直线位置的工作称为穿线。

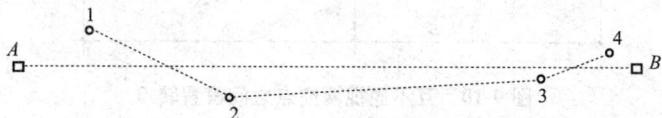

图 9-7　穿线

c. 定交点。如图 9-8 所示，当相邻两条直线 AB、CD 在地面上确定后，即可延长直线进行交会定出交点。首先将经纬仪安置于 B 点，盘左位置瞄准 A 点，倒镜后在交点 JD 的前后位置打下两个木桩，该桩称为骑马桩。在两个木桩桩顶用红蓝铅笔沿 A、B 视线方向标出两点 a_1 和 b_1。转动水平度盘，在盘右位置瞄准并钉设小钉得 a 和 b，并挂上细线，这种方法称为正倒镜分中法。将仪器迁至 C 点，瞄准 D 点，同方法测出 c 和 d，挂上细线，在两条细线相交处打下木桩，并钉设小钉得到交点 JD。

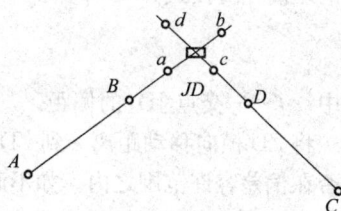

图 9-8　定交点

④拨角放线法。首先根据地形图量出纸上定线的交点坐标，再根据坐标反算计算相邻交点之间的距离和坐标方位角，之后由坐标方位角计算出转角。在实地将经纬仪安置于路线中线起点和交点上，拨转角，量距，测设各交点位置。如图 9-9 所示，D_1、D_2…为初测导线点，在 D_1 安置经纬仪（D_1 为路线中线起点），后视并瞄准 D_2，拨角 β_1，量距 S_1，定出 JD$_1$。在 JD$_1$ 安置经纬仪，拨角 β_2，量距 S_2，定出 JD$_2$。同方法依次定出其余交点。

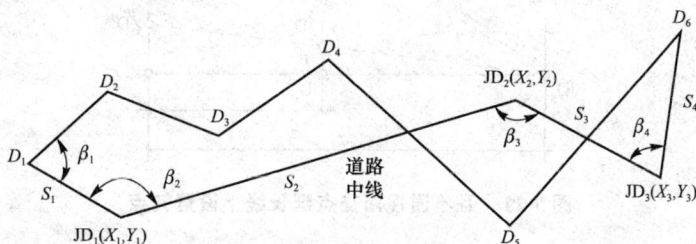

图 9-9　拨角放线法

2)转点的测设。当两交点之间距离较远需要加设转点时，可采用经纬仪直接定线或经纬仪正倒镜分中法测设转点。当相邻两交点互不通视时，可用其他间接方法测设转点。

①在两交点之间设转点。如图 9-10 所示，设 JD$_5$ 与 JD$_6$ 为互不通视的相邻两交点，ZD$'$ 为目估定出的转点位置，将经纬仪安置在 ZD$'$，用正倒镜分中法延长直线 JD$_5$—ZD$'$ 至 JD$_6$。

当 JD$_6'$ 与 JD$_6$ 重合或偏差 f 在路线容许误差的范围内时，则转点位置即 ZD$'$。此时，可将

JD$_6$ 移至 JD$_6'$，并在桩顶上钉上小钉子表示交点位置。

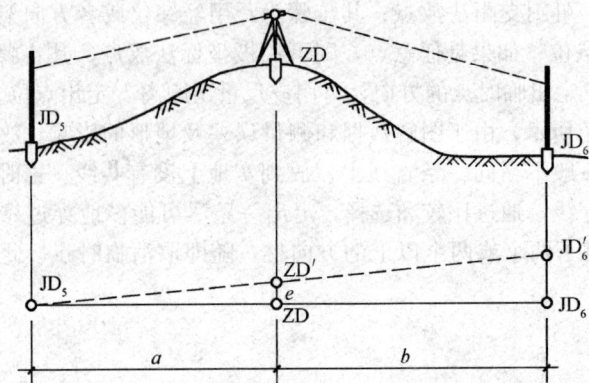

图 9-10　互不通视两交点之间设置转点

当偏差 f 超过容许范围或者 JD$_6$ 不容许移动时，则需要横向移动 ZD$'$ 重新设置转点。横向移动的距离，可按式(9-1)计算：

$$e = \frac{a}{a+b} f \qquad\qquad (9-1)$$

式中　f——交点 JD$_6$ 的偏距。

将 ZD$'$ 横向移动距离 e 到 ZD，并在 ZD 安置经纬仪，再检查 JD$_6$ 是否在 JD$_5$—ZD 直线上或是否在偏差容许范围之内。如不满足，按上述方法继续移动，直至符合要求为止。

②在两交点的延长线上设交点。如图 9-11 所示，设 JD$_8$ 与 JD$_9$ 为互不通视的相邻两交点，ZD$'$ 为延长线上目估的转点位置，在 ZD$'$ 安置经纬仪，同样用盘左、盘右方法得 JD$_9'$。

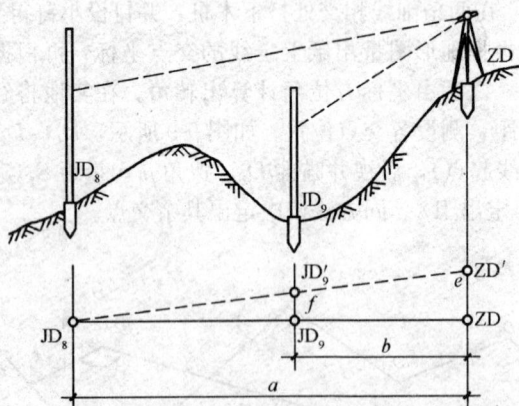

图 9-11　互不通视两交点延长线上设置转点

若 JD$_9'$ 与 JD$_9$ 重合或偏差 f 在容许范围内，即可将 JD$_9'$ 代替 JD$_9$ 作为交点，ZD$'$ 即作为转点。

若偏差 f 超出容许范围，则应调整 ZD$'$ 的位置，直至偏差 f 在容许范围内为止。

(3)转角测定。

1)左、右转角。转角有左转、右转之分。按路线前进方向，偏转后的方向在原方向的左侧称为左转角，用 $I_{左}$ 表示，如图 9-12 中所示的 I_3 角；偏转后的方向在原方向的右侧称为右转角，用 $I_{右}$ 表示，如图 9-12 中所示的 I_2 角。

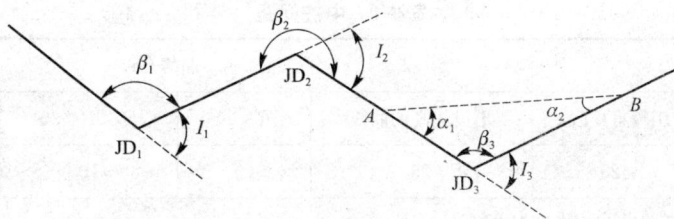

图 9-12 转角示意

2)转角的计算。

①如果观测路线的右角，可按下式计算其转角 I：

$$\begin{cases} 当\ \beta_{右}<180°时，I_{右}=180°-\beta_{右} \\ 当\ \beta_{右}>180°时，I_{左}=\beta_{右}-180° \end{cases} \tag{9-2}$$

②如果观测路线的左角，可按下式计算其转角 I：

$$\begin{cases} 当\ \beta_{左}<180°时，I_{左}=180°-\beta_{左} \\ 当\ \beta_{左}>180°时，I_{右}=\beta_{左}-180° \end{cases} \tag{9-3}$$

在测量中，前后视方向应尽量照准相邻交点。若交点间不能直接通视，可利用转点；若交点不便设测站，可利用间接观测法得到转角值。如图 9-12 中所示的转角 I_3，交点 JD_3 能设测站，可不测 β_3，通过在 A、B 转点设测站，测得 α_1、α_2，则 $I_3=\alpha_1+\alpha_2$。

(4)里程桩的测设。在路线的交点、转点及转角测定后，路线大致位置就已确定，可以进行实地量距。为了准确确定路线的长度，同时满足纵、横断面测量的需要及以后施工中的路线施工放样打下基础，则由路线的起点开始每隔一段距离钉立木桩标志，称为里程桩，也称为中桩。桩点表示路线中线的具体位置。桩的正面写有桩号，字面朝向路线的起始方向，表示该点到路线起点的水平距离。十号前面的数字是以千米为单位，后面如图 9-13 所示。例如，某桩距离路线起点的水平距离为 8 116.32 m，则桩号记为 K8＋116.32。桩的背面写有编号反映里程桩之间的排列顺序，用 1～10 为一组循环进行。

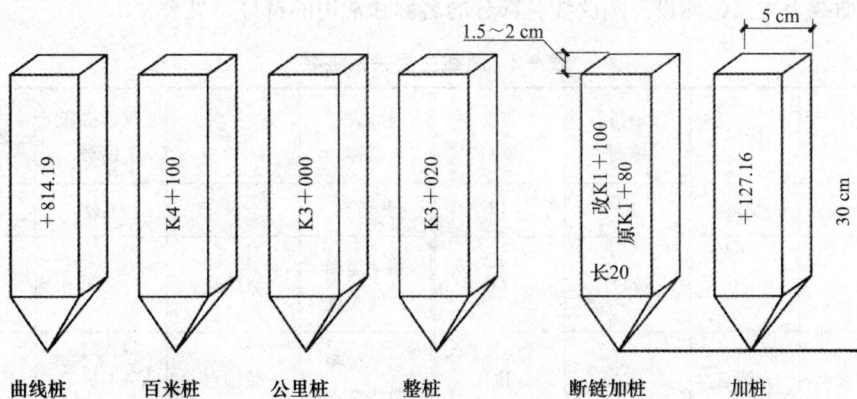

图 9-13 里程桩

里程桩可分为整桩和加桩两种。

1)整桩。在线路的直线和曲线段上，桩距按表 9-1 中要求而设置的桩称为整桩，其里程桩号均为整数且为所要求的桩距的整数倍。

表 9-1 中桩间距

直线/m		曲线/m			
平原微丘区	山岭重丘区	不设超高的曲线	$R>60$	$60<R<30$	$R<30$
≤50	≤25	25	20	10	5

注：表中 R 为平曲线的半径，以 m 为单位。

2) 加桩。加桩可分为地形加桩、地物加桩、曲线加桩、地质加桩、断链加桩和行政区域加桩等。

①地形加桩。沿路线中线在地面起伏突变处、横向坡度变化处及天然河沟穿越区域等处均应增设的里程桩。

②地物加桩。沿路线中线在有人工构筑物(拟设涵洞、桥梁、隧道和挡土墙等)或者路线与其他公路、铁路、渠道、高压线和地下管道等的交叉处及占用耕地或经济作物用地的起点、终点和拟拆迁的建筑物处等均应设置的里程桩。

③曲线加桩。沿路线中线在平曲线的起点、曲中点和终点等曲线的关键点设置的里程桩。

④地质加桩。沿路线中线在土质发生变化处和地质不良或地质灾害易发地段的起点和终点处设置的里程桩。

⑤断链加桩。由于局部发生改线或者分段测量事后发现距离错误等，导致路线的里程桩不连续，桩号与路线的实际水平距离(里程)不一致，为了说明情况而设置的桩。桩号重叠时称为长链，桩号间断时称为短链。

⑥行政区域加桩。在省、地(市)和县级行政区划的分界处所设置的界桩。

2. 圆曲线测设

圆曲线是路线交点处使路线从一个方向转到另一个方向最常用的曲线。圆曲线的测设分两步进行，先测设曲线上起控制作用的主点(ZY，QY，YZ)，再依据主点测设曲线上每隔一定距离的里程桩，详细地标定曲线位置。

(1)圆曲线上主点的测设。圆曲线各部分的名称和常用的符号，见表 9-2。

表 9-2 路线主要关系桩名

标志桩名称	简称	汉语拼音缩写	英文缩写	标志桩名称	简称	汉语拼音缩写	英文缩写
转角点	交点	JD	IP	共切点	—	GQ	CP
转点	—	ZD	TP	第一缓和曲线起点	直缓点	ZH	TS
圆曲线起点	直圆点	ZY	BC	第一缓和曲线终点	缓圆点	HY	SC
圆曲线中点	曲中点	QZ	MC	第二缓和曲线起点	圆缓点	YH	CS
圆曲线终点	圆直点	YZ	EC	第二缓和曲线终点	缓直点	HZ	ST

1)圆曲线主点测设元素的计算。如图 9-14 所示，设交点(JD)的转角为 α，圆曲线半径为 R，则曲线的测设元素切线长 T、曲线长 L、外矢距 E 和切曲差 J，可按下列公式计算：

$$\begin{cases} \text{切线长：} T = R\tan\dfrac{\alpha}{2} \\[2mm] \text{曲线长：} L = R\alpha\dfrac{\pi}{180^\circ} \\[2mm] \text{外矢距：} E = R\left(\sec\dfrac{\alpha}{2} - 1\right) \\[2mm] \text{切曲差：} J = 2T - L \end{cases} \qquad (9\text{-}4)$$

2)圆曲线主点里程(桩号)的计算。根据交点里程和计算的曲线测设元素，即可按下列公式计算出各主点的里程：

$$\begin{cases} \text{ZY}_{\text{里程}} = \text{JD}_{\text{里程}} - T \\[2mm] \text{YZ}_{\text{里程}} = \text{ZY}_{\text{里程}} + L \\[2mm] \text{QZ}_{\text{里程}} = \text{YZ}_{\text{里程}} - \dfrac{L}{2} \\[2mm] \text{JD}_{\text{里程}} = \text{QZ}_{\text{里程}} + \dfrac{J}{2}\text{(校核用)} \end{cases} \qquad (9\text{-}5)$$

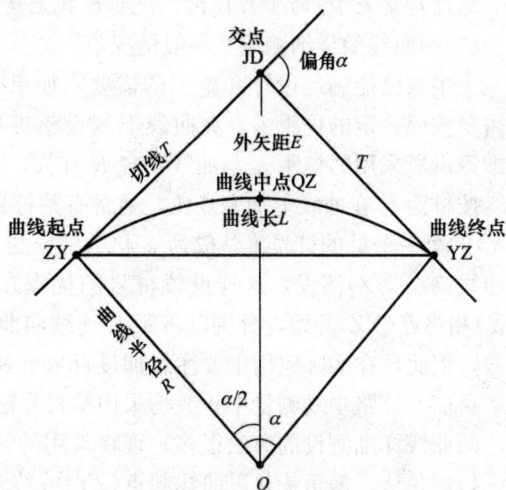

图 9-14　圆曲线主点测设

3)圆曲线主点测设。圆曲线的测设元素和主点里程计算出来后，便可按下述步骤进行主点测设：

①曲线起点(ZY)的测设。测设曲线起点时，将经纬仪安置在交点 JD 上，望远镜照准后一个交点 JD_{i-1} 或此方向的转点，自交点 JD 沿着望远镜视线方向量取切线长 T，得曲线起点 ZY，插一测钎作临时标志。再用钢尺丈量 ZY 点至邻近一个转点的距离进行检查，如果在容许范围之内，即可在测钎位置打下 ZY 点的桩；如果超出容许范围，则应查明原因，重新测设，以保证所测桩位的正确。

②曲线终点(YZ)的测设。在曲线起点(ZY)点测设完成后，转动望远镜照准前一交点 JD_{i+1} 或此方向上的转点，自交点 JD 沿着望远镜视线方向量取切线长 T，得曲线终点(YZ)，检查无误后打下 YZ 点的桩即可。

③曲线中点(QZ)的测设。在曲线起点(YZ)点测设完成后，盘左照准 JD_{i+1} 或此方向上的转点，水平度盘置数 $0°00'00''$，顺时针方向旋转 $90° - \alpha/2$，自交点 JD 沿着望远镜视线方向量取外矢距 E，即得到曲线中点(QZ)，打下 QZ 点的桩即可。

【例 9-1】 已知圆曲线交点 JD 的里程桩号为 K6+183.56，测得转角 $\alpha = 42°36'00''$(右角)，圆曲线半径 $R = 150$ m，试计算曲线主点测设元素及主点里程桩号。

【解】 (1)曲线主点测设元素的计算。由式(9-4)得：

$$\begin{cases} \text{切线长：} T = R\tan\dfrac{\alpha}{2} = 150 \times \tan\dfrac{42°36'00''}{2} = 58.48\text{(m)} \\[2mm] \text{曲线长：} L = R\alpha\dfrac{\pi}{180^\circ} = 150 \times 42°36'00'' \times \dfrac{\pi}{180^\circ} = 111.53\text{(m)} \\[2mm] \text{外矢距：} E = R\left(\sec\dfrac{\alpha}{2} - 1\right) = 150 \times \left(\sec\dfrac{42°36'00''}{2} - 1\right) = 11.00\text{(m)} \\[2mm] \text{切曲差：} J = 2T - L = 2 \times 58.48 - 111.53 = 5.43\text{(m)} \end{cases}$$

(2)主点里程计算。根据以上计算的结果，代入式(9-5)可得：

$\text{ZY}_{\text{里程}} = \text{JD}_{\text{里程}} - T = \text{K6}+183.56 - 58.48 = \text{K6}+125.08$

$\text{YZ}_{\text{里程}} = \text{ZY}_{\text{里程}} + L = \text{K6}+125.08 + 111.53 = \text{K6}+236.61$

$$QZ_{里程}=YZ_{里程}-L/2=K6+236.61-111.53/2=K6+180.84$$

$$JD_{里程}=QZ_{里程}+J/2=K6+180.84+5.43/2=K6+183.56$$

通过对交点 JD 的里程校核，说明计算无误。

(2)圆曲线的详细测设。一般情况下，当地形变化不大，曲线长度小于 40 m 时，测设曲线的三个主点已能满足设计和施工的需要。如果曲线较长，地形变化大，则除测定三个主点外，还需要按照一定的桩距 l_0，在曲线上测设整桩和加桩(曲线细部点)，称为圆曲线的详细测设。详细测设所采用的桩距 l_0 与曲线半径 R 有关，一般按表 9-1 的规定采用。

按桩距 l_0 在曲线上加密点位，通常有整桩号法和整桩距法。整桩号法是将曲线上靠近起点(ZY)的第一个桩的桩号凑整成为 l_0 倍数的整桩号，且与(ZY)点的桩距小于 l_0，按桩距 l_0 连续向曲线终点(YZ)测设，这样设置桩号的优点在于每个桩号均为整数；整桩距法是从曲线起点(ZY)和终点(YZ)开始，分别以桩距 l_0 连续向曲线中点(QZ)设桩，这样设桩的桩号一般为破碎桩号，因此，在实际应用中要注意加设百米桩和公里桩。

目前，公路中线测量中一般均采用整桩号法。

圆曲线详细测设的方法很多，现将常用的偏角法和切线支距法介绍如下。

1)偏角法。偏角法是以曲线起点(ZY)或终点(YZ)至曲线上待测设点 P_i 的弦线与切线之间的弦切角(称为偏角)δ 和弦长 d 来确定 P 点的位置。

①测设数据的计算。如图 9-15 所示，根据"弦切角为同弧所对圆心角之半"的定理，曲线上各点的偏角 δ_i 等于相应圆心角 φ_i 的一半，即

$$\delta_i=\frac{\varphi_i}{2} \tag{9-6}$$

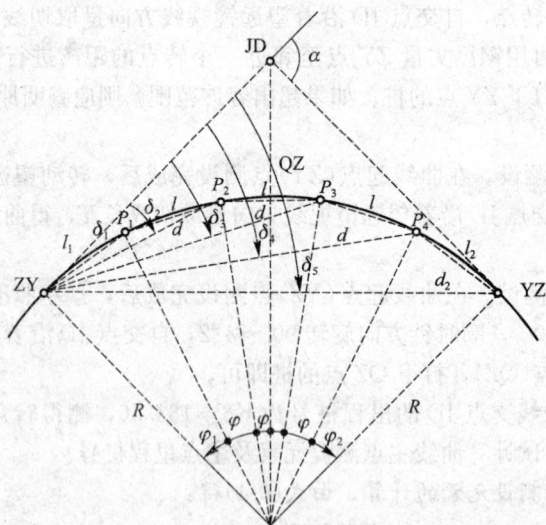

图 9-15　偏角法详细测设圆曲线

按照整桩测设的要求，里程桩整桩的桩距(弧长)为 l，首尾两段零头弧长分别为 l_1、l_2，l_1、l_2、l 所对的圆心角分别为 φ_1、φ_2、φ，可按以下公式计算：

$$\begin{cases} \varphi_1 = \dfrac{180°}{\pi} \cdot \dfrac{l_1}{R} \\[2mm] \varphi_2 = \dfrac{180°}{\pi} \cdot \dfrac{l_2}{R} \\[2mm] \varphi = \dfrac{180°}{\pi} \cdot \dfrac{l}{R} \end{cases} \tag{9-7}$$

弧长 l_1、l_2、l 所对应的弦长分别为 d_1、d_2、d，可按下式计算：

$$\begin{cases} d_1 = 2R \cdot \sin \dfrac{\varphi_1}{2} \\[2mm] d_2 = 2R \cdot \sin \dfrac{\varphi_2}{2} \\[2mm] d = 2R \cdot \sin \dfrac{\varphi}{2} \end{cases} \tag{9-8}$$

根据曲线上各点的偏角等于相应圆心角的一半，即

$$\begin{cases} \text{第 1 点 } P_1 \text{ 的偏角：} \delta_1 = \dfrac{\varphi_1}{2} \\[2mm] \text{第 2 点 } P_2 \text{ 的偏角：} \delta_2 = \dfrac{\varphi_1}{2} + \dfrac{\varphi}{2} \\[2mm] \cdots \\[2mm] \text{第 } i \text{ 点 } P_i \text{ 的偏角：} \delta_i = \dfrac{\varphi_1}{2} + (i-1)\dfrac{\varphi}{2} \\[2mm] \text{终点 YZ 点的偏角：} \delta_n = \dfrac{\alpha}{2} \end{cases} \tag{9-9}$$

【例 9-2】 以例 9-1 为例，采用偏角法按整桩号设桩，桩距 $l=20$ m，试计算详细测设数据。

【解】 由例 9-1 计算可知，ZY 点的里程桩号为 K6 +125.08，其前面最近的整桩里程应为 K6+140，则首段零头弧长 l_1 为

$$l_1 = (140 - 125.08) = 14.92 \text{(m)}$$

YZ 点的里程为 K6+236.61，其后面最近的整桩里程为 K6+220，则尾段零头弧长 l_2 为

$$l_2 = (236.61 - 220) = 16.61 \text{(m)}$$

由式(9-7)可计算各段弧长所对应的圆心角：

$$\varphi_1 = \frac{180°}{\pi} \cdot \frac{l_1}{R} = \frac{180°}{\pi} \cdot \frac{14.92}{150} = 5°41'56''$$

$$\varphi_2 = \frac{180°}{\pi} \cdot \frac{l_2}{R} = \frac{180°}{\pi} \cdot \frac{16.61}{150} = 6°20'40''$$

$$\varphi = \frac{180°}{\pi} \cdot \frac{l}{R} = \frac{180°}{\pi} \cdot \frac{20}{150} = 7°38'22''$$

由式(9-8)计算各段弧长所对应的弦长：

$$d_1 = 2R \cdot \sin \frac{\varphi_1}{2} = 2 \times 150 \times \sin \frac{5°41'56''}{2} = 14.91 \text{(m)}$$

$$d_2 = 2R \cdot \sin \frac{\varphi_2}{2} = 2 \times 150 \times \sin \frac{6°20'40''}{2} = 16.60 \text{(m)}$$

$$d = 2R \cdot \sin \frac{\varphi}{2} = 2 \times 150 \times \sin \frac{7°38'22''}{2} = 19.99 \text{(m)}$$

由式(9-9)计算偏角，结果见表 9-3。

表 9-3　偏角法详细测设圆曲线放样数据

桩号	桩点至 ZY 点弧长 l_i m	偏角 /(° ′ ″)	相邻桩点间弧长 /m	相邻桩点间弦长 /m
ZYK6+125.08	0	0 00 00		
K6+140	14.92	2 50 58	14.92	14.91
K6+160	34 92	6 40 09	20	19.99
K6+180	54.92	10 29 20	20	19.99
QZK6+180.84	55.76	10 38 58	0.84	0.84
K6+200	74.92	14 18 31	19.16	19.18
K6+220	94.92	18 07 42	20	20.00
YZK6+236.61	111.53	21 18 02	16.61	16.60

②测设步骤。

a. 将经纬仪安置（对中整平）于 ZY 上，在盘左位置水平度盘置数为 $0°00′00″$，并照准 JD，此时的视线方向为切线方向。

b. 转动照准部，使度盘读数对准 $\delta_1 = 2°50′58″$，得桩号为 K6+140 点的方向，在该方向上将尺零点对准 ZY 点并量 $d_1 = 14.91(\text{m})$，即得桩号为 K6+140 的点。

c. 继续转动照准部，使得度盘读数为 $\delta_2 = 6°40′09″$，得桩号为 K6+160 点的方向，把铆尺零点对准桩号为 K6+140 的点，量 $d = 19.99(\text{m})$，得桩号为 K6+160 的点。

d. 依此方法测设其他各个里程桩的点位，尤其需要注意的是，在桩号为 K6+220 的点位测设好后，要检查一下其于曲线终点（YZ）之间的距离是否为 $d_2 = 16.60$（m），其闭合差应符合表 9-4 的规定。

表 9-4　距离偏角测量闭合差

公路等级	纵向相对闭合差		横向闭合差/cm		角度闭合差 /(″)
	平原、微丘	重丘、山岭	平原、微丘	重丘、山岭	
高速公路， 一、二级公路	1/2 000	1/1 000	10	10	60
三级及三级 以下公路	1/1 000	50/100	10	15	120

2）切线支距法。切线支距法也称直角坐标法，是以曲线起点（ZY）或终点（YZ）为坐标原点，以切线为 X 轴，以过原点的半径为 Y 轴，按曲线上各点坐标 (x, y) 测设各点位置。

①测设数据计算。如图 9-16 所示，设 P_i 为曲线上待测设的点位，该点至 ZY 点或 YZ 点的弧长为 l_i，φ_i 为 l 所对的圆心角，R 为圆曲线的半径，则 P_i 点的坐标可按下式计算：

$$\begin{cases} x_i = R \cdot \sin\varphi_i \\ y_i = R(1 - \cos\varphi_i) \end{cases} \quad (9\text{-}10)$$

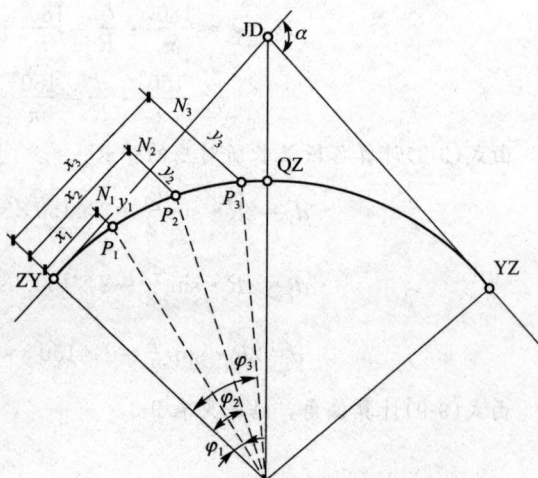

图 9-16　切线支距法

式中
$$\varphi_i = \frac{180°}{\pi} \cdot \frac{l_i}{R}$$
(9-11)

【例 9-3】 在例 9-1 中,若采用切线支距法进行详细测设,并按整桩号设桩,桩距＝20 m,试计算详细测设数据。

【解】 例 9-1 中已经计算了主点里程,在此基础上按整桩号法列出详细测设桩号,按照式(9-10)和式(9-11)计算弧长和圆心角,并计算各点坐标,见表 9-5。

表 9-5 切线支距法坐标计算

桩号	弧长 l_i /m	圆心角 /(° ′ ″)	坐标	
			x	y
ZY K6+125.08	0.00	0 00 00	0.00	0.00
K6+140	14.92	5 41 56	14.90	0.74
K6+160	34.92	13 20 18	34.60	4.05
K6+180	54.92	20 58 40	53.70	9.94
QZ K6+180.84	55.76	21 17 56	54.48	10.24
K6+200	36.61	13 59 02	36.25	4.44
K6+220	16 61	6 20 40	16.58	0.92
YZ K6+236.61	0.00	0 00 00	0.00	0.00

②测设步骤。为了避免支距过长,用切线支距法详细测设圆曲线时,一般由 ZY 点和 YZ 点分别向 QZ 点进行,测设具体步骤如下:

a. 自 ZY 点(或 YZ 点)用钢尺沿切线方向量取 P_i 点的横坐标 x_i,得出垂足 N_i。

b. 在各垂足点 N_i 上,用方向架或经纬仪定出切线的垂直方向,沿垂线方向量出纵坐标值 y_i,即得到待测设的点 P_i。

c. 曲线上各点测设完毕后,应量取各相邻桩之间的距离,并与相应的桩号之差作比较,若在限差之内,则曲线测设合格;否则应查明原因,予以纠正。

这种方法适用于平坦开阔地区,且各点位之间误差不累积。

3)极坐标法。极坐标法最适合用全站仪进行路线测量。仪器可安置在任何控制点上,包括路线上的交点、转点等已知坐标的点,其测设的速度快、精度高。

极坐标法的测设数据主要是计算圆曲线主点和细部点的坐标,根据控制点(测站)和圆曲线细部点的坐标反算出极坐标法的测设数据——测站至细部点的方位角和平距。

①圆曲线主点坐标计算。根据路线交点及转点的坐标,按坐标反算公式计算出第一条切线的方位角,按路线的右(左)偏角,推算第二条切线的方位角。根据交点坐标、切线方位角和切线长(T),用坐标正算公式算得圆曲线起点(ZY)和终点(YZ)的坐标。再根据切线的方位角和路线的转折角(β),算得 β 角分角线的方位角,根据分角线方位角和矢距(E)用坐标正算公式算得曲线中点(QZ)的坐标。

【例 9-4】 已知 JD 的桩号为 3＋135.12,偏角 $\alpha = 40°20'00''$(右偏),设计圆曲线半径 $R = 120$ m,求各测设元素,并进行圆曲线主点坐标计算。

【解】 切线长:$T = R\tan\dfrac{\alpha}{2} = 120 \times \tan\dfrac{(40°20'00'')}{2} = 44.072$ (m)

曲线长:$L = R\alpha\dfrac{\pi}{180°} = 120 \times 40°20'00'' \times \dfrac{\pi}{180°} = 84.474$ (m)

外矢距：$E=R\left(\sec\dfrac{\alpha}{2}-1\right)=120\times\left(\sec\dfrac{40°20'00''}{2}-1\right)=7.837(\mathrm{m})$

切曲差：$J=2T-L=2\times44.072-84.474=3.670(\mathrm{m})$

如图 9-17 所示，根据路线上转点 ZD 和交点 JD 的坐标，算得第一条切线的方位角 $\alpha_0=52°16'30''$，加路线偏右角（左偏角为减）$=40°20'00''$，得到第二条切线的方位角 $\alpha_1=92°36'30''$。切线长 $T=44.072$ m，用坐标正算公式得到曲线起点 ZY 和终点 YZ 的坐标。再将第二条切线的方位角 α_1 加转折角的一半 $\beta/2(69°50'00'')$，得到分角线的方位角 $\alpha=162°26'30''$。外矢距 $E=7.837$ m，用坐标正算公式算得曲线中点 QZ 的坐标。

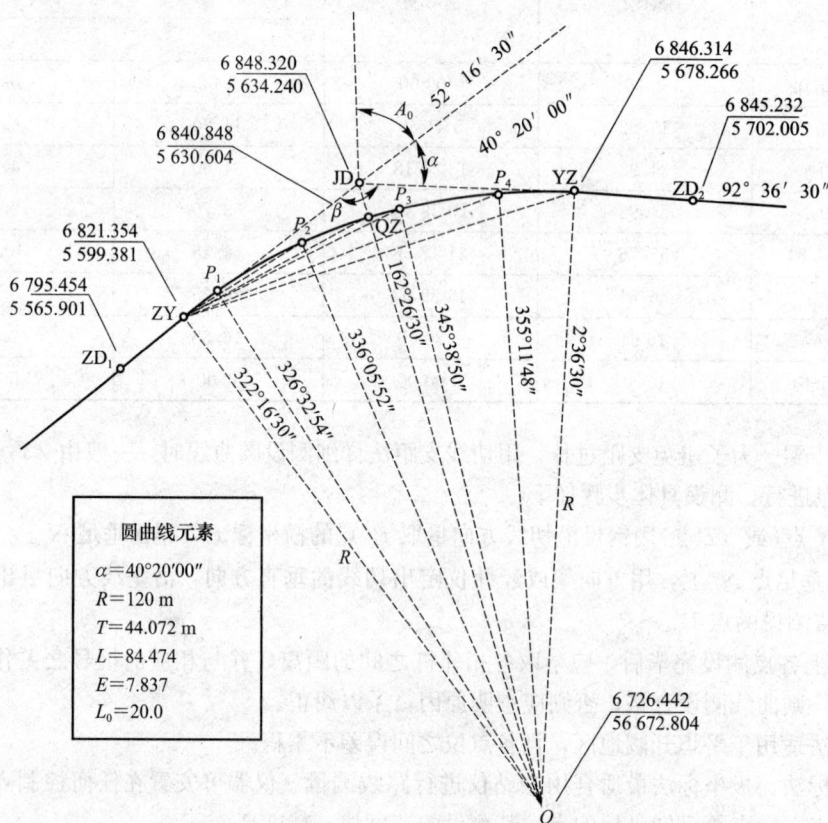

图 9-17　极坐标法测设圆曲线的测设数据计算

②圆曲线细部点坐标计算。圆曲线上细部点坐标计算有两种方法：一种是"偏角弦长计算法"，另一种是"圆心角半径计算法"。

a. 偏角弦长计算法：根据已算得的第一条切线的方位角，加偏角，推算曲线起点至细部点的方位角，再根据弦长和起点坐标用坐标正算公式计算细部点的坐标。

仍按上例，在已算得细部点的偏角和弦长（见表 9-3）的基础上，推算各弦线的方位角；根据方位角、弦长和起点坐标计算各细部点坐标。计算数据见表 9-6。

表 9-6　圆曲线细部点坐标计算（按偏角和弦长）

曲线里程桩号	偏角 Δ	方位角 α	弦长 D/m	坐标	
				x/m	y/m
ZY 3+091.05	0°00′ 00″	52°16′30″		6 821.35	5 599.38

曲线里程桩号	偏角 Δ	方位角 α	弦长 D/m	坐标	
				x/m	y/m
P_1 3+100	2°08′12″	54°24′42″	8.95	6 826.56	5 606.66
P_2 3+120	6°54′41″	59°11′11″	28.88	6 836.15	5 624.18
QZ 3+133.29	10°05′00″	62°21′30″	42.02	6 840.85	5 636.60
P_3 3+140	11°41′10″	63°57′40″	48.61	6 842.69	5 643.06
P_4 3+160	16°27′39″	68°44′09″	68.01	6 846.02	5 662.76
YZ 3+175.52	20°10′00″	72°26′30″	82.74	6 846.31	5 678.27

b. 圆心角半径计算法：先计算圆曲线圆心的坐标，在计算圆曲线中点的坐标时，已算得转折角分角线的方位角，交点至圆心的距离为半径加矢距，由此可计算圆心坐标；根据曲线起点至细部点所对的圆心角，可以计算圆心至细部点的方位角；再根据半径长度，用坐标正算公式计算各细部点的坐标。计算数据见表 9-7。

表 9-7　圆曲线细部点坐标计算(按圆心角和半径)

曲线里程桩号	圆心角 φ	方位角 α	半径 R/m	坐标	
				x/m	y/m
O(圆心)			120	6 726.44	5 672.80
ZY 3+091.05	4°16′24″	322°16′30″		6 821.35	5 599.38
P_1 3+100	13°49′22″	326°32′54″		6 826.56	5 606.65
P_2 3+120	20°10′00″	336°05′52″		6 836.15	5 624.18
QZ 3+133.29	23°22′20″	342°26′30″		6 840.85	5 636.60
P_3 3+140	32°55′18″	345°38′50″		6 842.69	5 643.05
P_4 3+160	40°20′00″	355°11′48″		6 846.02	5 662.75
YZ 3+175.52		2°36′30″		6 846.32	5 678.26

③极坐标法测设方法。根据准备作为测站的控制点的坐标和曲线细部点的坐标，用坐标反算公式计算出按极坐标法的测设数据——测站至细部点的方位角和平距，据此测设点位。

3. 缓和曲线测设

(1)缓和曲线的理论。车辆从直线驶入曲线后，在保持一定行车速度时会突然产生离心力，影响车辆行驶的安全和乘车人的舒适感。为了保证车辆行驶安全和乘车人的舒适感，在直线和圆曲线之间要设置一段半径无穷大逐渐变到等于圆曲线半径的曲线，这种曲线称为缓和曲线。若公路等级较高，特别是高速公路，在路线转向时，必须要求设置缓和曲线。

缓和曲线的线型有以下四种：

1)基本型。由直线、缓和曲线、圆曲线、缓和曲线、直线依次组合而成的线型称为基本型。在基本型中的缓和曲线的参数如果相等，则称为对称基本型；一般情况下参数不相等，可依据具体地形情况而确定，为不对称基本型。

2)S 型。如图 9-18(a)所示，把两个反向圆曲线中间用两个缓和曲线连接而成的线型，称为S 型。该缓和曲线的参数可以相等或不等，而且在连接点上允许局部曲率可以不连续变化。

3)卵型。如图 9-18(b)所示，用一个缓和曲线将两个圆曲线连接起来的线型，称为卵型。要求两个圆曲线不共圆心，而且将圆曲线延长后，大的圆曲线可以完全包着小的圆曲线；缓和曲线也不是从原点开始，而是曲率半径分别为两个圆半径的其中一段。

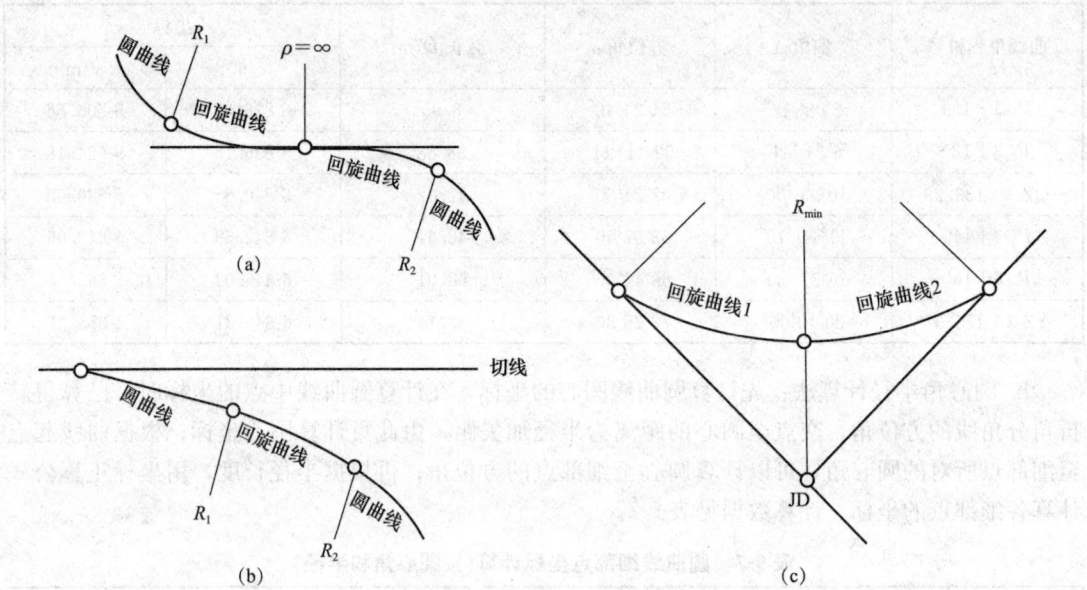

图 9-18　缓和曲线常见线型

4)凸型。如图 9-18(c)所示，将两条缓和曲线在半径小的点上相互连接而成的线型，称为凸型，它可以是参数相等的对称型或不等的非对称型。该线型的路面边缘为折线，驾驶员容易产生不舒适感，但是当路线绕山嘴前进且转角较大时效果理想。目前，国内外公路和铁路的路线设计中，多采用回旋曲线作为缓和曲线。我国交通部颁发的《公路工程技术标准》(JTG B01—2014)中规定，缓和曲线采用回旋曲线，缓和曲线的长度应等于或大于表 9-8 中的规定值。

表 9-8　缓和曲线长度参考表

公路等级	高速公路		一		二		三		四	
地形	平原微丘	山岭重丘	平原微丘	山岭重丘	平原微丘	山岭重丘	平原微丘	山岭重丘	平原微丘	山岭重丘
缓和曲线长度/m	100	70	85	50	70	35	50	25	35	20

(2)缓和曲线的计算。缓和曲线的计算包括曲线元素和曲线点位置(坐标)的计算，为此，首先需要在独立的坐标系统中建立缓和曲线的数学方程式。

设以缓和曲线的起点 ZH(或终点 HZ)为坐标原点，以曲线的切线方向为 X 轴，如图 9-19 所示。

1)参数公式。回旋曲线的特性是曲线上任意一点的曲率半径 R' 与该点至起点的曲线长 l 成反比，即

$$R' = \frac{c}{l} \text{ 或 } c = R'l \tag{9-12}$$

在图 9-19 中，当 $l = l_0$ 时，$R' = R$，则

$$c = R' \cdot l = R \cdot l_0 \tag{9-13}$$

式中 l——回旋曲线参数，又称为曲线半径变化率；

l_0——缓和曲线全长。

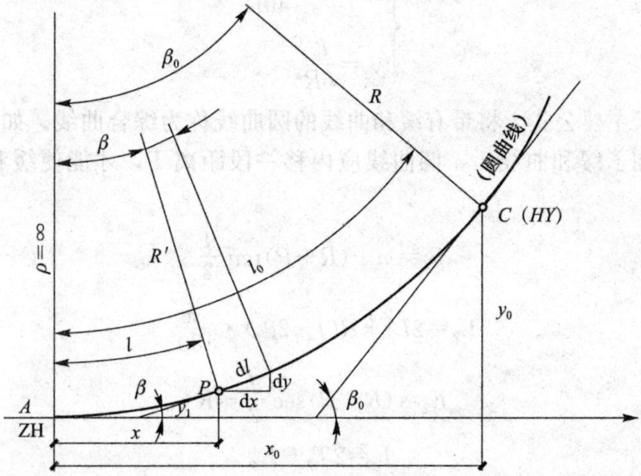

图 9-19 切线角

2)切线角公式。如图 9-19 所示，曲线上任意点 P 处的切线与起点切线的交角称为切线角。

$$\beta = \frac{l^2}{2c} \tag{9-14}$$

当 $l = l_0$ 时，$c = R \cdot l_0$，则

$$\beta_0 = \frac{l_0}{2R} \cdot \frac{180°}{\pi} \tag{9-15}$$

3)参数方程式。如图 9-20 中，任意点 P 的坐标 (x, y) 为

$$\begin{cases} x = l - \dfrac{l^5}{40l_0^2 R^2} \\ y = \dfrac{l^3}{6Rl_0} \end{cases} \tag{9-16}$$

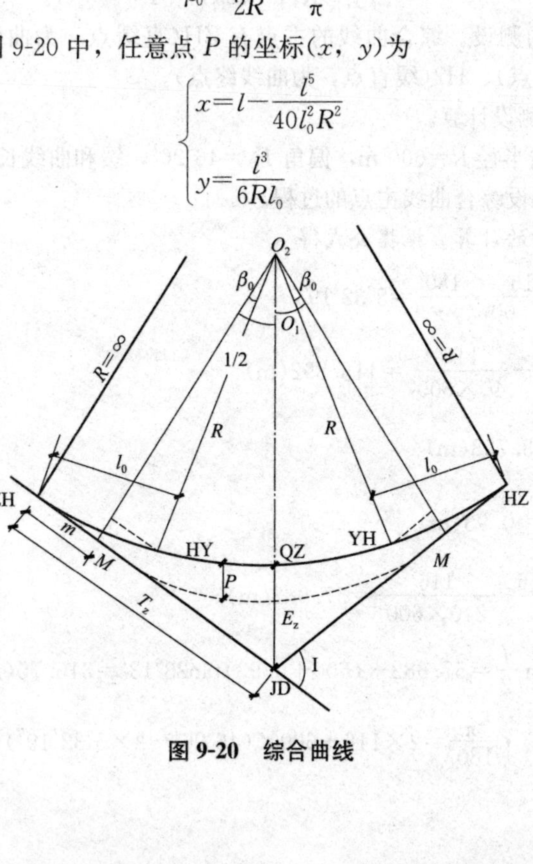

图 9-20 综合曲线

当 $l=l_0$ 时，式(9-16)变为

$$\begin{cases} x_0 = l_0 - \dfrac{l_0^3}{40R} \\ y_0 = \dfrac{l_0^2}{6R} \end{cases} \qquad (9\text{-}17)$$

4)综合曲线要素主要公式。将带有缓和曲线的圆曲线称为综合曲线。如图 9-20 所示，在直线与圆曲线之间增加了缓和曲线后，圆曲线应内移一段距离 P，才能使缓和曲线与直线相接，这时切线增长 m。

切线长：
$$T_Z = m + (R+P)\tan\frac{I}{2} \qquad (9\text{-}18)$$

曲线长：
$$L_Z = 2L_0 + R(I - 2\beta_0) \cdot \frac{\pi}{180°} \qquad (9\text{-}19)$$

外矢距：
$$E_Z = (R+P)\sec\frac{I}{2} - R \qquad (9\text{-}20)$$

切曲差：
$$I_Z = 2T_Z - L_Z \qquad (9\text{-}21)$$

圆曲线长：
$$L_Y = R(I - 2\beta_0) \cdot \frac{\pi}{180°} \qquad (9\text{-}22)$$

式中　P——缓和曲线内移值，$P = \dfrac{l_0^2}{24R}$；

　　　m——缓和曲线增长值，$m = \dfrac{l_0}{2} - \dfrac{l_0^3}{240R^2}$。

5)圆曲线整桩点的独立坐标。即

$$\begin{cases} x_i = R\sin\beta_i + m \\ y_i = R(1 - \cos\beta_i) + P \end{cases} \qquad (9\text{-}23)$$

(3)综合曲线主点的测设。综合曲线的主点有 ZH(直缓点，为曲线起点)、HY(缓圆点)、QZ(曲中点)、YH(圆缓点)、HZ(缓直点，为曲线终点)。

1)综合曲线主点的测设计算。

【例 9-5】　设圆曲线半径 $R=600$ m，偏角 $I_{右}=46°26'$，缓和曲线长度 $l_0=116$ m，交点桩号为 K2+138.21，简述测设综合曲线主点的过程。

【解】　(1)测设数据的计算。根据公式得

$$\beta_0 = \frac{l_0}{2R} \cdot \frac{180°}{\pi} = \frac{116}{2\times600} \cdot \frac{180°}{\pi} = 5°32'19''$$

$$x_0 = l_0 - \frac{l_0^3}{40R^2} = 116 - \frac{116^3}{40\times600^2} = 115.892(\text{m})$$

$$y_0 = \frac{l_0^2}{6R} = \frac{116^2}{6\times600} = 3.738(\text{m})$$

$$P = \frac{l_0^2}{24R} = \frac{116^2}{24\times600} = 0.93(\text{m})$$

$$m = \frac{l_0}{2} - \frac{l_0^3}{240R^2} = \frac{116}{2} - \frac{116^3}{240\times600^2} = 57.982(\text{m})$$

$$T_Z = m + (R+P)\tan\frac{I}{2} = 57.982 + (600+0.93)\tan23°13' = 315.75(\text{m})$$

$$L_Z = 2l_0 + R(I - 2\beta_0) \cdot \frac{\pi}{180°} = 2\times116 + 600\times(46°26' - 2\times5°32'19'')\times\frac{\pi}{180°} = 602.25(\text{m})$$

$$E_z=(R+P)\sec\frac{I}{2}-R=(600+0.93)\sec23°13'-600=53.88(\text{m})$$

$$D_z=2T_z-L_z=2\times315.75-602.25=29.25(\text{m})$$

$$L_Y=R(I-2\beta_0)\cdot\frac{\pi}{180°}=600\times(46°26'-2\times5°32'19'')\times\frac{\pi}{180°}=370.25(\text{m})$$

根据公式：

$$
\left\{
\begin{array}{l}
\text{直缓点：} ZH=JD-T_z \\
\text{缓圆点：} HY=ZH+l_0 \\
\text{圆缓点：} YH=HY+L_Y \\
\text{缓直点：} HZ=YH+l_0 \\
\text{曲中点：} QZ=HZ-\dfrac{L_z}{2} \\
\text{交点：} JD=QZ+\dfrac{J_z}{2}\text{（校核）}
\end{array}
\right.
\tag{9-24}
$$

各主点里程推算如下：

JD 里程	K2+138.21
$-T_z$	-315.75
ZH 里程	K1+822.46
$+l_0$	$+116$
HY 里程	K1+938.46
$+L_y$	$+370.25$
YH 里程	K2+308.71
$+l_0$	$+116$
HZ 里程	K2+424.71
$-L_z/2$	$-602.25/2$
QZ 里程	K2+123.585
$+J_z/2$	$+29.25/2$
JD 里程	K2+138.21

计算校核 JD 里程等于给定值。

(2)测设步骤如下：

1)将经纬仪安置于交点上定出切线方向，沿两切线方向分别量出切线长 $T_z=315.75$ m，即得 ZH 及 HZ。

2)拨角 $(180°-I)/2=66°47'$ (此数为两切线夹角的平分线与切线的夹角)，并从 JD 沿视线量取外矢距 $E_z=53.88$ m，即得曲线的中点 QZ。

3)在两切线上，自 JD 起分别向 ZH、HZ 量取 $T_z-l_0=199.75$ m，得两点 A、B，然后沿其垂直方向量 $y_0=3.738$ m，即得 HY、YH，如图 9-21 所示。

2)综合曲线的详细测设。

①缓和曲线上各点偏角值的计算。如图 9-22 所示，曲线上任意一点 P 的坐标为 (x_i,y_i)，该点到曲线起点 ZH 的曲线长为 l_i，偏角为 Δ_i，因为 Δ_i 很小，故有

$$\sin\Delta_i\approx y_i/l_i(C_i\approx l_i，\text{对应的弦长})$$

将式(9-16)代入上式得

$$\Delta_i=\frac{l_i^2}{6Rl_0}\cdot\frac{180°}{\pi}\tag{9-25}$$

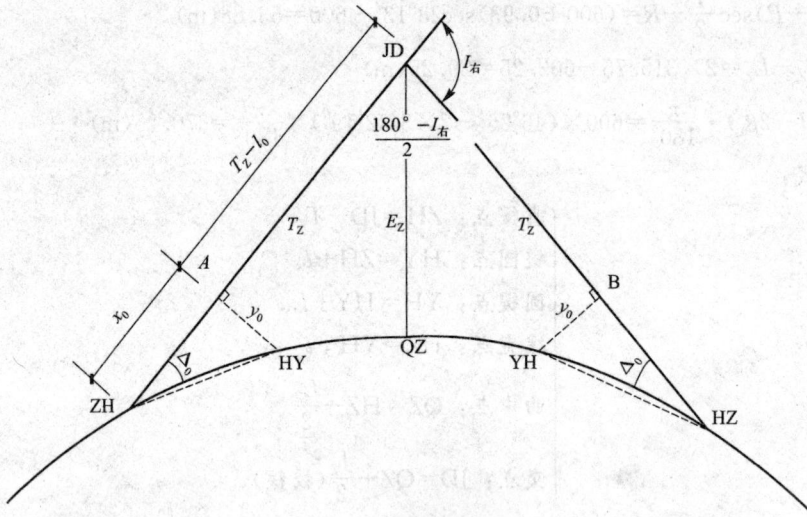

图 9-21　综合曲线主点

在 HY 上，由于 $l_i = l_0$，$\Delta_i = \Delta_0$，将其代入式(9-25)得

$$\Delta_i = \frac{l_0^2}{6Rl_0} \cdot \frac{180°}{\pi} \qquad (9\text{-}26)$$

根据式(9-26)与式(9-15)比较即可知

$$\Delta_0 = \frac{\beta_0}{3} \qquad (9\text{-}27)$$

式(9-27)既可用来求偏角(测设曲线主点时已求出 β_0)，也可用来检查主点测设的正确与否。

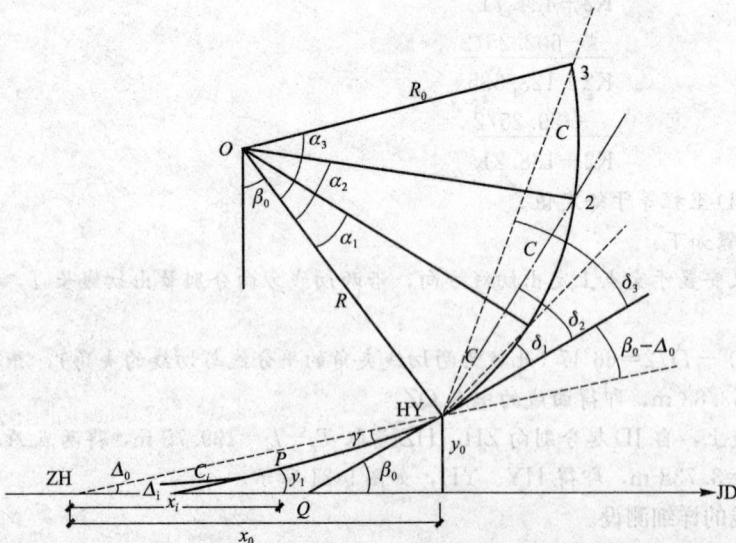

图 9-22　缓和曲线偏角

②圆曲线上各点偏角值的计算。圆曲线上各点偏角 δ_i 是以 HY 上的切线为起始边(0°)来计算的，δ_i 的值与前面圆曲线偏角值的求法一致。

如图 9-22 所示，HY 的切线与 HY 至 ZH 的连线间的夹角 γ 为

$$\beta_0 = \Delta_0 + \gamma \text{ 或 } \gamma = \beta_0 - \Delta_0$$

把上式即 $\Delta_0 = \beta_0/\gamma$ 代入得

$$\gamma = 2\Delta_0$$

此式用于在 HY 上确定 HY 切线方向。

4. 路线纵、横断面测量

路线纵断面测量的任务是测定道路中线上各里程桩(简称"中桩")的地面高程,绘制路线纵断面图,供路线纵坡设计之用。路线横断面测量的任务是测定各中桩两侧垂直于中线的地面高程,绘制横断面图,供路基设计、计算土石方量及施工时放样边桩之用。传统的路线纵、横断面测量是用水准仪进行,因此又称为路线水准测量。目前又增加了用全站仪或 GNSS 的方法进行路线纵、横断面测量。

(1)路线纵断面测量。为了提高测量精度和成果检查,根据"从整体到局部"的测量原则,路线水准测量分两步进行:首先是沿线路方向设置若干水准点,建立沿线路的高程控制网,称为基平测量;然后根据各水准点的高程,分段进行中桩水准测量,测定道路各个中线桩的高程,称为中平测量。基平测量的精度要求比中平测量高,一般至少按四等水准的精度要求,中平测量只作单程观测,可按普通的工程水准测量精度要求,但水准路线的两端必须附合于由基平测量测定高程的水准点,作为检验。

1)基平测量。路线测量的水准点可分为永久性水准点和临时性水准点两种。其是路线高程测量的控制点,在勘测和施工阶段都要使用。因此,水准点应选择在地基稳固、易于进行连测、施工时不易受破坏的地方。

永久性水准点一般每隔 25~30 km 布设一点;在路线起点和终点、大桥两岸、隧道两端,以及需要长期观测高程的重点工程附近,均应布设。永久性水准点要埋设标石,也可布设在永久性的建筑物上,或用金属标志埋设在基岩上。永久性水准点在道路竣工通车后的维护工作中还需要使用。

临时性水准点的布设密度,应根据地形复杂情况和工程需要而定。在丘陵和山区,每隔0.5~1.0 km 埋设一个;在平原地区,每隔 1~2 km 埋设一个。另外,在中小桥、涵洞及停车场等工程集中的地段,在较短的路线上,一般每隔 300~500 m 布设一点,作为路线纵断面测量分段闭合和施工时引测高程的依据。

基平测量时,首先应将水准点与附近国家水准点进行连测,以获得绝对高程。在沿线水准测量中,也应尽量与附近国家水准点进行连测,以便获得更多的检核。

水准点高程的测定,通常按三、四等水准测量的方法和精度要求,采用一台水准仪往、返测量或两台仪器同向测量。

2)中平测量。中平测量是以相邻水准点为一测段,从一个水准点出发,沿道路中线逐个测定中桩的地面高程,最后附合到下一个水准点上。测量时,在每一测站上首先读取后、前两转点(TP)的尺上读数,再读取两转点之间所有中桩地面点的尺上读数,这些中桩点在水准测量中称为中间点。中间点的立尺由后视点立尺人员来完成。由于转点起传递高程的作用,因此,转点上的水准尺应立在尺垫上或稳固的桩顶上,尺上读数至毫米,视线长一般不应超过150 m。中间点尺上读数至厘米,要求尺子立在紧靠中桩边的地面上。当路线跨越河流时,还需测出河床断面图、洪水位高程和常水位高程,并注明年、月,以便为设计提供资料。

中平测量的具体方法如图 9-23 所示,水准仪置于第 1 站,后视水准点 BM₁,前视转点 TP₁,将观测结果分别记入表 9-9 中"后视"和"前视"栏内;然后观测 BM₁ 与 TP₁ 间的各个中桩,将后视点 BM₁ 上的水准尺依次立 0+000,0+050,…,0+120 等各中桩地面上,将读数分别记入表 9-9 的"中视"栏内。仪器搬至第 2 站,后视转点 TP₁,前视转点 TP₂,然后观测各中桩地面点,用同方法继续向前观测,直至附合到水准点 BM₂,完成一测段的观测工作。

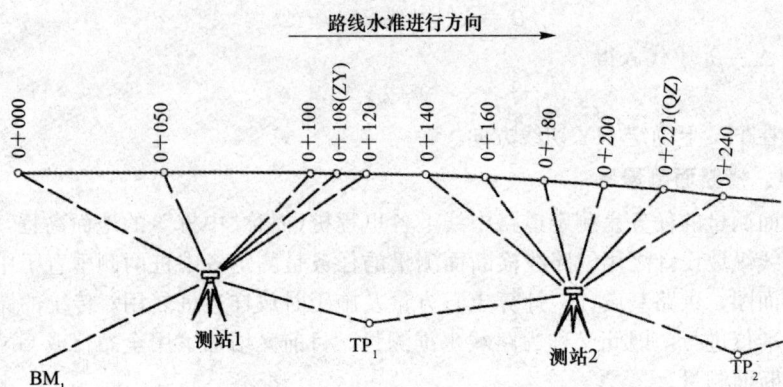

图 9-23 路线中平测量

表 9-9 路线纵断面水准(中平)测量记录

测站	点号	水准尺读数			仪器视线高程	点的高程	备注
		后视	中视	前视			
1	BM_1	2.191			14.505	12.314	
	0+000		1.62			12.89	
	0+050		1.90			12.61	
	0+100		0.62			13.89	ZY_1
	0+108		1.03			13.48	
	0+120		0.91			13.60	
	TP_1			1.006		13.499	
2	TP_1	2.162			15.661	13.499	
	0+140		0.50			15.16	
	0+160		0.52			15.14	
	0+180		0.82			14.84	
	0+200		1.20			14.46	QZ_1
	0+221		1.01			14.65	
	0+240		1.06			14.60	
	TP_2			1.521		14.140	
3	TP_2	1.421			15.561	14.140	
	0+260		1.48			14.08	
	0+280		1.55			14.01	
	0+300		1.56			14.00	
	0+320		1.57			13.99	YZ_1
	0+334		1.77			13.79	
	0+340		1.97			13.59	
	TP_3			1.388		14.173	

测站	点号	水准尺读数			仪器视线高程	点的高程	备注
		后视	中视	前视			
4	TP₃	1.724			15.897	14.173	ZD₂ (14.618)
	0+360		1.58			14.32	
	0+380		1.53			14.37	
	0+391		1.57			14.33	
	BM₂			1.281		14.616	

每一站的各项计算依次按下列公式进行:

$$视线高程=(后视点高程)+(后视读数)$$
$$转点高程=(视线高程)-(前视读数)$$
$$中桩高程=(视线高程)-(中视读数)$$

各站观测记录后,应立即计算各点高程,最后附合到下一个水准点,并计算这一测段的高差闭合差 f_h。容许的高差闭合差为

$$f_{h允}=\pm 50\sqrt{L} \tag{9-28}$$

式中 L——测段的水准路线长度(km)。

如果符合要求,则不需要进行高差闭合差的调整,而以原计算的各中桩点高程作为绘制纵断面图的数据。

3)全站仪路线纵断面测量。在道路工程测量中,应用全站仪的三维坐标测量和测设的方法,在测设道路中桩的同时,测定其高程,并自动记录这些点的桩号和三维坐标等。这些数据可与计算机联机通信,为路线测量的自动化和路线纵断面图的计算机辅助成图创造条件。

4)纵断面图的绘制及施工量计算。路线纵断面图表示中线方向的地面起伏,可在其上进行道路的纵坡设计和计算施工量,是线路设计和施工中的重要资料。

纵断面图是以中桩的里程为横坐标、以其高程为纵坐标而绘制的。常用的里程比例尺有 1:5 000,1:2 000 和 1:1 000。为了明显地表示地面起伏,一般取高程比例尺比里程比例尺大 10 倍或 20 倍。例如,里程比例尺用 1:1 000 时,则高程比例尺取 1:100 或 1:50。

图 9-24 所示为道路设计纵断面图(部分)。图的上半部,细折线表示中线方向的地面线,是根据中平测量的中桩桩号(横坐标)和地面高程(纵坐标)绘制的;粗折线表示道路的纵坡设计线。另外,图的上半部注有水准点编号、高程和所处位置;竖曲线示意图及其曲线元素;设计桥梁的类型、孔径、跨数、长度、里程桩号和设计水位;设计涵洞的类型、孔径和里程桩号;其他道路、铁路交叉点的位置、里程桩号和有关说明等。图的下半部有路线中桩的桩号、地面高程、设计坡度、设计高程、填土高度和挖土深度,以及路线的直线段和曲线元素等数字资料。现按作图的次序分述如下:

①在"桩号"一栏中,自左至右按规定的里程比例尺作为横坐标,注记各中桩的桩号。

②在"直线与曲线"一栏中,按里程桩号标明路线的直线部分和曲线部分。曲线部分用直角折线表示,折线上凸表示路线右偏,折线下凹表示路线左偏。在折线框中,注明交点编号及其桩号、曲线元素 α、R、T、L、E 等。

③在"地面高程"一栏中,注记对应于各中桩桩号的地面高程,并在图上半部的纵断面图上按各中桩的地面高程和作图比例尺,依次标出其相应的点位,用细直线连接各相邻点位,画出中线方向的地面纵断面线。

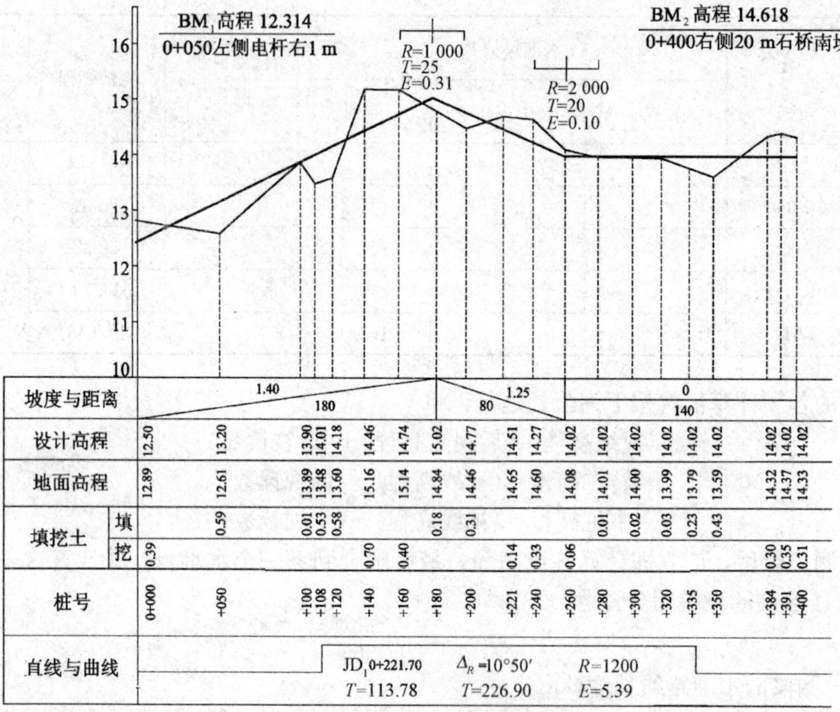

图 9-24　道路设计纵断面图

图上标注：
- BM₁ 高程 12.314　0+050 左侧电杆右 1 m
- BM₂ 高程 14.618　0+400 右侧 20 m 石桥南墩
- R=1 000　T=25　E=0.31
- R=2 000　T=20　E=0.10

桩号	0+000	+050	+100	+108	+120	+140	+160	+180	+200	+221	+240	+260	+280	+300	+320	+335	+350	+384	+391	+400
坡度与距离		1.40 / 180								1.25 / 80			0 / 140							
设计高程	12.50	13.20	13.90	14.01	14.18	14.46	14.74	15.02	14.77	14.51	14.27	14.02	14.02	14.02	14.02	14.02	14.02	14.02	14.02	14.02
地面高程	12.89	12.61	13.89	13.48	13.60	15.16	15.14	14.84	14.46	14.65	14.60	14.08	14.01	14.00	13.99	13.79	13.59	14.32	14.37	14.33
填挖土：填		0.59	0.01	0.53	0.58			0.18	0.31				0.01	0.02	0.03	0.23	0.43			
填挖土：挖	0.39					0.70	0.40			0.14	0.33	0.06						0.30	0.35	0.31

直线与曲线：JD₁ 0+221.70　Δ_R=10°50′　R=1200　T=113.78　T=226.90　E=5.39

④按地面的纵断面线及其他资料，进行纵坡设计（画出纵坡设计线——图中粗线）。设计时，要考虑道路的等级要求、施工土石方工程量尽可能小、填挖方尽量平衡等有关技术规定。然后，在"坡度与距离"一栏内，分别用斜线表示上坡或下坡段，水平线表示平坡段。在设计坡度线上方注记坡度数值（以百分比值表示），在设计坡度线下方注记坡段长度（以 m 为单位）。不同的坡段以竖线分开。某坡段的设计坡度与起点和终点高程的关系按下式计算：

$$设计坡度 = \frac{终点设计高程 - 起点设计高程}{坡段平距}$$

设计高程一般是指路基面的设计高程。

⑤在"设计高程"一栏内，分别填写相应中桩的设计高程。某点的设计高程按下式计算：

$$设计高程 = 坡段起点高程 + 设计坡度 \times 起点至该点的平距$$

例如，图中 0+000 桩号的设计高程为 12.50 m，设计坡度为 +1.4%（上坡），则桩号 0+100 的设计高程应为

$$12.50 + 1.4/100 \times 100 = 13.90 \text{（m）}$$

⑥在"填挖土"一栏内，按下式进行施工量（填土高度或挖土深度，以米为单位）的计算并注记：

$$某点的施工量 = 该点地面高程 - 该点设计高程$$

上式中求得的施工量，正值为挖土深度，负值为填土高度。地面线与设计线的交点为不填不挖的"零点"，零点也应注以桩号，可由图上直接量测而得，以供施工放样时使用。

（2）路线横断面测量。路线横断面测量的主要任务是在各中桩处测定垂直于道路中线方向的地面起伏，按每一中桩桩号绘制成横断面图。横断面图是设计路基横断面、计算土石方和施工时确定路基填、挖边界的依据。横断面测量的宽度，由路基宽度及地形情况确定，一般在中线两侧各测 15～50 m。测量距离和高差一般准确到 0.05～0.1 m 即可满足工程要求。因此，横断

面测量一般可采用简易的测量工具和方法。

横断面上中桩的地面高程已在纵断面测量时测出，横断面上各个地形特征点相对于中桩的平距和高差可用下述方法测定。

1)水准仪卷尺法。此方法适用于施测横断面较宽的平坦地区，如图 9-25 所示。水准仪安置后，以中桩地面高程点为后视，取得仪器高程；以中桩两侧横断面方向地形特征点为前视，水准尺上读数至厘米，得到立尺点的高程。用卷尺分别量出各特征点到中桩的平距，量至分米。记录格式见表 9-10，表中按路线前进方向分左、右侧记录，以分式表示各测段的前视读数和平距。根据这些数据，可以计算立尺点的高程，并绘制路线横断面图。

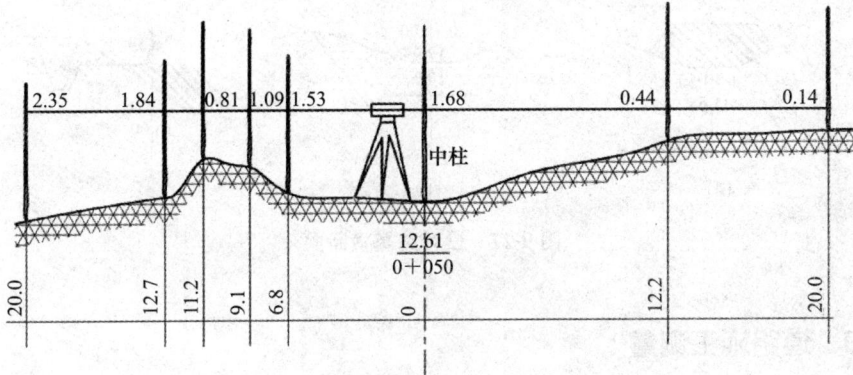

图 9-25　水准仪卷尺法测横断面

表 9-10　路线横断面测量记录表

前视读数/距离（左侧）	后视读数/桩号	（右侧）前视读数/距离
2.35　1.84　0.81　1.09　1.53 20.0　12.7　11.2　9.1　6.8	1.68 0+050	0.44　0.14 12.2　20.0

2)全站仪法。安置全站仪于道路中桩上或任意控制点上，用三维坐标测量的方法定横断面上的地形特征点的平面坐标和高程，并自动记录。与计算机联机通信后，可用绘图仪绘制路线横断面图。

3)横断面图的绘制。一般采用 1∶100 或 1∶200 的比例尺绘制路线横断面图。绘制时，先标定中桩位置(图 9-26 中的点画线)，由中桩开始，逐一将地形特征点画在图上，再连接相邻点，即绘制出横断面上的地面线，地面线上注记桩号、地面线下注记地面高程。

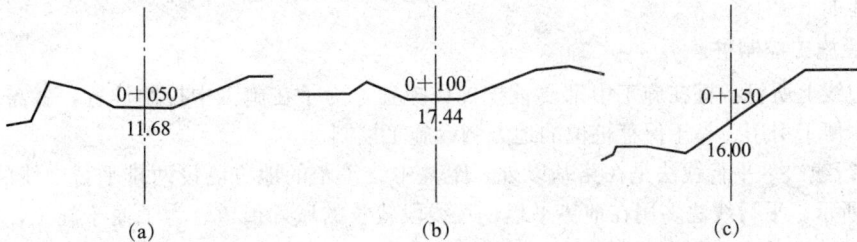

图 9-26　路线横断面图

横断面图画好后，进行路基断面设计。先按与横断面图相同的比例尺分别绘制出路堑、路堤和半填半挖的路基设计线，称为"标准断面图"。然后按纵断面图上该中桩的设计高程，将标准断面图套画到该实测的横断面图上，如图 9-27 所示。其中，图 9-27(a)所示为设计路基面高于地面，为路堤断面(填方断面)图；图 9-27(b)所示为设计路基面低于地面，为路堑断面(挖方地面)图；图 9-27(c)为半填半挖的路基断面图。根据横断面的填、挖面积及相邻中桩的桩号(相减即得两断面之间的水平距离)，可以计算出施工的土、石方量(填、挖的土石方体积)。

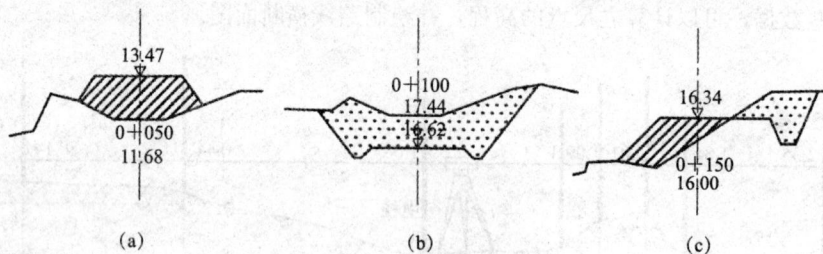

图 9-27　设计路基横断面

9.1.3　道路施工测量

📖 学习目标

1. 掌握控制桩和边桩的测设方法；
2. 熟悉边坡的测设；
3. 理解竖曲线的测设；
4. 熟悉路基和路面施工测量。

📖 关键概念

控制桩、边桩、竖曲线。

道路施工测量的主要工作包括恢复道路中线测量、施工控制桩、路基边桩和竖曲线测设。从路线勘测开始，经过道路工程设计到开始道路施工这段时间，往往有一部分道路中线桩被碰或丢失。为了保证路线中线位置的正确可靠施工前，应进行一次复核测量，并将已经丢失或碰动过的交点桩、里程桩等恢复和校正好。其方法与中线测量相同，不再赘述。现对道路施工测量工作分述如下。

1. 测设施工控制桩

由于中线上所钉各桩在施工中都要被挖掉或掩盖，为了在施工中控制位置，就需要在不受施工干扰、便于引用、易于保存桩位的地方测设施工控制桩。

(1)平行线法。平行线法是在路基以外，距离中线等距的地方测设两排平行中线的控制桩，如图 9-28 所示。平行线法多用在地势平坦、直线段较长的城郊街道。为了便于施工，控制桩的间距多取 10~20 m。它既能控制中线位置，又能控制高程(桩上测有路顶高程线)。

(2)延长线法。延长线法多用在地势起伏较大、直线段较短的山区公路。此方法是在中线和 QZ 至 JD 的延长线上钉施工控制桩，如图 9-29 所示。

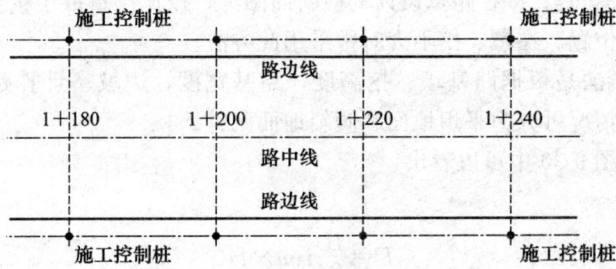

图 9-28 平行线法定施工控制法

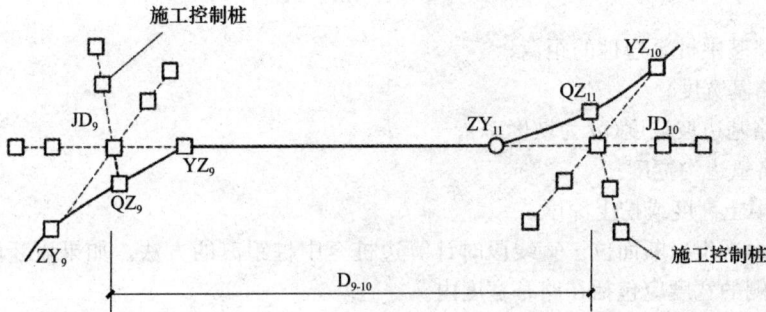

图 9-29 延长线法定施工控制桩

以上两种方法无论在城区、郊区或山区的道路施工中，都应根据实际情况互相配合使用。

(3)加密水准点。为在施工中引测高程方便，施工前应在原有水准点之间再加设临时水准点，为每 300 m 左右一个。加密的水准点应尽量设置在小桥涵和其他构筑物附近使用方便的地方。

2. 路基边桩的测设

路基形式基本上可分为路堤和路堑两种。填方路基称为路堤，如图 9-30(a)所示；挖方路基称为路堑，如图 9-30(b)所示。路基放线是根据设计横断面图和各桩的填、挖深度(H)沿坡脚、坡顶和路中心等点构成路基的轮廓。路基边桩的测设就是将每一个横断面的路基两侧的边坡线与地面的交点，用木桩标定在实地上作为路基施工的依据。常用的方法有以下几种：

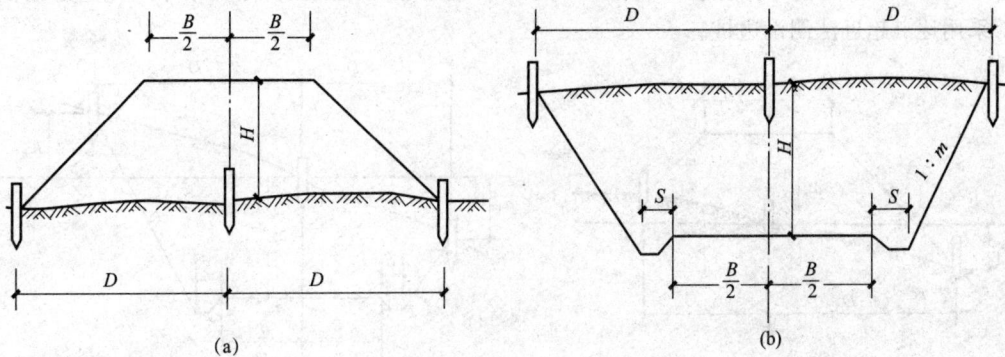

图 9-30 路堤放线和路堑放线
(a)路堤放线；(b)路堑放线

（1）图解法。图解法是直接在路基设计的横断面图上，按比例量取中桩至边桩的距离，再到实地上用皮尺量得其位置。在填、挖不大时常采用此方法。

（2）解析法。解析法是根据路基填、挖高度，路基宽度，边坡率计算路基中桩至边桩的距离。根据地形的具体情况可分为平坦地面和倾斜地面两种。

1）平坦地面。由图 9-30 中可以看出，

路堤：

$$D=\frac{B}{2}+m\times H \tag{9-29}$$

路堑：

$$D=\frac{B}{2}+S+m\times H \tag{9-30}$$

式中　D——路基中桩至边桩的距离；

　　　B——路基宽度；

　　　m——路基边坡坡度（m 为坡度率）；

　　　S——路堑边沟宽度；

　　　H——填土高度或挖土深度。

上式为地面平坦、断面位于直线段时计算边桩至中桩距离的方法。如果该断面位于曲线段时，则路基外侧的宽度应包括在路基宽度内。

2）倾斜地面。由图 9-31 中可以看出，$D_\text{上}\neq D_\text{下}$，则

路堤：

$$\begin{cases} D_\text{上}=\dfrac{B}{2}+m(H-h_\text{上}) \\ D_\text{下}=\dfrac{B}{2}+m(H+h_\text{下}) \end{cases} \tag{9-31}$$

路堑：

$$\begin{cases} D_\text{上}=\dfrac{B}{2}+S+m(H+h_\text{上}) \\ D_\text{下}=\dfrac{B}{2}+S+m(H-h_\text{下}) \end{cases} \tag{9-32}$$

式中，B、h、m、S 均为设计数据，$D_\text{上}$、$D_\text{下}$ 随 $h_\text{上}$、$h_\text{下}$ 而变化，$h_\text{上}$ 和 $h_\text{下}$ 各为左、右边桩与中桩的地面高差，且都为未知数值，所以，$D_\text{上}$、$D_\text{下}$ 也无法算得。在实际测设中，先定出断面方向后采用逐点趋近法测设边桩。

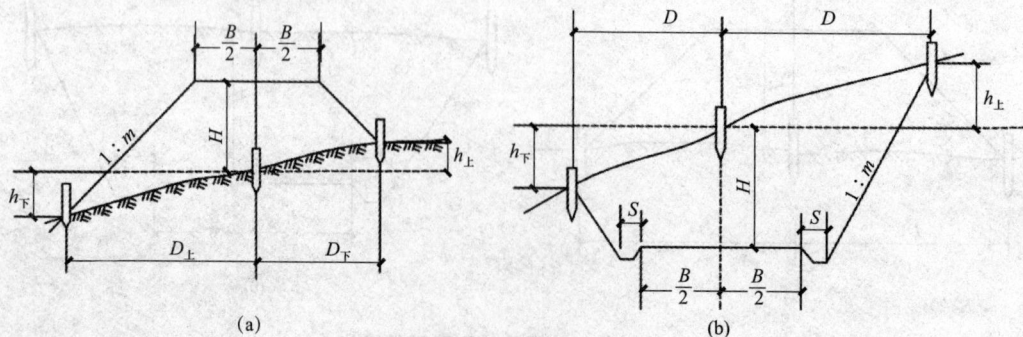

图 9-31　倾斜地面放线

(a)倾斜地面路堤放线；(b)倾斜地面路堑放线

【例 9-6】 如图 9-32 所示，设路基左侧与边沟顶宽之和为 4.7 m；右侧需增加曲线的宽度，其和为 5.3 m；中心挖深 5.0 m；边坡坡度为 1：1。现以左侧为例说明用逐点趋近法测设边桩的步骤。

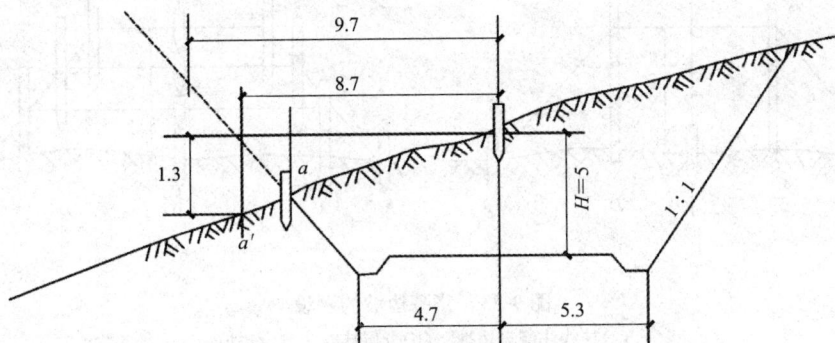

图 9-32　倾斜地段用逐点法测设边桩

【解】　(1)估计边桩位置。若地面水平，则左边桩与中桩的距离为

$$D_{左} = 4.7 + 5.0 = 9.7(\text{m})$$

实际情况是左侧地面较中桩低，估计左边桩处比中桩处地面低 1 m，$h_{左} = 5 - 1 = 4(\text{m})$，则左边桩与中桩的距离为

$$D_{左} = 4.7 + 4.0 = 8.7(\text{m})$$

在地面上与中桩处左侧量 8.7 m 得 a' 点。

(2)实测高差。实测高差得 a' 点与中桩地面的高差为 1.3 m，则 a' 点与中桩的距离应为

$$D_{左} = 4.7 + (5.0 - 1.3) = 8.4(\text{m})$$

此值比原估计值 8.7 m 要小 0.3 m，所以正确的位置应在 a' 点内侧。

(3)重估边桩位置。正确的边桩位置应为 8.4~8.7 m，重估距中桩 8.5 m 处在地面上定出 a 点。

(4)重测高差。测 a 点与中桩的高差为 1.2 m。则 a 点与中桩的距离为

$$D_{左} = 4.7 + (5.0 - 1.2) = 8.5(\text{m})$$

此值与估计值相符，所以 a 点即左侧的边桩位置。

路堤的边桩测设方法与路堑大致相同，只是估计边桩位置与路堑正好相反，测设时要考虑路堤的下沉及路面施工等因素。

3)逐点趋近法。通过上例可知，逐点趋近法测设边桩的步骤如下：

①先根据地面实际情况，参照路基横断面图估计边桩位置。

②测出估计边桩位置与中桩地面的高差。

③按式(9-31)或式(9-32)计算出与之对应的边桩位置，若计算值与估计值相符，则此位置即边桩位置。否则，再按实际情况进行估计，重复上述工作，逐点趋近，直至计算值与估计值相符或十分接近为止。

3. 路基边坡的测设

路基边桩的测设之后，为了保证施工达到设计要求，还应将设计边坡在实地上标定出来。

(1)用细竹竿、绳索测设边坡。如图 9-33(a)所示，O 为中桩，A、B 为边桩，C、D 的水平距离为路基宽度。测设时在 C、D 处竖立竹竿，在竹竿上等于填土高度 H 处作 C'、D' 的记号，

用绳索连接 A、C'、D'、B，即得出设计边坡。当路堤填土较高时可采用图 9-33(b)所示的分层挂线法施工测设边坡。

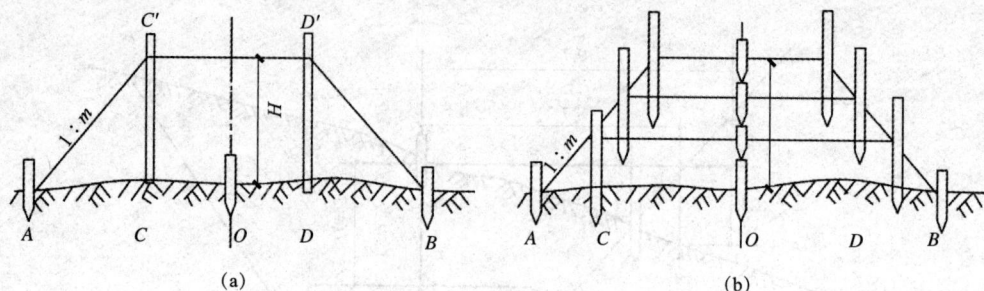

图 9-33 路基边坡的测设
(a)挂线法测设边坡；(b)分层挂线法测设边坡

(2)用边坡板测设边坡。

1)活动边坡尺测设路堤边坡。如图 9-34(a)所示，当尺上水准气泡居中时，边坡尺斜边所指示的坡度即设计的边坡度；或用图 9-35 所示的活动坡度尺，当转动坡度尺使直立边平行于垂球线时，其斜边即设计坡度。

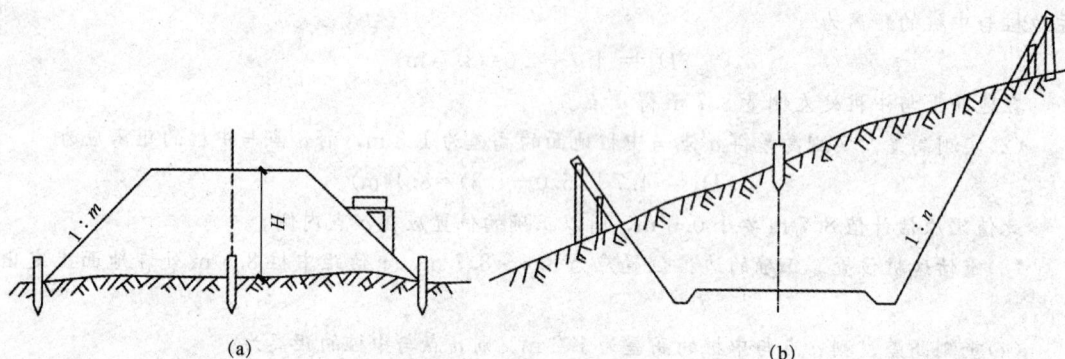

图 9-34 边坡板的测设
(a)活动边坡尺定边坡；(b)固定边坡板定边坡

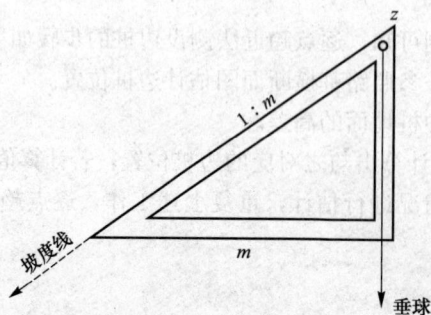

图 9-35 坡度尺

2)横断面图解法测设路堤边坡。横断面图解法是先在透明纸上绘制设计横断面图(比例尺与现状横断面图相同），然后将透明纸按各桩填方高度蒙在相应的现状横断面图上，则设计横断面的边坡与现状地面的交点即坡脚，用比例尺由图上量得坡脚与中心桩的水平距离，即可在实地相应的断面上测设出坡脚位置。

3）固定边坡样板测设边坡。施工前按照设计的边坡坡度做好固定边坡坡度板，如图9-34(b)所示。在开挖路堑前，于坡顶桩外侧按设计边坡设立固定样板，施工时可随时检核开挖和修整情况。

4. 施工过程中的测量工作

(1)测设路面高程桩。当路基工程完成后，为控制路面高程多在路肩上测设平行中线的路面高程桩，间距多采用10～30 m，用它既控制路面高程又控制中线位置，俗称施工边桩。其位置根据中线施工控制桩测定(若已有平行中线的施工控制桩时，均一桩两用，不用另行测设)。桩位测定后，可在桩的侧面测设出该桩的路面中心设计高程线(可钉高程钉或红铅笔画线作为标志)。其测设程序如下：

1）后视水准点或中线上的里程桩，根据其已知高程和读数，计算出视线高程。

2）前视边桩，根据读数计算出其桩顶高程。

3）计算边桩与其所在断面的设计高程之差，并注在桩的侧面上。如边桩低于设计高程，前面应冠以"＋"号，表示需要填高；如边桩高于设计高程，则应冠以"－"号，表示需要挖深。但它所表示的填、挖量是以边桩桩顶为准的，因为在施工过程中是利用边桩来检查的。

(2)测设竖曲线。为了保证行车安全，在路线坡度变化处，按规范规定，应以圆曲线连接起来，这种叫作竖曲线。竖曲线有凹形和凸形两种，如图9-36所示。

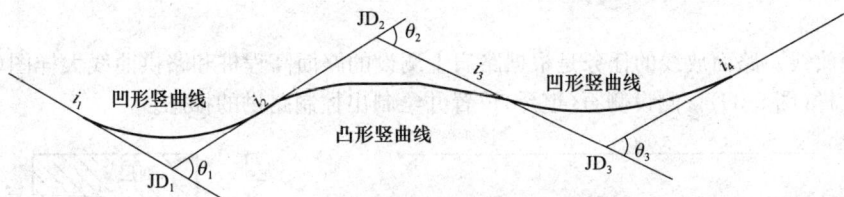

图9-36 竖曲线与坡度角

测设竖曲线是根据路线纵断面设计中给定的半径 R 和变坡点前后的两坡度 i_1 和 i_2 进行的。测设参数包括曲线长 L、切线长 T 和外矢距 E，其计算公式同平面圆曲线。但由于竖向转折角 θ 值较小，故用两坡度值 i_i 和 i_j 的绝对值之和代替，即 $\theta = |i_i| + |i_j|$，则曲线长 L 的计算公式为

$$L = R\theta_i = R(|i_i| + |i_j|) \tag{9-33}$$

由于 i 值较小，切线长可用曲线长的一半代替，外矢距 E 可用中央纵距 M 代替，则切线长和外矢距的计算公式为

$$T = \frac{L}{2} = \frac{R(|i_i| + |i_j|)}{2}, \quad E = M = \frac{C^2}{8R} \tag{9-34}$$

式中 C——圆曲线对应的弦长。

式中其他符号意义同前。

1）主点测设。根据式(9-33)计算 T 值，由设计的变坡点里程及 T 值，即可求出圆曲线起点 ZY 至终点 YZ 的里程，并可据以测设于地面，如图9-37所示。

2）辅点测设。用切线支距法原理，以起点或终点为坐标原点，沿切线方向为 X 轴，切线上的支距为 Y 轴。测设辅点时，X 轴坐标为设计值，一般每隔10 m选择一个辅点，当 X_i 为已知

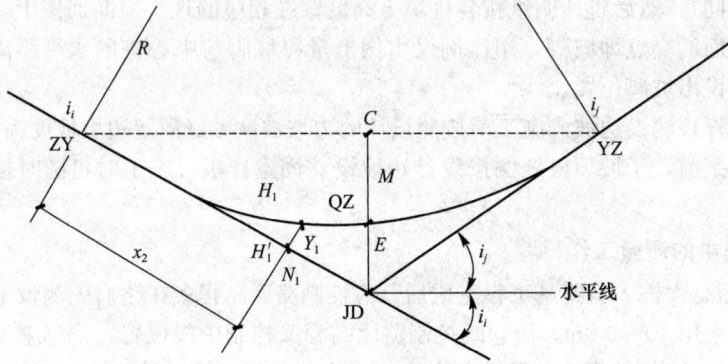

图 9-37 竖曲线

时,对应的支距 Y_i 的计算公式为

$$Y_i = \frac{x_i^2}{2R} \tag{9-35}$$

式中,Y 在凹形竖曲线中为"+"号,在凸形竖曲线中为"−"号。

将各点的支距(也称标高改正数)Y 求出后,与坡道各点的对应高程 H_i' 相加取代数和,即得到竖曲线上各点的设计高程 H_i。其计算公式为

$$H_i = H_i' + Y_i \tag{9-36}$$

竖曲线上各辅点的设计高程求出之后,用水准仪将其高程测设出来,即竖曲线各辅点的位置。

3)路面放线。路面放线的任务是根据路肩上测设的路面高程桩和路拱曲线大样图(图 9-38)、路面结构大样(图 9-39),测设侧石(道牙)位置并绘制出控制路拱的标志。

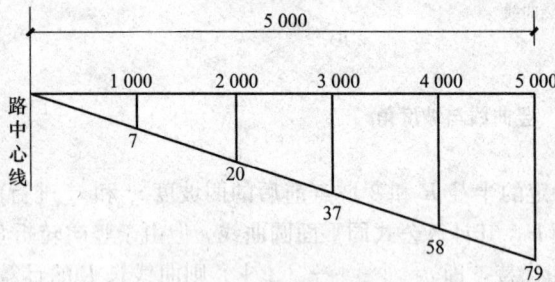

图 9-38 路面高程桩、路拱曲线(单位:mm)

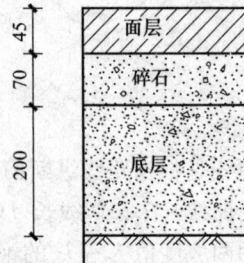

图 9-39 结构大样(单位:mm)

由两侧高程桩向中线量出至侧石的距离,钉小木桩并将相邻木桩用小线连接起来,即侧石的内侧边线。侧石的高程可在高程桩上按路中心高程拉上小线后,自小线下反路拱高度(即路面半宽×横坡)得到,如图 9-38 中为 79 mm。

4)施工过程中的检查验收测量。在施工过程中,某一工序(如土方工程、路基工程、路面工程等)完成时,应及时进行检查验收测量。检查验收测量的任务是检查已完工程的各部尺寸、位置和高程是否合乎设计要求。为了确保工程质量,只有在检查合格验收后,才能进行下一工序的施工。检查方法可以原有测量标志为准进行,但路基、路面、桥涵基础等工程的验收必须使用仪器直接观测检查并做正式验收记录。

1. 道路测量的内容是什么？
2. 何谓道路中线的转点、交点和里程桩？如何测设里程桩？
3. 什么是缓和曲线？如何测设？
4. 什么是竖曲线？如何测设？

9.2 桥梁工程测量

学习目标

1. 掌握桥梁工程的控制测量；
2. 熟悉中小型桥梁施工测量；
3. 熟悉桥梁工程变形观测；
4. 了解大型桥梁施工测量。

关键概念

交会测量、中线测量、联系三角。

【导言】

在本章开头引用的桥梁施工测量实例中，可以看到，桥涵施工测量的基本任务是测设桥涵的中线位置及各部位高程标志，作为施工的依据。施测的具体内容和方法由于桥涵大小及结构形式不同而有所差异，但无论何种桥涵，其基础位置的测设是全部测设工作中的关键环节，应当特别注意。

9.2.1 桥梁工程控制测量

在铁路、公路等的线路上，通过河流和山谷需要修建桥梁。其中有铁路桥梁、公路桥梁、铁路公路两用桥梁等。陆地上的立交桥和高架道路也属于桥梁结构。桥梁工程在勘测设计、建筑施工和运营管理阶段都需要进行测量工作。在桥梁的勘测设计阶段，需要测绘各种比例尺的地形图（包括水下地形图）、河床断面图，以及提供其他测量资料。在桥梁的建筑施工阶段，需要建立桥梁平面控制网和高程控制网，进行桥墩、桥台定位和梁的架设等施工测量，以保证建筑设计位置的正确。在建成后的管理阶段，为了监测桥梁的安全运营，需要定期进行变形观测。

桥梁按其轴线长度一般可分为特大桥（>500 m）、大桥（100～500 m）、中桥（30～ 100 m）和小桥（<30 m）四类。桥梁施工测量的方法及精度要求随桥梁轴线长度、桥梁结构而定，主要内容包括平面控制测量、高程控制测量、墩台定位、轴线测设等。

建造大中型桥梁时，因河道宽阔，桥墩在河水中建造，墩台较高，基础较深，墩间跨距大，梁部结构复杂，因此对桥轴线测设、墩台定位等要求精度较高。为此，需要在施工前布设平面控制网和高程控制网，用较精密的方法进行墩台定位和测设梁部结构。

1. 桥梁平面控制测量

桥梁平面控制网的图形一般为包含桥轴线的双三角形、具有对角线的四边形或双四边形，如

图 9-40 所示(图中点画线为桥梁轴线)。如果桥梁有引桥,则平面控制网还应向两岸陆地延伸。桥梁平面控制网的观测可以采用常规测量的方法,观测平面控制网中的角度和边长,构成边角网。最后,计算各平面控制点(包括桥轴线点)的坐标。大型桥梁的平面控制网也可以采用 GNSS 方法测定。

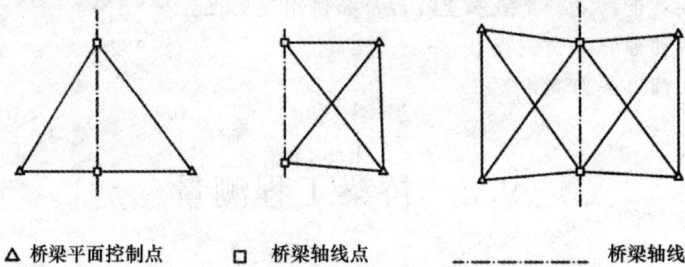

△ 桥梁平面控制点　　□ 桥梁轴线点　　＿＿＿＿＿ 桥梁轴线

图 9-40　桥梁平面控制网

2. 桥梁高程控制测量

桥梁高程控制网的布设一般是在桥址两岸设立一系列基本水准点和施工水准点,用精密水准测量方法连测,组成桥梁高程控制。当精密水准测量方法从河的一岸测到另一岸时,由于距离较长,使水准仪瞄准水准尺时读数困难,且前视距和后视距相差悬殊,使水准仪的仪器误差和地球曲率影响增大,此时需要采用过河水准测量的方法或电磁波测距三角高程测量的方法,以保证高程测量的精度。

(1)过河水准测量。过河水准测量用两台水准仪同时作对向观测,两岸测站点和立尺点布置如图 9-41 所示。在图 9-41 中,A、B 为立尺点,C、D 为测站点,要求 AD 与 BC 距离基本相等,AC 与 BD 距离基本相等,构成对称图形,以抵消水准仪的 i 角误差和大气折光影响。

□ 测站点　　○ 立尺点

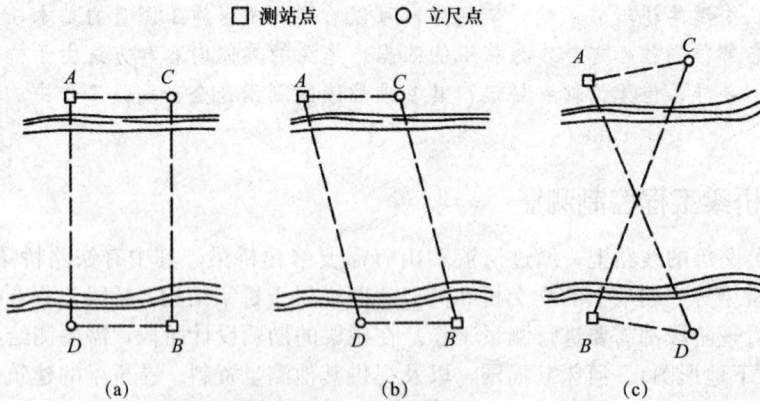

(a)　　　　　　　　　(b)　　　　　　　　　(c)

图 9-41　过河水准测量测站和立尺点布置

用两台水准仪作同时对向观测时,C 站先向本岸 A 点尺(近尺)读数 a_1,后向对岸 B 点尺(远尺)读数 2~4 次,取其平均数得 b_1,其高差为 $h_1=a_1-b_1$。此时,在 D 站上,同样先向本岸 B 点尺(远尺)读数 b_2,后向对岸 A 点读数 2~4 次,取其平均数得 a_2,其高差 $h_2=a_2-b_2$。取 h_1 和 h_2 的平均数,完成过河水准测量的 1 个测回。一般需要进行 4 个测回。

由于过河观测的视线较长,远尺读数困难,可以在水准尺上安装一个能沿尺面上下移动的觇牌,如图 9-42 所示。由观测者根据水准仪的横丝指挥立尺者上下移动的觇牌,使觇牌中部的横条或三角形图案被水准仪的横丝所平分,由立尺者根据觇牌中心孔的指标线在水准尺上读数。

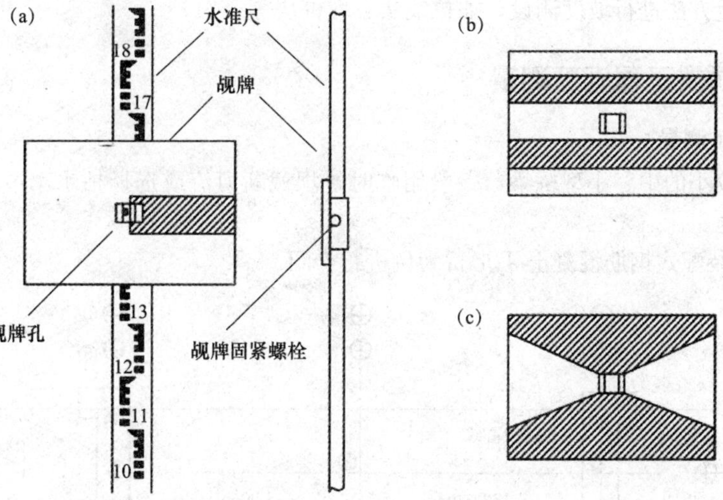

图 9-42 水准尺上的觇牌

（2）电磁波测距三角高程测量。用全站仪可进行电磁波测距三角高程测量。在河的两岸布置 A、B 两个临时水准点，在 A 点安置全站仪，量取仪器高 i，在 B 点安置棱镜，量取棱镜高 l，全站仪瞄准棱镜中心，测得垂直角 a 和斜距 S，计算出 A、B 点之间的高差。由于过河的距离较长，故高差测定受到地球曲率和大气垂直折光的影响。但是，大气的结构在短时间内不会变化太大，因此，可以采用对向观测的方法，能有效地抵消地球曲率和大气垂直折光的影响。对向观测的方法，见"5.3.7 三角高程测量"。

3. GNSS 高程测量

用 GNSS 测量布设的桥梁平面控制网，也可以用 GNSS 高程测量的方法进行两岸控制点高程的联测。对于河面宽阔的特大桥梁，用过河水准测量和三角高程测量有困难时可以采用此方法。

9.2.2 涵洞施工测量

涵洞施工测量的主要内容是控制涵洞的中心位置及涵底的高程与坡度。

1. 测设涵洞中心桩及中心线

涵洞中心桩一般均根据设计给定的涵洞位置（桩号），以其邻近的交点 JD 桩或转点 ZD 桩为准测设。

（1）在直线上设置的涵洞，是用经纬仪直接照准路中线方向，根据涵洞与其邻近的里程桩的关系，用钢尺测设相应的距离，即可钉出涵洞中心桩。将经纬仪安置在中心桩上，以路中线为后视方向，测设 90°（斜涵应按设计角度测设），即得涵洞的中心线方向。

（2）在曲线上设置的涵洞，测设涵洞中心线的方法与测设曲线段上横断面方法相同。如果涵洞位于圆曲线段上，也可以在涵洞中心桩两侧曲线上取等距点为圆心，以一定长度为半径画弧，两弧在曲线两侧各有一交点，两点连线即涵洞的中心线。

2. 施工控制桩

涵洞中心桩和涵洞中心线确定以后，可根据施工要求，在涵洞中线上，两端横断面上及端墙翼等位置，测设控制桩，以控制涵洞各部位的位置和高程。

3. 涵洞坡度

由于涵洞长度较小，坡度精度要求较低，所以坡度控制较容易。可根据设计数据采用既简单又实用的灵活方法进行坡度测设，如拉线法、埋桩法等。

9.2.3 桥梁工程施工测量

1. 桥梁施工测量

建造跨度较小的中、小型桥梁，一般用临时筑坝截断河流或选择枯水季节进行，以便桥梁的墩台定位和施工。

以图 9-43 装配式钢筋混凝土 T 形桥为例进行介绍。

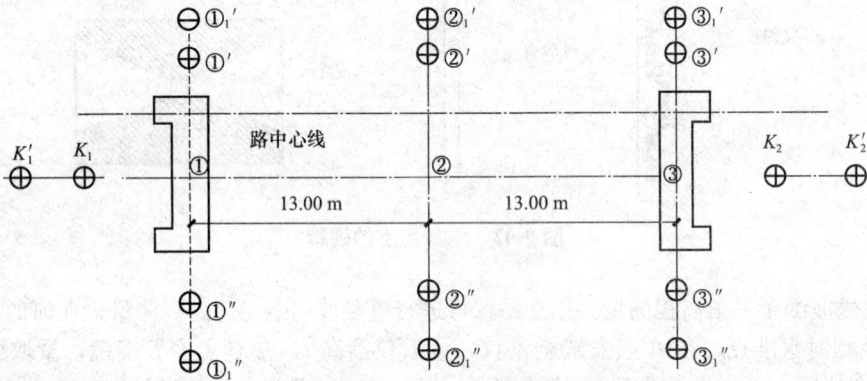

图 9-43　测设 T 形桥中心线和控制桩

(1)测设桥梁中心线和控制桩。中、小型桥梁的中轴线一般由道路的中线来决定。先根据桥位桩号在路中线上准确地测设出桥台和桥墩的中心桩①、②、③，并在河道两岸测设桥位控制桩 K_1、K_1'、K_2、K_2'。然后分别安置经纬仪于①、②、③点上，测设桥台和桥墩的控制桩 $①'①_1'$、$①''①_1''$、…、$③'③_1'$、$③''③_1''$(为防止丢失或施工障碍，每侧至少两个控制桩)。测设距离尤其在测设跨度时，应用检定过的钢尺，加尺长温度和高差改正，大量精度应高于 1∶5 000，以保证上部结构安装时能正确就位。

(2)基础施工测量。根据桥台和桥墩的中心线测设基坑开挖边界线。基坑上口尺寸应根据坑深、坡度、土质情况及施工方法确定。施测方法与路堑放线基本相同。基坑挖至一定深度后，应根据水准点高程在壁上测设距离基底设计面为一定高差(如 1 m)的水平桩，作为控制挖基及基础施工中掌握高程的依据。基础完工后，应根据桥位控制桩 K_1、K_2 和墩、台控制桩 $①'①_1'$、$①''①_1''$、…、$③'③_1'$、$③''③_1''$，用经纬仪在基础面上测设出桥台、桥墩中心线及其相互垂直的总、横轴线，根据纵横轴线即可放样桥台和桥墩的外廓线，并弹墨线作为砌筑桥台和桥墩的依据。

(3)墩、台顶部的施工测量。桥墩、桥台砌筑至一定高度时，应根据水准点的墩身、台身每侧测设一条距离顶部为一定高差(如 1 m)的水平线，以控制砌筑高度。墩帽、台帽施工时，应根据水准点用水准仪控制其高程(误差应在 −10 mm 以内)，根据中线桩用经纬仪控制两个方向的中线位置(偏差应在 ±10 mm 以内)，墩、台间距(即跨度)要复测，精度应高于 $\dfrac{1}{5\,000}$。

测出墩、台上两个方向的中心线并经校对合格后，即可根据墩台中心线在墩、台上定出 T 形梁支座钢垫板的位置。如图 9-44 所示，测设时先根据桥墩中心线 $②'②''$定出两排钢垫板中心线 $B'B''$、$C'C''$，再根据路中线 K_1、K_2 和 $B'B''$、$C'C''$线定出路中线上的两块钢垫板的中心位置 B_1 和 C_1，然后根据设计图上的相应尺寸用钢尺分别自 B_1 和 C_1 点沿 $B'B''$和 $C'C''$方向量出

T形梁间距，即得到 B_2、B_3、B_4、B_5 和 C_2、C_3、C_4、C_5 等垫板中心位置。桥台上钢垫板位置可依同方法测出。最后用检定过的钢尺校对钢垫板的间距，精度应高于 $\dfrac{1}{5\,000}$。

用水准仪校对钢垫板的高程，误差应在 -5 mm 以内（即钢垫板可略低于设计高程，安装 T形梁时可加垫薄钢板找平）。钢垫板位置及高程经校对合格后，即可浇筑墩、台顶面混凝土。

（4）上部结构的安装测量。上部结构安装前应对墩、台上支座钢垫板的位置重新校对一次，并对 T 形梁两端弹出中心线。对梁的全长和支座间距也应进行检查并记录量得的数值，作为竣工测量资料。

T形梁就位时，其支座中心线应对准钢垫板中心线，初步就位后，用水准仪检查梁两端的高程，误差应在 ±5 mm 以内。中线位置及高程经检查合格后，应及时打好保险垛并焊牢，以防 T 形梁位移。

T形梁和防护栏全部安装后，即可用水准仪在护栏上测出桥面中心高程线，作为铺设桥面铺装层起拱的依据。

2. 中型桥梁的施工测量

因中型桥梁一般河道宽阔，在施工测量

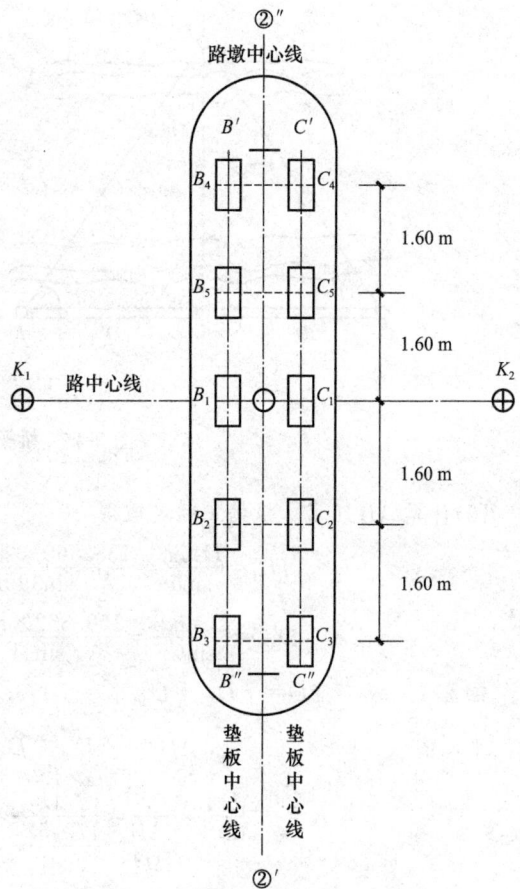

图 9-44　桥墩测设

中，桥长采取布设桥梁三角网的方法间接丈量，水中桥墩的位置则多采用角度交会法测设。

（1）桥梁三角网测量。如图 9-45 所示，AB 是桥位中心线，为了丈量河宽并测设墩台位置，可布设三角形 ABC 和 ABE 组成桥梁三角网。当河流的一岸地势较平坦便于量距时，桥梁三角网应取图 9-45(a) 所示的形式，用光电测距仪或用钢尺精确丈量基线边 AC 和 AE 的长度，并用经纬仪精确测出两三角形的内角，根据正弦定理即可计算出 A、B 间的距离。当在一岸不能选出两条便于丈量的基线时，可采用图 9-45(b) 所示的形式，又叫作大地四边形。

为了保证 AB 距离的精度高于 $\dfrac{1}{5\,000}$ 基线边长不能小于 AB 的 70%，并用光电测距仪往、返丈量，其精度应高于 $\dfrac{1}{10\,000}$。三角形各内角可用 DJ_6 型光学经纬仪观测两个测回，三角形角度闭合差小于 $\pm30''$。

【例 9-7】　现以图 9-45(a) 中的桥梁三角网为例，计算有关数据。

【解】　其计算步骤如下：

（1）计算基线边长。起始边用光电测距仪直接测定，或用检定过的钢尺精密量距。现设经过改正的基线边长分别为

$$D=138.560 \text{ m}, \quad D'=150.852 \text{ m}$$

（2）计算与调整角度闭合差。三角形各内角外业观测的两个测回值差小于 $\pm15''$ 时，应取其平均值作为观测成果。

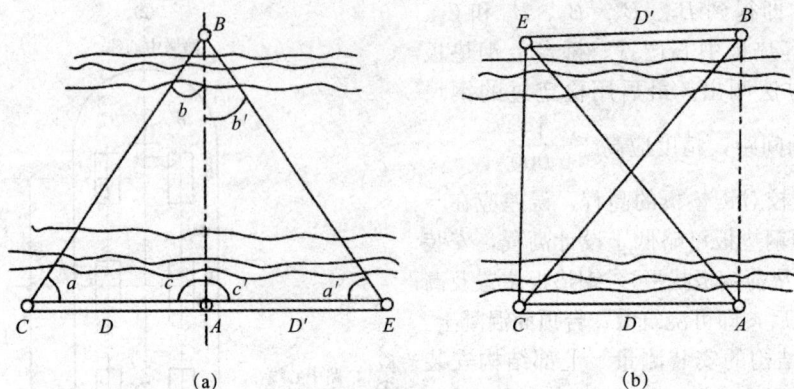

图 9-45　桥梁三角网测量

(3)计算 AB 距离。根据正弦定理得

$$D_{AB}=\frac{D\sin a}{\sin b}=\frac{138.560\times\sin53°32'12''}{\sin39°56'35''}=173.568(\text{m})$$

$$D'_{AB}=\frac{D'\sin a'}{\sin b'}=\frac{150.852\times\sin49°22'21''}{\sin41°16'06''}=173.579(\text{m})$$

较差　　　　$$\Delta D=|D_{AB}+D'_{AB}|=|173.568-173.579|=0.011(\text{m})$$

平均值　　　　　　$$AB=\frac{1}{2}(D_{AB}+D'_{AB})=173.574(\text{m})$$

$$K=\frac{|\Delta D|}{AB}=\frac{1}{\dfrac{AB}{\Delta D}}=\frac{1}{\dfrac{173.574}{0.011}}\approx\frac{1}{15\,700}<\frac{1}{10\,000}(\text{精度合格})$$

(2)角度交会法测设桥墩位置。桥位控制桩 A、B 间距算出后，按设计尺寸分别自 A 点和 B 点量出相应的距离，即可测设出两岸桥台①和④的位置，如图 9-46 所示。水中桥墩的位置因直接量距困难，可用方向交会法测设，测设时将两台经纬仪分别安置在 C 点和 E 点，以 A 点为后视，分别测设 α_2 角(即∠②CA)和 α'_2 角(即∠②EA)，则两视线方向与桥-中心线的交点即桥墩②的位置。交会角 α_2 和 α'_2 计算方法如下：

在△AC②中，角 c 及边长 D、d_2 已知；在△AE②中，角 c' 和边长 D'、d_2 已知。根据正切定理得

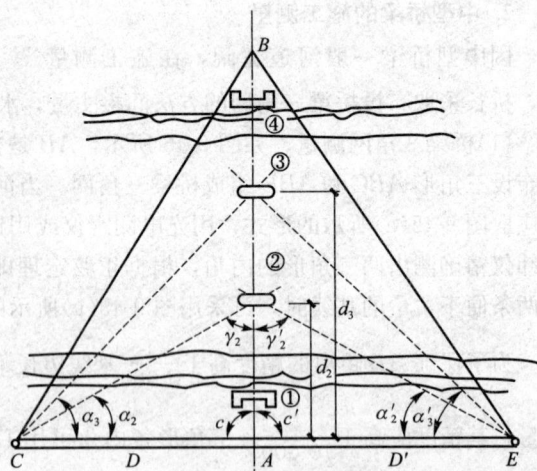

图 9-46　桥墩定位

$$\frac{\tan\dfrac{\alpha_2-\gamma_2}{2}}{\tan\dfrac{\alpha_2+\gamma_2}{2}}=\frac{d_2-D}{d_2+D}$$

移项　　　　　　　　　　$$\tan\frac{\alpha_2-\gamma_2}{2}=\frac{d_2-D}{d_2+D}\cot\frac{c}{2}$$

$$\frac{\alpha_2-\gamma_2}{2}=\arctan\left(\frac{d_2-D}{d_2+D}\cot\frac{c}{2}\right) \tag{9-37}$$

又
$$\frac{\alpha_2+\gamma_2}{2}=\frac{1}{2}(180°-c) \tag{9-38}$$

两式相加得
$$\alpha_2=\arctan\left(\frac{d_2-D}{d_2+D}\cot\frac{c}{2}\right)+\frac{1}{2}(180°-c) \tag{9-39}$$

同理得到
$$\alpha_2'=\arctan\left(\frac{d_2-D'}{d_2+D'}\cot\frac{c'}{2}\right)+\frac{1}{2}(180°-c') \tag{9-40}$$

【例 9-8】 上面算例中，若已知 $d_2=62.022$ m，$d_3=112.022$ m，计算交会角 α_2、α_2' 和 α_3、α_3'。

【解】 将 $d_2=62.022$ m 代入式(9-39)和式(9-40)得

$$\begin{aligned}\alpha_2&=\arctan\left(\frac{d_2-D}{d_2+D}\cot\frac{c}{2}\right)+\frac{1}{2}(180°-c)\\&=\arctan\left(\frac{62.022-138.560}{62.022+138.560}\times\cot\frac{86°31'13''}{2}\right)+\frac{1}{2}\times(180°-86°31'13'')\\&=24°40'05''\end{aligned}$$

$$\begin{aligned}\alpha_2'&=\arctan\left(\frac{d_2-D'}{d_2+D'}\cot\frac{c'}{2}\right)+\frac{1}{2}\times(180°-c')\\&=\arctan\left(\frac{62.022-150.852}{62.022+150.852}\times\cot\frac{89°21'33''}{2}\right)+\frac{1}{2}(180°-89°21'33'')\\&=22°26'30''\end{aligned}$$

用正弦定理作计算校核：

$$\begin{aligned}d_2&=\frac{D\sin\alpha_2}{\sin(180-c-\alpha_2)}\\&=\frac{138.560\times\sin24°40'05''}{\sin(180-86°31'13''-24°40'05'')}\\&=62.022(\text{m})\end{aligned}$$

与设计值相同，α_2 计算无误。

$$\begin{aligned}d_2'&=\frac{D'\sin\alpha_2'}{\sin(180-C'-\alpha_2')}\\&=\frac{150.852\times\sin22°26'30''}{\sin(180-89°21'33''-22°26'30'')}\\&=62.022(\text{m})\end{aligned}$$

与设计值相同，α_2' 计算无误。

同方法：将 $d_3=112.022$ m 代入式(9-39)和式(9-40)得

$$\alpha_3=40°19'08''$$
$$\alpha_3'=36°49'29''$$

桥墩交会角 α_2、α_2' 和 α_2、α_3' 算出后，即可用两台经纬仪同时以测回法测设交会角，则两视线的交点即桥墩的中心位置。为校核所得交点是否准确，还应在 A 点安置经纬仪，看交点是否在桥中心线上。若偏离尺寸在允许范围之内，可将交会点投影到桥中心线上，以减少误差影响。

桥墩在施工中，每砌筑一定高度，均需要重新交会定点，以保证墩位施工质量。结构安装前，应将桥墩中心位置测设于墩顶，并在其上安置经纬仪，实测 γ_2、γ_2'，根据实测的 α_2、γ_2' 和 α_2'、γ_2 计算出 d_2，与相应的设计数值比较，并测出偏离桥中线的距离，作为竣工资料。

1. 桥梁平面控制网的布置有哪些形式?
2. 过河水准测量与一般水准测量有哪些不同?
3. 涵洞施工测量的主要内容是什么?
4. 桥墩定位有哪几种方法?

9.3　隧道工程

1. 熟悉隧道工程控制测量的内容和方法;
2. 掌握隧道工程联系测量的内容和方法。

联系测量。

9.3.1　隧道工程概述

地下建筑工程包括铁路、公路、水利工程方面的隧道、城市地下道路、地下铁道、越江隧道、人防工程的地下洞库、工厂、电站、医院等。虽然地下建筑工程的性质、用途及结构形式各不相同,但是在施工过程中,都是先在地面建立测量控制网,再从地面通过地下工程的洞口或竖井传递到地下,建立地下控制网,据此开挖各种形式的地下建(构)筑物和通道。浅层的地下建筑,例如,一般的地下室和地下道路可以直接挖开地面(明挖)进行施工,这部分内容已经在"第8章建筑工程测量"中作了介绍。

在山区隧道施工中,为了加快工程进度,一般都由隧道两端洞口进行对向开挖,如图9-47中的 a、b。在长隧道施工中,往往在两洞口之间增加竖井,如图9-47中的 b,以增加开挖工作面。城市地下铁道的施工,一般以沉井或明挖的方式建造车站,站与站之间的隧道用盾构在地下进行定向掘进,如图9-48所示。

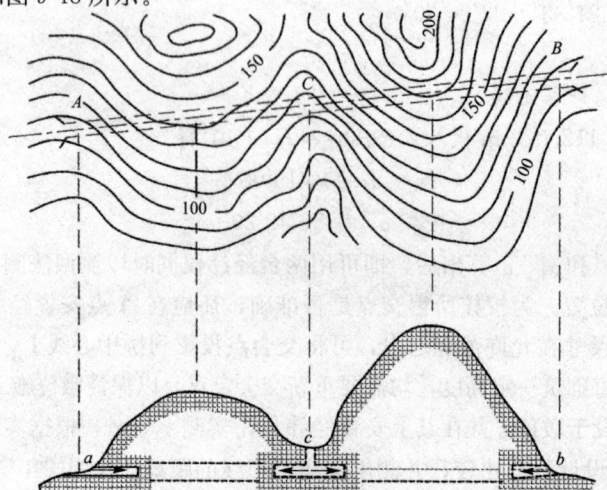

图 9-47　山区隧道的对向开挖

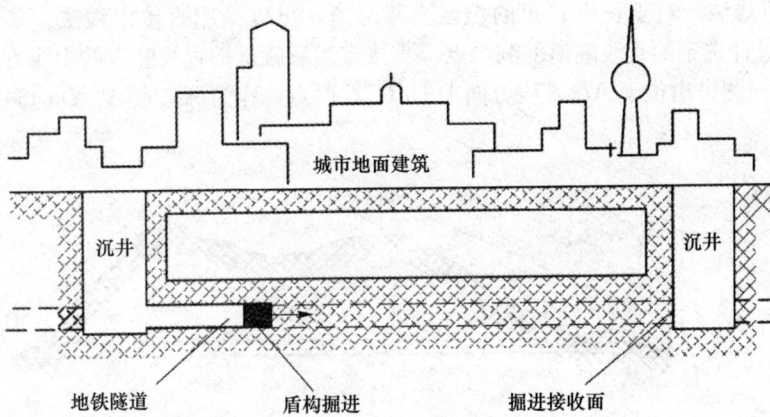

图 9-48　城市地下铁道的盾构掘进

地下建筑工程一般投资大，周期长。地下建筑工程中的测量工作有其特点，例如，隧道施工的掘进方向在贯通前无法与终点通视，完全依据敷设支导线形式的隧道中心线或地下导线指导施工。若因测量工作的一时疏忽或错误，将引起对向开挖隧道不能正确贯通、盾构掘进不能与预定接收面吻合等，就会造成不可挽回的巨大损失。所以，在测量工作中要十分认真细致，应特别注意采取多种措施，做好校核工作，避免发生错误。

地下工程施工中对测量工作的精度要求，要视工程的性质、隧道长度和施工方法而定。在对向开挖隧道的遇合面（贯通面）上，其中线如果不能完全吻合，这种偏差称为"贯通误差"，如图 9-49 所示。贯通误差包括纵向误差 Δt、横向误差 Δu、高程误差 Δh。其中，纵向误差仅影响隧道中线的长度，施工测量时，较易满足设计要求。因此，一般只规定贯通面上横向限差 Δu 及高程限差 Δh，$\Delta u < 50 \sim 100$ mm，$\Delta h < 30 \sim 50$ mm（按不同要求而定）。城市地下隧道施工中，从一个沉井用盾构向另一接收沉井掘进时，也同样有上述贯通误差的限差规定。

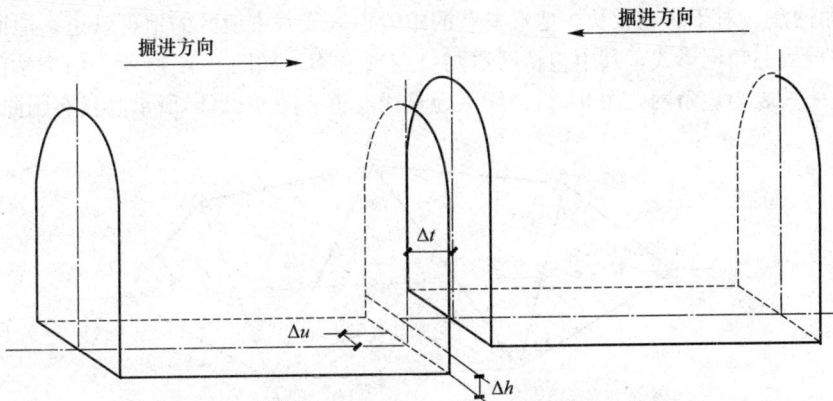

图 9-49　隧道对向开挖的贯通误差

9.3.2　隧道工程地面控制测量

1. 隧道工程平面控制测量

地下建筑平面控制测量的主要任务是测定各洞口控制点的相对位置，以便根据洞口控制点，按设计方向向地下进行开挖，并能以规定的精度进行贯通。因此，平面控制网中应包括隧道的洞口控制点。通常，平面控制测量有以下三种方法。

（1）直接定线法。对于长度较短的山区直线隧道，可以采用直接定线法。如图 9-50 所示，A、D 两点是设计选定的直线隧道的洞口点，直接定线法就是把直线隧道的中线方向在地面标定出来，即在地面测设出位于 AD 直线方向上的 B、C 两点，作为洞口点 A、D 向洞内引测中线方向时的定向点。

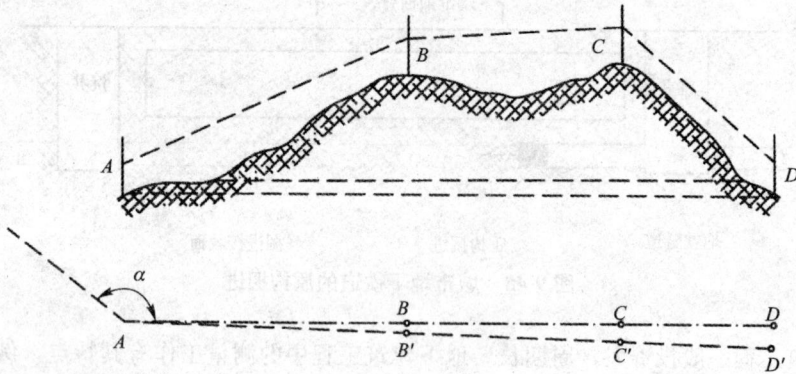

图 9-50　隧道直接定线法平面控制

在 A 点安置全站仪，根据概略方位角 α 定出 B' 点。移动经纬仪到 B' 点，用正倒镜分中法延长直线到 C' 点。移动经纬仪至 C' 点，同方法再延长直线到 D 点的近旁 D' 点。在延长直线的同时，测定 A、B'、C'、D' 之间的距离，量出 $D'D$ 的长度。C 点的位置移动量 $C'C$ 可按下式计算：

$$C'C = D'D\ \frac{AC'}{AD'} \tag{9-41}$$

在 CD 垂直于 $D'D$ 方向量取 $C'C$，定出 C 点。安置经纬仪于 C 点。用正倒镜分中法延长 DC 至 B 点，再从 B 点延长至 A 点。如果不与 A 点重合，则用同样的方法进行第二次趋近，直至 B、C 两点正确位于 AD 方向上。B、C 两点即可作为在 A、D 点指明掘进方向的定向点。

（2）三角网法。对于隧道较长、地形复杂的山岭地区或城市地区的地下铁道，地面的平面控制网一般布设成三角网形式，其中包括隧道洞口点 A 和 B，如图 9-51 所示。用全站仪测定三角网的边角，使其成为边角网。图 9-51(a) 所示为直线隧道，图 9-51(b) 所示为具有圆曲线的隧道。

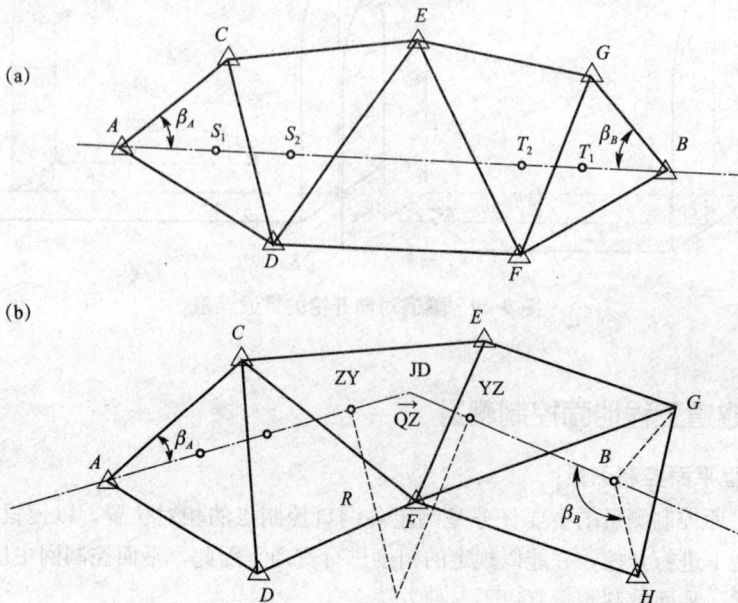

图 9-51　边角网平面控制

(3)全球导航卫星系统法。用全球导航卫星系统(GNSS)定位技术作隧道施工的地面平面控制时,只需要在洞口布设洞口控制点和定向点。除洞口点及其定向点之间因需要做施工定向观测而应通视外,洞口点与另外洞口点之间不需要通视,与国家控制点或城市控制点之间的连测也不需要通视。因此,地面控制点的布设灵活方便,且其定位精度目前已能超过常规的平面控制网,加上其他优点,GNSS定位技术已在隧道工程的地面控制测量中得到广泛应用。

2. 隧道工程高程控制测量

高程控制测量的任务是按规定的精度施测隧道洞口(包括隧道的进出口、竖井口、斜井口和坑道口)附近水准点的高程,作为高程引测进洞口的依据。水准路线应选择连接洞口最平坦和最短的线路,以期达到设站少、观测快、精度高的要求。一般每一洞口埋设的水准点不应少于3个,且以能安置一次水准仪即可联测,便于检测其高程的稳定性。两端洞口之间的距离大于1 km时,应在中间增设临时水准点。高程控制通常采用三、四等水准测量的方法,按往返或闭合水准路线施测。

9.3.3 隧道工程联系测量

隧道洞外平面控制和高程控制测量完成后,即可求得洞口控制点(各洞口至少有两个)的坐标和高程,同时,按设计要求计算洞内设计中线点的设计坐标和高程。按坐标反算方法计算出洞内设计点位与洞口控制点之间的距离、角度和高差关系(测设数据),测设洞内的设计点位,据此进行隧道施工,称为"洞口联系测量"。用竖井或沉井进行地下工程施工的,通过井口和井底进行联系测量的称为"竖井联系测量"。

1. 隧道洞口联系测量

(1)掘进方向测设数据计算。图9-51(a)所示为一直线隧道的平面控制网,A、B、C、$\cdots$、G为地面平面控制点。其中A、B为洞口点,S_1、S_2为A点洞口进洞后的隧道中线第一个和第二个里程桩。为了求得A点洞口隧道中线掘进方向及掘进后测设中线里程桩S_1,计算下列极坐标法测设数据:

$$\alpha_{AC} = \arctan \frac{y_C - y_A}{x_C - x_A} \tag{9-42}$$

$$\alpha_{AB} = \arctan \frac{y_B - y_A}{x_B - x_A} \tag{9-43}$$

$$\beta_A = \alpha_{AB} - \alpha_{AC} \tag{9-44}$$

$$D_{AS1} = \sqrt{(x_{S_1} - x_A)^2 - (y_{S_1} - y_A)^2} \tag{9-45}$$

对于B点洞口的掘进测设数据,可以作类似的计算。对于中间具有曲线的隧道,如图9-51(b)所示,隧道中线交点JD的坐标和曲线半径R已由设计所指定,因此,可以计算出测设两端进洞口隧道中线的方向和里程。掘进达到曲线段的里程以后,可以按照测设道路圆曲线的方法测设曲线上的里程桩。

(2)洞口掘进方向标定。隧道贯通的横向误差主要由测设隧道中线方向的精度所决定,而进洞时的初始方向尤为重要。因此,在隧道洞口,要埋设若干个固定点,将中线方向标定于地面上,作为开始掘进及以后洞内控制点联测的依据。如图9-52所示,用1、2、3、4号桩标定掘进方向,再在洞口点A和中线垂直方向上埋设5、6、7、8号桩作为校核。所有固定点应埋设在施工中不易受破坏的地方,并测定A点至2、3、6、7号点的平距。这样,在施工过程中,可以随时检查或恢复洞口控制点A的位置、进洞中线的方向和里程。

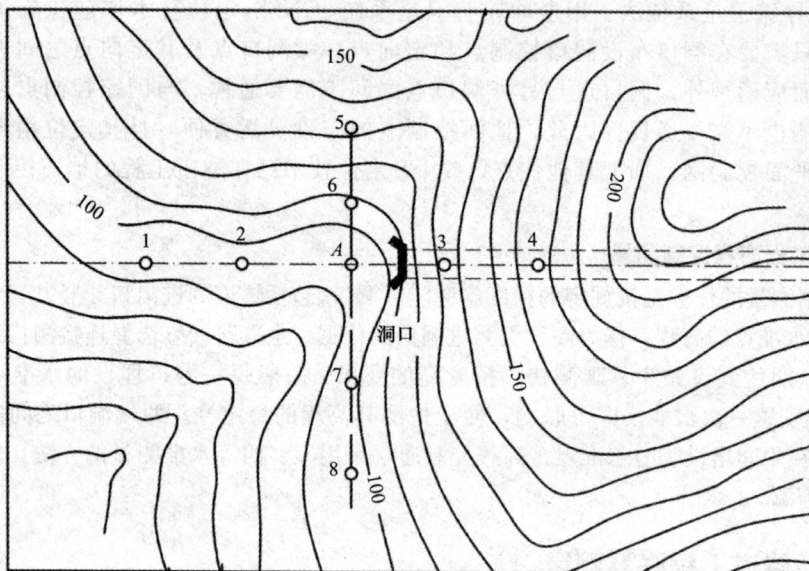

图 9-52 山区隧道洞口掘进方向的标定

(3)洞内施工点位高程测设。对于平洞，应根据洞口水准点用一般水准测量方法，测设洞内施工点位的高程；对于深洞，则采用深基坑传递高程的方法(见"8.2.3 已知高程点的测设")，测设洞内施工点的高程。

2. 竖井联系测量

在隧道施工中，可以用开挖竖井的方法来增加工作面，将整个隧道分成若干段，实行分段开挖。例如，城市地下铁道的建造，每个地下车站是一个大型竖井，在站与站之间用盾构进行掘进，施工可以不受城市地面密集建筑物和繁忙交通的影响。

为了保证地下各开挖面能准确贯通，必须将地面控制网中的点位坐标、方位角和高程经过竖井传递到地下，建立地面和井下统一的工程控制网坐标系统，这项工作称为"竖井联系测量"。

竖井施工时，根据地面控制点将竖井的设计位置测设于地面。竖井向地下开挖后，其平面位置用悬挂大垂球或用垂准仪测设铅垂线，将地面的控制点垂直向下投影至地下施工面。其工作原理和方法与高层建筑的平面控制点垂直向上投影完全相同。高程控制点的高程传递可以用钢卷尺垂直丈量法或全站仪天顶测距法(见"8.4.9 高层建筑施工测量")。

竖井施工到达底面以后，应将地面控制点的坐标、高程和方位角作最后的精确传递，以便能在竖井的底层确定隧道的开挖方向和里程。由于竖井的井口直径(圆形竖井)或宽度(矩形竖井)有限，故用于传递方位的两根铅垂线的距离相对较短(一般仅为 3～5 m)，垂直投影的点位误差会严重影响井下方位定向的精度。如图 9-53 所示，V_1、V_2 是圆筒形竖井井口的两个投影点，垂直投影至井下。由于投影点误差，至井底偏移到 V_1'、V_2'。设 $V_1V_1' = V_2V_2'$，则对投影边的方位角产生的角度误差为

$$\Delta\alpha = \frac{2V_1V_1'}{V_1V_2}\rho'' \tag{9-46}$$

设 $V_1V_2 = 5$ m，$V_1V_1' = V_2V_2' = 1$ mm，则产生的方位角误差 $\Delta\alpha = 1'\ 12''$。一般要求投影点误差应小于 0.5 mm。两垂直投影点的距离越大，则投影边的方位角误差越小。该边的方位角要作为地下洞内导线的起始方位角，因此，在竖井联系测量工作中，方位角传递(定向)是一项关键性工作。竖井联系测量主要有"一井定向""两井定向"等方法。

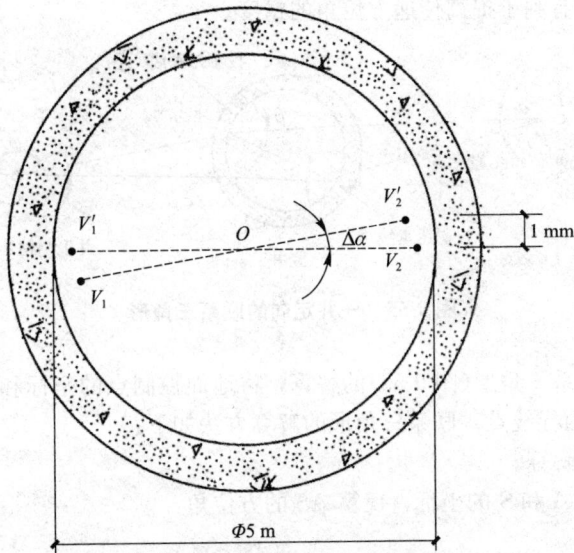

图 9-53　竖井方位角传递误差

　　(1)一井定向。通过一个竖井口，用垂线投影法将地面控制点的坐标和方位角传递至井下隧道施工面，称为"一井定向"，如图 9-54 所示。在竖井口的井架上设 V_1 和 V_2 两个投影点，向井下投影的方法可以用垂球线法或用垂准仪法。下面介绍用高精度的垂准仪进行"一井定向"以传递坐标和方位角的方法。在竖井上方的井架上 V_1 和 V_2 两个投影点上架设垂准仪，分别向井底 V_1 和 V_2 两个可以微动的投影点进行垂直投影。

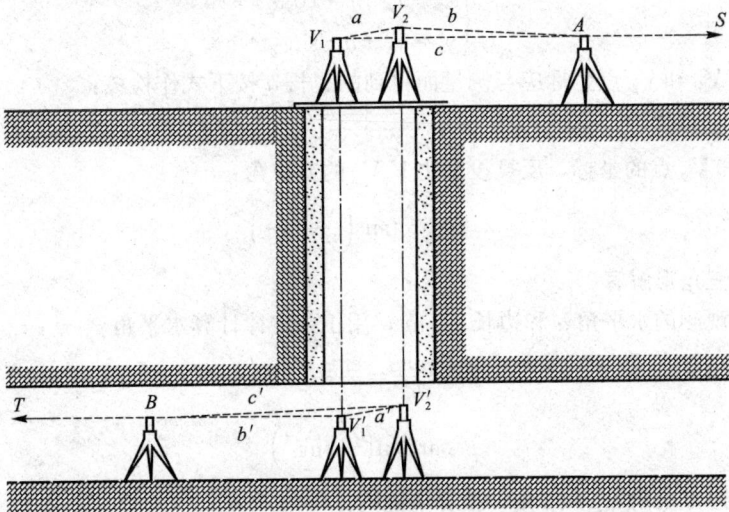

图 9-54　一井定向联系测量

　　进行联系测量时，如图 9-54、图 9-55 所示，在井口地面平面控制点 A 上安置全站仪，瞄准另一平面控制点 S 及投影点 V_1 和 V_2，观测水平方向，测定水平角 ω 和 α，同时测定井上联系 $\triangle AV_1V_2$ 的三边长度 a、b 和 c。同时，在井下隧道口的洞内导线点 B 上也安置全站仪，瞄准另一洞内导线点 T 和投影点 V_1' 和 V_2'，测定水平角 ω'、α' 和井下联系 $\triangle BV_1'V_2'$ 中的三边长度 a'、b' 和 c'。联系三角形应布置成直伸形状，α 和 α' 角应为很小的角度($<3°$)，b/a 的比值应大于 1.5，

即 a 应尽可能大，这样有利于提高传递方位角的精度。

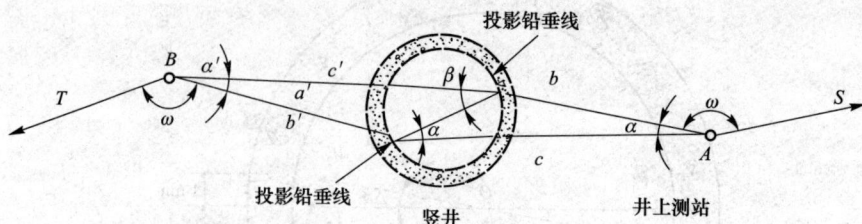

图 9-55　一井定向的联系三角形

经过井上、井下联系三角形(图 9-55)的解算，将地面控制点的坐标和方位角通过投影点 V_1 和 V_2 传递至井下的洞内导线点。联系三角形的解算方法如下：

1)井上联系三角形解算。

①根据地面控制点 A 和 S 的坐标，反算 AS 的方位角：

$$\alpha_{AS} = \arctan\left(\frac{y_S - y_A}{x_S - x_A}\right) \tag{9-47}$$

②根据测得的水平角 α 和 ω，推算 b 边和 c 边的方位角：

$$\begin{cases} \alpha_b = \alpha_{AS} - \omega \\ \alpha_c = \alpha_{AS} - (\omega + \alpha) \end{cases} \tag{9-48}$$

③根据 b 边和 c 边的边长及方位角，由 A 点坐标推算 V_1 和 V_2 点坐标(x_1，y_1)和(x_2，y_2)：

$$\begin{cases} x_1 = x_A + c \cdot \cos\alpha_c \\ y_1 = y_A + c \cdot \sin\alpha_c \end{cases} \tag{9-49}$$

$$\begin{cases} x_2 = x_A + b \cdot \cos\alpha_b \\ y_2 = y_A + b \cdot \sin\alpha_b \end{cases} \tag{9-50}$$

④计算得的 V_1 和 V_2 点坐标应与测量而得到的边长 a 按下式作检核：

$$a = \sqrt{(x_1 - x_2)^2 + (y_1 - y_2)^2} \tag{9-51}$$

⑤根据 V_1 和 V_2 点的坐标，反算投影边 V_1V_2 的方位角：

$$\alpha_{1,2} = \arctan\left(\frac{y_2 - y_1}{x_2 - x_1}\right) \tag{9-52}$$

2)井下联系三角形解算。

①根据井下观测的水平角 α' 和边长 a'、b'，用正弦定律计算水平角 β：

$$\frac{\sin\beta}{b'} = \frac{\sin\alpha'}{a'}$$

$$\beta = \arcsin\left(\frac{b'}{a'}\sin\alpha'\right) \tag{9-53}$$

②根据投影边方位角 $\alpha_{1,2}$ 和 β 角，推算 c' 边的方位角：

$$\alpha_c' = \alpha_{1,2} + \beta \pm 180° \tag{9-54}$$

③根据 C' 边的边长及方位角，由 V_2 点坐标推算洞内导线点 B 的坐标：

$$\begin{cases} x_B = x_2 + c_c' \cdot \cos\alpha' \\ y_B = y_2 + c_c' \cdot \sin\alpha' \end{cases} \tag{9-55}$$

④根据井下观测的水平角 α' 和 ω'，推算第一条洞内导线边的方位角：

$$\alpha_{BT} = \alpha_c' + (\alpha' + \omega') \pm 180° \tag{9-56}$$

洞内导线取得起点 B 的坐标和起始边 $B-T$ 的方位角以后，即可向隧道开挖方向延伸，测设隧道中线点位。

（2）两井定向。在隧道施工时，为了通风和出土方便，往往在竖井附近增加一通风井或出土井。此时，井上和井下的联系测量可以采用"两井定向"的方法，以克服因"一井定向"时两个投影点相距过进而影响方位角传递精度的缺点。

"两井定向"是在两个竖井中分别测设一根铅垂线（用垂准仪投影或挂大垂球），由于两垂线间的距离大大增加，因而减小了投影点误差对井下方位角推算的影响，有利于提高洞内导线的精度。

"两井定向"时，地面上采用导线测量方法测定两投影点的坐标。在井下，利用两竖井之间的贯通巷道，在两垂直投影点之间布设无定向导线（见"5.3.5 导线测量的内业计算"），以计算得到连接两投影点之间的方位角和计算井下导线点的坐标。采用"两井定向"时的井上和井下联系测量控制网布设图形，如图 9-56 所示，A、B、C 为地面控制点，其中 A、B 为近井点（靠近井口的控制点），V_1、V_2 为两个竖井中的垂直投影点，V_1、E、F、V_2 组成井下无定向导线。通过无定向导线的计算，得到井下控制点 V_1、E、F、V_2 的坐标。

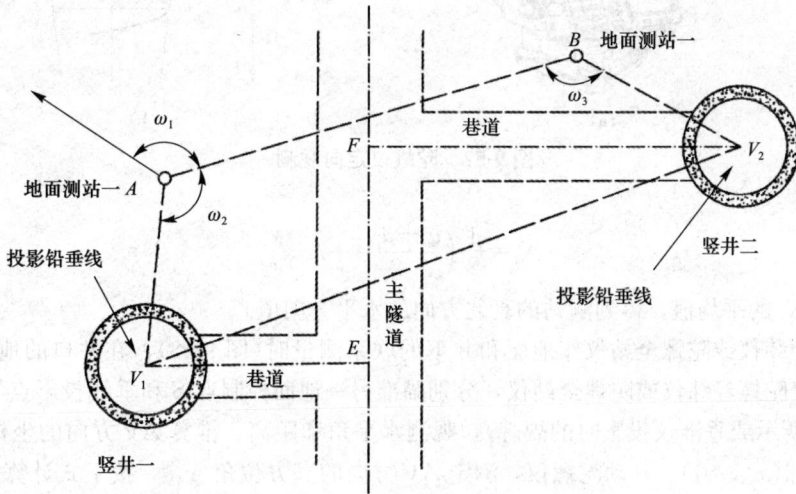

图 9-56 "两井定向"联系测量

（3）陀螺仪测定井下方位角。在经纬仪或全站仪的支架上方安装陀螺仪，组成陀螺经纬仪或陀螺全站仪。图 9-57(a)所示为全站仪上安装陀螺仪，图 9-57(b)所示为陀螺仪目镜中的读数和"逆转点法"读数示意。陀螺仪定正北方向的原理：当陀螺仪中自由悬挂的转子在陀螺马达的驱动下高速旋转（约 21 500 r/min）时，因受地球自转影响而产生一个力矩，使转子的轴指向通过测站的子午线方向，即真北方向。经纬仪或全站仪的水平度盘可根据真北方向进行定向（读盘读数设置为零度）。当经纬仪转向任一目标时，水平度盘的读数即测站至目标的真方位角。

真方位角与坐标方位角之间还存在一个子午线收敛角的差别，通过地面控制点和井下的联系测量，可以计算得到测站的子午线收敛角，从而将真方位角化为坐标方位角。

用陀螺经纬仪或陀螺全站仪测定方位角时，安置仪器于测站上，将望远镜大致瞄准正北方向，水平微动螺旋制动于中间位置。启动陀螺仪（启动指示灯亮），当陀螺转速达到规定值后（启动指示灯灭），缓慢旋松陀螺紧锁螺旋，使其放下陀螺灵敏部；高速旋转中的陀螺轴向通过测站的子午线两侧做衰减往返摆动，通过陀螺仪目镜可以看到指标线的左右摆动。连续跟踪和读取摆动中的指标线到达左、右逆转点时的水平方向值 u_1，u_2，u_3，…，根据三个连续方向值 u_i，u_{i+1}，u_{i+2}，按下式计算摆动中心点的方向值读数 $N_i (i=1, 2, 3, …)$：

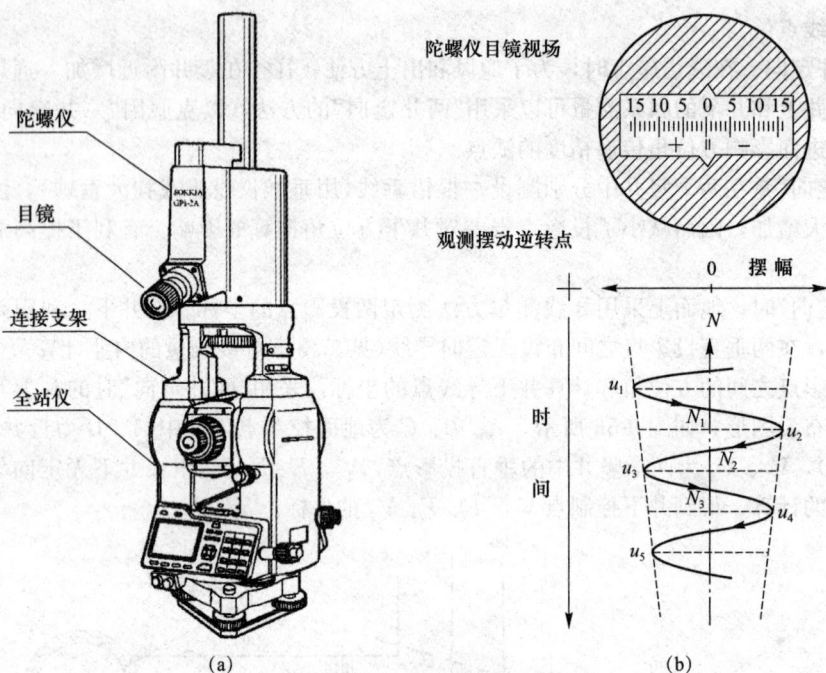

图 9-57 陀螺仪定向观测

$$N_i = \frac{1}{2}\left(\frac{u_i + u_{i+2}}{2} + u_{i+1}\right) \qquad (9\text{-}57)$$

取各个 N_i 的平均值,得到测站的真北方向的水平方向值。

用陀螺经纬仪或陀螺全站仪作地面和井下的联系测量时(图 9-58),在井口的地面控制点 A(近井点)安置陀螺经纬仪或陀螺全站仪,分别瞄准另一地面控制点 S 和垂线投影点 V(垂线钢丝如图 9-58 中所示或垂准仪投影时的觇牌),观测水平角和距离,推算 AV 方向的坐标方位角 α_{AV}和 V 点的坐标(x_V, y_V)。开动陀螺仪,测定 AV 方向的真方位角 A_{AV},按下式计算近井点 A 的子午线收敛角:

$$\gamma = A_{AV} - \alpha_{AV} \qquad (9\text{-}58)$$

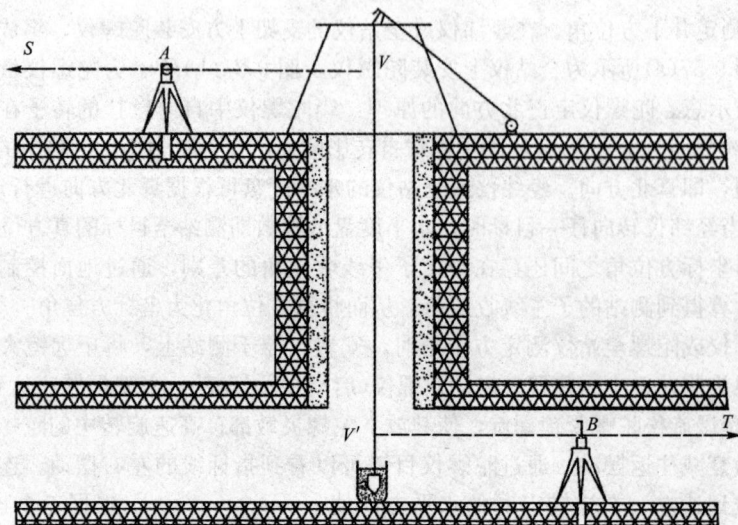

图 9-58 用陀螺仪测定方位角

安置仪器于洞内导线点 B，瞄准铅垂线 V' 和洞内另一导线点 T，进行和地面点 A 同样的观测；根据陀螺仪测定的真方位角 A_{BV}，计算洞内导线边 BV 的坐标方位角：

$$\alpha_{BV}=A_{BV}-\gamma \tag{9-59}$$

根据投影点 V 的坐标和 BV 边的边长和坐标方位角，计算 B 点的坐标；根据 B 点观测的水平角，计算 BT 边的坐标方位角。以此作为洞内导线的起始数据。

(4)竖井高程传递。竖井高程传递是根据井口地面水准点 A 的高程，测定井下水准点 B 的高程，如图 9-59 所示。在 A 和 B 点上立水准尺，竖井中悬挂钢卷尺(零点在下)，井上、井下各安置一台水准仪，地面水准仪在水准尺和钢尺上的读数分别为 a_1 和 b_1，井下水准仪在钢尺和水准尺上的读数分别为 a_2 和 b_2，则 B 点的高程为

$$H_B=H_A+(a_1-b_1)+(a_2-b_2) \tag{9-60}$$

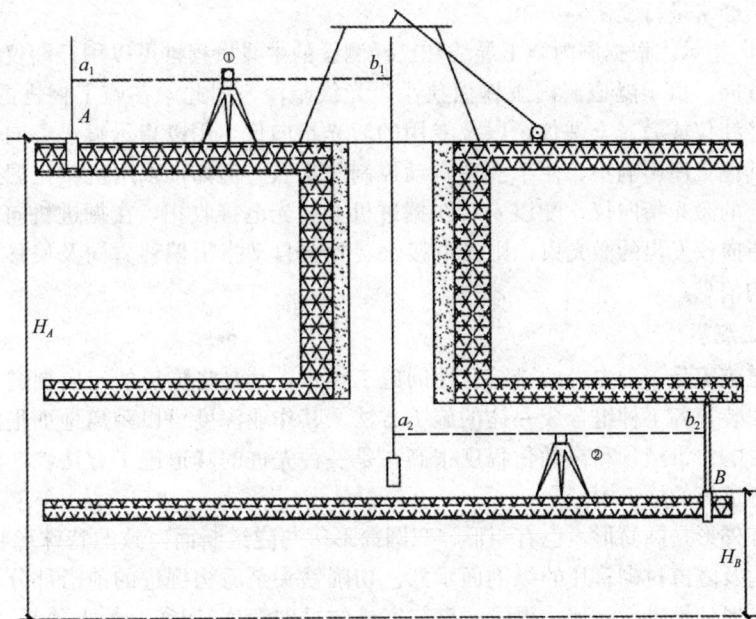

图 9-59　竖井高程传递

竖井高程传递也可以采用全站仪天顶测距法。

9.3.4　隧道工程施工测量

1. 隧道洞内中线和腰线测设

(1)中线测设。根据隧道洞口中线控制桩和中线方向桩，在洞口开挖面上测设开挖中线，并逐步往洞内引测隧道中线上的里程桩。一般情况为隧道每掘进 20 m，要埋设一个中线里程桩。中线里程桩可以埋设在隧道的底部或顶部。

(2)腰线测设。在隧道施工中，为了控制施工的标高和隧道横断面的放样，在隧道岩壁上，每隔一定距离(5~10 m)测设出比洞底设计地坪高出 1 m 的标高线，称为腰线。腰线的高程由引测入洞内的施工水准点进行测设。由于隧道的纵断面有一定的设计坡度，因此，腰线的高程按设计坡度随中线的里程而变化，它与隧道的底部设计地坪高程线是平行的。

2. 隧道洞内施工导线测量和水准测量

(1)洞内施工导线测量。测设隧道中线时，通常每掘进 20 m 埋一个中线里程桩，由于定线

误差，所有中线里程桩不可能严格位于设计位置上。所以，隧道每掘进至一定长度（直线隧道约每隔 100 m 左右，曲线隧道按通视条件尽可能放长），就应布设一个导线点，也可以利用原来测设的中线里程桩作为导线点，组成洞内施工导线。洞内施工导线只能布置成支导线的形式，并随着隧道的掘进逐渐延伸。

支导线缺少检核条件，观测应特别注意，导线的转折角应观测左角和右角，导线边长应往、返测量。为了防止施工中可能发生的点位变动，导线必须定期复测，进行检核。根据导线点的坐标来检查和调整中线里程桩的位置，随着隧道的掘进，导线测量必须及时跟上，以确保贯通精度。

（2）洞内水准测量。用洞内水准测量控制隧道施工的高程。隧道向前掘进，每隔 50 m 应设置一个洞内水准点，并据此测设腰线。通常情况下，可利用导线点位作为水准点，也可将水准点埋设在洞顶或洞壁上，但都应力求稳固和便于观测。洞内水准测量均为支水准路线，除应往、返观测外，还须经常进行复测。

（3）掘进方向指示。根据洞内施工导线和已经测设的中线里程桩可以用经纬仪或全站仪指示出隧道的掘进方向。由于隧道洞内工作面狭小，光线暗淡，因此，在施工掘进的定向工作中，经常使用激光经纬仪或激光全站仪，以及专用的激光指向仪，用以指示掘进方向。激光指向仪具有直观、对其他工序影响小、便于实现自动控制等优点。例如，采用机械化掘进设备，用固定在一定位置上的激光指向仪，配以安装在掘进机上的光电接收靶，在掘进机向前推进中，方向如果偏离了指向仪发出的激光束，则光电接收装置会自动指出偏移方向及偏移值，为掘进机提供自动控制的信息。

3. 盾构施工测量

盾构法隧道施工是一种先进的、综合性的施工技术，其是将隧道的定向掘进、土方和材料的运输、衬砌安装等各工种组合成一体的施工方法。其作业深度可以距离地面很深，不受地面建筑和交通的影响；机械化和自动化程度很高，是一种先进的隧道施工方法，广泛用于城市地下铁道、越江隧道等的施工中。

盾构的标准外形是圆筒形，也有矩形、双圆筒形等与隧道断面一致的特殊形状。图 9-60 所示为圆筒形盾构及隧道衬砌管片的纵剖面示意。切削钻头是盾构掘进的前沿部分，利用沿盾构圆环四周均匀布置的推进千斤顶，顶住已拼装完成的衬砌管片（钢筋混凝土预制）向前推进，由激光指向仪控制盾构的推进方向。

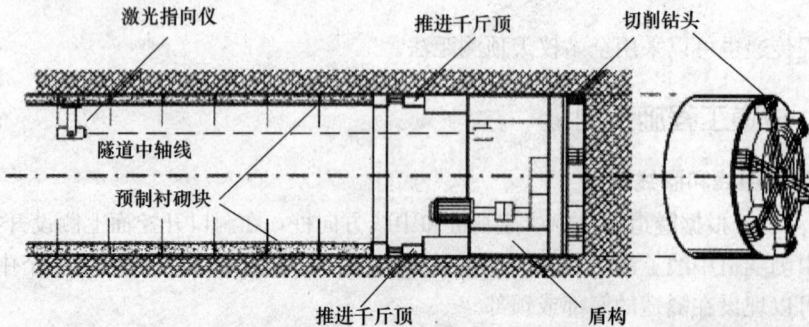

图 9-60 盾构掘进及隧道衬砌

盾构施工测量主要是控制盾构的位置和推进方向。利用洞内导线点和水准点测定盾构的三维空间位置和轴线方向，用激光全站仪或激光指向仪指示推进方向，用千斤顶编组施以不同的推力，调整盾构的位置和推进方向。盾构每推进一段，随即用预制的衬砌管片对隧道壁进行衬砌。

课后讨论

1. 测量在隧道工程中的意义?
2. 在隧道测量中,布置地面平面控制网有哪几种形式?
3. 如何进行竖井联系测量?
4. 隧道施工测量有哪些主要内容?

本章小结

本章主要介绍道路工程、桥梁工程及隧道工程测量的基本理论和知识。本章内容需要综合运用测量基本理论和知识,是测量理论和知识在工程实践中的运用,其熟练运用还需要具备一定的高等数学的理论基础。

课后习题

1. 已知 JD_3 的桩号为 1+422.32,测得转角 $I_3 = 10°49'$(右转),根据地形条件选定曲线半径 $R=1\ 200$ m,试计算各测设元素并计算主点桩号。

2. 设道路中线测量某交点 JD 的桩号为 2+182.32,测得右偏角 $\alpha = 39°15'$,设计圆曲线半径 $R=220$ m。要求:

(1)计算圆曲线主点测设元素 T、L、E、J;

(2)计算圆曲线主点 ZY、QZ、YZ 的桩号;

(3)设曲线上整桩距 $l_0 = 20$ m,计算该圆曲线细部点偏角法测设数据(按表 9-3 格式)。

3. 按上题的圆曲线,设交点和圆曲线起点的坐标为

ZY:$x=6\ 354.618$ $y=5\ 211.539$

JD:$x=6\ 432.840$ $y=5\ 217.480$

计算用极坐标法测设圆曲线细部点的测设数据(按表 9-11 格式)。

4. 根据表 9-11 所列路线纵断面水准测量记录,计算出各里程桩高程,并按距离比例尺为 1:1 000、高程比例尺为 1:100 绘制出路线纵断面图;设计一条坡度为 -1% 的纵坡线,并计算各桩的填土高度和挖土深度。

表 9-11 路线纵断面水准测量记录

测站	桩号	水准尺读数			仪器视线高程	点的高程
		后视	中视	前视		
1	BM_1	1.321				47.385
	0+000		1.28			
	0+020		1.64			
	0+040		1.73			
	0+060		1.89			
	0+080			1.900		
2	0+080	1.340				
	0+100		1.92			

5. 设路线纵断面图上的纵坡设计如下：$i_1=+1.50\%$、$i_2=-0.50\%$，变坡点的桩号为 2+360.00，其设计高程为 42.36 m。按 $R=3\,000$ m 设置凸形竖曲线，计算竖曲线元素 T、L、E 及竖曲线起点和终点的桩号。

6. 桥梁平面控制网布设如图 9-61 所示，A、B 为桥梁轴线点。已测定平面控制点 A、B、C、D 的坐标列于表 9-12 中。设计桥墩中心点 P_1、P_2 与 A 点的距离 D_1、D_2 分别为 36 m 和 96 m。要求：

(1) 计算 P_1 和 P_2 点的坐标，填写于表 9-12 中；

(2) 计算用方向交会法定 P_1 和 P_2 点位置的交会角：α_1、α_2、β_1、β_2（计算至整秒），填写于表 9-13 中。

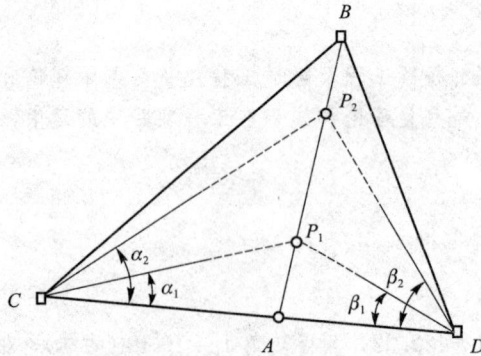

图 9-61　桥墩放样数据计算

表 9-12　桥梁控制点及桥墩中心点坐标

点号	X	Y
A	500.000	500.000
B	629.203	528.659
C	509.494	386.266
D	492.643	581.964
P_1		
P_2		

表 9-13　方向交会法桥墩测设数据计算

边号	坐标增量		方位角/ (° ′ ″)	交会角度/ (° ′ ″)	角号
	$\Delta x/m$	$\Delta y/m$			
CA					
CP_1					α_1
CP_2					α_2
DA					
DP_1					β_1
DP_2					β_2

7. 隧道施工的地面平面控制网如图 9-62 所示，A、B 为直线隧道的两个洞口点。控制网经过观测和计算，得到各点的平面坐标值见表 9-14。要求：

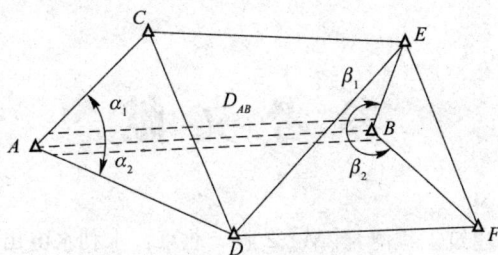

图 9-62　隧道施工平面控制网

表 9-14　隧道施工控制点坐标

点号	x/m	y/m
A	590.000	544.000
B	601.375	714.288
C	647.372	600.124
D	548.318	646.378
E	645.200	730.178
F	553.278	769.300

(1)计算隧道两洞口点 A、B 间的中轴线长度 D_{AB}；

(2)计算从洞口点指示掘进方向的 α_1、α_2、β_1、β_2 的水平角值。

计算结果填写于表 9-15 中。

表 9-15　隧道轴线测设数据计算

边号	坐标增量		边长 D/m	方位角/ $(° ′ ″)$	交会角度/ $(° ′ ″)$	角号
	$\Delta x/\mathrm{m}$	$\Delta y/\mathrm{m}$				
AB						
AC						α_1
AD						α_2
BA						
BE						β_1
BF						β_2

参 考 文 献

[1]薛新强，李洪军，等．建筑工程测量[M].2版．北京：水利水电出版社，2012.

[2]周建郑．建筑工程测量[M].3版．北京：化学工业出版社，2015.

[3]李生平．建筑工程测量[M].3版．武汉：武汉理工大学出版社，2012.

[4]郑庄生．建筑工程测量[M]．北京：中国建筑工业出版社，1995.

[5]李青岳，陈永奇．工程测量学[M].3版．北京：测绘出版社，2000.

[6]张正禄．工程测量学[M].2版．武汉：武汉大学出版社，2005.

[7]於宗俦，于正林．测量平差原理[M]．武汉：武汉测绘科技大学出版社，1990.

[8]覃辉．建筑工程测量[M]．北京：重庆大学出版社，2019.

[9]林玉祥．控制测量[M]．北京：测绘出版社，2009.

[10]李祥武，等．一种三角高程测量新方法[J]．海洋测绘，2009，29(1).

[11]中华人民共和国建设部，中华人民共和国国家质量监督检验检疫总局．GB 50026—2007 工程测量规范[S]．北京：中国计划出版社，2008.

[12]中华人民共和国住房和城乡建设部．CJJ/T 8—2011 城市测量规范[S]．北京：中国建筑工业出版社，2011.

[13]中华人民共和国国家质量监督检验检疫总局，中国国家标准化管理委员会．GB/T 12898—2009 国家三、四等水准测量规范[S]．北京：中国标准出版社，2009.

[14]中华人民共和国住房和城乡建设部．JGJ 3—2010 高层建筑混凝土结构技术规程[S]．北京：中国建筑工业出版社，2011.

[15]中华人民共和国住房和城乡建设部．GB 50205—2020 钢结构工程施工质量验收标准[S]．北京：中国计划出版社，2020.

[16]中华人民共和国住房和城乡建设部．GB 50352—2019 民用建筑设计统一标准[S]．北京：中国建筑工业出版社，2019.

[17]中华人民共和国住房和城乡建设部．GB 50209—2010 建筑地面工程施工质量验收规范[S]．北京：中国计划出版社，2010.

[18]江苏省建设工程质量监督总站．DGJ32/J103—2010 住宅工程质量分户验收规程[S]．南京：江苏科学技术出版社，2010.

[19]中华人民共和国住房和城乡建设部．GB 50210—2018 建筑装饰装修工程质量验收标准[S]．北京：中国建筑工业出版社，2018.

[20]中华人民共和国住房和城乡建设部．JGJ 8—2016 建筑变形测量规范[S]．北京：中国建筑工业出版社，2016.

[21]李小敏．建筑工程测量[M]．杭州：浙江大学出版社，2016.

[22]程效军，鲍峰，顾孝烈．测量学[M].5版．上海：同济大学出版社，2016.